SolidWorks

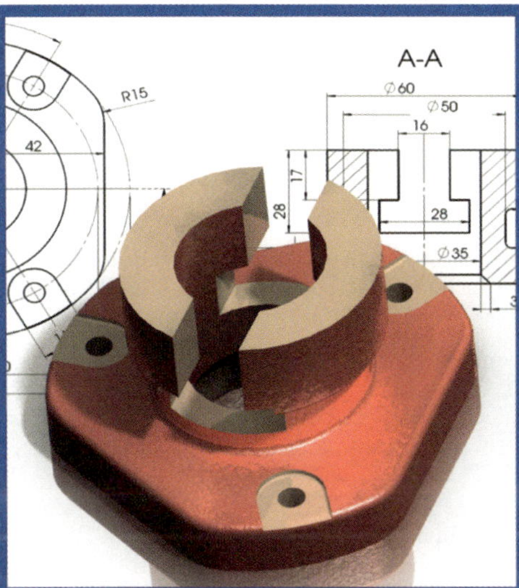

st
scientific tools

Ralph Stelzer
Wolfgang Steger

SolidWorks

Grundlagen der Modellierung und des Programmierens

PEARSON
Studium

ein Imprint von Pearson Education
München • Boston • San Francisco • Harlow, England
Don Mills, Ontario • Sydney • Mexico City
Madrid • Amsterdam

Bibliografische Information Der Deutschen Nationalbibliothek

Die Deutsche Nationalbibliothek verzeichnet diese Publikation in der Deutschen Nationalbibliografie; detaillierte bibliografische Daten sind im Internet über <http://dnb.d-nb.de> abrufbar.

Umwelthinweis:
Dieses Produkt wurde auf chlorfrei gebleichtem Papier gedruckt.

10 9 8 7 6 5 4 3 2 1

11 10 09

ISBN 978-3-8273-7367-0

ein Imprint der Pearson Education Deutschland GmbH,
Martin-Kollar-Straße 10–12, D-81829 München/Germany

www.pearson-studium.de
Lektorat: Birger Peil, bpeil@pearson.de
Irmgard Wagner, irmwagner@t-online.de
Korrektorat: Petra Kienle, Fürstenfeldbruck
Umschlaggestaltung: Thomas Arlt, tarlt@adesso21.net
Herstellung: Martha Kürzl-Harrison, mkuerzl@pearson.de
Satz: le-tex publishing services GmbH, Leipzig
Druck und Verarbeitung: Kösel, Krugzell (www.KoeselBuch.de)

Printed in Germany

Inhaltsverzeichnis

Vorwort

Parametrische und voll assoziative 3D-CAD-Systeme haben sich in der Produktentwicklung seit nunmehr fast 15 Jahren weitgehend durchgesetzt. Dabei war die Umstellung auf derartige Systeme durchaus nicht problemlos.

In der industriellen Praxis bedeutete dies, dass die über viele Jahre bei der Arbeit mit nichtparametrischen CAD-Systemen erworbenen Erfahrungen nur noch begrenzt genutzt werden konnten. Auch der Wechsel von der reinen Zeichnungserstellung zur 3D-Modellierung war häufig eine große Hürde. Nicht ohne Grund wurde häufig angenommen, dass es einfacher sei, einen jungen Konstrukteur ohne CAD-Erfahrung mit der Nutzung solcher Systeme zu betrauen, als eine Umschulung vorzunehmen. Das Ablegen einmal erworbener Gewohnheiten ist nicht leicht!

Insofern kommt der Ausbildung an den Hochschulen eine besondere Bedeutung zu. An der Technischen Universität Dresden erfolgt die Ausbildung aller Maschinenbaustudenten bereits im ersten Semester des Grundstudiums mit dem CAD-System SolidWorks. Diesen Kurs durchliefen seit 2002 mehrere tausend Studenten erfolgreich. Die intensive Nutzung des CAD-Systems während des gesamten Studiums sowie die durchgehend positiven Erfahrungen, die die Absolventen in ihrer anschließenden beruflichen Praxis machen konnten, belegen die hohe Qualität der Ausbildung.

Das vorliegende Buch greift auf diesen umfangreichen Erfahrungsschatz zurück und soll es vor allem Anfängern ermöglichen, einen leicht verständlichen Einstieg in das System SolidWorks zu finden. Dabei liegen die Schwerpunkte sowohl in der Modellierung und Zeichnungserstellung von Einzelteilen und Baugruppen als auch in der Programmierung mittels der integrierten Entwicklungsumgebung. So erhält der Leser das notwendige Rüstzeug für die erfolgreiche Durchführung eigener Projekte.

Das Buch ist ein Arbeitsbuch! Mit Ausnahme der ersten beiden Kapitel, die einige unverzichtbare Grundlagen und Begriffe darstellen, können alle Abschnitte direkt am PC nachvollzogen werden. Dabei legen die Autoren allerdings großen Wert darauf, die Zusammenhänge deutlich werden zu lassen. Dies ist für eine erfolgreiche Übertragung der erworbenen Fertigkeiten auf andere Problemstellungen erforderlich.

In besonderem Maße gilt das für den Abschnitt zur Programmierung. Speziell diese Thematik besitzt erfahrungsgemäß eine recht hohe Einstiegshürde und viele SolidWorks-Nutzer verzichten deshalb auf diese Möglichkeit, ihre Arbeit wesentlich effektiver zu gestalten. Aus diesem Grund wird darauf verzichtet, für eine einzelne Problemstellung einfach zu kopierenden Code bereitzustellen. Vielmehr wird gerade in diesem Abschnitt versucht, auch den Leser anzusprechen, der über keine Vorkenntnisse verfügt.

Durch eine Beschreibung der Hintergründe und Zusammenhänge sollen die Voraussetzungen für eine anschließende erfolgreiche Nutzung des in SolidWorks integrierten Entwicklungswerkzeugs für die Lösung typischer Problemstellungen geschaffen werden.

Die Autoren möchten sich an dieser Stelle für die gute Unterstützung durch die Mitarbeiter des Verlags bedanken, ohne die eine termingerechte Fertigstellung des Buchs in der vorliegenden Qualität unmöglich gewesen wäre. Besonderer Dank gilt dabei Herrn Birger Peil sowie Frau Irmgard Wagner.

Wir hoffen, dass das Buch sowohl für Studenten als auch für interessierte Leser in der Industrie eine wertvolle Hilfe beim Einstieg in die Welt der parametrischen dreidimensionalen Modellierung sein wird.

Dresden

Ralph Stelzer
Wolfgang Steger

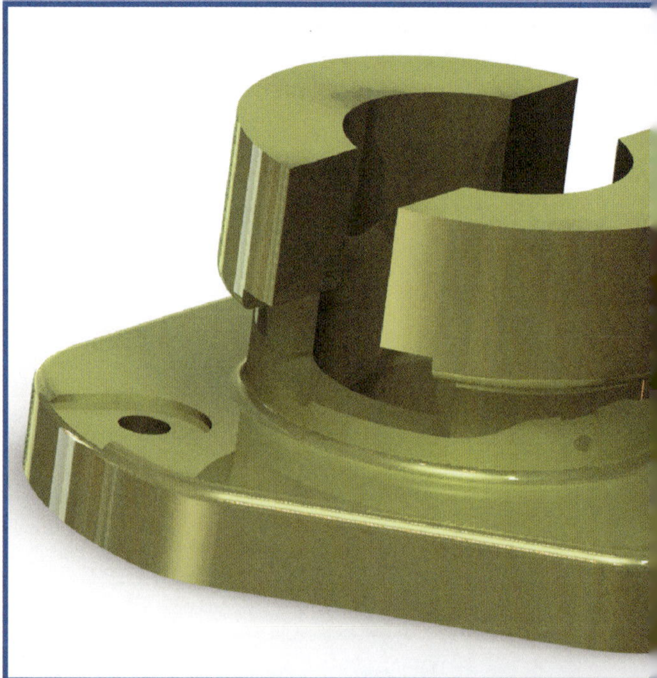

Einführung

1

ÜBERBLICK

1.1 SolidWorks

Das CAD-System SolidWorks erschien im Jahr 1995 als eines der ersten Systeme auf dem Markt, welches die Vorzüge der voll parametrischen und assoziativen 3D-Modellierung mit einer benutzerfreundlichen, windows-konformen Bedienoberfläche verband.

Entwickelt wurde das System ab 1993 von der SolidWorks Corp. in den USA. Aufgrund seiner stetig wachsenden Popularität wurde SolidWorks im Jahr 1997 durch Dassault Systemes S.A. übernommen. Das System wurde ursprünglich vor allem für Anforderungen in der Konstruktion klein- und mittelständischer Unternehmen konzipiert. Aufgrund der großen Leistungsfähigkeit wird SolidWorks heute aber auch von Firmen mit technologisch sehr anspruchsvollen und komplexen Produkten eingesetzt. Weltweit arbeiten über 800.000 Anwender aller Branchen mit dem System.

SolidWorks findet Anwendung im Maschinen- und Werkzeugbau, in der Blechbearbeitung, im Industrie- und Konsumgüter-Design, dem Schiffbau, der Medizintechnik und dem Anlagenbau. Mit den aktuellen Versionen können auch Flächenmodelle erzeugt und Scanndaten verarbeitet werden. SolidWorks ist nunmehr für fast alle Aufgaben der 3D-Modellierung geeignet und in allen Branchen einsetzbar.

Ein großer Vorzug von SolidWorks ist seine Offenheit und modulare Struktur. Damit wird es Partnerfirmen leicht gemacht, das CAD-System mit einer großen Anzahl an Zusatzbausteinen zu bereichern, wie z. B.

- Branchenorientierte Ergänzungen des mechanischen Systems,
- Simulationswerkzeuge, wie CosmosWorks für die FEM-Analyse oder FlowWorks für die Strömungssimulation,
- Analysewerkzeuge, unter anderem zur Toleranzanalyse,
- Ergänzungen zum Produktdatenmanagement (SolidWorks Enterprise PDM).

Mit der im Jahr 2008 erfolgten Übernahme der britischen Firma Priware konnte auch die Lücke zwischen elektronischer und mechanischer CAD-Software geschlossen werden. Durch die Integration des Systems Circuitworks der Firma Priware lässt sich bereits bei der Konzeption sicherstellen, dass elektronische Komponenten, wie etwa Leiterplatten, optimal in neue Produkte passen und funktionieren.

SolidWorks wird auch zunehmend im Bereich der Lehre eingesetzt. Der große Leistungsumfang, verbunden mit der einfachen Erlernbarkeit und der intuitiven Bedienung, bietet für die Nutzung an Hochschulen und Universitäten gute Nutzungsvoraussetzungen.

Von Beginn an war es erklärtes Ziel der Entwickler, ein preiswertes System anzubieten. SolidWorks läuft auf durchschnittlich ausgestatteten PCs und ist vollständig in das Betriebssystem Windows integriert. Insbesondere die windows-konforme Bedienung erleichtert das Erlernen des Systems. SolidWorks ist ein gut strukturiertes System mit logischen und immer wieder gleichen Abläufen. Die Befehle des Programms sind dadurch intuitiv bedienbar – zusammen mit der gut gestalteten Bedienoberfläche ein weiterer Vorteil im Hinblick auf die leichte Erlernbarkeit und eine schnelle produktive Nutzung.

1.2 Mit diesem Buch arbeiten

Die Kapitel des vorliegenden Buchs bauen inhaltlich aufeinander auf und sollten in der abgedruckten Reihenfolge durchgearbeitet werden. Dinge, die einmal erklärt wurden, werden auf den nachfolgenden Seiten als bekannt vorausgesetzt.

Die Kapitel 2 und 3 enthalten in sehr gestraffter Darstellung einige wichtige Grundbegriffe der 3D-Modellierung und eine Einführung in die Bedienung von SolidWorks. Die unmittelbare dreidimensionale Modellierung von Einzelteilen und Baugruppen sowie die Zeichnungserstellung behandeln die folgenden vier Kapitel. Dabei werden zuerst die Einzelteilmodellierung und anschließend die Baugruppenmodellierung besprochen. Ein spezieller Abschnitt (Kapitel 5) widmet sich der Diskussion von Vorgehensalternativen und Regeln, mit denen Sie möglichst gut strukturierte Einzelteilmodelle erzeugen können. Anschließend an die Baugruppenmodellierung wird die Zeichnungserstellung vermittelt.

Den Abschluss des Buchs bildet Kapitel 8, das die Erstellung eigener Programme beschreibt. Diese können sich wiederholende Befehlsfolgen automatisieren oder auch der Erstellung von Körpern dienen, die mit den verfügbaren Befehlen nur unter Schwierigkeiten zu modellieren sind.

Alle Kapitel beginnen mit einem oder mehreren Beispielen, durch die Sie auf praktische Weise an die behandelte Problematik herangeführt werden. Nachdem Sie die ersten Schritte selbst getan haben, können Sie grundsätzliche Erläuterungen zu empfehlenswerten Vorgehensweisen besser nachvollziehen, als wenn diese präsentiert werden, ohne dass Sie einen entsprechenden Erfahrungshintergrund haben.

Als Beispielobjekt in den meisten Abschnitten des Buchs dient eine Zahnradpumpe. Anhand dieser kleinen Baugruppe und ihren Einzelteilen werden die meisten Arbeitsweisen erläutert. Das hat den Vorteil, dass alternative Vorgehensweisen direkt vergleichbar sind.

In allen Abschnitten werden Sie Hinweise auf Fallstricke und mögliche Probleme finden. Das soll Ihnen keine Angst machen, sondern den kritischen Blick auf das eigene Vorgehen schärfen. Zunehmendes Wissen über anwendbare Befehle, intensives Üben und wachsende Erfahrung werden Ihr Vorgehen und die erreichten Ergebnisse immer weiter optimieren.

1.3 Darstellung im Buch

Wenn Sie mit diesem Buch arbeiten, sehen Sie ganz unterschiedliche Formatierungen. Diese werden immer mit bestimmten Absichten verwendet, um Ihnen schon durch die Formatierung kenntlich zu machen, ob es sich beispielsweise um einen Befehl von SolidWorks oder einen Dateinamen handelt. In ähnlicher Weise verdeutlicht der Hintergrund der Grafiken, welcher Modus des Programms gerade aktiv ist.

Besonders wichtig wird diese Kennzeichnung im Kapitel „Programmierung“, wo Sie anhand der Formatierung leichter frei wählbare Namen von vorgegebenen Namen unterscheiden können.

Daneben gibt es noch speziell hinterlegte Texte, die besondere Hinweise enthalten oder auf Übungen und Dateien verweisen. **Fett und in blau gedruckt** sind **wichtige Begriffe** und Aussagen im Text.

Befehle

Programmbefehle von SolidWorks werden in roten Kapitälchen gesetzt, beispielsweise KREISMUSTER. Der in Kapitälchen gesetzte Text ist die in der Bedienoberfläche von SolidWorks verwandte Schreibweise. Diese erscheint in den Menüs und Symbolleisten. Nach dem Befehlsnamen wird die dem Befehl zugeordnete Schaltfläche (Icon) angegeben.

Falls Befehle nur im Menü und nicht in einer Symbolleiste enthalten sind, werden der Vorsatz MENÜ→... und dann die zu durchlaufenden Menüs vor dem Befehlsnamen angegeben: z. B. MENÜ→EXTRAS→SKIZZIEREN→DYNAMISCH SPIEGELN.

Einstellungen in Befehlen

In Befehlen sind Schaltflächen und Dialogfelder auszuwählen, Optionen oder Parameter einzustellen. Die Namen der Eingabefelder und zu wählende Einträge sind in serifenloser Schrift gesetzt. Das betrifft zum Beispiel Endbedingungen wie Blind, Durch alles, Bis nächste, die aus einer Liste auszuwählen sind.

Befehl in der Programmhilfe suchen

Der in Kapitälchen gesetzte Befehlsname kann in der SolidWorks-Programmhilfe nachgeschlagen werden. Das wird durchaus notwendig sein, da das Buch auf umfassende Darstellungen verzichtet, die in der Hilfe nachzulesen sind. Leider sind die Befehlsnamen und die zugehörigen Stichworte im Hilfe-Register nicht immer identisch. Anstatt in der Programmhilfe den einfachen Suchweg über Register zu gehen, muss in diesem Fall über Suche der entsprechende Eintrag ermittelt werden.

In den meisten Fällen ist die Zuordnung von Befehlen zu bestimmten Symbolleisten oder Menüs eindeutig. Falls Sie einen bestimmten Befehl suchen, können Sie ebenfalls die Programmhilfe nutzen. Jeder Hilfeeintrag enthält Verweise auf Menüs und Symbolleisten, die den Befehl enthalten.

Frei wählbare Namen

Dateinamen wie *Stift.SLDPRT*, Featurenamen wie *Ebene vorne*, *Wandung1* oder auch Namen von Konfigurationen und Makros sind *kursiv* gesetzt.

Programmcode

Im Kapitel „Programmierung" werden vielfach `Ausschnitte des Quellcodes` aufgeführt und erläutert. Diese werden genauso gesetzt wie

```
der Quellcode in Listings,
der aus mehreren Zeilen besteht.
```

Wenn innerhalb der Listings Kommentare erscheinen, sehen diese wie folgt aus:

```
Das sind Kommentare innerhalb von Listings.
```

Abbildungen

Das Buch enthält eine große Zahl Abbildungen, die durch ihre Hintergrundgestaltung die Situation verdeutlichen, in der sie entstanden sind. Der Hintergrund veranschaulicht damit den Kontext des Bilds:

- Grauer Farbverlauf als Hintergrund wird für alle Abbildungen von Modellen benutzt.
- Weißer Hintergrund wird für Zeichnungsansichten und Skizzen verwendet.
- Grauer Hintergrund (nicht Farbverlauf) wird für alle Abbildungen benutzt, die die Ausführung eines Befehls in SolidWorks veranschaulichen. Links ist immer das Dialogfeld des Befehls zu sehen.

Im Kapitel zur Zeichnungserstellung wird das Zeichenblatt immer weiß dargestellt, auch wenn die Abbildung einen Befehl veranschaulicht.

Hinterlegte Texte

Über die bisher angegebenen Formatierungen hinaus werden drei weitere Kennzeichnungen für Textabschnitte verwendet. Nachfolgend wird jeweils ein Beispiel aufgeführt:

HINWEIS

Diese Textabschnitte beinhalten zusätzliche Informationen. Deren Kenntnis ist für die unmittelbar besprochene Aufgabe nicht unbedingt nötig, allerdings werden oft Zusammenhänge zum Verständnis von Querbezügen aufgezeigt.

Zum Buch gehört die Companion Website (CWS), zu finden unter www.pearson-studium.de. Diese enthält Dateien mit Musterlösungen für die im Buch dargestellten Beispiele und Übungen. Die Namen der relevanten Dateien werden jeweils im Text angegeben.

Für ganz wenige Beispiele ist es sinnvoll, vorbereitete Dateien mit passenden Einstellungen zu verwenden. Diese Dateien finden sich ebenfalls auf der CWS.

Übung

In den Kapiteln zur Modellierung sind Übungen enthalten. Diese sollen Anregungen zur selbstständigen Vertiefung und praktischen Anwendung des Gelesenen geben.

Problemstellung und Schwierigkeitsgrad sind an die in den jeweiligen Abschnitten behandelten Schwerpunkte angepasst.

Zu allen Übungen existiert eine Lösung auf der Companion Website (CWS). Die entsprechenden Dateien sind jeweils im Aufgabentext genannt.

TEIL I

Modellieren

Lernziele

- Einzelteil, Baugruppe und Zeichnung als Modellobjekte des assoziativen und parametrischen CAD-Systems SolidWorks
- Verstehen der Begriffe Feature und FeatureManager als wesentliche Objekte im Einzelteilmodell

Grundlagen der Modellierung mit SolidWorks

2

ÜBERBLICK

Die Kernfunktionalität von 3D-CAD umfasst die Modellierung der exakten geometrischen Gestalt und der Struktur von technischen Objekten sowie die Darstellung dieser Modelle.

Der verhältnismäßig große Aufwand bei der Modellierung zahlt sich umso mehr aus, je umfassender die generierten Informationsbestände in weiteren Prozessen der Produktentwicklung, Fertigungsvorbereitung und Dokumentation weiterverwendet werden können. So existieren direkt in SolidWorks nutzbare Werkzeuge zur Berechnung, zur Planung von Leitungen und Kabeln oder zur Planung und Kontrolle von Fräsbahnen.

Durch die rechnerinterne Verfügbarkeit der Modelle können sehr schnell und komfortabel Änderungen vorgenommen werden und solche Änderungen an alle relevanten Personen übermittelt werden.

Als Einstieg in die CAD-Modellierung mit SolidWorks führt das Kapitel die wichtigsten Grundbegriffe ein.

2.1 Einzelteil, Baugruppe, Zeichnung

Technische Produkte bestehen meist aus mehreren, durchaus auch aus einer Vielzahl einzelner Komponenten. Innerhalb der Produktstruktur werden oftmals Teilmengen von Komponenten gebildet, die aus funktionalen oder fertigungstechnischen Gründen zusammengefasst werden.

Die kleinste handhabbare Einheit ist das Bauteil. Diesem entspricht im CAD das Modell des Einzelteils oder Parts (▶Abbildung 2.1). In SolidWorks bekommen Dateien, die ein Einzelteilmodell enthalten, die Dateierweiterung *.SLDPRT*.

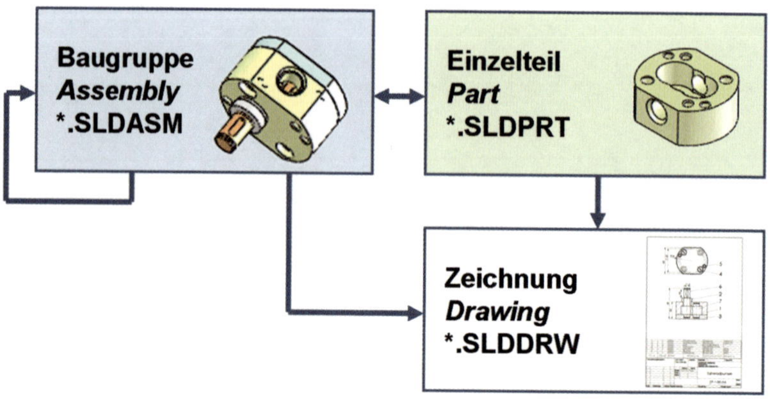

Abbildung 2.1: Modellobjekte des 3D-CAD

Mehrere zusammenhängende Komponenten werden als Baugruppe (Assembly) bezeichnet und in SolidWorks in Dateien mit der Extension *.SLDASM* gespeichert. Baugruppen können dabei aus Einzelteilen und/oder wiederum aus Baugruppen aufgebaut sein. Über Baugruppenmodelle können mehrstufige, hierarchisch strukturierte Modelle mit über tausend Komponenten aufgebaut werden.

Es ist in SolidWorks möglich, Baugruppenmodelle aus zuvor modellierten Einzelteilen aufzubauen. Diese Vorgehensweise wird als Bottom-up Modellierung bezeichnet. Die entgegengesetzte Arbeitsweise Top-down ist mit SolidWorks gleichfalls umsetzbar. Dabei werden zuerst strukturelle Zusammenhänge in der Baugruppe modelliert und anschließend daraus die Einzelteilmodelle abgeleitet.

Von Baugruppen und Einzelteilen können Zeichnungen (Drawing) angefertigt werden. Diese werden in SolidWorks in Dateien mit der Extension *.SLDDRW* gespeichert.

2.2 Assoziativität und Parametrik von Modellen

Von jedem der im vorigen Abschnitt beschriebenen Modelle (Baugruppe, Einzelteil, Zeichnung) ist meist eine größere Anzahl erforderlich, um ein Produkt vollständig zu beschreiben. Dabei entstehen zwangsläufig vielfältige Beziehungen zwischen den Modellen. Beispielsweise muss ein Wellendurchmesser der zugehörigen Gehäusebohrung entsprechen, oder die Ansicht in einer Zeichnung den aktuellen Stand des Einzelteilmodells widerspiegeln.

SolidWorks unterstützt eine **durchgehende Assoziativität der Modelle**. Das heißt, eine Änderung an einem Objekt bewirkt automatisch die Änderung aller logisch verknüpften Objekte. ►Abbildung 2.2 verdeutlicht diesen Sachverhalt. Die Änderung des Einzelteils Muffe bewirkt bei entsprechender Verknüpfung über das Baugruppenmodell die Anpassung des Einzelteilmodells der Welle.

Abbildung 2.2: Assoziative Änderung von Komponenten

Ganz besonders für die exakte Beschreibung der Gestalt eines Einzelteils dienen Abmessungen und Lagerelationen wie parallel oder konzentrisch. Diese die **Geometrie beschreibenden Größen werden Parameter** des Modells genannt. Für CAD-Systeme, in denen alle Parameter jederzeit änderbar sind und die aktuelle Geometrie immer wieder durch Neuberechnung aller Parameter entsteht, hat sich auch der Begriff parametrisches System etabliert. SolidWorks ist, wie die meisten aktuell benutzten Systeme, ebenfalls ein parametrisches System.

2.3 Features und FeatureManager

Das Grundelement, aus dem 3D-Einzelteilmodelle in SolidWorks aufgebaut sind, wird als Feature bezeichnet. Darunter wird im Sinn von SolidWorks ein Modellelement verstanden, das im Ergebnis eines Programmbefehls entstanden ist. Im weiteren Sinn kann man Feature mit den Begriffen Form- oder Konstruktionselement erklären. ▸Abbildung 2.3 zeigt ein Feature, das durch Rotation der orange dargestellten Skizze entstanden ist. Die Skizze enthält Konturgeometrie (Rechteck aus durchgezogenen Linien) und Konstruktionsgeometrie (Rotationsachse als strichpunktierte Linie). Das Feature ergibt sich durch Rotation der Skizze um jeweils 45° in beide Richtungen.

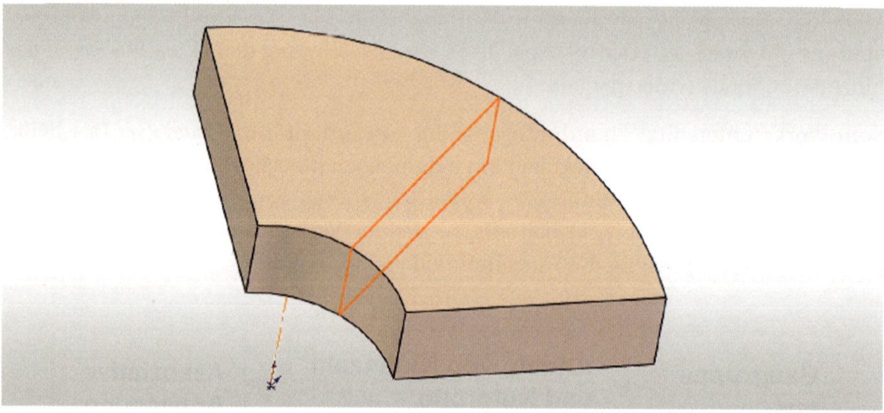

Abbildung 2.3: Rotationsfeature mit erzeugender Skizze

Die Unterteilung bei SolidWorks erfolgt in:

- **Skizzierte Features**: Das sind Formen, die wie in Abbildung 2.3 aus einer oder mehreren Skizzen entstehen, indem skizzierte Konturen ausgetragen, rotiert, aufgedickt oder mit Oberflächen verbunden werden.

  Es existieren oftmals zwei Ausprägungen der Operation. Die erste erzeugt Volumen (z. B. LINEAR AUSGETRAGENER AUFSATZ). Die zweite entfernt Volumen (z. B. LINEAR AUSGETRAGENER SCHNITT).

- **Angewandte Features**: Formen entstehen durch Veränderungen des bereits bestehenden 3D-Modells, indem vorhandene Features gespiegelt oder kopiert werden. Zu den angewandten Features zählen auch VERRUNDUNG und FASE sowie Befehle wie WANDUNG, SKALIEREN etc.

Das Rotationsfeature der Abbildung 2.3 ist ein Volumen erzeugendes Formelement, das normalerweise am Anfang einer Modellierung steht. Im Gegensatz dazu zeigt ►Abbildung 2.4 ein Schnittfeature. Das Volumen, das durch die Konturgeometrie der Skizze (Kreislinie) umschlossen wird, wird aus dem Volumen entfernt. Der Schnitt erfolgt senkrecht zur Ebene, in der die Skizze liegt.

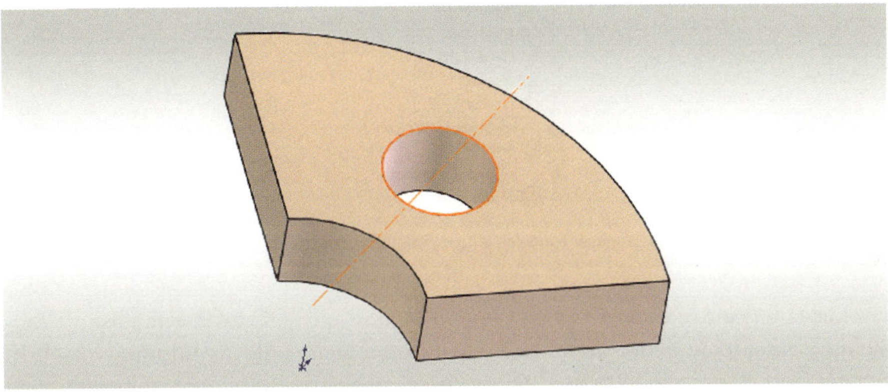

Abbildung 2.4: Schnittfeature mit Skizze (*links*) und Wandungsfeature (*rechts*)

Abbildung 2.5 stellt den Körper nach der Ausführung des Befehls WANDUNG dar. Dieses Feature bewirkt eine Aushöhlung des massiven Körpers mit einer vorzugebenden Wandstärke. Eine Deckfläche des prismatischen Körpers wurde bei der Ausführung des Befehls zusätzlich entfernt. Das Wandungsfeature ist ein sogenanntes angewandtes Feature.

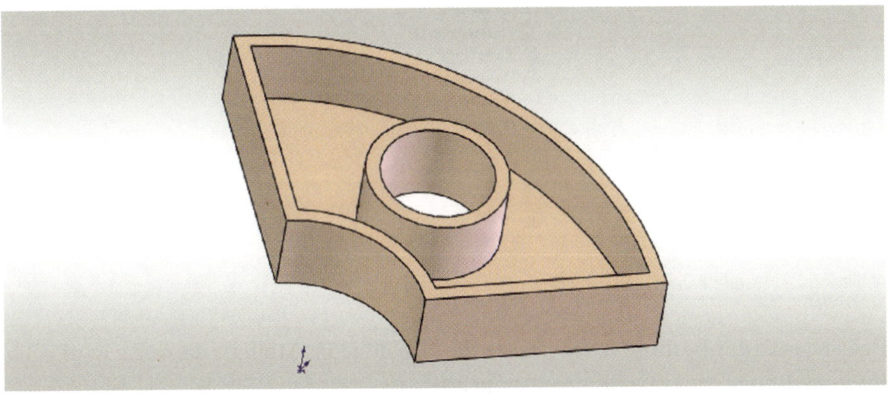

Abbildung 2.5: Körper nach Anwendung des Befehls Wandung

Alle Features werden in der Reihenfolge ihrer Erzeugung im FeatureManager aufgeführt (▶Abbildung 2.6). **Ein Feature** (ein Eintrag) im FeatureManager **enthält alle Parameter, die zu seiner Erzeugung notwendig waren**. Bei skizzierten Features sind das mindestens eine Skizze und die Volumenoperation. Im FeatureManager erscheint die Skizze mit Kontur und Konstruktionsgeometrie als untergeordnetes Element des Features. Dieses enthält im Fall der Rotation die Rotationsachse und -richtung sowie den Rotationswinkel. Alle Parameter, die die Art des entstehenden Volumens beschreiben, werden also getrennt von der Skizze im Feature gespeichert.

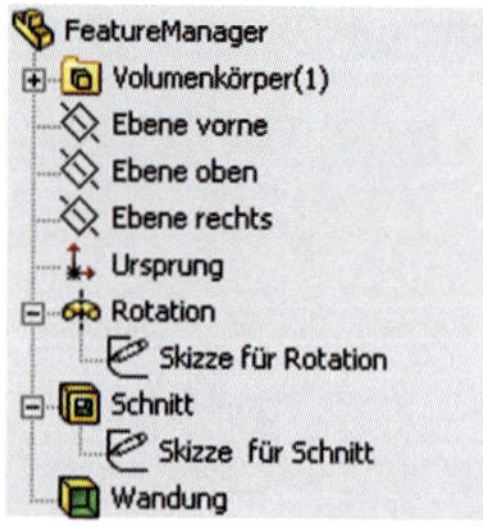

Abbildung 2.6: Chronologische Liste aller Formelemente im FeatureManager

Die Liste im **FeatureManager ist chronologisch und spiegelt gewissermaßen die Entstehungsgeschichte** eines Modells. Die Liste kann gleichfalls als Bildungsvorschrift für die Gestalt des modellierten Teils angesehen werden. Sie wird stets von oben nach unten, vom ersten bis zum letzten Feature, abgearbeitet. Das Ergebnis der Abarbeitung ist die aktuelle Form des modellierten Teils.

Für jedes Modell ist also neben der Art auch die Reihenfolge der Features entscheidend. Die ▶Abbildung 2.7 zeigt eine veränderte Liste. Wandungs- und Schnittfeature haben ihre Positionen getauscht. Aus dieser geringfügigen Veränderung resultiert das in ▶Abbildung 2.8 dargestellte Modell.

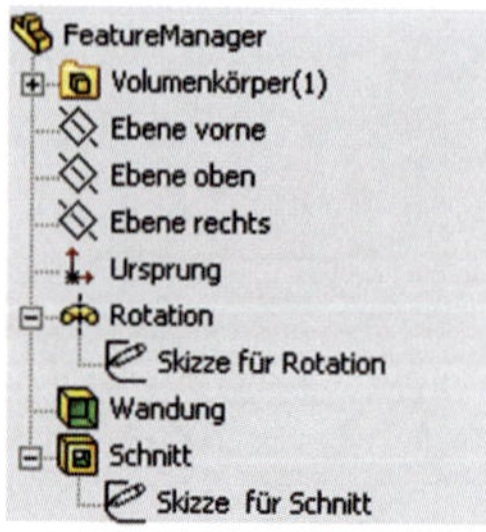

Abbildung 2.7: FeatureManager mit veränderter Featurereihenfolge

Der Gedanke des FeatureManagers, der das Skelett jedes Modells darstellt, wird auch für Baugruppen und Zeichnungen aufgegriffen:

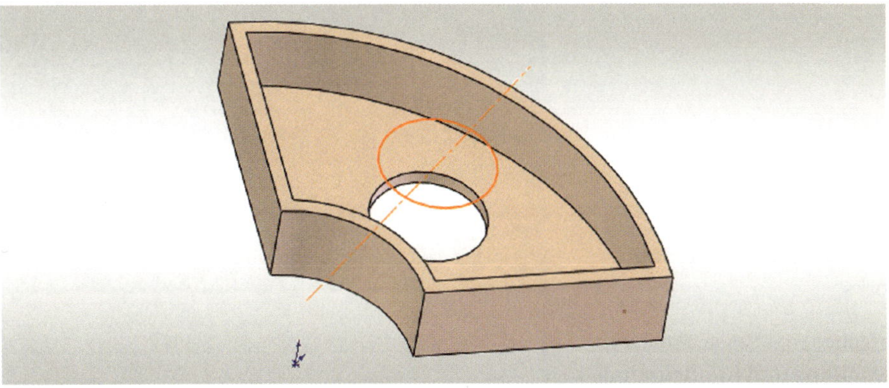

Abbildung 2.8: Resultat bei Vertauschung von Schnitt- und Wandungsfeature

- Im Baugruppenmodus enthält der FeatureManager zusätzlich die zur Baugruppe gehörenden Komponenten und die Verknüpfungen, mit denen die Komponenten zueinander positioniert sind.
- Im Zeichnungsmodus enthält der FeatureManager zusätzlich die Ansichten der dargestellten Objekte.

Der FeatureManager stellt damit die Verbindung zwischen den Programmbereichen Einzelteil, Baugruppe und Zeichnung in SolidWorks her. Er bildet das wichtigste Strukturobjekt des CAD-Modells.

ZUSAMMENFASSUNG

- Moderne CAD-Systeme beschreiben die geometrische Gestalt und die Struktur technischer Produkte. Die erzeugten Modelle sind assoziativ und parametrisch.
- Im System SolidWorks enthalten die Einzelteilmodelle die Gestalt der Komponenten und Baugruppenmodelle die Struktur des Produkts. Zeichnungen enthalten Ansichten von Einzelteilen oder Baugruppen.
- Einzelteil, Baugruppe und Zeichnung werden durch den FeatureManager als zentrales Strukturelement des CAD-Modells verbunden.

Lernziele

- Kennenlernen wichtiger Elemente und Möglichkeiten der Bedienoberfläche von SolidWorks
- Aufgabenangepasste Ansichtseinstellung und Konfiguration der Anzeige
- Techniken für die Selektion von Modellobjekten
- Anpassen der SolidWorks-Systemeinstellungen

Bedienung von SolidWorks

3

ÜBERBLICK

Das Kapitel fasst die wichtigsten Dinge zusammen, die Sie bei der Arbeit mit SolidWorks unabhängig von einer konkreten Modellieraufgabe wissen müssen. Sie erhalten keine umfassende Darstellung, sondern die Stichwörter, um bei Bedarf in der Programmhilfe genauer nachlesen zu können. Wenn Sie dieses Buch das erste Mal zur Hand nehmen, sollten Sie das Kapitel im Überblick lesen. Sie werden nicht alles sofort anwenden können, was in diesem Kapitel beschrieben wird.

Sobald Sie bei den zunehmend anspruchsvolleren Aufgaben der Einzelteil- und Baugruppenmodellierung angelangt sind, werden Sie häufig die Modellansicht oder die Sichtbarkeit von Modellkomponenten an Ihre Bedürfnisse anpassen müssen. Erinnern Sie sich dann an dieses Kapitel und schlagen Sie unter 3.2 und 3.4 nach!

Insbesondere in Baugruppenmodellen werden mitunter eine Vielzahl von Einzelteilen, Oberflächen, Kanten und Linien auf dem Bildschirm dargestellt, die die Selektion bestimmter Objekte erschweren. Techniken der Objektselektion werden in 3.3 erklärt.

3.1 Elemente der Bedienoberfläche

Um alle dargestellten Befehle und Arbeitsweisen auszuprobieren, benötigen Sie ein SolidWorks-Modell. Öffnen Sie eine beliebige Datei **.SLDPRT* von Ihrem PC oder benutzen Sie die Datei *Pokal.SLDPRT* von der CWS (Companion Website).

Nach dem Start von SolidWorks und dem Öffnen eines Teils erscheint die Bedienoberfläche (►Abbildung 3.1). Die Kopfzeile enthält das **Menü** und Schaltflächen für Befehle, die in jedem Programmmodus gleich sind (NEU, ÖFFNEN, SPEICHERN, DRUCKEN, RÜCKGÄNGIG, AUSWÄHLEN, MODELLNEUAUFBAU, OPTIONEN).

Das Menü erscheint, wenn Sie die Maus in der Kopfzeile über den Schriftzug SolidWorks bewegen. Ganz rechts im Menü befindet sich eine Nadel, mit der Sie das **Menü feststecken** können. Es bleibt dann immer sichtbar.

Wie bei allen Windows-Anwendungen können Befehle über das Menü, über Schaltflächen in Symbolleisten und zum Teil über Tastenkombinationen gestartet werden. Sichtbarkeit und Inhalt aller Menüs und Symbolleisten sind anpassbar. Wenn Sie mit SolidWorks arbeiten, werden Sie sicher irgendwann davon Gebrauch machen, um sich die Arbeit zu vereinfachen. In diesem Buch wird auf die Anpassung der Bedienoberfläche verzichtet.

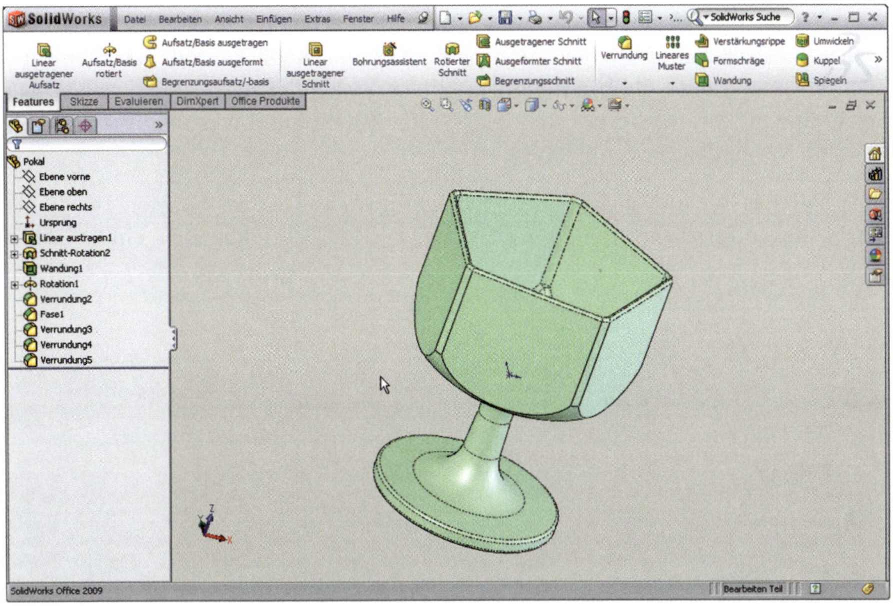

Abbildung 3.1: Bedienoberfläche von SolidWorks im Einzelteilmodus

In den Symbolleisten von SolidWorks sind stets nur die Schaltflächen farbig dargestellt, deren Benutzung im aktuellen Arbeitsablauf sinnvoll ist. Alle nicht verwendbaren Icons sind grau gezeichnet.

Bezüglich der Symbolleisten enthält SolidWorks eine Besonderheit, den **BefehlsManager** (►Abbildung 3.2). Der BefehlsManager enthält die im jeweiligen Programmmodus am häufigsten benötigten Symbolleisten in einer wahlweise beschrifteten Darstellung. Dies erleichtert zumindest am Anfang das Finden von Befehlen. Neben einigen Befehlen finden sich kleine schwarze Dreiecke. Diese aktivieren ein sogenanntes **Flyout-Menü**, in dem mehrere ähnliche Befehle gruppiert sind.

Die Symbolleisten im BefehlsManager lassen sich durch Anklicken der nach unten ragenden Reiter umschalten. In Abbildung 3.2 ist momentan die Symbolleiste Skizze sichtbar. Um die Symbolleiste Features einzuschalten, müsste der entsprechende Reiter links neben Skizze gewählt werden.

Abbildung 3.2: Ausschnitt des BefehlsManagers

Fast alle in den folgenden Kapiteln erwähnten und benutzten Befehle finden Sie in den Schaltflächen des BefehlsManagers. Sollte das nicht der Fall sein, wird die Stelle im Menü oder die benötigte zusätzliche Symbolleiste genannt, wo Sie den Befehl finden. Darüber hinaus sind in fast allen Fällen nur die beiden linken Reiter und ihre Symbolleisten von Belang.

Unterhalb des BefehlsManagers befindet sich links der **FeatureManager**. Die größte Fläche des Bildschirms nimmt rechts daneben der **Grafikbereich** ein (►Abbildung 3.3).

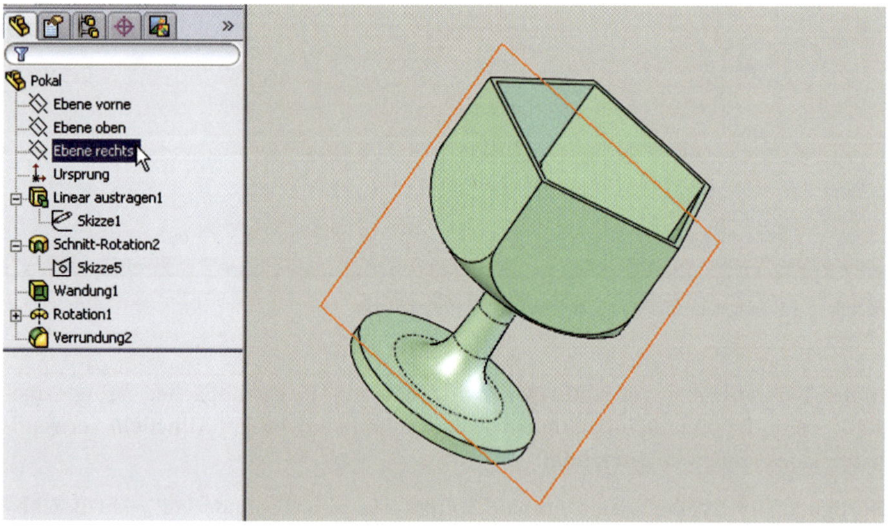

Abbildung 3.3: FeatureManager und Grafikbereich

Der FeatureManager enthält eine Liste aller im Modell enthaltenen Elemente. Diese Liste im FeatureManager bildet gewissermaßen das Rückgrat jedes Modells. Sie stellt die Modellstruktur dar und erlaubt die Auswahl und Bearbeitung der enthaltenen Elemente und die Einstellung ihrer Eigenschaften. Die Summe aller im FeatureManager enthaltenen Elemente stellt das im Grafikbereich dargestellte 3D-Modell dar.

Grafikbereich und FeatureManager sind bidirektional verknüpft. Elemente, die Sie im FeatureManager mit der Maus überfahren oder selektieren, werden im Grafikbereich ausgeleuchtet. Andersherum werden Selektionen im Grafikbereich an die jeweiligen Elemente im FeatureManager weitergegeben.

SolidWorks besitzt ein äußerst effektives Werkzeug, mit dem Mausbewegungen verkürzt und Mausklicks gespart werden. Immer wenn Sie im FeatureManager oder im Grafikbereich ein Element anklicken, erscheint neben dem Klickpunkt die sogenannte **Kontextsymbolleiste** (►Abbildung 3.4). Diese enthält eine meist zutreffende Auswahl von Befehlen, die für das gewählte Element relevant sind. Sobald man mit den angebotenen Symbolen vertraut ist, spart man sich durch die Kontextsymbolleiste den Weg in die am Bildschirmrand befindlichen Symbolleisten des Befehls-Managers oder in die Menüs.

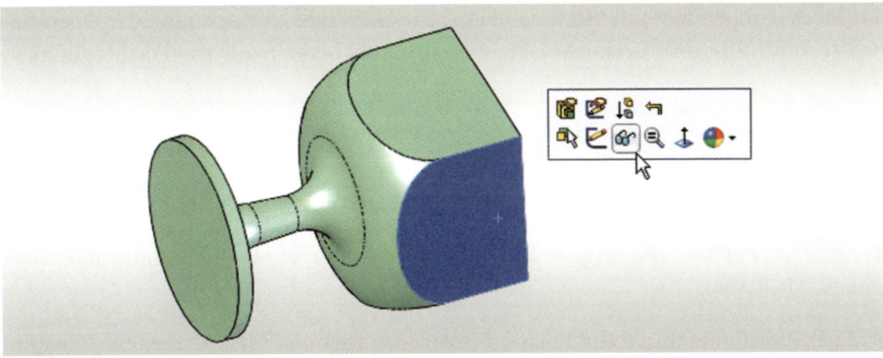

Abbildung 3.4: Kontextsymbolleiste nach Selektion einer Oberfläche mit linker Maustaste

Neben der Kontextsymbolleiste existiert auch das durch die rechte Maustaste aktivierbare **Kontextmenü** (►Abbildung 3.5). Das Kontextmenü enthält Funktionen, die ebenfalls für das selektierte Objekt relevant sind, jedoch nicht so häufig Anwendung finden. In Abbildung 3.5 ist zu sehen, dass nach Betätigung der rechten Maustaste über dem Kontextmenü auch die Kontextsymbolleiste erscheint. Die Zuordnung der Befehle zu Kontextsymbolleiste oder Kontextmenü ist meist sinnvoll, kann aber auch konfiguriert werden. Es ist aus Gründen der Übersichtlichkeit davon abzuraten, die Anzahl der Befehle zu erhöhen.

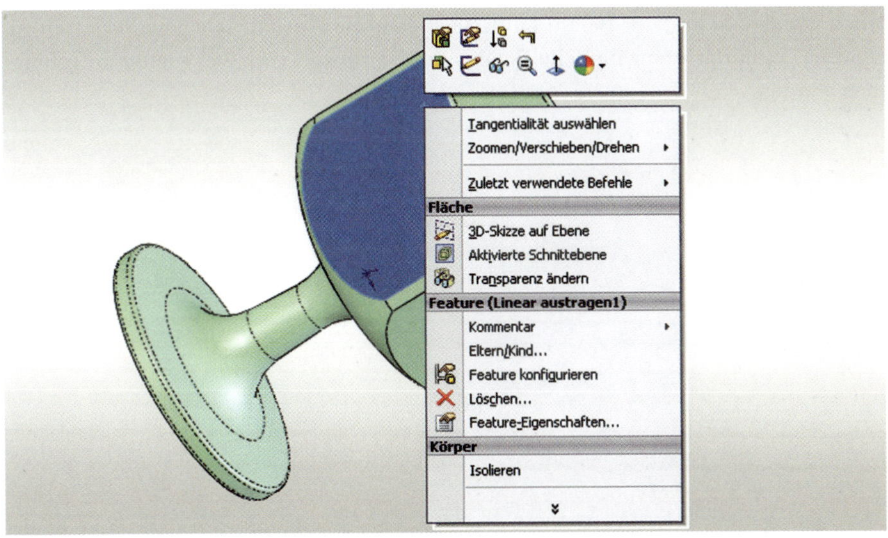

Abbildung 3.5: Kontextmenü nach Selektion einer Oberfläche mit rechter Maustaste

3.2 Einstellung der Ansicht

Immer wieder muss man beim Arbeiten in 3D-Modellen eine optimale Ansicht auf das Modell einstellen, um Modellobjekte zu selektieren, zu zeichnen oder Operationen zu kontrollieren. Für diese Navigation im Grafikbereich gibt es viele Möglichkeiten.

Am schnellsten geht es mit Maustasten und Pfeiltasten:

- Ansicht **drehen** mit den [Pfeiltasten] oder mit gedrückter [mittlerer Maustaste]
- Ansicht **schieben** mit [STRG]- und gedrückter [mittlerer Maustaste] oder mit [STRG] und [Pfeiltasten]
- Ansicht **zoomen** durch Drehen am [Scrollrad], vorher den Mauszeiger etwa über die Stelle führen, die vergrößert oder verkleinert werden soll.

Eine Kombination aus Zoomen und Schieben ist mit dem Scrollrad möglich. Wenn Sie das Scrollrad jeweils eine Stufe vor- und zurückdrehen, wird das Modell wie erwähnt jeweils vergrößert und verkleinert. Sofern sich der Mauszeiger dabei am Rand des Grafikbereichs befindet, wird das Modell dabei gleichzeitig von der aktuellen Mausposition weggeschoben. Mit dieser Technik können Sie sich extrem schnell im Modell bewegen, zumal wenn das Scrollrad gleichzeitig als mittlere Maustaste fungiert und Sie das Modell damit gleichzeitig auch drehen können.

An Stelle von Maus und Tastatur können Sie die Ansichtseinstellung auch über das Kontextmenü Zoomen/Verschieben/Drehen (►Abbildung 3.6) vornehmen oder die Befehle über MENÜ→ANSICHT→MODIFIZIEREN aufrufen. Dies funktioniert auch, wenn gerade ein anderer Befehl läuft. Nachdem die Ansicht wie gewünscht eingestellt ist, kann der ursprüngliche Befehl durch Drücken von [Esc] wieder aufgenommen werden.

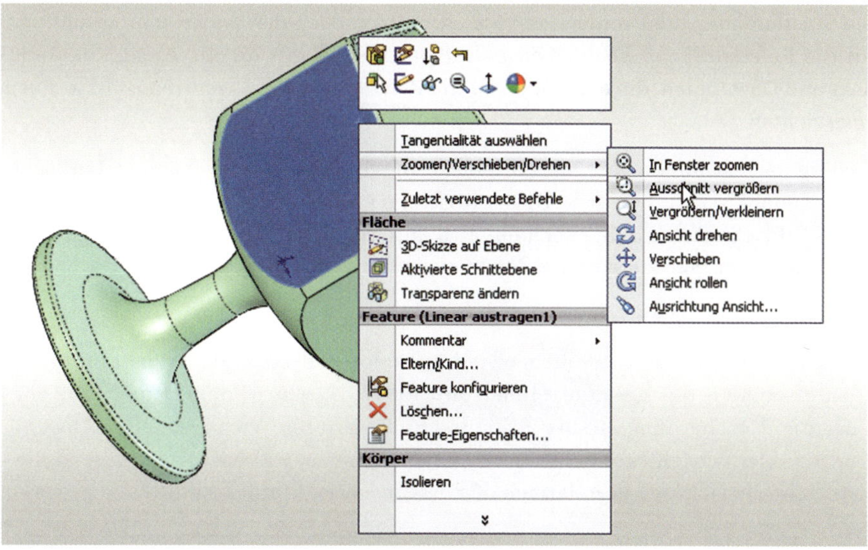

Abbildung 3.6: Befehle zur Ansichtseinstellung im Kontextmenü

Ganz besonders häufig werden Sie den Befehl IN FENSTER ZOOMEN benötigen. Dieser bewirkt, dass das komplette Modell so groß wie möglich angezeigt wird. Damit haben Sie auch eine Rettungsmöglichkeit, wenn das Modell versehentlich außerhalb des sichtbaren Bildschirmausschnitts liegt oder durch zu starkes Verkleinern unsichtbar geworden ist.

Neben der Einstellung eines Bildausschnitts ist oftmals auch die exakte Ausrichtung des Modells im Grafikbereich notwendig. Dafür ist die Symbolleiste Ansicht vorteilhaft, die immer am oberen Rand des Grafikbereichs angezeigt wird. Dort sind die Standardansichten verfügbar (►Abbildung 3.7).

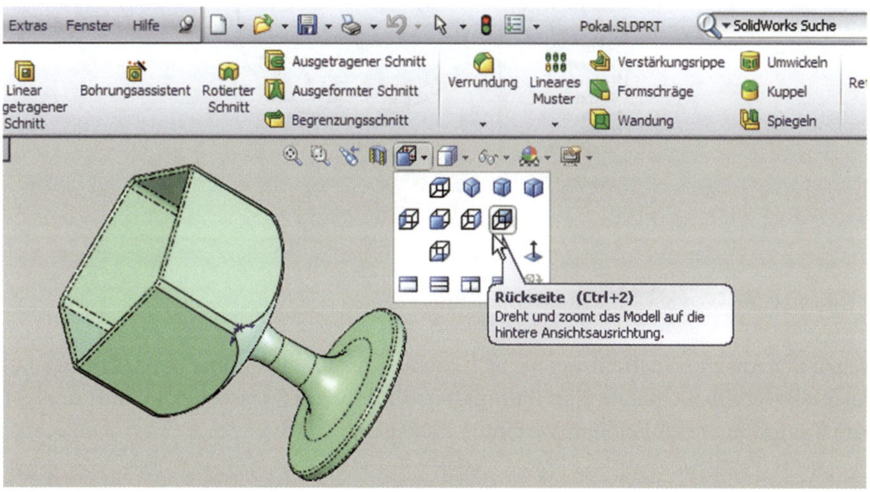

Abbildung 3.7: Ansicht-Symbolleiste mit Standardansichten

Die Standardansichten Vorderseite/Rückseite entsprechen der Blickrichtung senkrecht auf die Referenzebene *Ebene Vorne*. Entsprechendes gilt für die Ansichten Rechts/Links und Oben/Unten, die den Blick auf die Referenzebenen *Ebene rechts* bzw. *Ebene oben* richten.

Wichtig im Zusammenhang mit der Selektion von Ebenen oder ebenen Oberflächen ist der Befehl NORMAL AUF. Dieser dreht die vorher selektierte Ebene oder Fläche in die Bildschirmebene. Sie schauen also anschließend senkrecht auf die gewählte Ebene, was zum Skizzieren oder Zeichnen optimal ist.

HINWEIS

Alle Befehle aus der Symbolleiste Standardansichten drehen die Ansicht und stellen zusätzlich das gesamte Modell auf dem Bildschirm dar. Damit geht ein eventuell vorher eingestellter Bildausschnitt verloren. Wenn Sie eine Ansicht mit exakter Ansichtsausrichtung einstellen möchten, wählen Sie also zuerst die Ansichtsausrichtung und danach den gewünschten Bildausschnitt!

Erwähnenswert ist die Möglichkeit, mit der Leertaste den Dialog Ausrichtung zu starten ►Abbildung 3.8. Der Dialog bietet ebenfalls die Auswahl der Standardansichten mit Doppelklick. Daneben lassen sich jedoch **Anwenderspezifische Ausrichtungen und Bildausschnitte** bestimmen, die dann wie die Standardansichten verwendet werden können. Dazu wird die aktuelle Bildschirmansicht mit dem Befehl NEUE ANSICHT zur Liste der Standardansichten hinzugefügt. Eine wichtige Möglichkeit, in komplizierten Modellen zu navigieren!

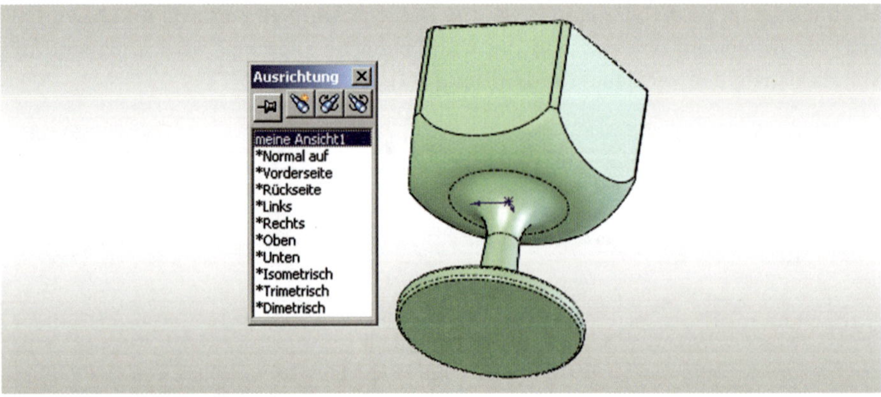

Abbildung 3.8: Menü Ausrichtung durch Leertaste starten

Neben der Ansichtsausrichtung ist auch die Anzeigeart einstellbar (►Abbildung 3.9). Beispielsweise bei Operationen im Inneren von Modellen lassen sich damit unsichtbare Kanten in verschiedenen Varianten anzeigen.

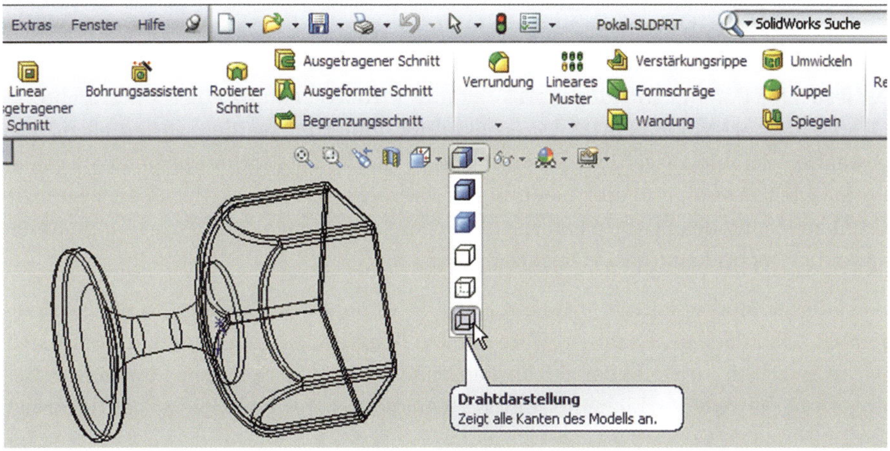

Abbildung 3.9: Wahl der Anzeigeart Drahtdarstellung

Speziell bei der Arbeit innerhalb von Hohlräumen eines 3D-Modells sei letztlich noch auf die Möglichkeit der SCHNITTANSICHT hingewiesen. Der Befehl kann wie die zuvor erläuterten aus der Symbolleiste **Ansicht** gestartet werden (►Abbildung 3.10). Im Beispiel wird das Modell durch eine Schnittebene geschnitten, die parallel zur *Ebene oben* und 10 mm entfernt von dieser verläuft. Mit der Schaltfläche **Schnittrichtung umkehren** können Sie bestimmen, auf welcher Seite der Schnittebene das Modell weggeschnitten wird. Die Ansicht wird nach der Einstellung so lange beibehalten, bis erneut SCHNITTANSICHT angeklickt wird.

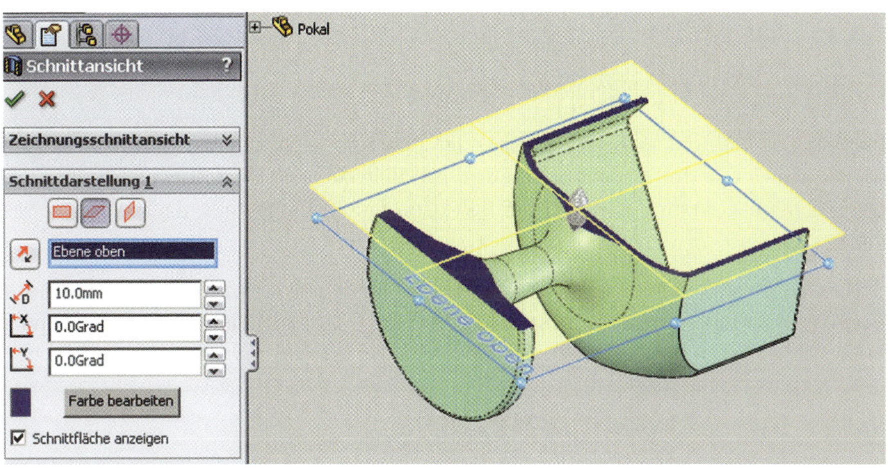

Abbildung 3.10: Schnittansicht einstellen

3.3 Selektion von Objekten

Nahezu alle Befehle in SolidWorks verlangen die Selektion eines oder mehrerer Objekte des 3D-Modells. Mit den selektierten Objekten werden anschließend die gewählten Befehle ausgeführt. Da jeder Befehl spezielle Anforderungen an die selektierten Objekte stellt und die Selektion in detailreichen Modellen durch die begrenzte Grafikauflösung des PC-Bildschirms oft erschwert ist, bietet SolidWorks eine Reihe spezieller Techniken für die Objektselektion an.

Selektierbar sind nahezu alle Objekte des 3D-Modells wie Punkte, Linien, Skizzen, Kanten, Oberflächen, Features, Körper oder Baugruppenkomponenten. Wenn sich der Mauszeiger im Grafikbereich in der Nähe eines selektierbaren Elements befindet, wird die Art des Elements durch Symbole neben dem Mauszeiger angezeigt (►Abbildung 3.11).

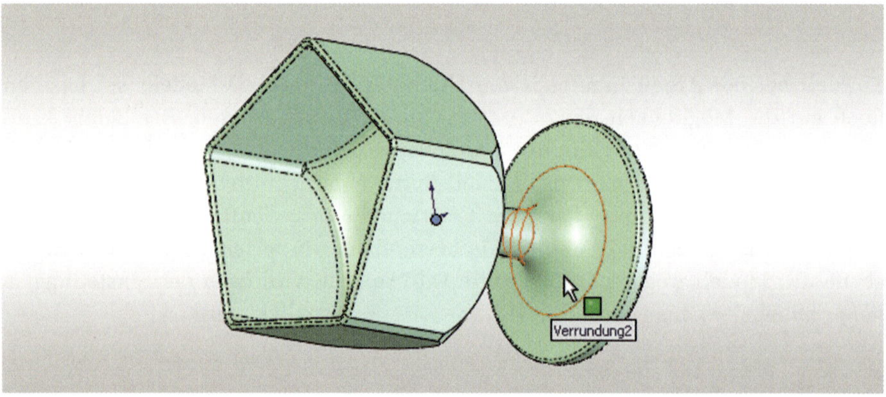

Abbildung 3.11: Selektion einer Oberfläche

Im Beispiel befindet sich der Mauszeiger über einer Oberfläche (Kennzeichnung durch grünes Quadrat), die zum Feature mit dem Namen *Verrundung2* gehört. Die Oberflächenbegrenzung wird vor der Selektion orange dargestellt, nach erfolgter Selektion blau.

Sollen **mehrere Elemente selektiert** werden, ist ab dem zweiten Selektionsobjekt die Taste [Strg] zu halten (►Abbildung 3.12). Nochmaliges Anklicken eines Objekts entfernt die Selektion wieder.

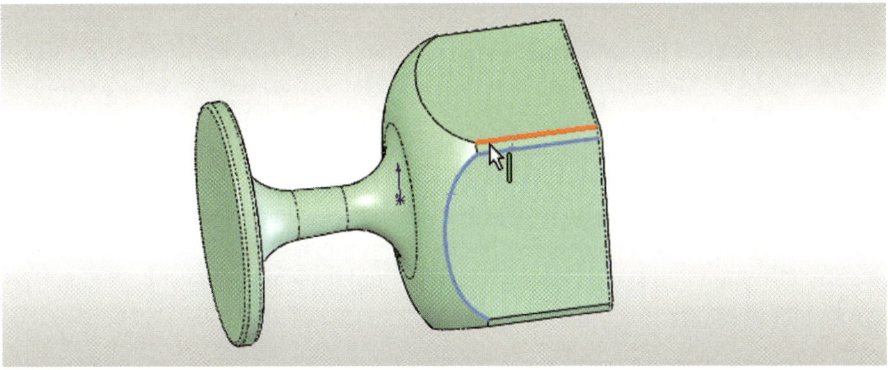

Abbildung 3.12: Selektion mehrerer Kanten mit Strg-Taste

In Abbildung 3.12 wurden bereits zwei Kanten selektiert (blaue Färbung) und der Mauszeiger befindet sich über der dritten Kante (orange). Während der Selektion wird [Strg] gehalten.

Erste Voraussetzung einer erfolgreichen Selektion ist die vorherige Ansichtseinstellung! Wenn das Modell zu klein auf dem Bildschirm sichtbar ist, lassen sich Details wie kurze Kanten oder kleine Oberflächen nicht selektieren.

Selektieren Sie Objekte, die im FeatureManager gelistet werden, immer dort und nicht im Grafikbereich! Im Gegensatz zum Grafikbereich, wo meist mehrere Objekte am Selektionspunkt liegen, ist die **Selektion im FeatureManager immer eindeutig**.

Auch im Fall einer günstigen Ansichtseinstellung können sich **mehrere Objekte an der Mausposition** befinden. Um trotzdem präzise zu selektieren, bietet SolidWorks die Option Anderes auswählen. Diese finden Sie unmittelbar nach der Selektion eines Elements in der Kontextsymbolleiste oder im Kontextmenü. Nach Auswahl der Option wird eine Liste mit allen Objekten angezeigt, die sich in unmittelbarer Nähe des Klickpunkts befinden (►Abbildung 3.13). Aus der Liste kann das gewünschte Element ausgewählt werden.

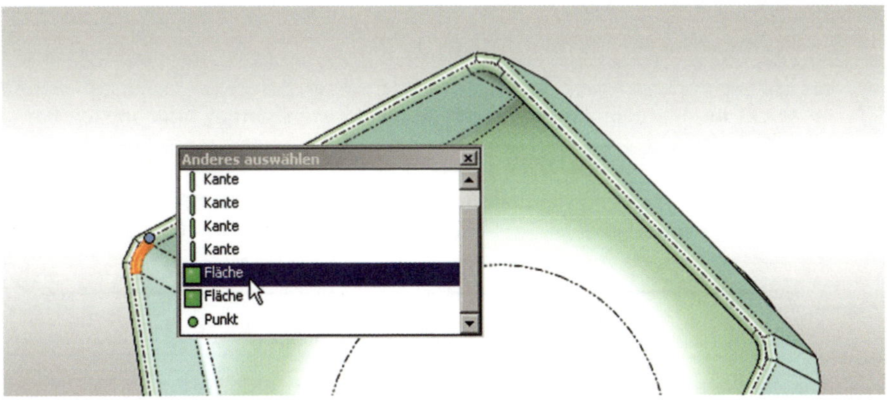

Abbildung 3.13: Selektion mittels Anderes auswählen

Falls Sie mehre Elemente selektieren möchten, beginnen Sie immer mit der schwierigsten Selektion. Also zuerst kleine oder verdeckte Elemente auswählen!

Eine weitere Hilfe sind die **Auswahlfilter**. Diese erlauben immer nur die **Selektion bestimmter Objekte**. Beispielsweise bedeutet ein eingeschalteter Kantenfilter, dass nur Modellkanten und keine Oberflächen oder Punkte mehr ausgewählt werden können (►Abbildung 3.14).

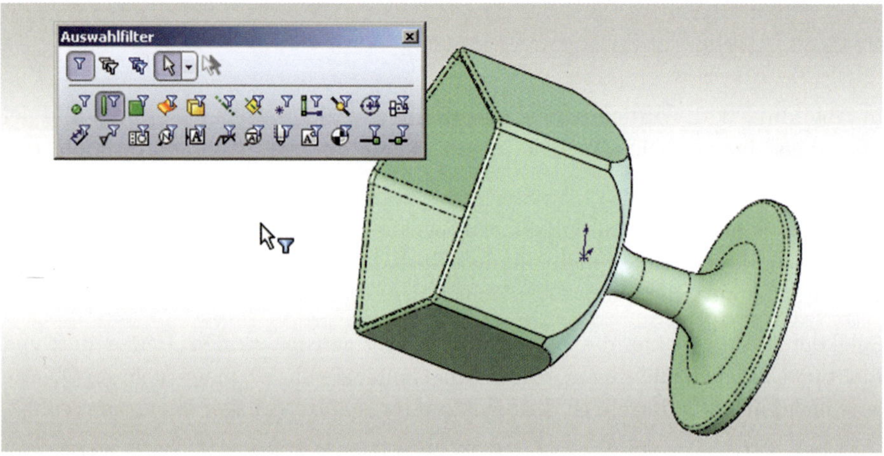

Abbildung 3.14: Selektion mit eingeschaltetem Kantenfilter

Die Filtersymbolleiste wird mit F5 angezeigt und wieder entfernt. In der angezeigten Symbolleiste kann der gewünschte Filtermechanismus eingestellt werden. Aktiviert und deaktiviert wird der Filter mit F6. Zeichen eines aktivierten Filters ist das trichterähnliche Symbol neben dem Mauszeiger.

Achtung, wenn Sie mit Filtern arbeiten:

- **F6 wirkt unabhängig davon, ob die Symbolleiste sichtbar oder unsichtbar ist.**
- **Die Tasten V, E und X schalten unabhängig von Taste F6 Filter für Punkte, Kanten und Oberflächen ein und aus. Diese können auch kombiniert werden.**

3.4 Anzeige von Objekten

Das SolidWorks-Modell enthält eine Vielzahl von Objekten wie Skizzen, Features, Achsen, Ebenen usw. Meist wird nur eine Auswahl dieser Elemente im Grafikbereich dargestellt, damit die Ansicht nicht zu unübersichtlich wird (►Abbildung 3.15).

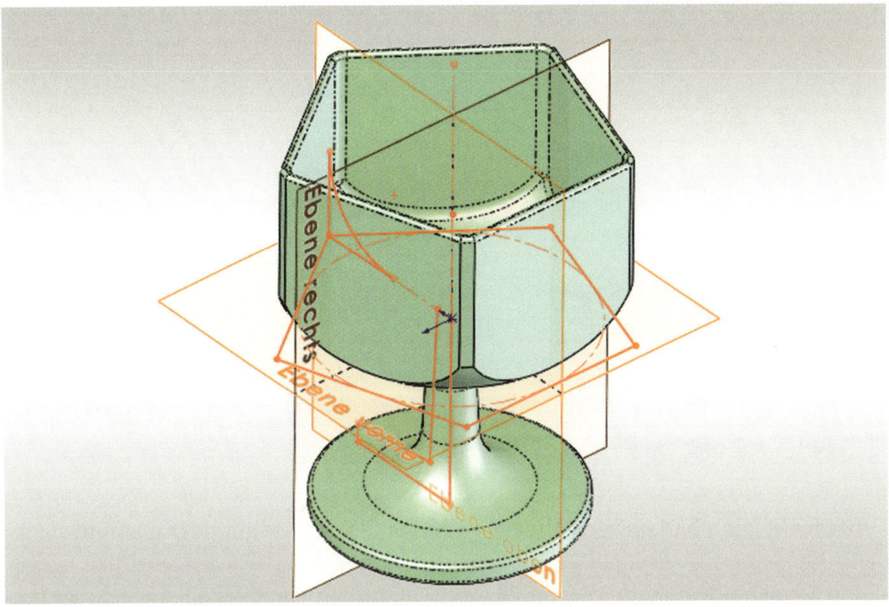

Abbildung 3.15: Modell mit Anzeige aller Elemente

Ob ein bestimmtes Element des Modells angezeigt wird, hängt zum einen von der allgemeinen Sichtbarkeitseinstellung dieser Objektkategorie ab und zum anderen von der individuellen Einstellung des Elements.

- Die allgemeine Sichtbarkeitseinstellung „übertrumpft" die individuelle.
- Selektierte Elemente werden immer dargestellt, unabhängig von der eingestellten Sichtbarkeit.

►Abbildung 3.16 zeigt die Festlegung der allgemeinen Sichtbarkeitseinstellungen mittels ELEMENTE EINBLENDEN/AUSBLENDEN. Aktiviert werden im Beispiel die Sichtbarkeit für Ursprünge, temporäre Achsen und Skizzenbeziehungen. Die Skizzenbeziehungen sind anschließend zwar eingeschaltet, werden aber nur sichtbar, wenn auch eine Skizze bearbeitet wird. Alle in der Symbolleiste einstellbaren Eigenschaften sind alternativ auch über MENÜ→ANSICHT... einstellbar.

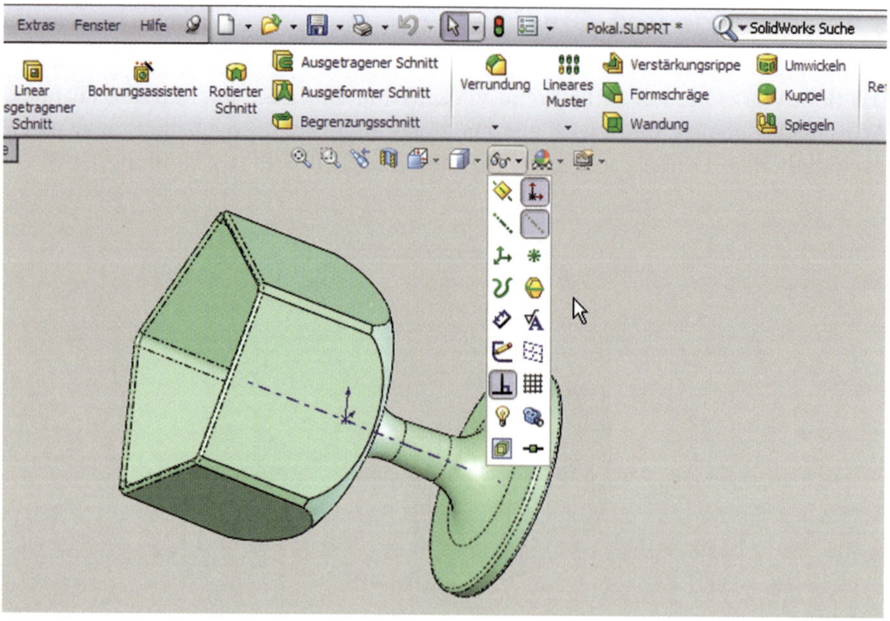

Abbildung 3.16: Allgemeine Sichtbarkeitseinstellungen festlegen

Individuelle Sichtbarkeitseinstellungen können jeweils für ein oder mehrere selektierte Elemente mit EINBLENDEN/AUSBLENDEN gesetzt werden. Sichtbar eingestellte Elemente werden im FeatureManager durch farbige Symbole, unsichtbar eingestellte durch Symbole aus schwarzen Linien markiert (►Abbildung 3.17).

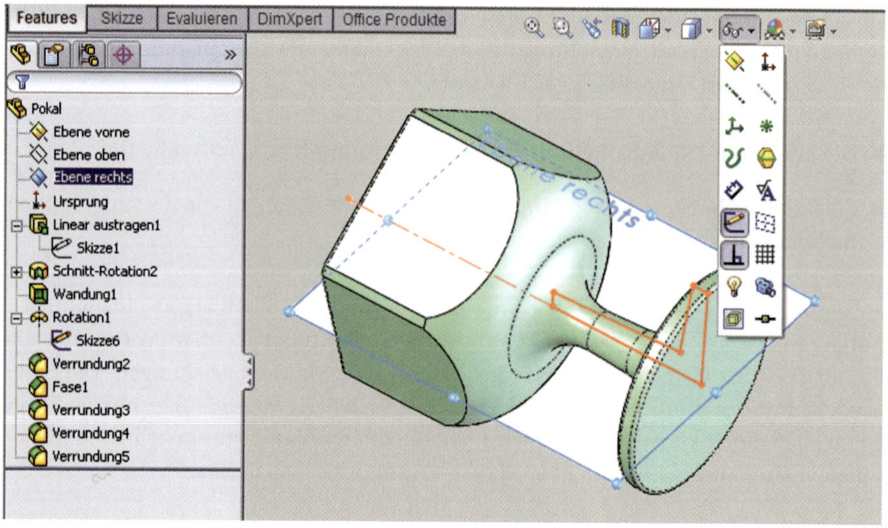

Abbildung 3.17: Individuelle und allgemeine Sichtbarkeitseinstellungen

In Abbildung 3.17 sind verschiedene Einstellungen kombiniert:

- *Skizze6* ist (im Gegensatz zu *Skizze1*) sichtbar gesetzt. *Skizze6* wird angezeigt, da die allgemeine Skizzensichtbarkeit in der Symbolleiste rechts im Bild ebenfalls gesetzt ist.
- *Ebene vorne* ist ebenfalls sichtbar gesetzt, wird aber nicht angezeigt, da die allgemeine Sichtbarkeit für Ebenen nicht gesetzt ist.
- *Ebene rechts* wird angezeigt, da sie selektiert ist. In diesem Fall werden sowohl die allgemeine wie auch die individuelle Nicht-Sichtbarkeit außer Kraft gesetzt.

HINWEIS

Achtung: Jedes Features bietet nach Selektion ebenfalls den Befehl EINBLENDEN/AUSBLENDEN in der Kontextsymbolleiste an. Das bezieht sich jedoch nicht auf das Feature, sondern auf den gesamten Volumenkörper. Das heißt, das komplette Modell verschwindet vom Bildschirm! Beim flinken Arbeiten mit der Kontextsymbolleiste wird Ihnen das sicher irgendwann unbeabsichtigt passieren und eventuell einen Schreck verursachen. Nichts ist verloren, das Modell ist nur nicht sichtbar. Sie können ein beliebiges Feature selektieren und durch nochmaliges Ausführen des Befehls EINBLENDEN/AUSBLENDEN oder durch RÜCKGÄNGIG die Ansicht wieder in Ordnung bringen.

In den folgenden Kapiteln werden Sie bei der Modellierung verschiedener Beispiele oft aufgefordert, bestimmte Elemente zu selektieren. Sollten Sie diese nicht auf dem Bildschirm sehen, erinnern Sie sich daran, dass immer die zum Element gehörigen Sichtbarkeitseinstellungen passen müssen!

Genauso wie der Grafikbereich kann auch der FeatureManager konfiguriert werden. Die Features und Skizzen werden immer angezeigt. Die Sichtbarkeit aller anderen Objekte kann auf Einblenden, Ausblenden oder Automatisch gesetzt werden. Automatisch heißt, dass die betreffenden Elemente angezeigt werden, sobald sie vorhanden sind.

Um diese Einstellungen zu ändern, kann ein beliebiges Element im FeatureManager gewählt werden. Über STRUKTURELEMENTE EINBLENDEN/AUSBLENDEN im Kontextmenü wird der Dialog zur Einstellung erreicht. Diesen erreichen Sie auch über MENÜ→EXTRAS→OPTIONEN→SYSTEMOPTIONEN→FEATUREMANAGER.

3.5 Systemeinstellungen

Alle Einstellungen sind getrennt auf zwei Karteikarten über das MENÜ→EXTRAS→OPTIONEN (bzw. Symbolleiste Standard) einzurichten. SolidWorks unterscheidet zwei Gruppen von Systemeinstellungen:

1. **Systemoptionen**: Das sind Einstellungen, die in der Systemregistrierung gespeichert werden und unabhängig von der gerade bearbeiteten Datei sind. Diese Einstellungen betreffen beispielsweise Farben und Sprache der Bedienoberfläche.
2. **Dokumenteigenschaften**: Das sind Einstellungen, die mit der jeweiligen Datei gespeichert werden, beispielsweise die zur Datei gehörige Bemaßungsnorm oder Maßeinheiten.

Die Systemoptionen werden aus Platzgründen an dieser Stelle nicht im Einzelnen dargestellt. Auf der CWS befindet sich die Datei *Systemoptionen.pdf*, die die für die Modellierbeispiele dieses Buchs verwendeten Systemoptionen angibt.

Immer wenn in SolidWorks eine neue Datei angelegt wird, wird die neue Datei als Kopie einer sogenannten Vorlagendatei erzeugt. Die Vorlagedateien kann man durch MENÜ→DATEI→SPEICHERN UNTER selbst erzeugen oder als Kopie übernehmen. Jede neue Datei erhält anschließend alle **Dokumenteigenschaften** einer Vorlagedatei, wobei durchaus mehrere Vorlagedateien für einen Dokumenttyp existieren können. Beispielsweise kann für jedes Zeichnungsformat eine Vorlage mit Schriftfeld und Schrifteinstellungen existieren.

Vorlagendateien haben die Extensionen *.PRTDOT*, *.ASMDOT* bzw. *.DRWDOT* für Teil-, Baugruppen und Zeichnungsdateien. Sie befinden sich in einem speziellen Verzeichnis von SolidWorks, dessen Verzeichnispfad über MENÜ→EXTRAS→OPTIONEN →SYSTEMOPTIONEN→DATEIPOSITIONEN→DOKUMENTVORLAGEN ermittelt bzw. eingestellt werden kann. In diesem Verzeichnis sind selbst erstellte oder anderweitig beschaffte Dokumentvorlagen zu speichern.

Für die Arbeit mit diesem Buch können Sie problemlos eigene Dokumentvorlagen erstellen, indem Sie beliebige Dateien von der CWS öffnen, alle Modellelemente löschen und die dann leere Datei mit allen Einstellungen als Dokumentvorlage im vorher ermittelten Verzeichnis speichern. Wenn Sie anschließend eine neue Datei öffnen, wird die selbst erstellte Dokumentvorlage neben den bereits vorhandenen angeboten.

ZUSAMMENFASSUNG

- Die Symbolleisten im BefehlsManager enthalten in jedem Programmmodus die am häufigsten benötigten Befehle. Mit der Kontextsymbolleiste und dem Kontextmenü kann der Start vieler Befehle sehr beschleunigt werden.
- Die Modellansicht kann sowohl durch Maus und Tastatur frei gewählt und verändert werden als auch über festgelegte Ansichtsausrichtungen eingestellt werden. Abhängig vom aktuellen Arbeitsziel müssen neben einer günstigen Ansichtseinstellung auch die darzustellenden Objekte des Modells gewählt werden.
- Um Modellobjekte zu selektieren, können diese im FeatureManager oder im Grafikbereich gewählt werden. Für detailreiche Modelle bietet SolidWorks verschiedene Selektionshilfen und -filter, mit denen auch sehr kleine Kanten, Oberflächen usw. ausgewählt werden können.
- Die Systemeinstellungen von SolidWorks werden in Dokumenteigenschaften und Systemoptionen getrennt. Dokumenteigenschaften lassen sich in Dokumentvorlagen speichern.

Lernziele

- Erlernen der Modellierung von Einzelteilen
- Skizzen mit Bemaßungen und Beziehungen erstellen als grundlegende Objekte jedes Einzelteilmodells
- Erzeugung skizzierter Features für einfache Rotations- und Austragungskörper
- Bestehende Körper modifizieren durch angewandte Features wie Muster, Spiegeln, Fase und Verrundung
- Änderungen an Skizzen, Features und Modellstruktur vornehmen, durch Navigation und Selektion im FeatureManager
- Anwendung des Bohrungsassistenten für standardisierte Formelemente an Einzelteilen
- Konfigurationen für strukturell ähnliche Modelle unterschiedlicher Einzelteile anwenden

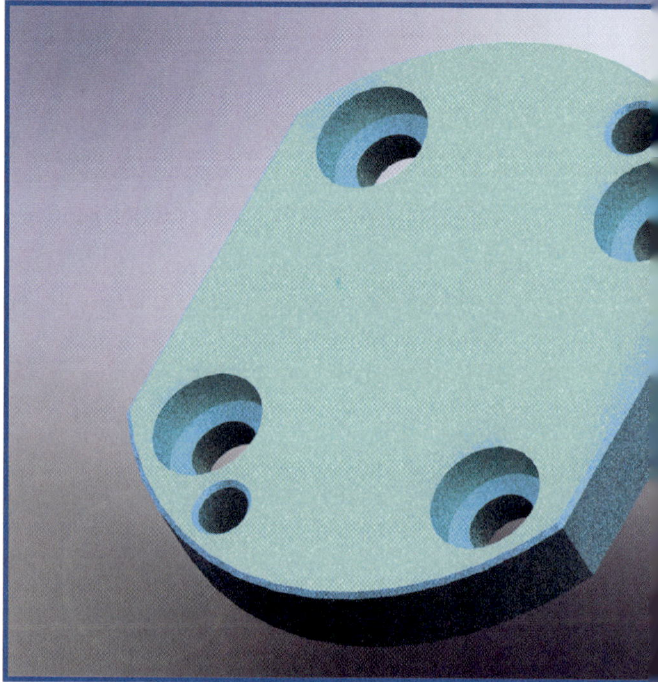

Modellierung von Einzelteilen

4

ÜBERBLICK

Einzelteilmodelle sind die Bausteine, aus denen auch die kompliziertesten Produktmodelle bestehen. Die Modellierung dieser dreidimensionalen Geometrieobjekte ist daher die Grundfertigkeit, auf der die CAD-Arbeit beruht.

Elementare Geometriemodelle werden aus Skizzen erstellt. Diese enthalten Kontur- und bei Bedarf Konstruktionsgeometrie, aus denen durch die Anwendung von Featurebefehlen Körper entstehen oder Modifikationen an bestehenden Körpern vorgenommen werden. Das Kennenlernen der Skizzierwerkzeuge und grundlegenden Featurebefehle bildet den Schwerpunkt des Kapitels. Alle Techniken werden am Beispiel der sieben Bauteile einer Zahnradpumpe vermittelt, die in diesem Buch fast durchgängig als Modellierbeispiel verwendet wird.

Sie sollten parallel zum Buch alles direkt mit SolidWorks nachvollziehen. Es ist zu empfehlen, dass Sie dieses Kapitel vollständig durcharbeiten und alle Modelle auch selbst erstellen, um den Umgang mit SolidWorks zu üben. Vom Überblättern einzelner Unterkapitel wird abgeraten, da viele Arbeitstechniken nur einmal erklärt werden, um nicht unnötig Seiten zu füllen. Anschließend beherrschen Sie das nötigste Handwerkszeug und können sich auch von der im Buch vorgegebenen Reihenfolge lösen oder eigene Problemstellungen bearbeiten.

4.1 Zahnradpumpe als Lehrbeispiel

Im ersten Kapitel, das sich im Detail der Modellierung von Einzelteilen widmet, sollen nach und nach die Einzelteile der Zahnradpumpe erarbeitet werden (►Abbildung 4.1). Diese einfach aufgebaute Pumpe besteht aus Gehäuse (beige) und Deckel (blau). Beide Teile sind durch zwei Zylinderschrauben M6 verbunden und mittels Zylinderstiften exakt ausgerichtet. Mit zwei weiteren längeren Schrauben, die durch die freien Durchgangsbohrungen in Gehäuse und Deckel gesteckt werden können, lässt sich die Pumpe an einem Gestellteil befestigen. An den abgeflachten Gehäuseseiten befinden sich Gewindebohrungen M14 zum Anschluss der Hydraulikleitungen.

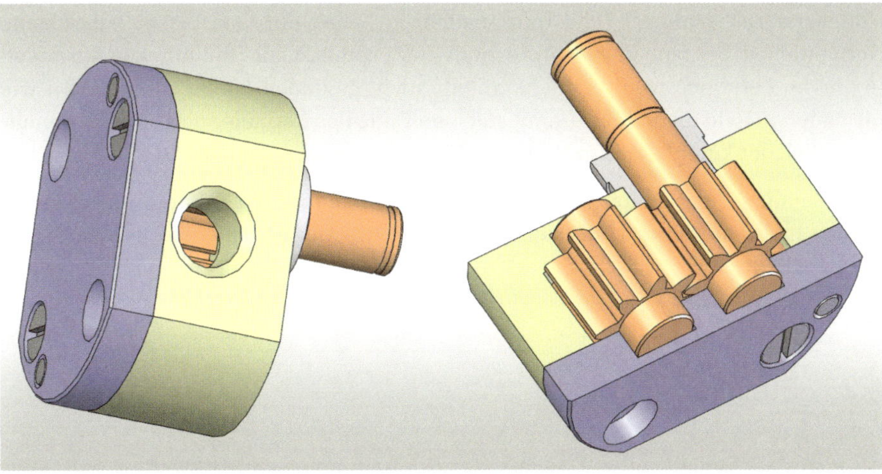

Abbildung 4.1: Zahnradpumpe

Antriebs- und Läuferwelle sind bis auf den verlängerten Lagerzapfen der Antriebswelle identisch, an dessen Ende sich ein Wellenabsatz mit zwei Sicherungsringnuten und Passfedernut befindet. Mittels Kupplung oder Riemenscheibe kann darüber die Pumpe angetrieben werden. Die Antriebswelle ist durch eine Buchse geführt, die im Gehäuse eingepresst ist. Diese Buchse dient als Zentrierhilfe und Distanzstück, falls die Antriebswelle durch eine Gestellwand geführt werden soll.

Die Explosionsdarstellung (►Abbildung 4.2) zeigt alle Einzelteile, wobei das beige gefärbte Gehäuse der Pumpe geschnitten dargestellt ist.

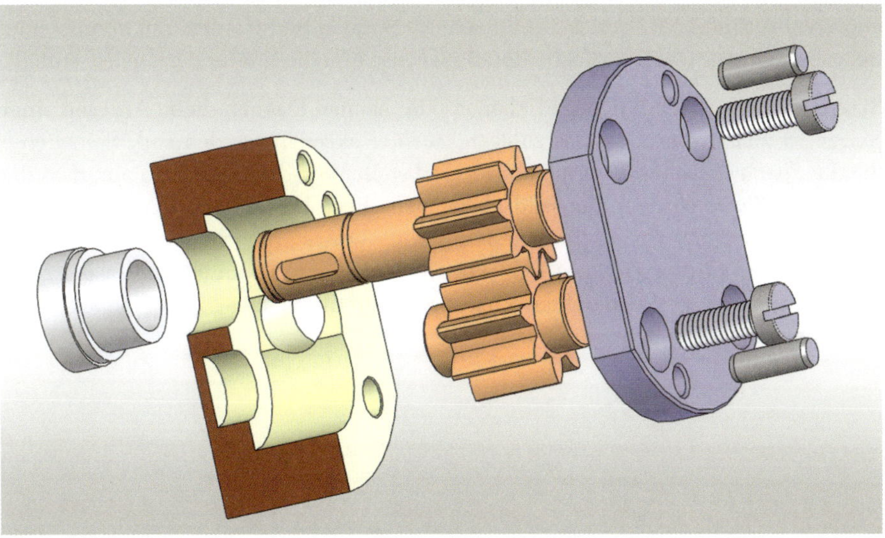

Abbildung 4.2: Explosionsdarstellung der Zahnradpumpe

Üblicherweise werden bei der routinemäßigen Arbeit mit dem CAD-System keine Normteile wie Schrauben und Stifte modelliert, sondern aus Bibliotheken eingefügt. In diesem Lehrbuch werden die Normteile nicht gesondert behandelt, sondern wie die anderen Teile modelliert. Damit steht am Ende des Kapitels auch ohne Normteilbibliothek der komplette Einzelteilsatz der Pumpe zur Verfügung.

Die folgenden Unterkapitel 4.2 bis 4.7 sind nach dem Beispiel Zahnradpumpe strukturiert. Innerhalb eines Unterkapitels wurden die Überschriften so gewählt, dass sie jeweils angeben, welche Befehle oder Arbeitsweisen in Bezug auf SolidWorks besprochen werden.

4.2 Buchse

Als erstes 3D-Modell soll die Buchse der Zahnradpumpe erstellt werden. Jedes Teil wird in einer Einzelteildatei gespeichert; Ausnahmen von dieser Regel werden später behandelt. Starten Sie SolidWorks und öffnen Sie ein neues Dokument, als Typ wählen Sie Teil. Speichern Sie die Datei und geben Sie ihr dabei den Namen Buchse. Die Dateierweiterung *.SLDPRT* steht für SolidWorks Part und wird automatisch angehängt. Zur besseren Übersichtlichkeit können Sie vorher ein Verzeichnis anlegen, in dem alle Dateien der Zahnradpumpe gespeichert werden.

4.2.1 Skizzierebene wählen, Ansicht einstellen

Die in Abbildungen 4.1 und 4.2 grau dargestellte Buchse ist ein hohles, rotationssymmetrisches Einzelteil mit drei Absätzen. Das komplette Einzelteil kann in einem einzigen Feature als AUFSATZ/BASIS ROTIERT modelliert werden. Zuvor muss eine Skizze angefertigt werden, die die Rotationsachse und die Kontur der Buchse enthält.

Skizzen befinden sich immer auf Ebenen oder ebenen Flächen. Beim Anlegen einer Skizze ist zuerst die Ebene festzulegen, auf der skizziert werden soll. Selektieren Sie die *Ebene vorne* im FeatureManager und stellen Sie die Ansicht so ein, dass die selektierte *Ebene vorne* in der Bildschirmebene liegt. Das ist zum Skizzieren meist sinnvoll. Verwenden Sie die Befehle zur Ansichtsausrichtung vom oberen Rand des Grafikfensters. Mit NORMAL AUF wird die selektierte Ebene/Fläche in die Bildschirmebene bewegt. Nochmaliges Ausführen zeigt die gleiche Ebene/Fläche aus der entgegengesetzten Richtung.

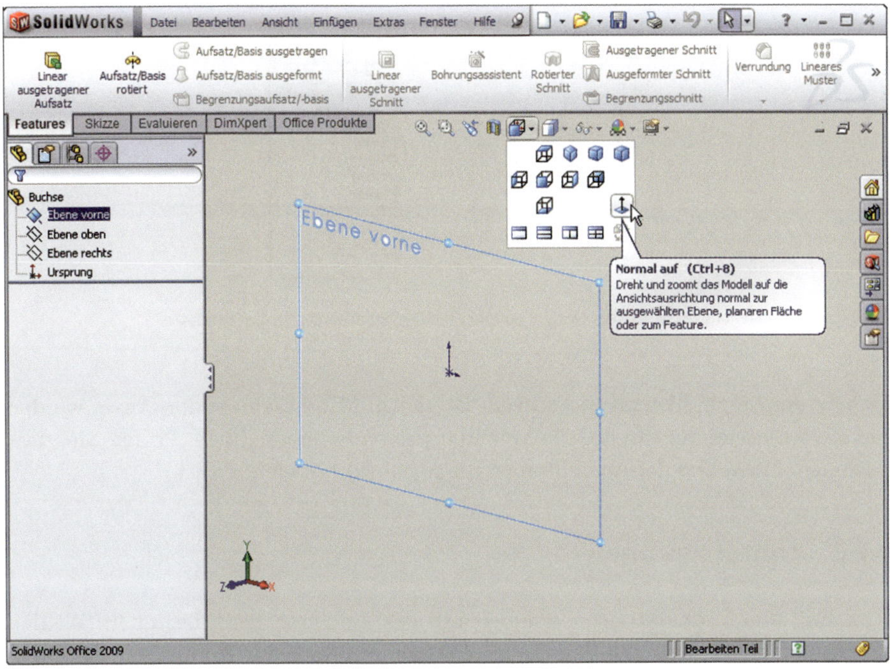

Abbildung 4.3: Selektierte Ebene in die Bildschirmebene bewegen

Der Befehl NORMAL AUF ist noch auf zwei andere Arten ausführbar (►Abbildung 4.4). Sobald Sie eine Ebene oder eine ebene Oberfläche selektieren, erscheint am Selektionspunkt neben dem Mauszeiger die Kontextsymbolleiste. In dieser ist auch der Befehl NORMAL AUF enthalten. Wenn Sie im FeatureManager selektieren, klicken Sie stets auf das Symbol und nicht auf den Text (Abbildung 4.4, linke Seite). Es kann sonst leicht passieren, dass der Text in den Änderungsmodus wechselt und Sie diesen erst wieder verlassen müssen.

Als weitere Möglichkeit der Ansichtsausrichtung steht Ihnen die Leertaste zur Verfügung. Diese ruft ein kleines Fenster mit dem Menü AUSRICHTUNG auf den Bildschirm. In diesem können Sie per Doppelklick den Befehl NORMAL AUF wählen (Abbildung 4.4, rechte Seite).

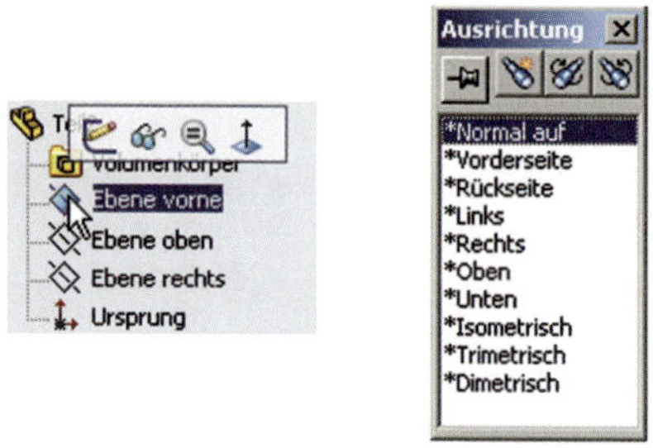

Abbildung 4.4: Aktivierung des Befehls Normal auf per Kontextsymbolleiste oder per Leertaste

Welche der Möglichkeiten Sie nutzen, ist gleich. Mit zunehmender Praxis werden Sie die am besten zu Ihren Gewohnheiten passende übernehmen. Prüfen Sie, dass nach dem Einstellen der Ansicht noch die *Ebene vorne* selektiert ist.

4.2.2 Kontur zeichnen

Nun sind alle Vorbereitungen erledigt und das Zeichnen kann beginnen. Wählen Sie im Befehlsmanager die Symbolleiste **Skizze**. In dieser finden Sie ganz links den Befehl SKIZZE. Mit Klick auf das Icon beginnen Sie auf der selektierten Ebene eine neue Skizze. Solange das Icon aktiviert („gedrückt") ist, befinden Sie sich im Skizziermodus. Nur der Vollständigkeit halber: Wenn Sie in dieser Situation das Icon erneut klicken, wird die Skizze beendet und ohne Rückfrage gelöscht, falls Sie nichts skizziert haben.

Mittellinie als Rotationsachse der Buchse

Nun soll als Erstes die spätere Rotationsachse der Buchse als Mittellinie gezeichnet werden. ►Abbildung 4.5 zeigt genau diese Situation:

- Die *Ebene vorne* ist selektiert, im FeatureManager ist *Ebene vorne* blau unterlegt und im Grafikbereich ist die Ebene hellblau ausgeleuchtet.
- Der Skizzenmodus ist aktiviert, das Icon ist „gedrückt".
- Die neue Skizze erscheint mit dem Namen *Skizze1* im FeatureManager unter dem grauen Querstrich.

  Der Befehl MITTELLINIE wird gewählt.

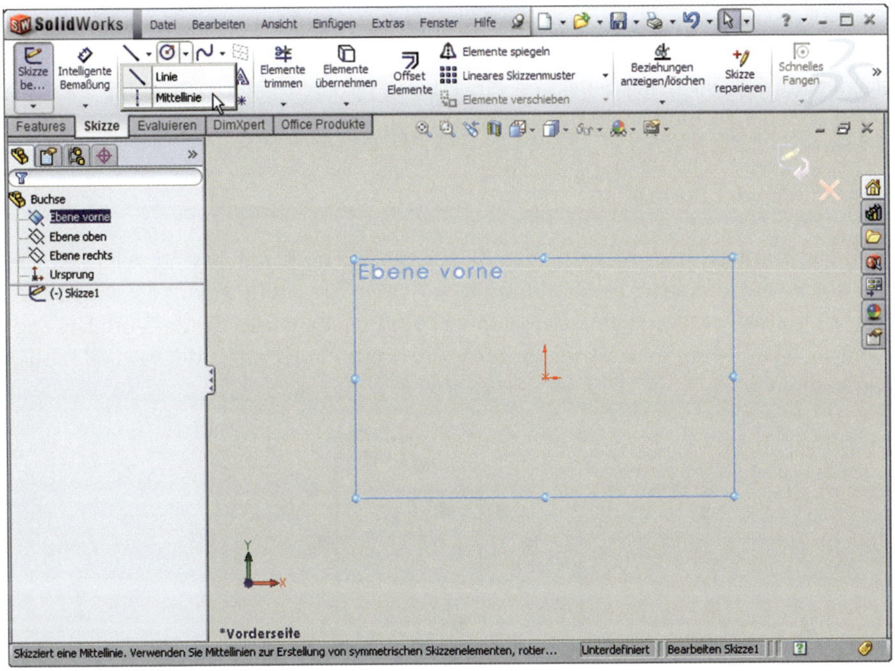

Abbildung 4.5: Die erste Skizze ist geöffnet und der Befehl Mittellinie wird gewählt

Nach Auswahl des Befehls MITTELLINIE wechselt der Mauszeiger sein Aussehen und zeigt damit an, dass das Linienwerkzeug gewählt ist. Bewegen Sie den Mauszeiger über den Koordinatenursprung. An dieser Stelle erscheint zusätzlich das Symbol für Deckungsgleich als Hinweis. Linksklicken Sie für den Anfangspunkt der Mittellinie, dieser wird exakt auf den Ursprung platziert. Bewegen Sie dann die Maus etwa 20mm nach links (►Abbildung 4.6) und klicken Sie den gewünschten Endpunkt der Mittellinie an. Diese sollte im Moment des Klicks Horizontal verlaufen. Sie erkennen das am gelben Symbol und an der Textangabe neben dem Mauszeiger, die die aktuelle Entfernung und den Winkel gegenüber dem letzten Punkt angibt.

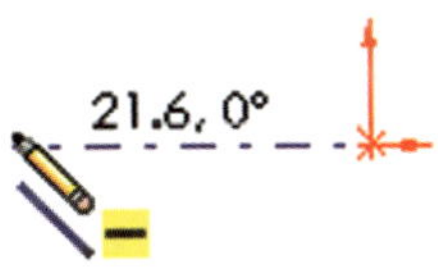

Abbildung 4.6: Zeichnen der Mittellinie vom Ursprung horizontal nach links

Nachdem das erste Liniensegment gezeichnet ist, bleibt SolidWorks im Linienmodus. Es können weitere Liniensegmente angehängt werden, solange bis Esc gedrückt wird oder ein anderer Befehl gewählt wird.

Linien können mit [Entf] gelöscht werden, wenn sie selektiert sind. Zum Selektieren muss der Auswahlmodus aktiv sein. Das erreicht man über das Icon oder Betätigen von [Esc]. Nach der Selektion einer Linie ist auch ein Löschbefehl über das Kontextmenü (rechte Maustaste) verfügbar.

Konturlinien der Buchse

Wählen Sie nun für die Kontur das Skizzierwerkzeug LINIE und zeichnen Sie die Kontur entsprechend (►Abbildung 4.7). Achten Sie auf lückenlos anschließende Segmente sowie waagerechte bzw. senkrechte Linien. Zeichnen Sie das vorletzte Segment so, dass Sie mit dem letzten Segment die Kontur horizontal oder vertikal schließen können.

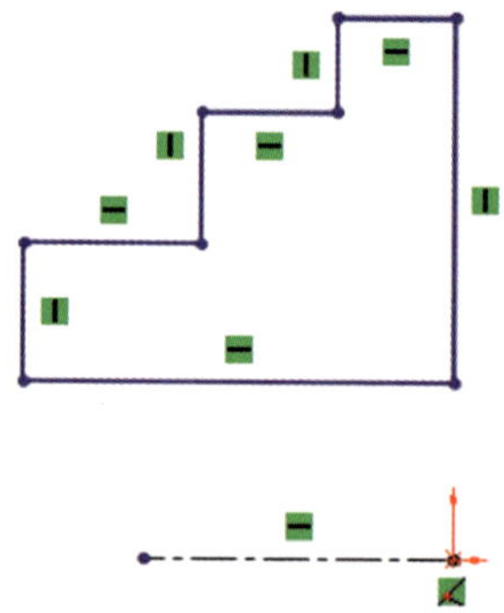

Abbildung 4.7: Konturlinie aus vertikalen und horizontalen Liniensegmenten

HINWEIS

Falls Linien misslingen, löschen Sie diese und zeichnen Sie sie neu. Skizzen sollten immer lückenlose und kreuzungsfreie Konturen enthalten. Zeichnen Sie niemals Linien mehrfach übereinander oder setzen Sie mehrere Linien mit gleicher Richtung aneinander. Wenn Sie unsicher sind, löschen Sie lieber das letzte Element und zeichnen Sie neu. Sie ersparen sich mit einwandfrei gezeichneten Konturen mannigfaltige Schwierigkeiten, die aus Lücken, mehrfachen Linien oder (eventuell kaum sichtbaren) überstehenden Stummeln resultieren.

Neben jeder Linie werden Symbole für die Linieneigenschaften gezeigt (Horizontal, Vertikal). Diese grünen Symbole entsprechen den während des Zeichnens dargestellten gelben. Die gelbe Farbe steht für die Vorschau der Eigenschaft und die grüne Farbe für die übernommene Eigenschaft. Die Anzeige kann über MENÜ→ANSICHT→SKIZZENBEZIEHUNGEN gesteuert werden.

Alternativ können Sie zum Zeichnen von Linien auch die Maus vom Anfangspunkt mit gehaltener linker Maustaste zum Endpunkt der Linie bewegen und dort loslassen.

HINWEIS

4.2.3 Kontur bemaßen

Bis hierher wurde die Kontur ohne Berücksichtigung der Abmessungen gezeichnet. Im nächsten Schritt entsteht nun die Bemaßung der Kontur (►Abbildung 4.8). Der Bemaßungsmodus wird durch INTELLIGENTE BEMASSUNG aktiviert.

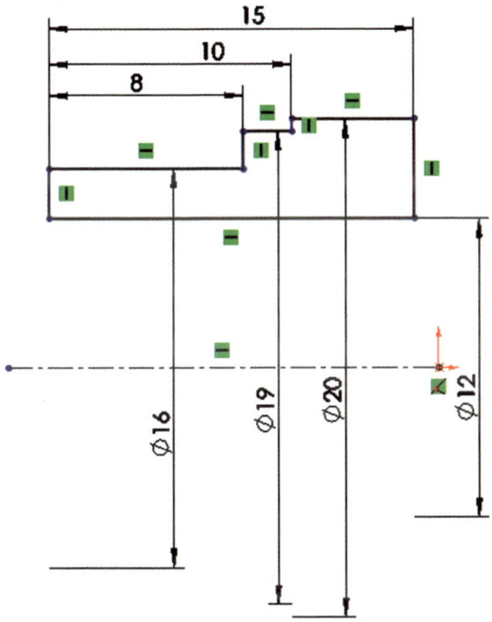

Abbildung 4.8: Bemaßte Kontur

Allgemeines Vorgehen beim Bemaßen

Beim Bemaßen ändern die gezeichneten Linien mit dem Antragen der gewünschten Maßzahlen ihre Länge. Damit es dadurch zu möglichst wenigen Komplikationen kommt, beachten Sie zwei Grundregeln:

- Beginnen Sie mit den kleinen Maßen und bemaßen Sie große Längen oder Durchmesser zuletzt. Die Gefahr von Verschlingungen oder Verzerrungen der Kontur ist dann kleiner.

- Bevorzugen Sie bei Konturlinien aus horizontalen und vertikalen Segmenten Maße zwischen Linien gegenüber Maßen zwischen Punkten.

Den unterschiedlichen Maßtypen ist gemeinsam, dass zuerst die zu bemaßenden Elemente (Linien oder Linienendpunkte) geklickt werden und zuletzt die Position des Maßes in der Skizze. Bevor Sie die Maßposition klicken, ist das Maß schon sichtbar und bewegt sich mit dem Mauszeiger. Platzieren Sie Maße etwas entfernt von den Konturlinien (5 ... 15 mm). Sobald die Maßposition gewählt ist, erscheint eine Dialogbox mit der aktuellen Abmessung. In diese kann die gewünschte Maßzahl eingetragen werden.

Buchsenkontur bemaßen

Für das Bemaßen linearer Skizzensegmente gibt es drei Verfahren:

- **Bemaßung von Linienlängen**, z. B. Maß 8 in Abbildung 4.8:

  erster Klick auf Linie (etwa in die Mitte), zweiter Klick auf Maßposition, Maßzahl eintragen

- **Bemaßung zwischen Linien**, z. B. Maß 10 in Abbildung 4.8:

  erster Klick auf Startelement (linke senkrechte Linie), zweiter Klick auf Endelement (kurze senkrechte Linie am Ende des Absatzes), dritter Klick auf Maßposition, Maßzahl eintragen

- **Bemaßung von Durchmesser/Radius**: z. B. Durchmessermaß 12 in Abbildung 4.8:

  erster Klick auf Mittellinie, zweiter Klick auf Mantellinie (lange waagerechte Linie), dritter Klick auf Maßposition unterhalb der Mittellinie, Maßzahl eintragen

  Wenn die Position oberhalb der Mittellinie gewählt wird, entsteht eine Bemaßung des Konturradius. Das ist zwar geometrisch korrekt aber in der Technik unüblich. Bei Rotationsteilen immer Durchmesserbemaßungen bevorzugen!

Innerhalb einer Skizze können angetragene Bemaßungen nach Doppelklick auf die Maßzahl geändert werden. Maßpositionen können durch Verschieben der Maßzahl mit gedrückter linker Maustaste verändert werden. Ein Durchmessermaß ändert sich dadurch nicht in ein Radienmaß.

Voll definierte und überdefinierte Skizzen

Während die Bemaßungen angetragen werden, verändern die Linien nach und nach ihre Farbe von Blau nach Schwarz. **Schwarze Linien** werden als **„voll definiert“** bezeichnet. Das heißt, ihre Lage und Abmessungen sind eindeutig bestimmt. Weitere Maße an solchen Linien würden die Skizze „überdefinieren“.

►Abbildung 4.9 zeigt einen solchen Fall. Es wird versucht, in die Skizze der Buchse ein weiteres Maß für die Länge des rechten Absatzes einzufügen. Da sich die Länge bereits aus den vorhandenen Maßen ergibt, bringt SolidWorks eine Fehlermeldung. Alle vorher eingefügten Maße sind **steuernde Bemaßungen**. Das heißt, Änderungen der Maßzahl bewirken Änderungen der bemaßten Elemente. Würde das neue Maß 5 ebenfalls steuernd sein, entstünde in der Skizze potenziell ein Konflikt mit den Maßen 10 und 15. Sofern der Konflikt nicht beispielsweise durch Löschen eines anderen Maßes gelöst wird, besteht die Gefahr permanenter Fehlermeldungen und unerwünschter Konturänderungen.

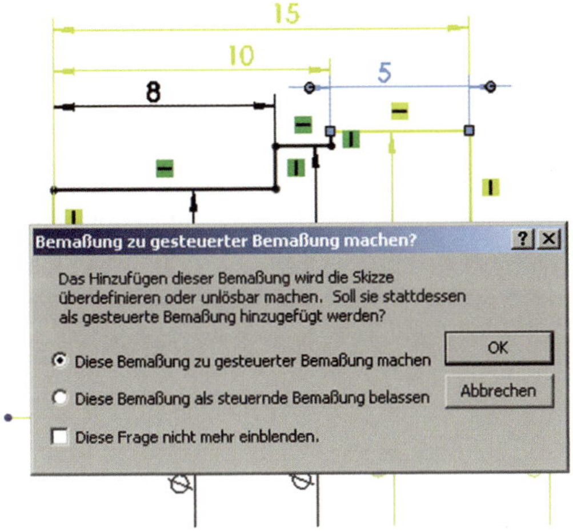

Abbildung 4.9: Einfügen eines überdefinierenden Maßes in die Skizze

SolidWorks bietet als Alternative eine **gesteuerte Bemaßung** an. Diese würde die Geometrie nicht beeinflussen und hätte rein informativen Charakter. Keine der Alternativen ist sinnvoll. Die Fehlermeldung weist in der Regel auf ein unlogisches Vorgehen beim Bemaßen hin und das betreffende Maß sollte nicht angetragen werden (Abbrechen wählen).

4.2.4 Beziehungen einfügen

Skizzen sollten immer aus voll definierten Elementen bestehen. Betrachtet man Abbildung 4.8, sind trotz vollständiger Bemaßung immer noch die vertikalen Linien blau gefärbt. In der Skizze fehlt eine Relation der Kontur zum Koordinatenursprung. Derartige Relationen zwischen Skizzenelementen werden meist nicht durch Bemaßungen, sondern durch Beziehungen angegeben.

Automatische Beziehungen beim Zeichnen

Die einfachsten Beziehungen, die jeweils für ein Liniensegment gelten, sind die schon stillschweigend benutzten Beziehungen Horizontal und Vertikal. Diese wurden beim Skizzieren der Mittellinie und der Konturlinien automatisch eingefügt und mit den Symbolen und angezeigt.

Eine weitere Beziehung wurde automatisch eingefügt, als Sie den ersten Punkt der Mittellinie geklickt hatten. Der Anfangspunkt der Linie liegt genau über dem Ursprung, was mit der Beziehung Deckungsgleich angegeben wird. Deckungsgleich heißt, zwei Punkte liegen am selben Ort in der zweidimensionalen Skizze oder ein Punkt liegt in Flucht mit einer Linie. Der Punkt kann auf der Linie liegen, muss aber nicht.

Manuell eingefügte Beziehungen

Um die Skizze der Buchse vollständig zu definieren, kann abschließend eine Deckungsgleich-Beziehung zwischen dem Ursprung und der rechten Senkrechten manuell eingefügt werden (►Abbildung 4.10). Hierzu gibt es zwei Möglichkeiten, die sich durch die Ausführungsreihenfolge unterscheiden.

a. In der Symbolleiste Skizze im Flyout Beziehungen anzeigen/löschen findet sich der Befehl BEZIEHUNG EINFÜGEN. Starten Sie den Befehl und selektieren Sie dann den Ursprungspunkt der Skizze und die rechte Konturlinie. Die selektierten Elemente werden im Dialogfeld Ausgewählte Elemente eingetragen. Aus dem Dialogfeld können Sie Elemente bei Bedarf auch wieder löschen.

   Nachdem die richtigen Elemente gewählt sind, können Sie im Dialogfeld Beziehungen hinzufügen die gewünschte Beziehung Deckungsgleich auswählen. Die Konturlinie springt in diesem Moment an die richtige Stelle. Alle Linien sind nunmehr schwarz und damit voll definiert.

b. Sie müssen im Auswahlmodus sein, eventuell den vorigen Befehl mit Esc abbrechen. Selektieren Sie den Ursprungspunkt und die rechte Begrenzungslinie. Drücken Sie dabei Strg für die Mehrfachselektion.

   Sobald beide Elemente gewählt sind, wird automatisch der Befehl BEZIEHUNG EINFÜGEN gestartet und die Selektion ins Dialogfeld Ausgewählte Elemente übernommen. Sie können nun wie unter a. weiterarbeiten.

   Am schnellsten sind Sie mit der Kontextsymbolleiste: Diese erscheint, sobald Sie nach erfolgter Selektion Strg loslassen. Sie können die Beziehung unmittelbar neben Ihrer aktuellen Mausposition wählen (►Abbildung 4.10). Im Dialogfeld links sehen Sie die gleichen Symbole mit Beschriftung. Dort können Sie sich vergewissern, dass Sie das richtige Symbol in der Kontextsymbolleiste wählen.

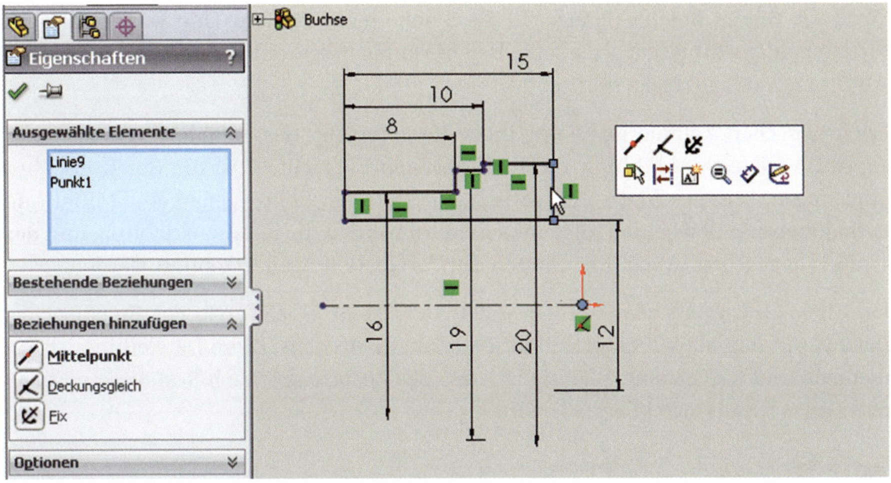

Abbildung 4.10: Manuelles Einfügen einer Deckungsgleich-Beziehung

Die zweite Vorgehensweise ist zeitsparender als die erste und durch sehr kurze Mausbewegungen effizient. Da das Einfügen von Beziehungen eine sehr häufige Tätigkeit ist, kann dabei erheblich Zeit gewonnen werden.

Die Rücknahme bestehender Selektionen beim Einfügen von Beziehungen erreichen Sie am einfachsten, indem Sie die Maus an eine Stelle im Grafikfenster bewegen, wo nichts dargestellt ist, und links klicken. Einzelne selektierte Elemente können Sie durch nochmaliges Anklicken wieder deselektieren. Wenn dabei andere Elemente selektiert sind und dies auch bleiben sollen, halten Sie wieder Strg.

HINWEIS

Schwierigkeiten beim Einfügen von Beziehungen nach beiden Varianten resultieren häufig aus ungeeigneten Selektionen. Prüfen Sie immer mit einem Blick ins Dialogfeld Ausgewählte Elemente, ob die dort gelisteten Elemente korrekt sind. Sie müssen weiterhin wissen, dass nach dem Einfügen der Beziehung die Selektion der Elemente zunächst erhalten bleibt. Wird anschließend unmittelbar mit Strg die Selektion für die nächste Beziehung fortgesetzt, entstehen eventuell unbeabsichtigt nicht verwendbare Selektionsmengen. SolidWorks bietet dann keine oder nicht die erwarteten Beziehungen zur Auswahl an.

4.2.5 Volumenoperation ausführen

Nachdem alle Skizzenelemente voll definiert sind, ist die Skizze fertiggestellt und kann in einem Featurebefehl verwendet werden. Fast alle Featurebefehle können unmittelbar aus dem Skizzenmodus gestartet werden, ohne zuvor die Skizze explizit zu beenden.

Wechseln Sie im BefehlsManager in die Symbolleiste **Features**. Dort werden alle für die momentane Situation geeigneten Befehle farbig dargestellt. Starten Sie den Befehl AUFSATZ/BASIS ROTIERT.

Nach dem Start können im Dialog links die Parameter des Befehls eingestellt bzw. geprüft werden (►Abbildung 4.11). Im obersten Eingabefeld ist die Rotationsachse eingetragen. Dies geschieht automatisch, sofern in der Skizze genau eine Mittellinie enthalten ist. In den beiden folgenden Feldern werden die Rotationsrichtung und der -winkel angegeben. Auch hier können die Voreinstellungen akzeptiert werden.

Bei **allen Featurebefehlen wird in einer Voransicht gezeigt**, wie das Ergebnis des Befehls mit den aktuell eingestellten Parametern aussieht. Diese Darstellung ist immer gelb und transparent. Wichtig ist, dass das Feature erst nach **Bestätigung mit ✔ oben links im Dialogfeld erstellt** wird.

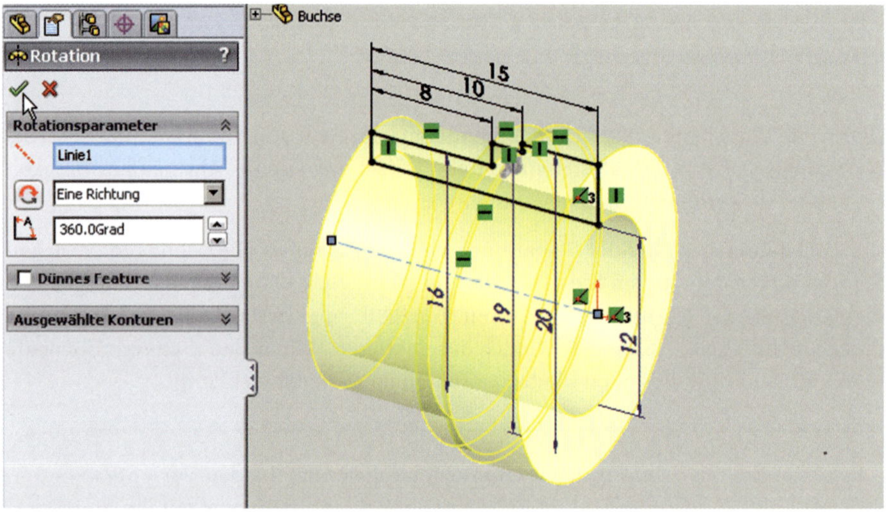

Abbildung 4.11: Volumenerzeugung mit dem Featurebefehl Aufsatz/Basis rotiert

Nach dem Abschluss des Featurebefehls wird das Modell nichttransparent mit der aktuellen Farbe dargestellt (►Abbildung 4.12). Links ist wieder der FeatureManager zu sehen. Die Skizze ist dem Feature untergeordnet. Die Bezeichnungen *Skizze1* und *Rotation1* werden von SolidWorks vergeben und können bei Bedarf geändert werden. Dazu müssen die Texte selektiert und nochmals angeklickt werden.

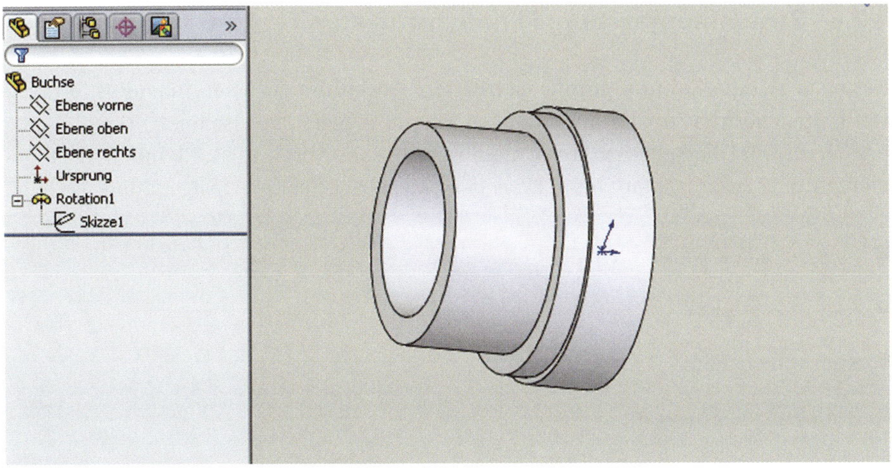

Abbildung 4.12: Fertiggestelltes Modell der Buchse

Übung

Erstellen Sie selbst ein Modell der Buchse. Zum Vergleich finden Sie eine Lösung in der Datei *Buchse.SLDPRT*.

Modellieren Sie den Bolzen nach ►Abbildung 4.13. Die Gesamtlänge des Bolzens beträgt 80 mm. Wählen Sie 8 mm Kopfhöhe und 16 mm Länge für den dünneren Abschnitt am anderen Ende. Nehmen Sie 22 mm für den Kopfdurchmesser, 14 mm am Schaft und 12 mm für den Zapfen.

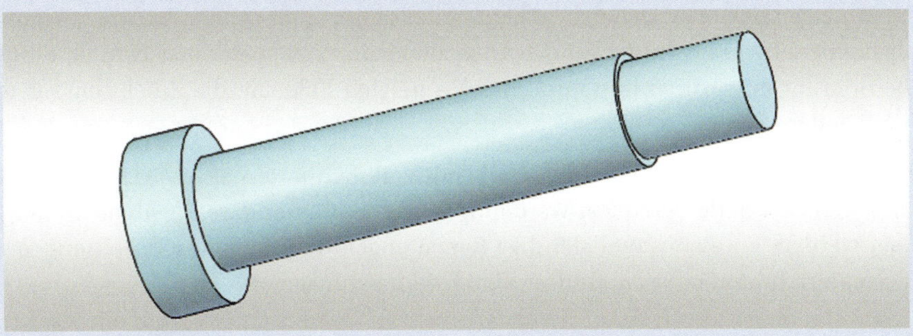

Abbildung 4.13: Bolzen

Ihre **Lösung** können Sie mit der in der Datei *Bolzen.SLDPRT* vergleichen.

4.2.6 Zusammenfassung: Fünf Schritte zum Feature

Das erste Teil der Zahnradpumpe ist mit dem Abschluss des Featurebefehls fertiggestellt. Speichern Sie die Datei und lassen Sie die Vorgehensweise noch einmal Revue passieren. Die Überschriften der Unterabschnitte im Abschnitt 4.2 können als allgemeingültiger Arbeitsablauf beim Erzeugen skizzierter Features festgehalten werden:

- Skizzierebene wählen, Ansicht einstellen;
- Kontur zeichnen;
- Kontur bemaßen;
- Beziehungen einfügen;
- Volumenoperation ausführen.

Die angeführte Schrittfolge ist nicht als Dogma zu verstehen. Im Sinn einer Empfehlung und als Checkliste ist sie in jedem Fall tauglich. Insbesondere bei komplizierteren Skizzen kann ein ständiger Wechsel zwischen Kontur bemaßen und Beziehungen einfügen sinnvoll sein.

Ziel der Arbeit in der Skizze sollte stets eine voll definierte Skizze sein. Andererseits soll nicht verschwiegen werden, dass auch nicht voll definierte Skizzen in den Featureoperationen akzeptiert werden. Für den Moment scheint erst einmal alles zu funktionieren. Probleme zeigen sich, wenn später Features exakt auf Kanten oder Flächen von Features ausgerichtet werden sollen, die auf nicht voll definierten Skizzen basieren. Scheinbar unsichtbare Nuten, die knapp unter der Oberfläche verlaufen oder winzige Lücken zwischen anscheinend zusammenhängenden Volumen können Folgen mit schwer zu entdeckenden Ursachen sein. Viel später erst können elliptische Bohrungen, verursacht von minimal geneigten Flächen, die Zeichnungserstellung scheitern lassen.

Auf der sicheren Seite ist man jedenfalls mit voll definierten Skizzen. Insbesondere dann, wenn Modelle verändert werden müssen oder an andere Personen weitergegeben werden, können unvollständige Bemaßungen oder fehlende Beziehungen zu Folgefehlern führen oder zumindest Rückfragen verursachen.

4.2.7 Ändern von Features

Müssen Features nach ihrer Erstellung geändert werden, ist das im Prinzip sehr einfach möglich. Probleme können entstehen, wenn Sie mit den Strukturelementen in SolidWorks noch nicht ganz vertraut sind. Das Wichtigste ist, den **Überblick über die Elemente im FeatureManager** zu behalten und sich über den **momentanen Arbeitsmodus im Klaren** zu sein.

Im Skizzen-Modus sind Sie, wenn:

- Skizzenelemente blau oder schwarz dargestellt sind,
- Maße sichtbar und änderbar sind,
- das Koordinatensymbol im Skizzenursprung rot dargestellt ist,
- das Icon Skizze in der Symbolleiste Skizze aktiviert ist.

Andernfalls befinden Sie sich im Feature-Modus, in dem Sie immer sein müssen, wenn Sie ein Feature (und nicht dessen Skizze) ändern möchten. Es gibt drei Bereiche, in denen Sie ändern können: das Feature, die Skizze zu seiner Erzeugung und die Skizzierebene der Skizze. Die Änderung beginnen Sie, indem Sie im FeatureManager auf das entsprechende Feature- oder Skizzensymbol klicken und aus der Kontextsymbolleiste einen der drei Befehle wählen:

FEATURE BEARBEITEN: SolidWorks startet den Befehl, mit dem das Feature generiert wurde, und zeigt alle beim Erzeugen verwendeten Parameter an. Diese können verändert und in der Voransicht geprüft werden. Die Änderung wird mit Bestätigung im Dialogfeld abgeschlossen (oben links).

SKIZZE BEARBEITEN: SolidWorks wechselt mit der ausgewählten Skizze in den Skizzenmodus. Es stehen alle Skizzenbefehle zur Verfügung, wie Linien zeichnen/löschen, Bemaßungen einfügen/ändern, Beziehungen einfügen/ändern usw. Nach dem Ändern muss die Skizze explizit geschlossen werden, damit das Modell wieder aktualisiert wird. Klicken Sie , um die Skizze zu schließen.

SKIZZIEREBENE BEARBEITEN: SolidWorks bietet eine Neuwahl der Skizzierebene an. Im Dialogfeld ist die aktuelle Skizzierebene eingetragen, eine andere kann selektiert werden. Unkritisch ist die Verschiebung von Skizzen zwischen parallelen Ebenen, was auch den häufigsten Fall darstellt. Liegen die Ebenen nicht parallel, können durch die Verschiebung Skizzenbeziehungen unlösbar werden. Eine anschließende Änderung der Skizze ist dann erforderlich. Beenden Sie den Befehl wie beim Feature ändern mit Bestätigung oben links im Dialogfeld.

HINWEIS

Während einer Änderung werden alle Features und Skizzen nicht angezeigt, die unter der Position des geänderten Elements im FeatureManager stehen. Wenn durch die Änderung nachfolgende Features oder Skizzen nicht mehr berechnet werden können, gibt SolidWorks Warn- oder Fehlermeldungen aus. Die betroffenen Features und Skizzen müssen dann ebenfalls geändert werden.

4.3 Deckel und Stift

Das zweite Teil der Zahnradpumpe, der Deckel, ist ein prismatisches Teil mit diversen Bohrungen (►Abbildung 4.14). Auf der Außenseite sind vier Durchgangsbohrungen mit Senkung für Zylinderschrauben M6 und zwei Durchgangsbohrungen für Zylinderstifte Durchmesser 5 sichtbar. Die Innenseite zeigt zusätzlich die Lagerstellen der Wellen in Form von Grundbohrungen. Eine Fase bricht die umlaufende Außenkante des Deckels.

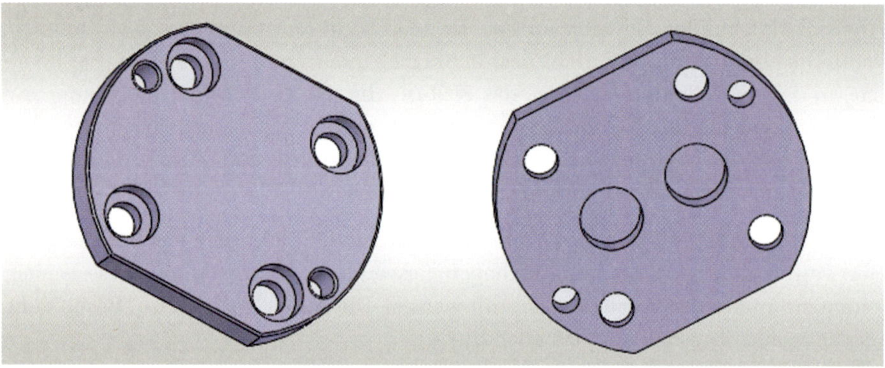

Abbildung 4.14: Außenseite (links) und Innenseite (rechts) des Deckels der Zahnradpumpe

Aus Sicht der Modellierung ist der Deckel ein typisches Austragungsteil. Zuerst wird die Grundform (Kreisscheibe mit abgeschnittenen Seiten) skizziert und danach linear ausgetragen. Im Gegensatz zur Buchse im vorigen Abschnitt werden mehrere skizzierte Features benötigt, um die vollständige Form zu erzeugen.

4.3.1 Grundform als linear ausgetragener Aufsatz

Beginnen Sie eine neue Datei, speichern Sie sie unter dem Namen *Deckel.SLDPRT*. Verfahren Sie anschließend nach der im letzten Abschnitt eingeführten Reihenfolge, um die Grundform zu erzeugen:

Skizzierebene wählen, Ansicht einstellen

Die notwendigen Handlungen in Kurzform:

1. *Ebene vorne* selektieren,
2. Ansicht in die Bildschirmebene drehen NORMAL AUF,
3. Symbolleiste Skizze, neue Skizze beginnen SKIZZE.

Kontur zeichnen

Wählen Sie den Befehl KREIS. Klicken Sie den Mittelpunkt des Kreises auf den Ursprung und ziehen Sie den Kreis auf, Radius etwa 30mm. Klicken Sie einen zweiten Punkt auf dem Kreisumfang.

Zwei waagerechte Linien geben die späteren geraden Kanten vor. Verwenden Sie das Werkzeug LINIE. Klicken Sie jeweils die Anfangs- und Endpunkte der Linien auf die Kreislinie.

Da zwei nicht zusammenhängende Einzellinien benötigt werden, müssen Sie den Linienbefehl nach der ersten Linie abbrechen [Esc] und neu wählen. An Stelle der Neuwahl aus der Symbolleiste können Sie auch [Return] drücken. SolidWorks wiederholt dadurch den letzten Befehl.

Eine weitere Alternative besteht darin, einen Linienzug mit drei Segmenten zu zeichnen und das verbindende mittlere Segment anschließend zu löschen. Diese Variante wurde in ►Abbildung 4.15 angewandt. Die Abbildung zeigt die Situation vor dem Löschen des nicht benötigten Verbindungsstücks.

Zeichnen Sie weiterhin vom Ursprung aus eine MITTELLINIE etwa 30mm nach rechts oder links.

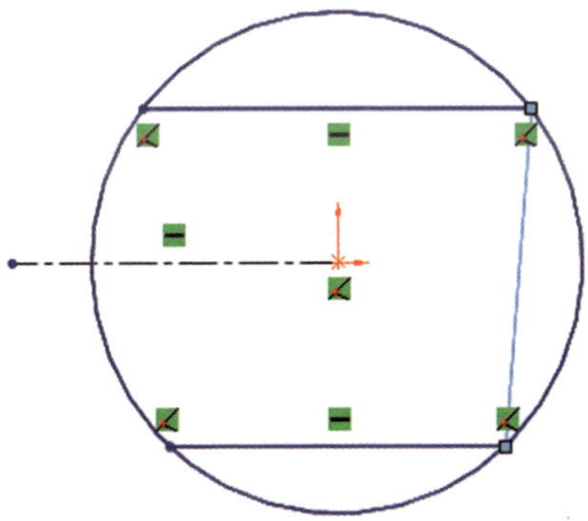

Abbildung 4.15: Skizze der Kontur für die Grundform des Deckels

Kontur bemaßen

Bemaßen Sie nun mit dem Werkzeug INTELLIGENTE BEMASSUNG den Abstand zwischen den waagerechten Linien und den Kreisdurchmesser. Für die Bemaßung des Kreises klicken Sie zuerst auf die Kreislinie und platzieren mit dem zweiten Klick das Maß. Es ergibt sich die Skizze nach ►Abbildung 4.16.

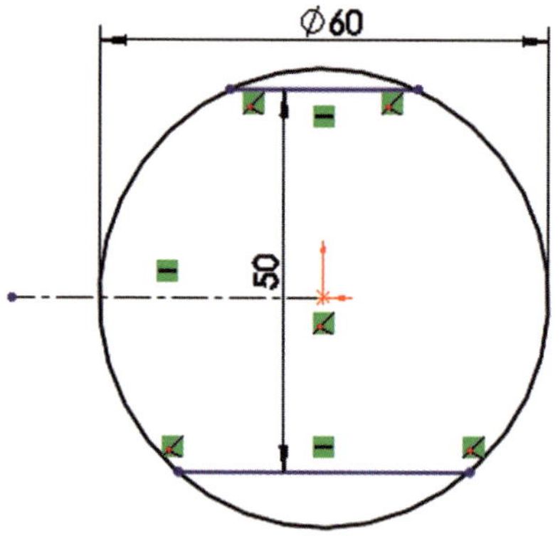

Abbildung 4.16: Bemaßte Konturskizze

Beziehungen einfügen

Die meisten Beziehungen wurden beim Zeichnen bereits automatisch eingefügt. Sie sollten insgesamt fünf Deckungsleich- und drei Horizontal-Beziehungen in der Skizze erzeugt haben. Deckungsgleich sind jeweils die Linienendpunkte auf der Kreislinie und der Mittellinienstartpunkt zum Ursprung.

An der blauen Farbe der horizontalen Linien ist zu sehen, dass diese noch nicht voll definiert sind. Neben dem Abstand ist noch eine Beziehung notwendig, die die Linien so platziert, dass gleiche Teile der Kreislinie geschnitten werden. Die geeignete Beziehung ist Symmetrisch. Um die Beziehung Symmetrisch einzufügen, müssen immer drei Skizzenelemente gewählt werden. Eines davon muss eine Mittellinie sein. Wählen Sie die drei Linien der Skizze aus und fügen Sie die Beziehung ein (►Abbildung 4.17).

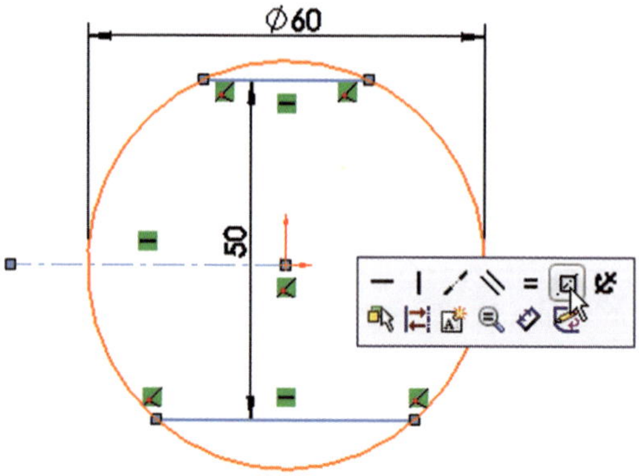

Abbildung 4.17: Beziehung Symmetrisch über die Kontextsymbolleiste einfügen

Volumenoperation ausführen

Wesentliche Voraussetzung für den Featurebefehl ist, dass eine **voll definierte Skizze** vorliegt. Das ist nun der Fall. Eine weitere Regel sollte ebenfalls erfüllt sein, damit die Skizze ohne Probleme verwendbar ist: Skizzen sollten eine oder mehrere **geschlossene, sich nicht kreuzende Konturlinien** enthalten. Hier wird genau die Umrisslinie des Deckels benötigt. Teile der Kreislinie gehören nicht dazu und müssen noch entfernt werden. Dazu kann der Befehl ELEMENTE TRIMMEN benutzt werden (►Abbildung 4.18).

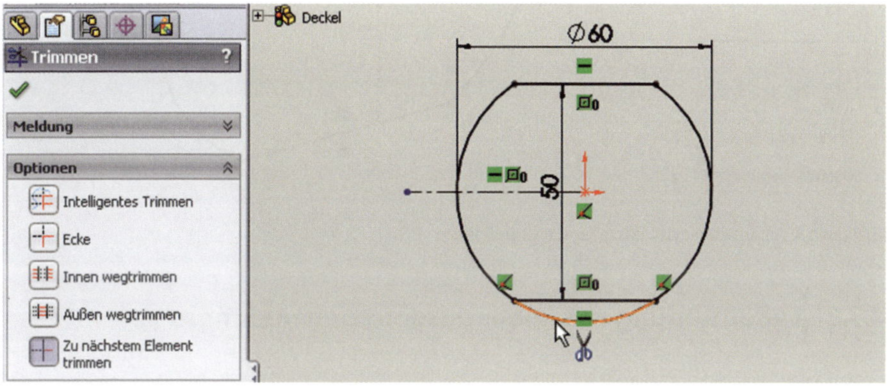

Abbildung 4.18: Entfernen der nicht benötigten Kreisteile

Wählen Sie im Dialogfeld Optionen die untere: Zu nächstem Element trimmen. Bewegen Sie dann den Mauszeiger über die Konturlinien und klicken Sie die zu entfernenden Kreislinienstücke an.

Nun kann die Skizze ausgetragen werden. Wechseln Sie in die Symbolleiste Features und starten Sie den Befehl LINEAR AUSGETRAGENER AUFSATZ. Tragen Sie die Austragungsparameter im Dialogfeld Richtung 1 ein. Eine Austragung mit einer bestimmten Entfernung wird in SolidWorks als Blind bezeichnet. Im Fall des Deckels beträgt diese Entfernung 8 mm. Alle anderen Eingabefelder bleiben leer. Prüfen Sie abschließend die Voransicht und führen Sie den Befehl aus (✔ links oben) (►Abbildung 4.19).

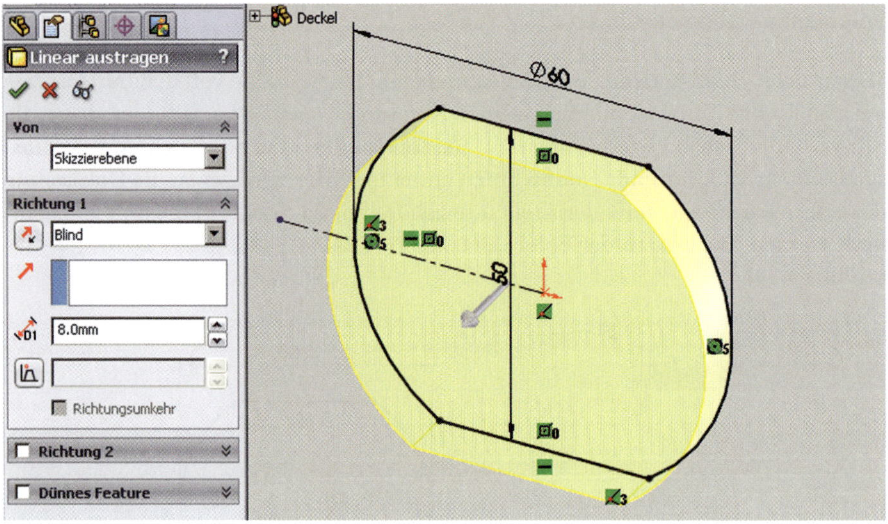

Abbildung 4.19: Austragen der Skizze für die Grundform

4.3.2 Lagerbohrung mit linear ausgetragenem Schnitt

In die fertiggestellte Grundform sollen nun die Lagerbohrungen eingebracht werden. Die Form einer Bohrung wird mittels skizziertem Feature LINEAR AUSGETRAGENER SCHNITT erzeugt. Innen- und Außenseite des Deckels sind an der Grundform geometrisch nicht unterscheidbar. Wenn Sie das Modell drehen, sehen Sie, dass in der Mitte einer Seite der Koordinatenursprung liegt und diese Seite mit der Referenzebene *Ebene vorne* in einer Ebene liegt. Diese Seite soll als Innenseite definiert werden. Die Lagerbohrungen müssen also von dieser Seite ausgetragen werden. Daher ist auch die *Ebene vorne* die geeignete Skizzierebene.

Gehen Sie wieder in der bekannten Schrittfolge vor und erzeugen Sie die in ►Abbildung 4.20 dargestellte Skizze. Die Ansicht ist in der Abbildung etwas gedreht, um die räumliche Situation darzustellen. Zum Zeichnen drehen Sie die Ansicht besser mit NORMAL AUF in die Bildschirmfläche.

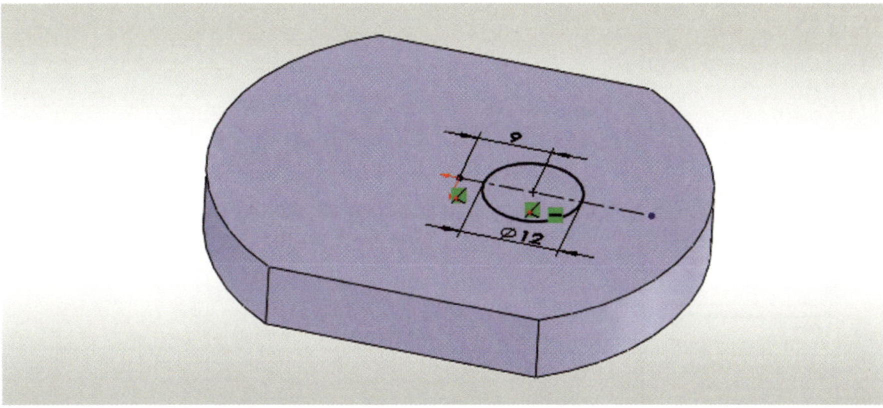

Abbildung 4.20: Skizze für die erste Lagerbohrung auf der Ebene vorne

Zeichnen Sie zuerst die Mittellinie (im Ursprung beginnen!) und dann den Kreis (Mittelpunkt auf die Mittellinie!), damit die Beziehungen Deckungsgleich automatisch eingefügt werden.

Beim Bemaßen wählen Sie für das Abstandsmaß 9 den Ursprungspunkt und die Kreislinie (nicht den Kreismittelpunkt!). Obwohl das Maß an den Mittelpunkt angefügt wird, bleibt es programmintern mit der Kreislinie verknüpft. Das ist zunächst unbedeutend, wird aber später bei der Modellierung der Wellen wichtig sein. Für das Durchmessermaß 12 ist ebenfalls die Kreislinie zu wählen.

In dieser Skizze müssen keine Beziehungen manuell eingefügt werden, da die Maße und die automatisch eingefügten Beziehungen die Skizze bereits voll definieren.

Der Featurebefehl LINEAR AUSGETRAGENER SCHNITT ist dem Austragungsbefehl sehr ähnlich. Nach dem Start sind die Parameter einzustellen (►Abbildung 4.21). Als Endbedingung ist wiederum Blind einzustellen und als Maß 6 mm. Wichtig ist, dass der Schnitt tatsächlich in Richtung des Materials verläuft und nicht ins Leere. Prüfen Sie daher die Voransicht; drehen Sie dazu das Modell! Die beiden möglichen Richtungen können mit der Schaltfläche Richtung umkehren getestet werden.

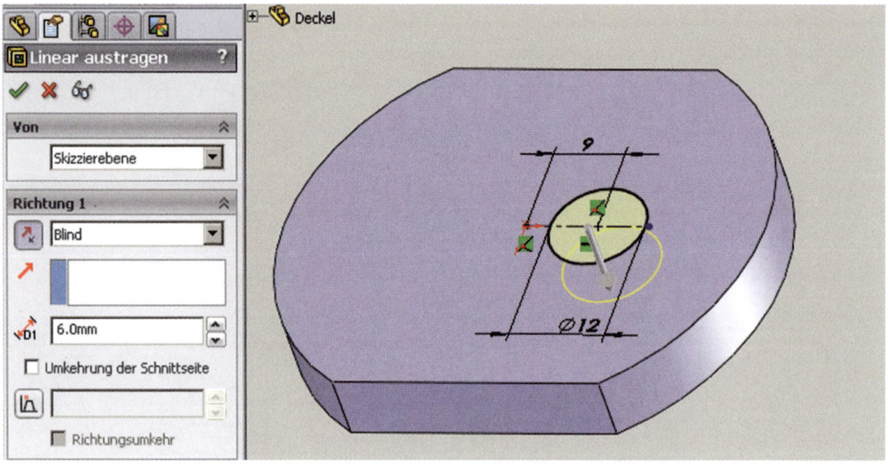

Abbildung 4.21: Linear ausgetragener Schnitt für die erste Lagerbohrung

Führen Sie nach der Einstellung aller Parameter und der Prüfung der Schnittrichtung den Befehl aus ✔.

4.3.3 Lagerbohrung spiegeln

Die zweite Bohrung wird durch Spiegeln der ersten an der Mittelebene des Deckels entstehen. Es wäre selbstverständlich auch möglich gewesen, in die vorige Skizze zwei Kreise zu zeichnen und beide Bohrungen zugleich auszutragen.

SPIEGELN ist ein angewandtes Feature, das bedeutet, der Befehl kann ohne vorherige Anfertigung einer Skizze direkt aus der Symbolleiste **Features** aufgerufen werden (►Abbildung 4.22). Nach dem Start des Befehls ist die gewünschte **Spiegelfläche/-ebene** zu wählen. Da der Koordinatenursprung in der Deckelmitte liegt, kann dafür eine Referenzebene verwendet werden. Wählen Sie als Spiegelebene die *Ebene rechts*. Um die Ebene zu selektieren, ist der FeatureManager geeignet, der jedoch zunächst durch das Dialogfeld des Befehls SPIEGELN verdeckt ist.

Um den FeatureManager sichtbar zu machen, gibt es zwei Möglichkeiten:

a. Klicken Sie im Grafikbereich auf das Pluszeichen in der linken oberen Ecke. Daraufhin wird der FeatureManager eingeblendet. Wenn Sie nun den Mauszeiger über die Einträge bewegen, werden die entsprechenden Referenzebenen oder Features ausgeleuchtet und Sie können sehr bequem das richtige Element wählen.

b. Sie können alternativ das Dialogfeld **Spiegeln** nach unten schieben und damit den FeatureManager wieder sichtbar machen. Fassen Sie dazu mit der Maus die graue Linie zwischen BefehlsManager und Dialogfeld **Spiegeln** und ziehen Sie diese nach unten. Dann können Sie Elemente selektieren, wie unter a. beschrieben.

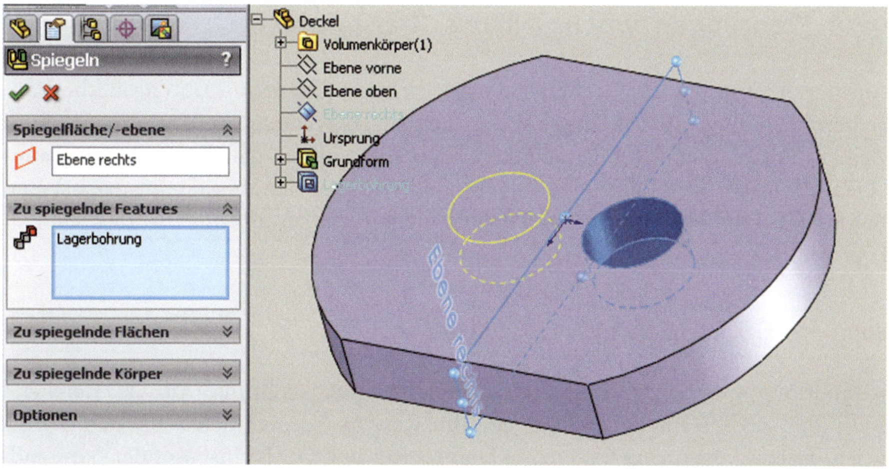

Abbildung 4.22: Spiegeln der ersten Lagerbohrung

Nach der Auswahl der Spiegelebene müssen **Zu spiegelnde Features** selektiert werden. Wählen Sie hier die zuletzt erzeugte Bohrung. In Abbildung 4.22 sehen Sie, dass von der Möglichkeit Gebrauch gemacht wurde, Features passend zu benennen. Bei Befehlen wie Spiegeln erleichtert das die Auswahl, insbesondere, wenn viele Einträge im FeatureManager zu finden sind.

Richtige Selektion in Featurebefehlen

Bei der Selektion der Elemente in die entsprechenden Eingabefelder können für den Ungeübten Probleme auftreten. Achten Sie immer darauf, welches **Eingabefeld blau unterlegt** und umrahmt ist. Dieses Eingabefeld ist das **aktive Feld** und erwartet die nächste Selektion. Innerhalb des aktiven Eingabefelds können auch falsche Selektionen gelöscht werden. Wenn ein bestimmtes Eingabefeld zum aktiven werden soll, können Sie in dieses Feld klicken.

SolidWorks bemüht sich, den Anwender zu unterstützen. Wenn beispielsweise der Befehl SPIEGELN aufgerufen wird und in diesem Moment bereits Elemente (Referenzebenen oder Features) selektiert sind, versucht SolidWorks, die selektierten Elemente sinnvoll in die Eingabefelder zu verteilen. Das kann man gezielt ausnutzen, man kann aber natürlich auch unerwünschte Einträge in die Eingabefelder „zaubern". Abhängig von vorhandenen Selektionen entscheidet SolidWorks auch, welches Eingabefeld aktiv wird. Das ist meist das erste Eingabefeld, wo noch eine Angabe fehlt. Prüfen Sie in jedem Fall sorgfältig die Voransicht und die selektierten Elemente, bevor Sie den Befehl abschließen.

4.3.4 Bohrungen außen, Teilkreis, Kreismuster

Auf der Außenseite des Deckels befinden sich vier versenkte Durchgangsbohrungen für Zylinderschrauben. Diese sind auf einem sogenannten Teilkreis, das heißt in gleicher Entfernung vom Mittelpunkt des Deckels und mit gleichem Abstand untereinander, angeordnet. Daraus wird der Modellierungsansatz abgeleitet, zunächst eine Bohrung mit der zugehörigen Senkung zu modellieren und beide Features dann zu kopieren.

Bohrungsskizzen auf Oberflächen platzieren

►Abbildung 4.23 zeigt die Skizze für die Durchgangsbohrung. Als Skizzierebene kann die Außenfläche des Deckels gewählt werden. **Ebene Flächen können ebenso wie Referenzebenen zum Skizzieren benutzt werden**. Das ist insbesondere sinnvoll, wenn Features direkt von diesen Flächen ausgehen, wie es im Fall der Bohrungen zutrifft. In der gegenüberliegenden Fläche befinden sich die jetzt nicht sichtbaren Lagerbohrungen.

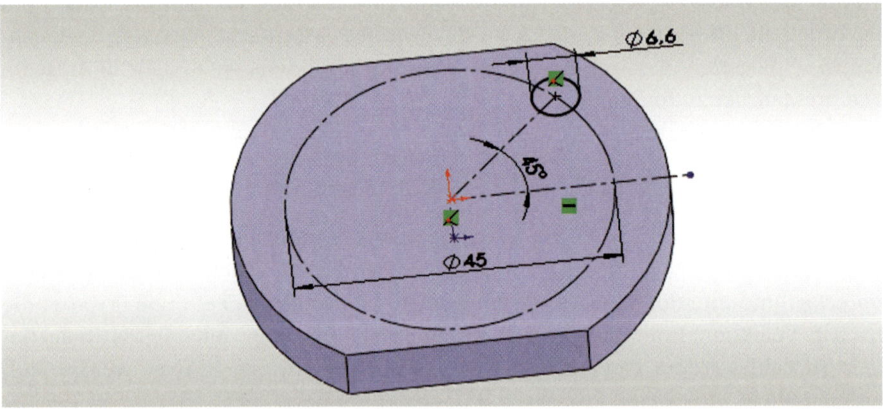

Abbildung 4.23: Skizze für die erste Durchgangsbohrung

Um möglichst weitgehend automatisch eingefügte Beziehungen zu nutzen, bietet sich folgende Skizzierreihenfolge an:

1. Mittellinie horizontal, im Ursprung beginnend, etwa 40 mm nach rechts zeichnen
2. Kreis vom Ursprung aus mit Radius etwa 20 mm aufziehen
3. Mittellinie vom Ursprung aus unter etwa 45° bis zum Kreis zeichnen, Endpunkt auf Kreislinie platzieren
4. Kreis aus dem Endpunkt der schrägen Mittellinie mit Radius etwa 5 mm aufziehen.

Bemaßen Sie anschließend Teilkreis- und Bohrungsdurchmesser sowie den Winkel. Winkelbemaßung wird von SolidWorks immer angeboten, wenn Sie zwei nicht zueinander parallele Linien wählen.

Konturgeometrie und Konstruktionsgeometrie

Während es zwei unterschiedliche Linienwerkzeuge gibt (Linie und Mittellinie), gibt es bei sonstigen Skizzenelementen (wie Kreisen) nur einen Befehl. Bisher wurden strichpunktiert dargestellte Mittellinien immer auch im Sinn von Mittellinien oder Symmetrielinien verwendet, was nicht ganz zutrifft. In SolidWorks wird zwischen durchgezogen dargestellter **Konturgeometrie** und strichpunktiert dargestellter **Konstruktionsgeometrie** unterschieden. Nur die **Konturgeometrie wird beim Erzeugen eines Features beachtet**. Konstruktionsgeometrie dient in der Skizze lediglich als Hilfsmittel zum Platzieren und Bemaßen der Konturgeometrie. Jedes Skizzenelement kann zwischen den beiden Geometrietypen wechseln. Das erfolgt über ein Kontrollkästchen, das die Eigenschaft Für Konstruktion im Dialogfeld Optionen steuert. Es erscheint immer links im PropertyManager, wenn ein Skizzenelement selektiert ist.

Im vorliegenden Fall müssen Sie den Teilkreis mit Durchmesser 45 nach dem Zeichnen mit der Eigenschaft Für Konstruktion versehen. Das Umschalten zwischen Kontur- und Konstruktionsgeometrie kann auch über die Kontextsymbolleiste KONSTRUKTIONSGEOMETRIE erfolgen.

Dann sieht die Skizze aus wie in Abbildung 4.23 und nur der kleine Kreis wird im Featurebefehl als Kontur berücksichtigt. Erzeugen Sie die Bohrung mit LINEAR AUSGETRAGENER SCHNITT. Wählen Sie im Dialogfeld Endbedingung anstelle Blind diesmal Durch alles. Prüfen Sie die korrekte Schnittrichtung und verändern Sie diese falls nötig mit . Führen Sie dann den Befehl aus.

Schnitt Blind oder Durch alles?

Abschließend noch eine Bemerkung zu den Endbedingungen des Befehls LINEAR AUSGETRAGENER SCHNITT. Die Standardeinstellung Blind sollte nur bei Grundbohrungen oder anderen Features mit einer vorgegebenen Tiefe Anwendung finden. Bei Durchgangsbohrungen könnte man durch Blind und die Angabe einer ausreichend großen Zahl für die Tiefe natürlich auch eine Bohrung modellieren, die das komplette Teil schneidet. Sollten später jedoch die Abmaße des Teils geändert werden, besteht das Risiko, dass die Bohrung unbeabsichtigt zur Grundbohrung wird und die Funktion nicht mehr erfüllt wird. Die logische Angabe Durch alles ist daher vorzuziehen.

Zur eben erstellten Durchgangsbohrung kommt nun die zugehörige Senkung. Als Skizze reicht ein Kreis aus, der aus dem Mittelpunkt der vorhandenen Bohrung aufgezogen wird (►Abbildung 4.24). Sollte beim Bewegen des Mauszeigers der Mittelpunkt nicht als Klickpunkt angeboten werden, verharren Sie einige Zeit über der

Kreislinie der schon vorhandenen Bohrung. Dann müssten die Quadrantenpunkte des Kreises und der Mittelpunkt ausgeleuchtet werden. Erzeugen Sie mit der Skizze ein Feature LINEAR AUSGETRAGENER SCHNITT, Endbedingung **Blind**, Tiefe 4,3 mm.

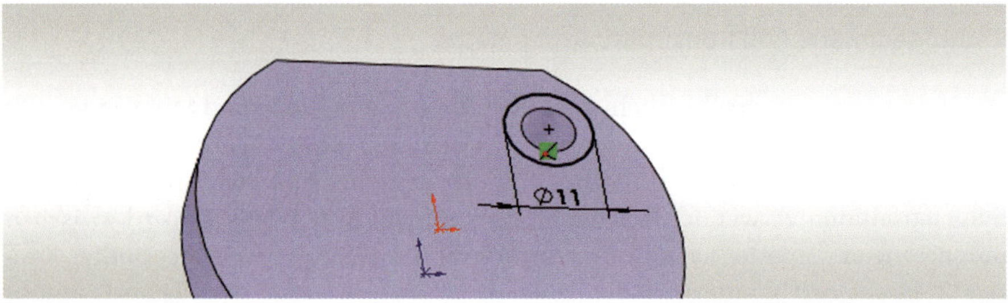

Abbildung 4.24: Skizze für die Senkung

Kreismuster mit temporärer Achse

Durchgangsbohrung und Senkung müssen nun insgesamt viermal auf dem Teilkreis angeordnet werden. Solche **Kopieroperationen werden in SolidWorks als Muster bezeichnet**. Je nachdem, ob die Elemente des Musters entlang einer Kante/Achse oder um eine Kante/Achse angeordnet werden, unterscheidet man LINEARES MUSTER und KREISMUSTER. Hier ist das angewandte Feature KREISMUSTER die richtige Wahl. Den Befehl finden Sie im Flyout LINEARES MUSTER.

Im Befehl ist eine Musterachse anzugeben, die im Fall des Deckels senkrecht zur Außenfläche und durch den Ursprung verlaufen muss. Als Musterachse geeignet ist eine der sogenannten **temporären Achsen**. Diese werden immer automatisch erzeugt, sobald Oberflächen mit Kreisbögen als Begrenzung auftreten. Ob die Oberflächen durch Austragungen oder Rotationen entstanden sind, ist unerheblich. Die temporären Achsen müssen sichtbar geschaltet werden, um sie verwenden zu können: MENÜ→ANSICHT→TEMPORÄRE ACHSEN.

Starten Sie dann den Befehl KREISMUSTER. Unter **Parameter** ist im obersten Eingabefeld die Musterachse zu wählen (die durch den Ursprung verlaufende temporäre Achse). Anschließend ist es am anschaulichsten, wenn Sie die folgenden Parameter übergehen und im nächsten Dialogfeld zunächst die **Features für Muster** selektieren. Dann haben Sie eine Vorschau und können leicht kontrollieren. Gehen Sie daraufhin wieder ins obere Dialogfeld und setzen Sie das Häkchen bei **Gleicher Abstand**. Damit werden die Kopien innerhalb des angegebenen Winkels von 360° gleichmäßig verteilt. Stellen Sie abschließend als **Anzahl der referenzierten Kopien** 4 ein (das Original zählt mit), prüfen Sie die Voransicht und bestätigen Sie mit ✔.

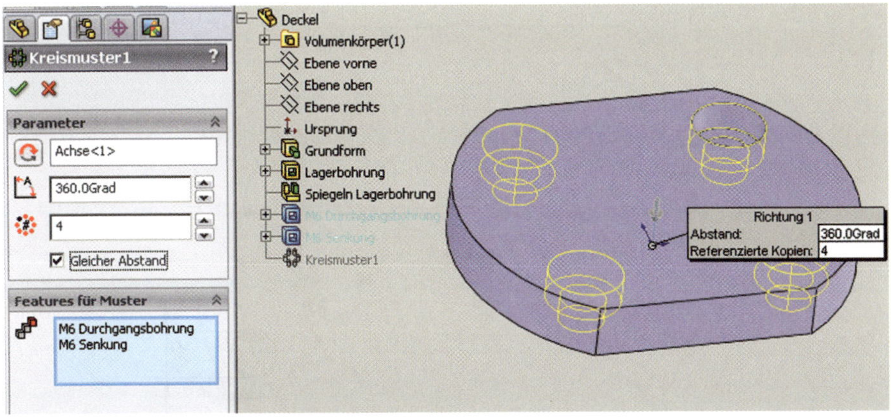

Abbildung 4.25: Befehl Kreismuster zum Kopieren von Features

Temporäre Achsen können leicht mit Mittellinien/Konstruktionsgeometrie verwechselt werden, da beide Elemente mit strichpunktierten Linien dargestellt werden. Wenn Sie in einer Skizze arbeiten, werden die temporären Achsen ebenso angezeigt, wie während eines Featurebefehls. Sie lassen sich aber nicht so wie Mittellinien beispielsweise für Durchmessermaße verwenden. Um Verwechslungen zu vermeiden, können Sie die temporären Achsen ausschalten, bevor Sie Skizzen bearbeiten.

4.3.5 Stiftbohrungen, Fase

Für die Stiftbohrungen soll eine andere Variante der Modellierung gewählt werden. Beide Bohrungen werden in einer Skizze gezeichnet (►Abbildung 4.26) und gemeinsam ausgetragen. Ein Vorschlag für die Skizzierreihenfolge:

1. Teilkreis aus dem Ursprung heraus aufziehen, Radius etwa 25 mm, Kreis mit Für Konstruktion kennzeichnen
2. Zwei Bohrungskreise jeweils mit dem Mittelpunkt auf dem Teilkreis etwa 5 mm aufziehen
3. Mittelpunkte der Bohrungskreise durch eine Mittellinie verbinden
4. Eine weitere Mittellinie aus dem Ursprung nach rechts ziehen.

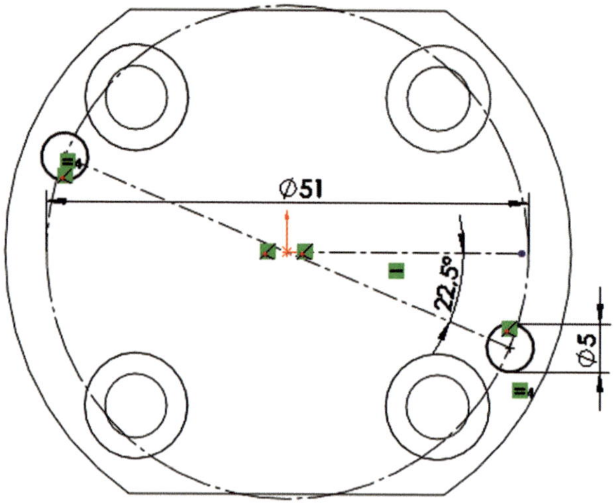

Abbildung 4.26: Skizze für die Stiftbohrungen

In der Skizze sind nach dem Bemaßen in jedem Fall noch weitere Beziehungen manuell einzufügen:

1. Wenn mehrere Elemente mit gleichen Abmessungen in einer Skizze auftreten, bemaßen Sie nur einmal und verwenden für die anderen Elemente die Beziehung Gleich =. Das trifft hier für die beiden Bohrungskreise zu.
2. Die Verbindungslinie der beiden Bohrungsmittelpunkte muss mit einer Beziehung Deckungsgleich mit dem Ursprungspunkt verknüpft werden.

Stellen Sie abschließend das Feature mit LINEAR AUSGETRAGENER SCHNITT her (Endbedingung Durch alles).

Als **Fase** bezeichnet man kleine Abschrägungen von Kanten aus Fertigungsgründen. Am Deckel soll die Außenkante angefast werden, um Verletzungen zu vermeiden und die Stiftbohrungen, um das Einsetzen der Stifte zu erleichtern. FASE ist ein angewandtes Feature und im Flyout VERRUNDUNG platziert.

Nach dem Start des Befehls müssen die Kanten selektiert werden, die eine Fase erhalten sollen (►Abbildung 4.27). Im Fall des Deckels müssen sechs Kanten gewählt werden. Achten Sie darauf, dass Sie Kanten und keine Flächen selektieren. Wenn Sie versehentlich die Außenfläche selektieren, bekommen alle Kanten dieser Fläche eine Fase, also auch die Senkungen.

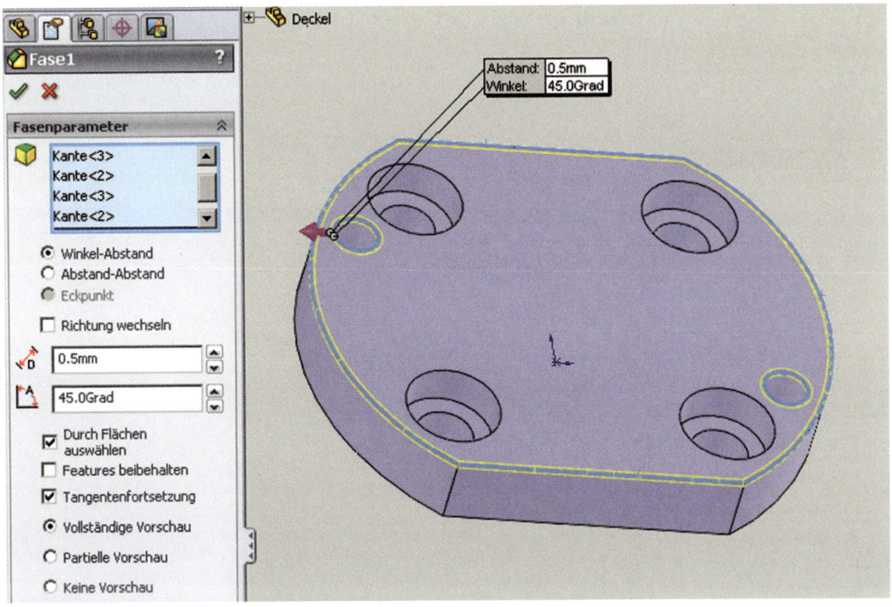

Abbildung 4.27: Fasen an der Außenkante des Deckels und an den Stiftbohrungen

Speichern Sie als letzte Aktion noch einmal Ihr Modell und schließen Sie die Datei mit dem Deckel.

Modellieren Sie den Deckel nach den beschriebenen Schritten. Ein Beispiel enthält die Datei *Deckel.SLDPRT*.

Übung

4.3.6 Stift mit speziell eingestellten Fasen

Beginnen Sie eine neue Datei (Einzelteil) und speichern Sie diese unter *Stift.SLDPRT*.

Modellieren Sie an dieser Stelle den Zylinderstift 5 × 16, der zur Lagefixierung zwischen Deckel und Gehäuse dient. Beginnen Sie mit einer Skizze, in der Sie einen Kreis mit Durchmesser 5 mm zeichnen und bemaßen. Erzeugen Sie daraus ein Feature LINEAR AUSGETRAGENER AUFSATZ mit der Endbedingung **Blind**, 16 mm.

Beide Kanten erhalten anschließend ein kegliges Ende mit Kegelwinkel 15° und einer Kegellänge 0,8 mm. Das kann mit dem Feature FASE erfolgen (►Abbildung 4.28), das für diesen Spezialfall besondere Einstellungen erhält. Nachdem Sie beide Kanten selektiert haben, prüfen Sie die Voransicht! Damit beide Kegel spiegelsymmetrisch sind, müssen Sie für eine der Kanten die Fasenrichtung ändern. Suchen Sie die richtige Ausrichtung, indem Sie jeweils eine Kante selektieren und mit dem Kontrollkästchen **Richtung wechseln** beide Möglichkeiten ausprobieren.

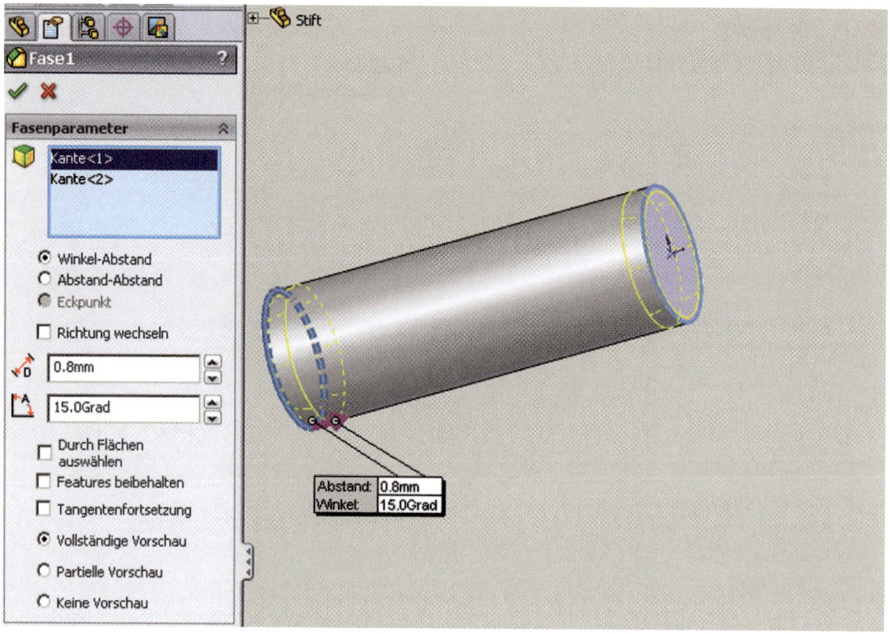

Abbildung 4.28: Stift mit kegligen Enden versehen

Übung

Modellieren Sie den Stift, ein Modell zum Vergleich enthält die Datei *Stift. SLDPRT*.

Modellieren Sie die Lagerplatte ►Abbildung 4.29 nach folgenden Angaben:

- Außenmaße der Platte 100 mm × 100 mm × 25 mm.
- Zentrale Bohrung 50 mm Durchmesser, 20 mm tief.
- Durchgangsbohrungen 10 mm sind in einem 35 mm Raster angeordnet.
- Fasen an den Ecken 15 mm, umlaufende Fase 4 mm.

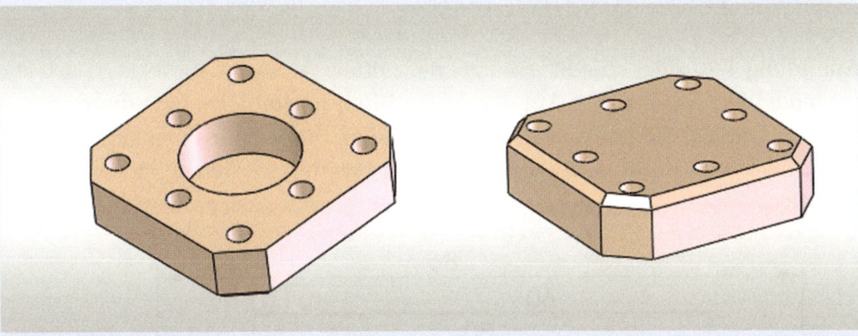

Abbildung 4.29: Lagerplatte

Wenn Sie ein Rotationsmuster verwenden, modellieren Sie zuvor die zentrale Bohrung, damit eine temporäre Achse verfügbar ist. Ihre **Lösung** können Sie mit der in der Datei *Lagerplatte.SLDPRT* vergleichen.

4.4 Exkurs: Probleme und Tipps für die Modellierung

Bevor weitere Einzelteilmodelle erarbeitet werden, folgt an dieser Stelle ein kleiner Exkurs. Sie haben nun bereits einige Erfahrungen im Umgang mit Skizzen und Features. Es ist daher sinnvoll, zunächst einige Fragen zu diskutieren, die etwas abseits von der konkreten Modellierung der Einzelteile für die Zahnradpumpe liegen.

Möglicherweise waren Sie bei der Modellierung der ersten Teile bereits mit Situationen konfrontiert, die Ihnen unklar oder verfahren erschienen. Dinge haben nicht so wie beschrieben funktioniert und SolidWorks hat unverständliche Reaktionen gezeigt (oder nicht gezeigt). Dies kann zu Beginn der Arbeit mit einem Softwaresystem durchaus passieren. Der folgende Exkurs beschreibt einige öfter auftretende Probleme und Vorgehensweisen zu deren Lösung.

4.4.1 Skizze in den Zustand „voll definiert" bringen

Skizzen für Features sollten immer in den Zustand „voll definiert" gebracht werden, bevor sie in einem Featurebefehl verwendet werden. Sichtbares Zeichen dieses Zustands ist die schwarze Farbe aller Elemente in der Skizze (Konturlinien, Mittellinien/Konstruktionslinien, Punkte).

Ausgangspunkt: eine unterdefinierte Skizze

►Abbildung 4.30 zeigt eine Skizze, aus der mittels AUFSATZ/BASIS ROTIERT ein Ring modelliert werden soll. Auf den ersten Blick scheint alles in Ordnung zu sein: Eine Mittellinie als Rotationsachse ist vorhanden, die Konturlinien sind horizontal und vertikal, die Kontur ist vollständig bemaßt. Warum werden dennoch alle Linien blau dargestellt und damit als „unterdefiniert"?

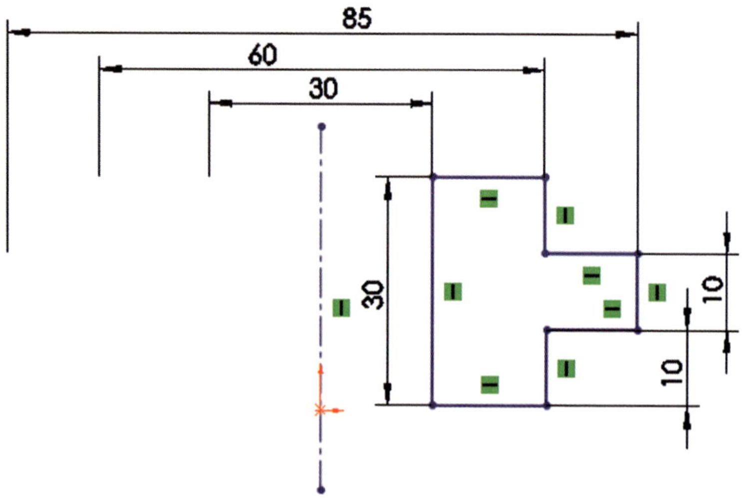

Abbildung 4.30: Unterdefinierte Skizze für die Erzeugung eines Rings

Eine Ursache ist die fehlende **Positionierung der Konturlinie relativ zum Skizzenursprung**. Denken Sie insbesondere bei den ersten Skizzen eines Teils daran, diese Positionierung zu gewährleisten. Alle folgenden Skizzen können wahlweise zum Skizzenursprung oder oft auch zu vorhandenen Kanten, Mittelpunkten oder Skizzenelementen vorhandener Features platziert werden. Im Beispiel verbessert eine Beziehung Deckungsgleich zwischen dem Skizzenursprung und der untersten Horizontalen die Verhältnisse schon sehr (►Abbildung 4.31).

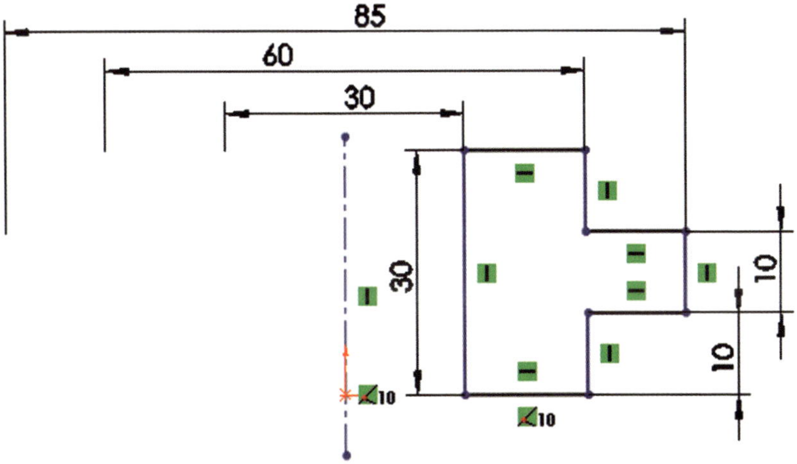

Abbildung 4.31: Konturpositionierung zum Ursprung

Denken Sie weiterhin immer daran, dass die Durchmessermaße sich auf die Mittellinie beziehen. Damit die bemaßten Elemente voll definiert sind, muss gewissermaßen als Voraussetzung die **Mittellinie** natürlich **ebenfalls voll definiert** sein. Versuchen Sie, den ersten Punkt einer Mittellinie stets auf einen voll definierten Punkt, beispielsweise den Skizzenursprung, zu platzieren. ►Abbildung 4.32 zeigt die Skizze mit der hier nachträglich eingefügten Beziehung Deckungsgleich zwischen unterem Endpunkt der Linie und dem Ursprungspunkt. Sobald die Mittellinie festgelegt ist, sind dies auch die davon abhängigen Durchmessermaße.

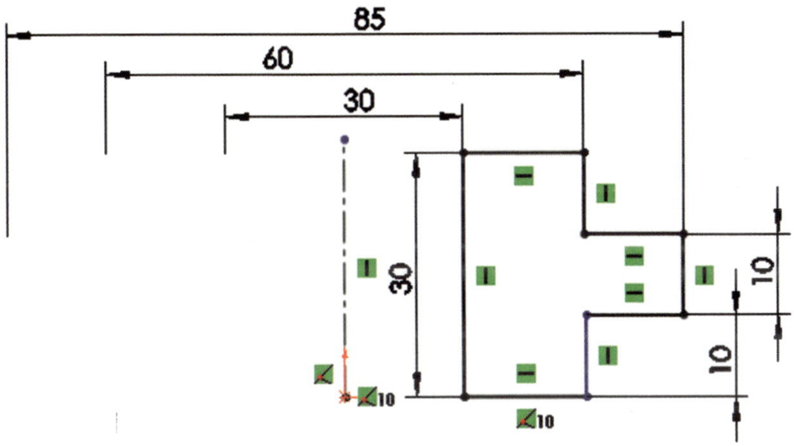

Abbildung 4.32: Die Mittellinie beginnt im Skizzenursprung

Nunmehr verbleibt als letzte blau dargestellte Linie die unbemaßte, 10mm lange Mantellinie des unteren Absatzes. In einer technischen Zeichnung wäre das fehlende Maß an dieser Linie gleichzeitig die Information, dass die Linie zur bemaßten Linie oberhalb fluchtet (Durchmessermaß 60). Nicht so in SolidWorks, wo diese Information durch eine Kollinear-Beziehung explizit angegeben werden muss (►Abbildung 4.33). Damit ist die Skizze nun voll definiert und kann für die Featureerzeugung verwendet werden (►Abbildung 4.34).

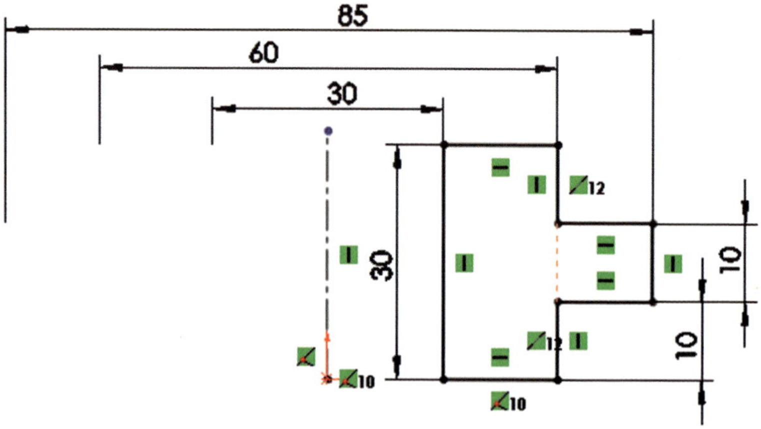

Abbildung 4.33: Voll definierte Skizze für die Featureerzeugung

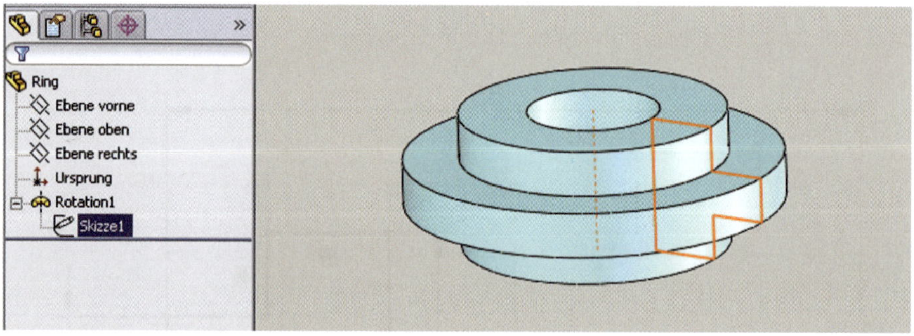

Abbildung 4.34: Ring mit voll definierter Skizze

HINWEIS

SolidWorks stellt den oberen Endpunkt der Mittellinie im Skizziermodus immer noch blau dar (Abbildung 4.33). Dennoch ist die Skizze voll definiert, wie in der Statuszeile bestätigt wird. Auch im FeatureManager wird die Skizze nach Ausführung des Featurebefehls nicht mit (-) gekennzeichnet, was ebenfalls „voll definiert“ bedeutet (Abbildung 4.34). Die Länge eines Konstruktionsgeometrie-Elements kann also offen bleiben, was logisch erscheint.

Testweise können Sie die Mittellinie zur Konturgeometrie „umdeklarieren“ (im Skizzenmodus Linie selektieren und Häkchen im Feld Für Konstruktion entfernen). Sofort wird die Skizze als „unterdefiniert“ eingestuft.

Der Test funktioniert nur, wenn Sie sich im Skizziermodus befinden. Sobald Sie diesen verlassen, fehlt dem Feature die Rotationsachse und SolidWorks bringt eine entsprechende Fehlermeldung. Vorher also die Linieneigenschaft wieder zurücksetzen! Ein unangenehmer Nebeneffekt des Tests ist, dass alle Durchmessermaße in Radienmaße umgewandelt werden, wenn der Mittellinientyp geändert wird.

Skizzierte Konturen prüfen

Während der Arbeit in einer Skizze können Sie einfach prüfen, welche Beziehungen (oder auch Maße) noch fehlen, indem Sie mit der Maus versuchen, die **Geometrieelemente hin und her zu ziehen**. Klicken Sie dazu am besten die Endpunkte (nicht die Linien) der blau dargestellten Skizzenelemente an und versuchen Sie, diese vorsichtig mit gedrückter linker Maustaste zu verschieben.

Durch die Verschiebungen sehen Sie die Bewegungsfreiheiten der betreffenden Skizzenelemente und können daraus auf die Beziehungen oder Bemaßungen schließen, die diese Freiheiten einschränken und deshalb noch in die Skizze aufzunehmen sind.

Beziehungen Deckungsgleich und einige andere Beziehungen können Sie oftmals beim **Verschieben der Punkte automatisch einfügen**, indem Sie die gezogenen Punkte auf geeignete Punkte oder Linien in der Nähe „fallen lassen".

4.4.2 Unerwünschte automatische Beziehungen

SolidWorks versucht beim Skizzieren, die Absicht des Anwenders zu erkennen und Beziehungen automatisch einzufügen. Das ist in einer Skizze mit horizontalen und vertikalen Linien in jedem Fall angenehm. Hinderlich kann es sein, wenn beispielsweise eine Buchse mit einer konischen Bohrung (Kegelwinkel 2°) modelliert werden soll (►Abbildung 4.35).

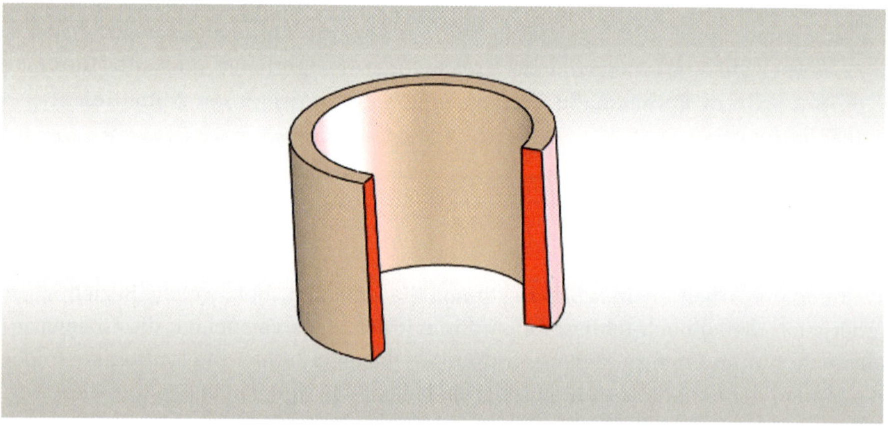

Abbildung 4.35: Kegelbuchse mit konischer Bohrung (Darstellung aufgeschnitten)

Die bemaßte Ausgangsskizze zeigt ►Abbildung 4.36. Die Skizze entstand mit der Rechteckfunktion, wodurch die vier Konturlinien automatisch eingefügte Beziehungen Horizontal und Vertikal besitzen. Die Skizze ist voll definiert.

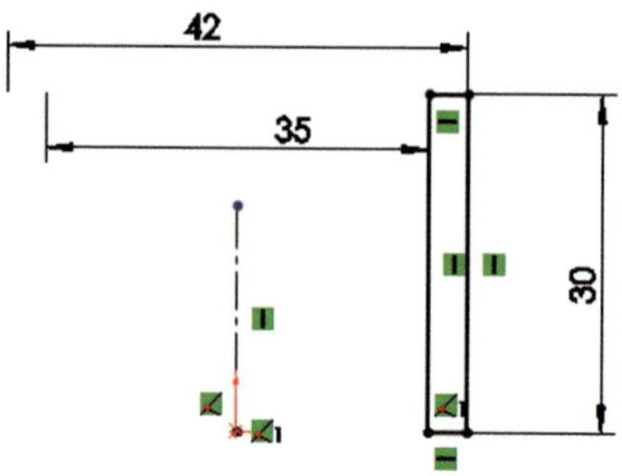

Abbildung 4.36: Ausgangsskizze der Buchse

Damit eine keglige Innenkontur entstehen kann, wird die Beziehung Vertikal der linken Senkrechten gelöscht. ▶Abbildung 4.37 zeigt die Selektion der entsprechenden Beziehung. Durch die Selektion des grünen Quadrats wird die zur selektierten Beziehung gehörende Konturlinie ausgeleuchtet. Über die Taste [Entf] oder das Kontextmenü kann die Beziehung gelöscht werden.

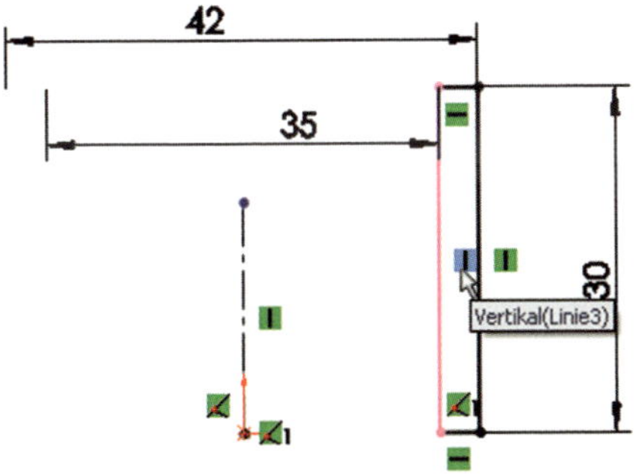

Abbildung 4.37: Selektion einer zu löschenden Beziehung

Nach dem Löschen der unerwünschten Beziehung ist die Konturlinie der Bohrung nun frei (blau dargestellt) und ein Eckpunkt kann mit der Maus etwas in Richtung der Mittellinie gezogen werden. Dabei ist nur ein Ziehen in horizontaler Richtung möglich, da die untere Linie der Kontur weiterhin festgelegt ist (▶Abbildung 4.38).

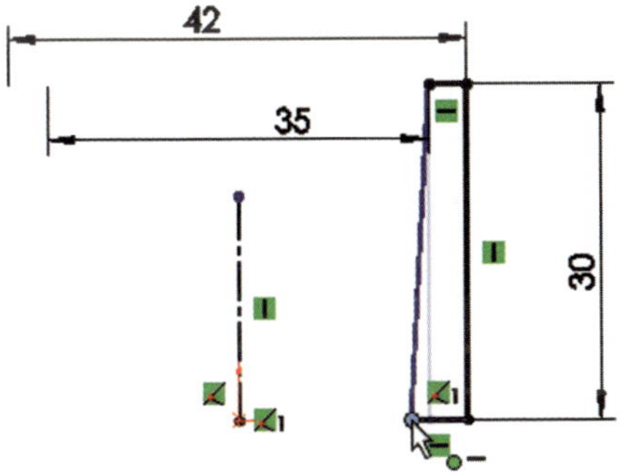

Abbildung 4.38: Verändern der Konturlinie durch Ziehen des Eckpunkts

Alternativ kann man die Skizze nach Abbildung 4.38 auch mit dem Linienwerkzeug zeichnen. Es ist in diesem Fall darauf zu achten, die linke der langen Linien betont schräg zu zeichnen, damit keine Vertikal-Beziehung automatisch eingefügt wird.

HINWEIS

Abschließend kann die Winkelbemaßung angebracht werden. Damit ist wieder eine voll definierte Skizze vorhanden, mit der die Rotation der Konturlinie erfolgen kann (►Abbildung 4.39).

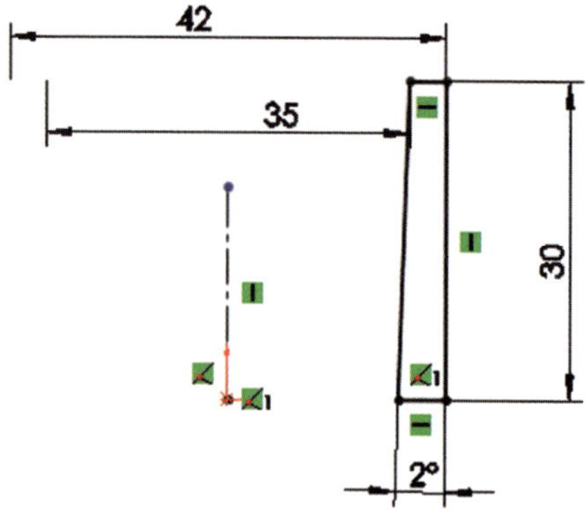

Abbildung 4.39: Komplette Skizze nach Winkelbemaßung

SolidWorks bietet noch eine weitere Möglichkeit, sich über die Beziehungen einer Skizze zu informieren und falsche Beziehungen zu löschen. Der Befehl BEZIEHUNGEN ANZEIGEN/LÖSCHEN gibt eine solche Übersicht (►Abbildung 4.40). Im obersten Listenfeld kann die Anzeige gewünschter Beziehungen über einen Filter eingestellt werden. Im Feld darunter werden dann beispielsweise sämtliche Beziehungen der Skizze einschließlich Bemaßungen aufgelistet. An Beziehungen beteiligte Skizzenelemente werden bei Auswahl einer Beziehung in der Liste im Grafikbereich ausgeleuchtet. Zur momentan gewählten Beziehung Deckungsgleich gehören die violett dargestellten Symbole und die in Mittelblau dargestellte Linie und der Ursprungspunkt. Auch in dieser Liste können Beziehungen gelöscht werden.

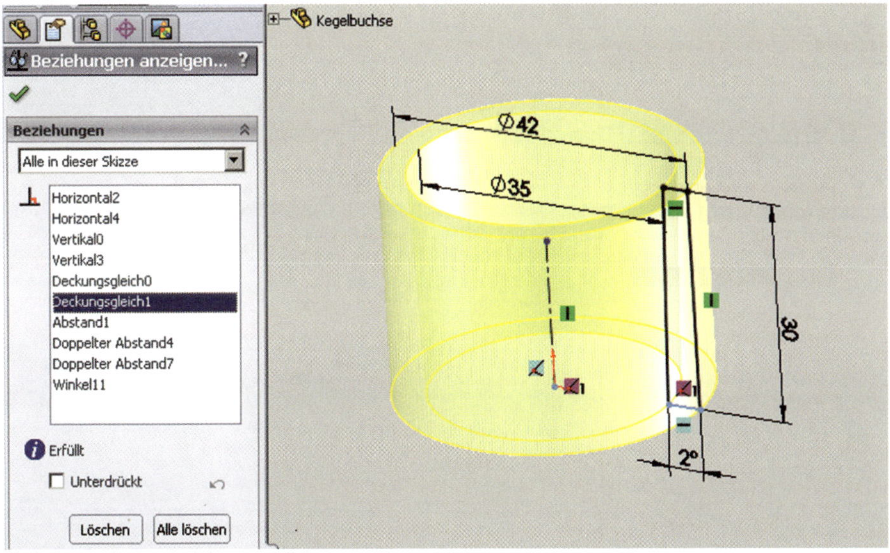

Abbildung 4.40: Beziehungen in einer Skizze anzeigen

In der praktischen Arbeit lohnt es sich in unklaren Fällen, die Liste aller Beziehungen schrittweise durchzugehen und sich über die Bedeutung und den Sinn jeder Beziehung klarzuwerden. Man kann damit eventuell vorhandene unerwünschte Beziehungen aufspüren und löschen.

Meist wirken sich unerwünscht eingefügte Beziehungen nicht sofort aus, sondern erst, wenn sich Widersprüche zu anderen Beziehungen oder Maßen ergeben. In der Skizze für die Kegelbuchse ist ein solcher Fall absichtlich herbeigeführt, indem die zueinander im Winkel von 2° stehenden Linien zusätzlich eine Beziehung **Parallel** erhalten haben (►Abbildung 4.41).

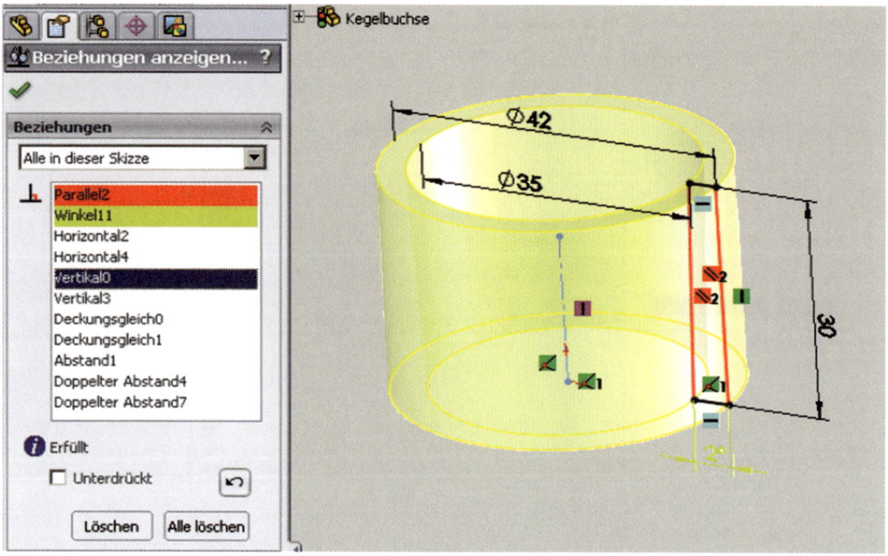

Abbildung 4.41: Widersprüchliche Beziehungen in einer Skizze

In der Auflistung des Befehls BEZIEHUNGEN ANZEIGEN/LÖSCHEN werden die widersprüchlichen Beziehungen zuoberst gelistet und zusätzlich rot oder oliv unterlegt. Sobald eine der beiden sich ausschließenden Beziehungen gelöscht wird, ist das Problem behoben.

Mitunter entstehen Widersprüche in den Beziehungen durch unüberlegte Aktionen und die Ursache ist sofort klar. In diesen Fällen kann man oft mit dem Befehl RÜCKGÄNGIG einige Schritte zurückgehen und den Fehler beim weiteren Arbeiten vermeiden.

Insbesondere bei komplizierteren Skizzen können auch gleichzeitig mehrere Widersprüche auftreten. Sollte sich das Problem durch „scharfes Nachdenken" nicht lösen lassen, können pragmatisch alle farbig unterlegten Beziehungen gelöscht werden. Anschließend müssen dann manuell wieder die Beziehungen in das richtige System gebracht werden.

Übung

Modellieren Sie die Beispiele Ring und Kegelbuchse dieses Unterkapitels. Versuchen Sie alle angesprochenen Probleme und Vorgehensweisen nachzuvollziehen.

Beispiellösungen enthalten die Dateien *Ring.SLDPRT* und *Kegelbuchse.SLDPRT*.

4.4.3 Umsortieren im FeatureManager

Am Ende der Deckelmodellierung wurden die Außenkanten und die Stiftbohrungen angefast. Die Senkungen für die Schraubenköpfe erhielten keine Fase. Es war recht aufwändig, alle Kanten zu selektieren, die eine Fase bekommen sollten.

Unter den gegebenen Umständen war das sinnvoll, weil alle Bohrungskanten bereits erzeugt waren, jedoch nur die Stiftbohrungen die Fase erhalten sollten. Aus einer anderen Arbeitsfolge wären andere Gegebenheiten entstanden. Wenn zuerst die Stiftbohrungen in die Außenfläche des Deckels eingetragen würden, könnte man die Fase vor den Senkungen anbringen. Die Selektion wäre weniger mühsam, da einfach die Fläche gewählt werden könnte. Sämtliche zu diesem Zeitpunkt vorhandenen Kanten würden eine Fase bekommen.

Vergleichbare Situationen treten beim Modellieren recht häufig auf und es ergibt sich die Frage, ob man die **Reihenfolge von Modellierungsschritten nachträglich ändern** kann oder ob man **Features nachträglich in eine bestehende Folge einbauen** kann. Für den Deckel soll beides gezeigt werden, obwohl die Änderung natürlich nicht gravierend ist.

►Abbildung 4.42 geht davon aus, dass die Fase noch nicht erzeugt wurde. Die Stiftbohrungen werden von der letzten Position nach vorn geschoben. Stellen Sie die Ansicht des FeatureManagers so ein, dass nur Features und keine Skizzen zu sehen sind. Ziehen Sie dann mit der Maus das letzte Feature nach oben und lassen Sie es zwischen den Features *Spiegeln Lagerbohrung* und *M6 Durchgangsbohrung* „fallen". Sie könnten das Feature auch weiter oben einordnen. Nicht jedoch vor der Grundform, da die Skizze der Stiftbohrungen auf einer Fläche der Grundform liegt. Derartige **Verschiebungen sind also nur möglich, wenn die Abhängigkeiten im Modell erhalten werden können.**

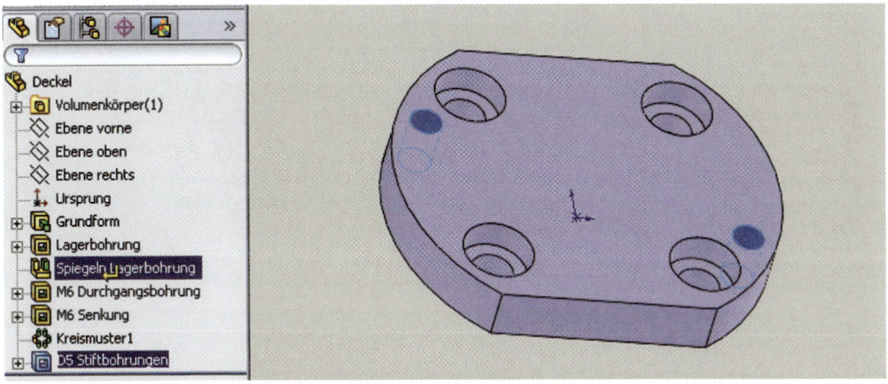

Abbildung 4.42: Verschieben der Stiftbohrungen im FeatureManager

Die veränderte Reihenfolge der Features ist in ►Abbildung 4.43 zu sehen. Weiterhin wurde die Einfügemarke (blauer Querbalken) mit der Maus hinter die neue Position der Stiftbohrungen verschoben. Diese Einfügemarke steht sonst im FeatureManager unter dem letzten Eintrag. Features, die hinter der aktuellen Einfügeposition liegen, werden im FeatureManager grau und im Grafikbereich nicht dargestellt.

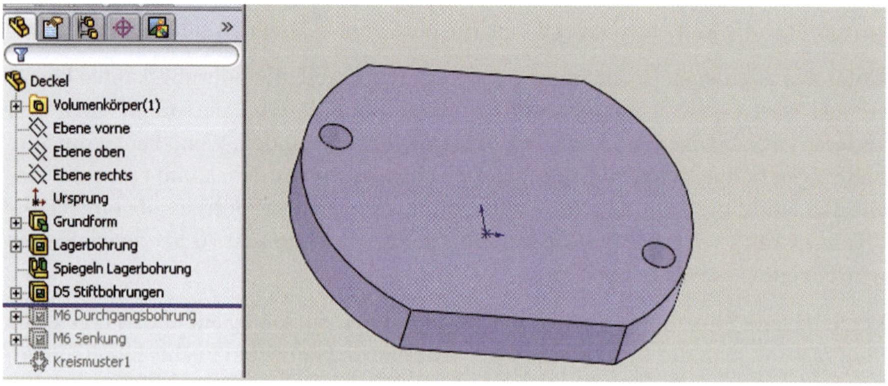

Abbildung 4.43: Verschieben der Einfügemarke im FeatureManager

An der Einfügeposition kann nun die Fase eingefügt werden (►Abbildung 4.44). Wählen Sie im Befehl FASE nun nicht mehr die einzelnen Kanten für die Fase, sondern die Oberfläche, in der die Kanten liegen. Um das komplette Modell wiederherzustellen, muss die Einfügemarke abschließend unter das letzte Feature gezogen werden.

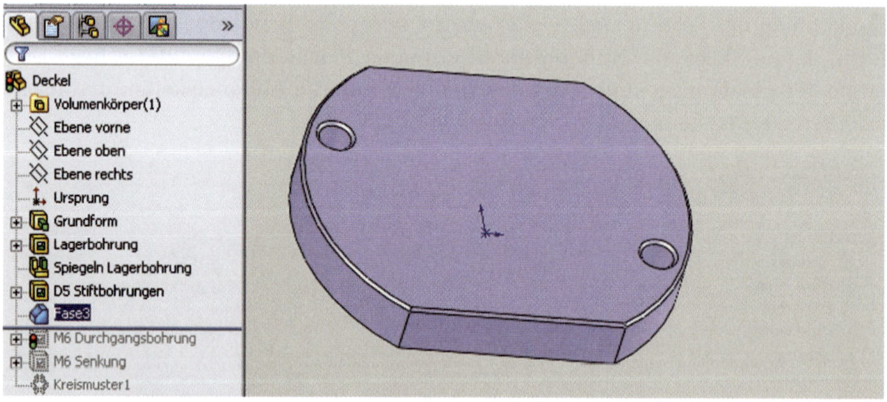

Abbildung 4.44: Einfügen der Fase zwischen bestehende Features

Übung

Bearbeiten Sie nochmals das Deckelmodell. Verändern Sie die Featurereihenfolge. Machen Sie sich klar, welche Features wohin verschoben werden können, ohne dass im Modell bestehende Abhängigkeiten gestört werden. Schauen Sie zum Vergleich in die Datei *Deckel_alt.SLDPRT*.

4.5 Gehäuse

Das Gehäuse der Pumpe (►Abbildung 4.45) besitzt die gleiche Grundform wie der Deckel, die jedoch diesmal auf anderem Weg modelliert wird. In größerer Vielfalt treten wieder Bohrungen auf. Zumindest die standardisierten Gewinde- und Durchgangsbohrungen für Schrauben und Stifte werden nicht mit den elementaren Schnittfeatures, sondern mit dem Bohrungsassistenten erzeugt.

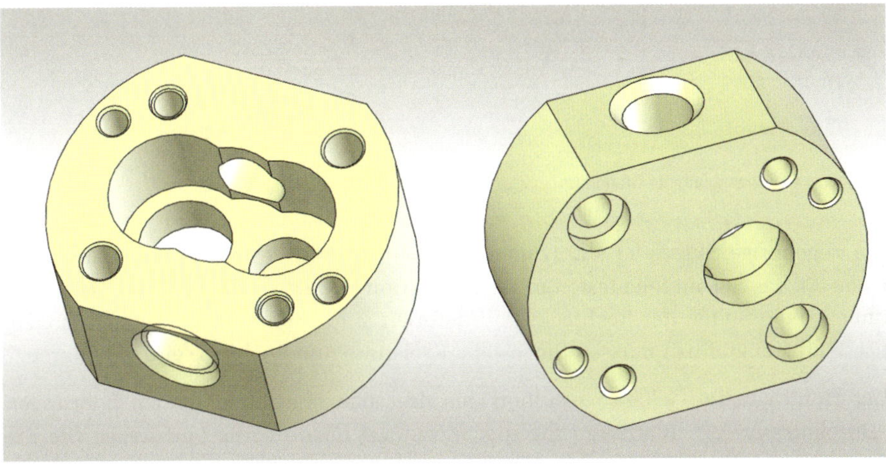

Abbildung 4.45: Gehäuse der Zahnradpumpe

4.5.1 Grundform, Lineares Muster

Als Basisfeature dient ein Zylinder mit dem Durchmesser 60 und der Höhe 24. Platzieren Sie die erste Skizze wieder auf *Ebene vorne*. Erzeugen Sie den Zylinder aus einem Kreis im Ursprungspunkt, den Sie linear austragen.

Überstehende Volumenteile abschneiden

Die abgeflachten Seiten des Gehäuses entstehen diesmal durch ein Feature LINEAR AUSGETRAGENER SCHNITT (►Abbildung 4.46). Der Schnitt entfernt hier nicht das Material innerhalb der Konturlinie, sondern die überstehenden Bereiche. Das bewirkt die Aktivierung des Kontrollkästchens **Umkehrung der Schnittseite**.

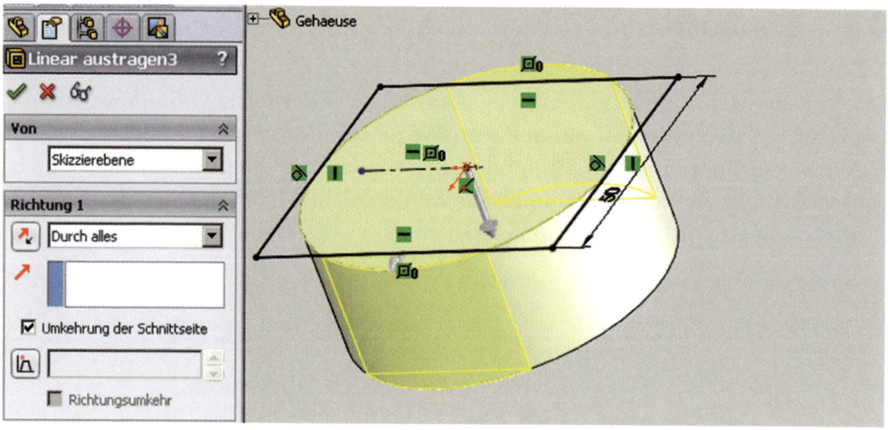

Abbildung 4.46: Erzeugung der Grundform

Die zugehörige Skizze ist ein symmetrisch zur Mittellinie liegendes Rechteck der Höhe 50, das Sie am leichtesten mit der Funktion RECHTECK zeichnen. Damit die unbemaßten Seiten des Rechtecks voll definiert sind, werden Beziehungen **Tangential** eingefügt. Dazu müssen Sie jeweils Kreislinie und Rechteckseite selektieren.

Der Hohlraum im Gehäuse resultiert aus drei sich überschneidenden Bohrungen „Durchmesser 22". Platzieren Sie die Skizze auf *Ebene vorne* und tragen Sie die fertige Skizze **Blind** 16 mm aus (▶Abbildung 4.47).

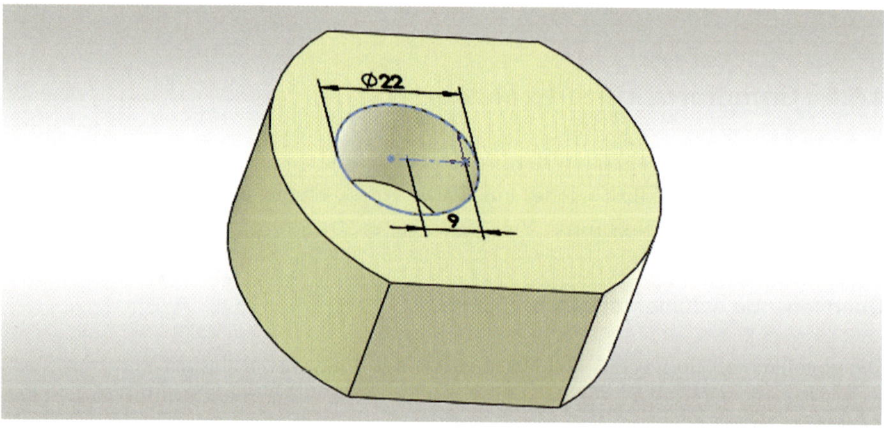

Abbildung 4.47: Erste Gehäusebohrung

Mit dem FEATURE LINEARES MUSTER kann die Bohrung mehrfach kopiert werden (▶Abbildung 4.48). Ähnlich wie beim Kreismuster ist im obersten Eingabefeld die Kopierrichtung anzugeben. Dazu wird eine lineare Kante selektiert. Um die Voransicht zu sehen, sollten sofort danach die **Features für Muster** selektiert werden. Abschließend sind der **Abstand** und die **Anzahl der referenzierten Kopien** einzustellen und gegebenenfalls ist die Richtung zu ändern.

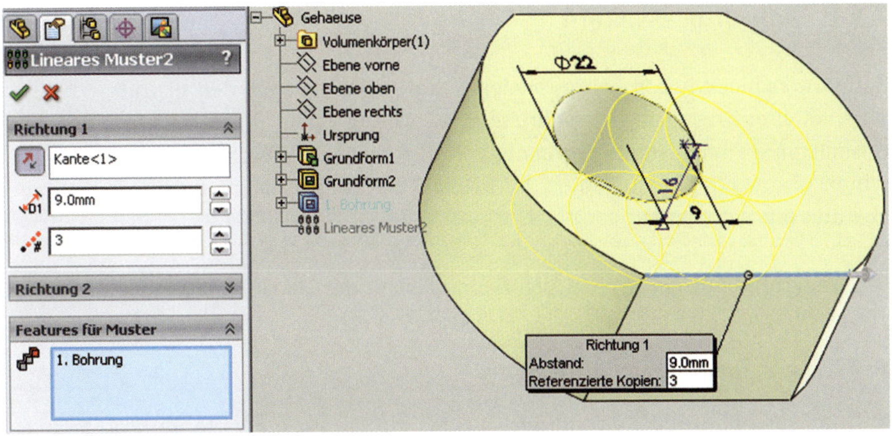

Abbildung 4.48: Erzeugung des Innenraumes durch Kopieren der Bohrung

Vom Boden des nunmehr vorhandenen Gehäuseinnenraums gehen zwei Bohrungen aus (►Abbildung 4.49). Die Bohrungsmittelpunkte entsprechen denen der schon vorhandenen Bohrungen.

- Die linke Bohrung nimmt den Lagerzapfen der Läuferwelle auf. Die Bohrung hat einen Durchmesser von 12 mm und eine Tiefe von 6 mm.
- In die rechte Bohrung (Durchmesser 16) wird die Buchse eingesetzt.

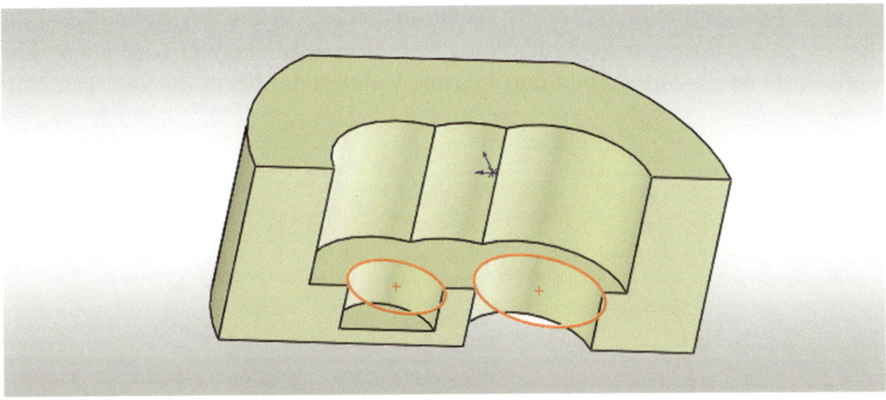

Abbildung 4.49: Skizzen für die Bohrungen von Lager und Buchse

Da die Bohrungen unterschiedlich ausgetragen sind (Blind bzw. Durch alles), müssen Sie zwei Skizzen und zwei Features erstellen. Bei der Selektion des Kreismittelpunkts müssen Sie eventuell wieder einige Sekunden über der vorhandenen Bohrungskante verharren, ehe dieser eingeblendet wird.

4.5.2 Bohrungsassistent

SolidWorks bietet neben den normalen Schnittbefehlen auch den BOHRUNGSASSISTENT zum Erzeugen von Bohrungen an. Dieser bietet insbesondere unter dem Gesichtspunkt der späteren Fertigung Vorteile (genormte Durchgangsbohrungen, Gewindebohrungen, Senkungen, ...). Mit dem Bohrungsassistenten können nun vier Features erzeugt werden:

- Durchgangsbohrung M14 in den Seitenflächen des Gehäuses für die Anschlüsse der Pumpe
- Durchgangsbohrungen für die Stifte
- Durchgangsbohrungen mit teilweise Gewinde M6 für die Verbindungsschrauben zwischen Gehäuse und Deckel
- Durchgangsbohrungen für Zylinderschrauben M6 mit Senkung.

In jedem Bohrungsfeature legt der Assistent im FeatureManager zwei Skizzen an. Eine enthält den Mittelpunkt der Bohrung auf der Fläche oder Ebene, von der die Bohrung ausgeht. Die zweite Skizze enthält das Profil der Bohrung. Die Bohrung selbst ist ein spezieller rotierter Schnitt.

Gewindebohrung M14

Beginnen Sie Bohrungsfeatures mit dem Bohrungsassistenten, indem Sie den ungefähren Bohrungsmittelpunkt auf der Fläche anklicken, von der die Bohrung ausgeht (für die M14-Bohrung siehe ►Abbildung 4.50). Dieser Klickpunkt wird zumindest vorübergehend als Mittelpunkt der Bohrung verwendet. Starten Sie erst dann den BOHRUNGSASSISTENT.

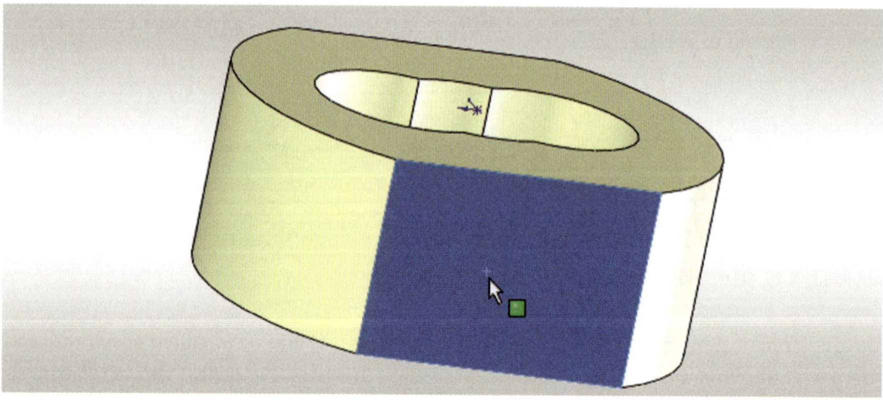

Abbildung 4.50: Klickpunkt als ungefähre Bohrungsposition

Diese Reihenfolge ist dringend zu empfehlen! Wenn man zuerst den Bohrungsassistenten startet und erst dann den Anfangspunkt der Bohrung klickt, erstellt SolidWorks nicht die üblichen Skizzen, sondern 3D-Skizzen (im FeatureManager ersichtlich). Diese sind wesentlich schwieriger zu bearbeiten.

Wählen Sie im obersten Dialogfeld des Bohrungsassistenten zunächst den Bohrungstyp. Stellen Sie anschließend die Bohrungsparameter wie in ►Abbildung 4.51 ein.

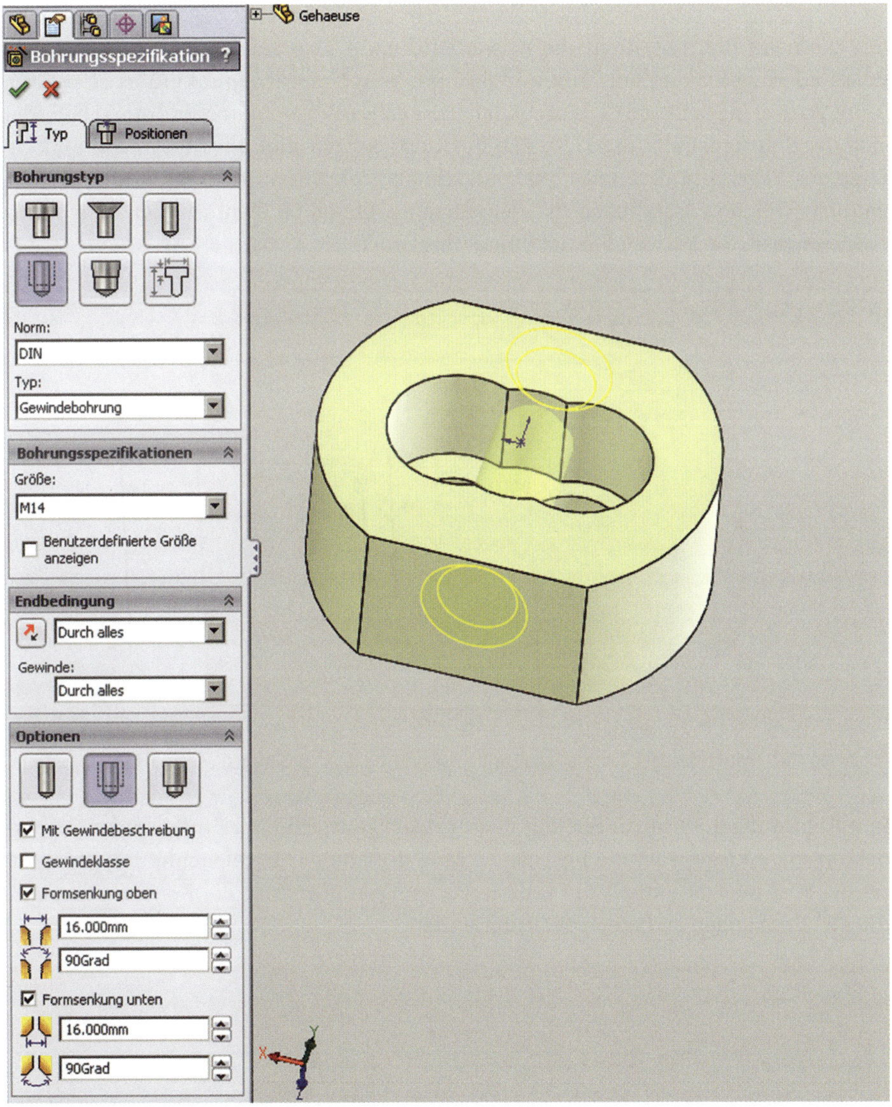

Abbildung 4.51: Einfügen der Durchgangsbohrung M14

Achtung: Im Bohrungsassistenten bestehen teilweise Abhängigkeiten zwischen Eingabefeldern, so dass bereits eingegebene Größen mitunter durch das Ausfüllen anderer Felder wieder überschrieben werden. Prüfen Sie daher stets als Letztes, ob alle Eingaben noch korrekt sind.

Über die Karteikarte Positionen gelangen Sie in die Skizze mit dem Bohrungsmittelpunkt. Aus dem Klickpunkt ist ein Skizzenpunkt * geworden, der mit Bemaßungen und Beziehungen nun exakt positioniert werden kann. Alternativ können Sie auch den Bohrungsassistenten zunächst beenden. Wie erwähnt enthält jedes Bohrungsfeature zwei Skizzen. Eine davon enthält den/die Bohrungsmittelpunkt(e). Diese Skizze können Sie auch außerhalb des Assistenten wie eine normale Skizze bearbeiten.

Für die erste Bohrung dient die in ►Abbildung 4.52 gezeigte einfache Skizze als Positionierung für den Bohrungsmittelpunkt. Vom Ursprungspunkt führt eine Linie 9 mm Vertikal in Richtung Gehäuseboden. Deckungsgleich auf deren Endpunkt befindet sich der Bohrungsmittelpunkt. In den **Positionsskizzen sind nur die Anzahl und die Lage der Skizzenpunkte entscheidend**, die als Bohrungsmittelpunkte interpretiert werden. Welche zusätzlichen Skizzenelemente, gleich ob Kontur- oder Konstruktionsgeometrie, Sie verwenden, ist Ihnen überlassen.

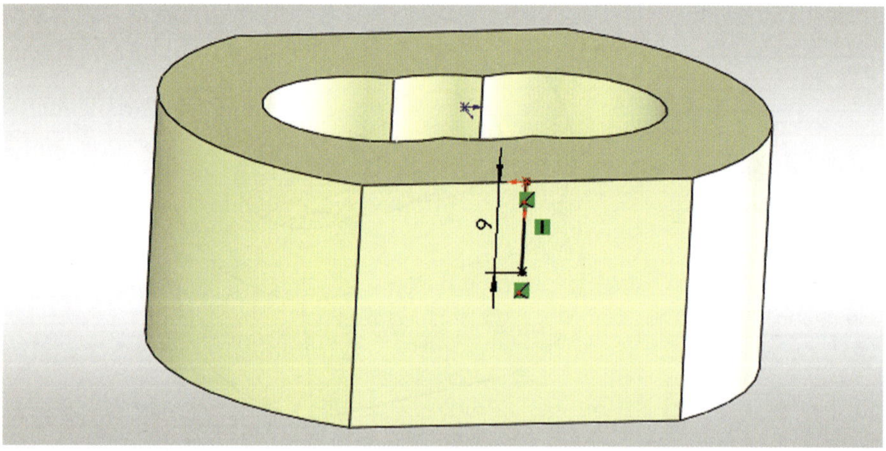

Abbildung 4.52: FeatureManager, Einzelteil und Positionsskizze (von *links* nach *rechts*)

In ►Abbildung 4.53 sehen Sie den FeatureManager nach dem Einfügen der Gewindebohrung. *Skizze14* ist die Positionsskizze, die orange ausgeleuchtet ist. *Skizze15* im FeatureManager enthält die rotierte Bohrungskontur, hier die Kernbohrung und die 45°-Senkungen an beiden Bohrungsenden.

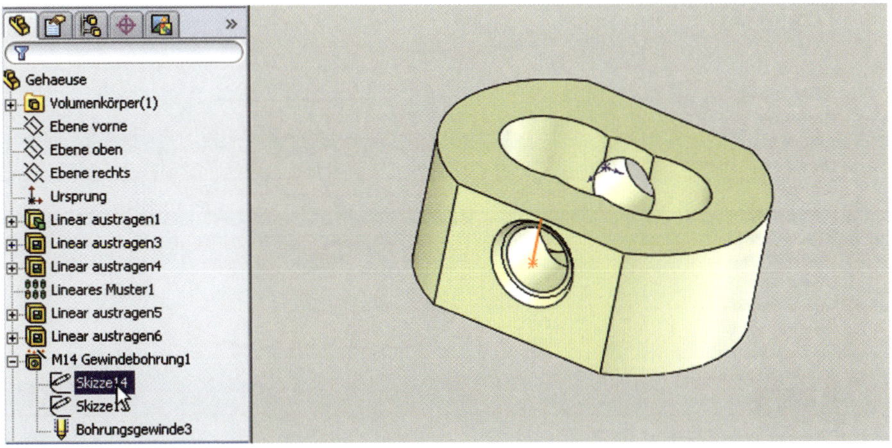

Abbildung 4.53: Bohrung mit Gewinde M14

Das Gewinde wird als separater Eintrag im FeatureManager aufgeführt und ist im 3D-Modell nur symbolisch als Kreislinie in den Senkungsflächen zu sehen oder als gestrichelte Linie, wenn die Ansichtsrichtung exakt senkrecht zur Bohrungsachse eingestellt ist. SolidWorks führt diese symbolische Darstellung als sogenannte **Beschriftung**. Die Sichtbarkeit im 3D-Modell wird über MENÜ→ANSICHT→ALLE BESCHRIFTUNGEN gesteuert. Falls später eine Zeichnung mit Gewindedarstellung und Bemaßung erstellt werden soll, ist das Hinzufügen der Gewindedarstellung bereits im Teilmodell anzuraten.

Durchgangsbohrungen für Stifte

Fügen Sie als Nächstes die Stiftbohrungen ein. Im Bohrungsassistenten stellen Sie als Bohrungstyp **Bohrung** ein: **DIN, Bohrergrößen, 5, Durch alles** sowie **Formsenkung oben** und **unten, 6 mm, 90°**.

►Abbildung 4.54 zeigt wieder die Bohrungen und die orange ausgeleuchtete Positionsskizze für die Bohrungsmittelpunkte. Diese Skizze (►Abbildung 4.55) enthält zwei Skizzenpunkte, da zwei Bohrungen erzeugt werden sollen. Neben dem Klickpunkt erforderliche Skizzenpunkte können Sie im Skizzenmodus mit PUNKT * einfügen. Alle zur Positionierung verwendeten Skizzenelemente wurden hier als Konstruktionsgeometrie eingetragen. Dies erleichtert die Arbeit der Zeichnungserstellung, falls z. B. der Teilkreis in die Zeichnung übernommen werden soll.

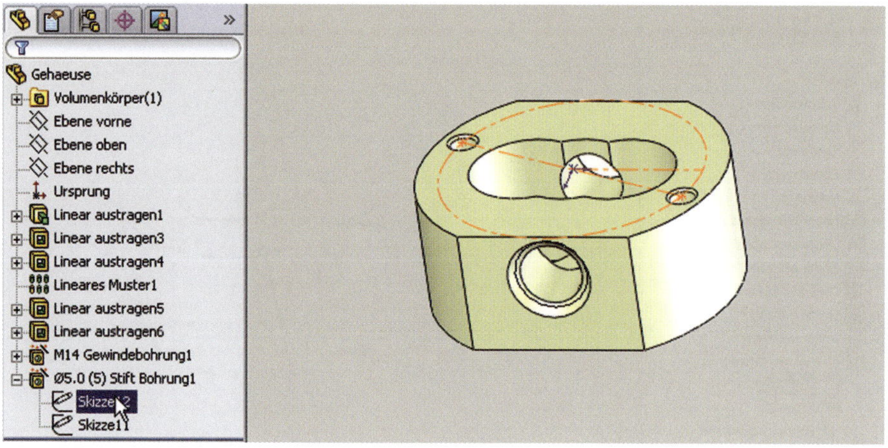

Abbildung 4.54: Bohrungen und ausgeleuchtete Positionsskizze

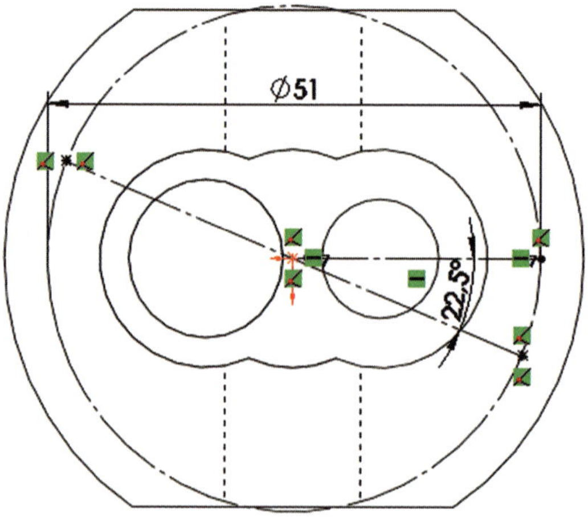

Abbildung 4.55: Skizze für Stiftbohrungen

Durchgangsbohrungen mit Teilgewinde

Da die letzten vier Bohrungen auf einem gemeinsamen Teilkreis liegen, kann eine Skizze mit der notwendigen Hilfsgeometrie zur Positionierung der Mittelpunkte verwendet werden. Zuerst werden die Gewindebohrungen eingefügt (►Abbildung 4.56). Im Dialogfeld Endbedingung wird unterschieden zwischen der Kernbohrung (Durch alles) und der nur bis in die Tiefe von 12 mm reichenden Gewindelänge.

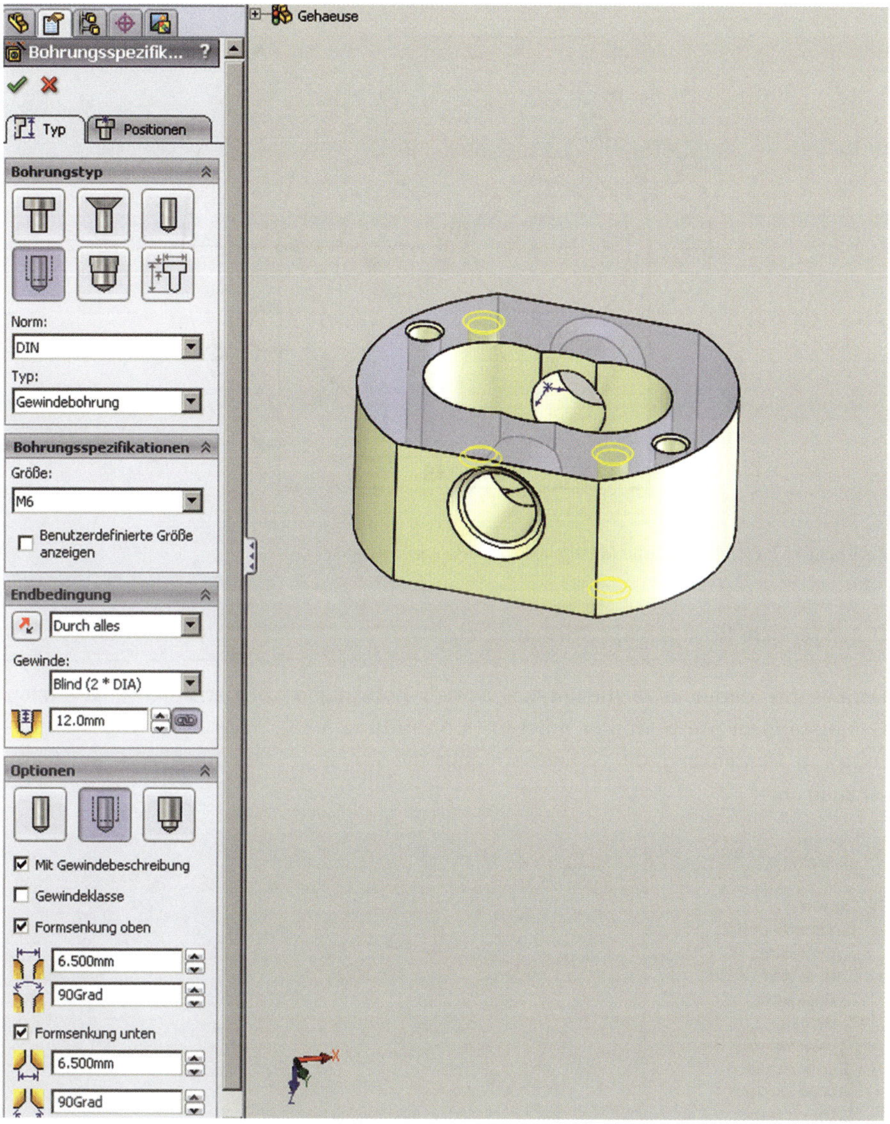

Abbildung 4.56: Gewindebohrungen einfügen

In der zugehörigen Positionierungsskizze (►Abbildung 4.57) sind bereits die Positionen aller vier Bohrungen auf dem Teilkreis beschrieben, jedoch nur zwei Skizzenpunkte (links oben und rechts unten) enthalten. Deshalb entstehen auch nur zwei Bohrungen.

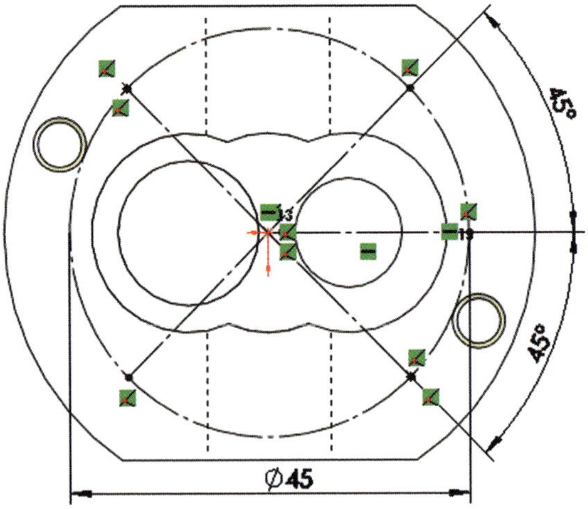

Abbildung 4.57: Positionsskizze für Mittelpunkte der Gewindebohrungen

Durchgangsbohrungen mit Stirnsenkung

Denken Sie daran, dass die letzten beiden Bohrungen auf der entgegengesetzten Gehäuseaußenseite beginnen müssen (►Abbildung 4.58). Verwenden Sie als Bohrungstyp **Stirnsenkung, DIN, Zylinderschraube mit Schlitz ..., M6, Durch alles,** mit **Formsenkung unten.**

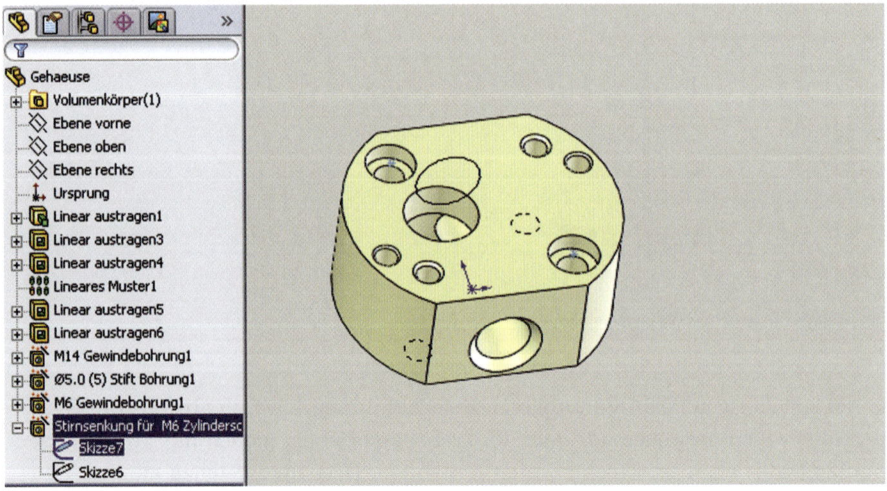

Abbildung 4.58: Durchgangsbohrungen mit Formsenkung für Schlitzschrauben

In der ►Abbildung 4.59 ist die Positionierungsskizze im Bearbeitungsmodus zu sehen. Diese enthält nur zwei Punkte, die jeweils **Deckungsgleich** mit den Schnittpunkten von Linie und Kreis der vorigen Positionierungsskizze sind. Für den linken Skizzenpunkt ist das zu sehen: Indem mit der Maus das Symbol Deckungsgleich selektiert wurde, erscheinen zwei violette Punkte zwischen den in Beziehung stehenden Elementen. Beachten Sie, dass die orange dargestellte Skizze nicht im Bearbeitungsmodus ist! Sie ist lediglich sichtbar eingestellt und kann für Beziehungen zur aktuellen Skizze verwendet werden.

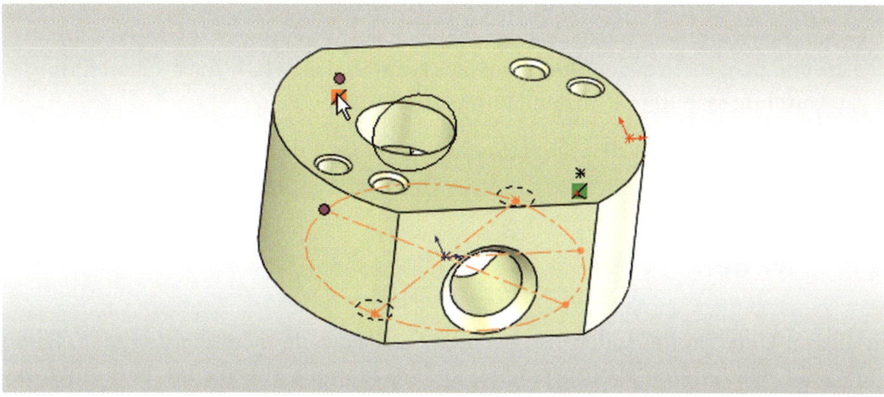

Abbildung 4.59: Positionsskizze mit zwei deckungsgleichen Punkten

Übung

Erstellen Sie ein Modell des Gehäuses. Vergleichen Sie Ihre Lösung mit dem Modell in *Gehaeuse.SLDPRT*.

Modellieren Sie die in ►Abbildung 4.60 dargestellte Spannhülse. Das Teil ist symmetrisch. In der ►Abbildung 4.60 ist ein Ende aufgeschnitten, um die Innenkontur zu zeigen.

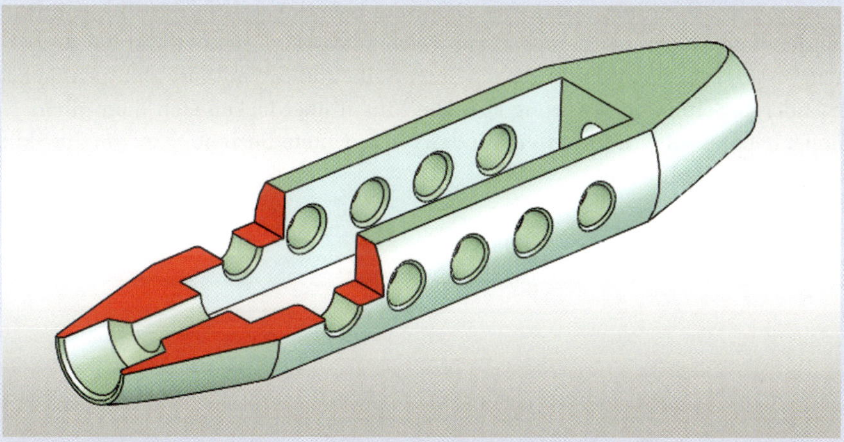

Abbildung 4.60: Spannhülse

Es ist nicht entscheidend, dass Ihre Maße identisch mit dem abgebildeten Modell sind. Wichtig ist, dass Sie die enthaltenen Formen erkennen und mit geeigneten Features herstellen können. Sie sollten mit einem Rotationsfeature beginnen. Nutzen Sie für die Bohrungen den Bohrungsassistenten und denken Sie an die Features Spiegeln und Muster!

Sie können sich an folgenden Maßen orientieren:

Gesamtlänge 200 mm, Dicke 24 mm, rechteckige Aussparung in der Mitte 120 mm × 25 mm, Längsbohrungen Durchmesser 18 mm und Gewinde M12, Querbohrungen Durchmesser 10 mit Abstand 20 mm, Fasen 1 × 45°.

Eine **Beispiellösung** finden Sie in *Spannhuelse.SLDPRT*.

4.6 Wellen

In diesem Unterkapitel sollen Läufer- und Antriebswelle modelliert werden. Beide Teile sind sehr ähnlich, da Lagerzapfen und Verzahnung gleich sind. In SolidWorks steht für Teile, deren Topologie ähnlich ist, das Werkzeug Konfiguration zur Verfügung. Konfigurationen erlauben es, mehrere Varianten eines Teils in einer Datei abzuspeichern. Dadurch sind die Erstellung der Gemeinsamkeiten der Geometrie und die Verwaltung der unterscheidenden Parameter übersichtlicher, als wenn dies in mehreren Dateien organisiert werden müsste.

4.6.1 Ausgangspunkt Läuferwelle

Zunächst wird die Läuferwelle modelliert. Basisfeature ist ein AUFSATZ/BASIS ROTIERT (►Abbildung 4.61). Der Ursprung befindet sich in der linken Stirnfläche, die erste Skizze wurde auf *Ebene vorne* platziert. Zeichnen Sie bei massiven Rotationsskizzen die Mittellinie nach einer Seite und die mittlere Konturlinie nach der anderen Seite vom Ursprung aus. Die Linien überdecken sich dann nicht und können leichter selektiert werden. Finden Sie geeignete Beziehungen, um die Skizze vollständig zu definieren.

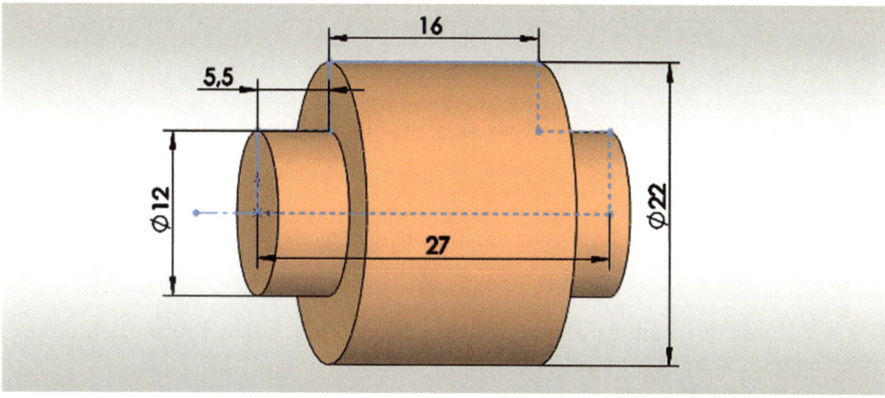

Abbildung 4.61: Basisfeature der Wellen

Für die Verzahnung müssten eigentlich Evolventen konstruiert werden. Eine derartige Funktion stellt SolidWorks nicht zur Verfügung, so dass näherungsweise die Verzahnungsgeometrie durch Kreisbögen approximiert werden soll. Das ist insofern üblich, als die Verzahnung selten dargestellt und bemaßt wird, sondern die für die Fertigung nötigen Angaben in Tabellenform auf der Zeichnung angegeben werden.

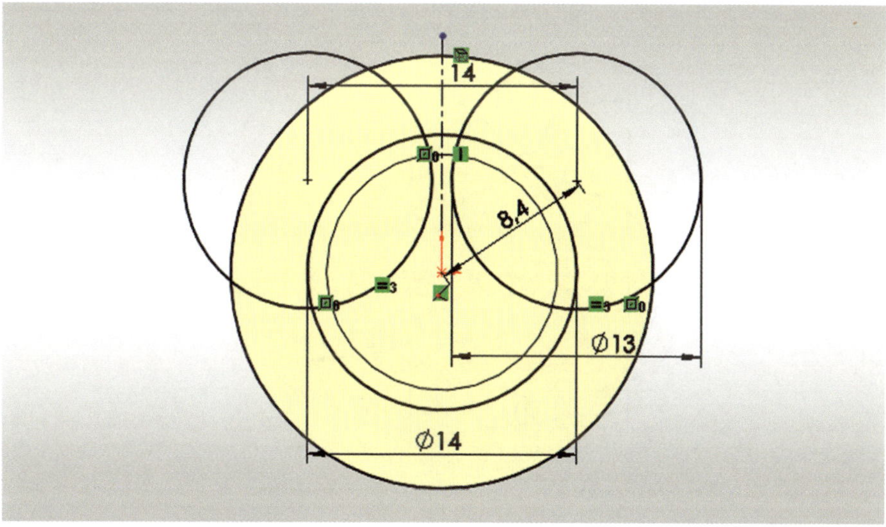

Abbildung 4.62: Skizze für Zahnform

Die Zahnform wird durch vier Kreisbögen gebildet. In ►Abbildung 4.62 ist der Stand der Skizze kurz vor der Fertigstellung gezeigt. Häufig ist es einfacher, Konstruktionen in Skizzen mit Vollkreisen auszuführen und diese dann unmittelbar vor dem Featurebefehl zu TRIMMEN. Die Skizze befindet sich auf einer Stirnfläche des Absatzes und kann folgendermaßen entwickelt werden:

MITTELLINIE Deckungsgleich vom Ursprungspunkt Vertikal etwa 15 mm nach oben ziehen.

- Aus dem Ursprungspunkt Fußkreis der Verzahnung (Durchmesser 14) aufziehen, bemaßen
- Für Kopfkreis der Verzahnung Außenkante der Grundform (Durchmesser 22) selektieren und mit ELEMENTE ÜBERNEHMEN als Skizzenelement in die aktuelle Skizze einfügen
- Zwei Kreise für Zahnflanken aufziehen, Kreislinien (nicht Kreismittelpunkte!) Symmetrisch zur Mittellinie machen
- Einen Flankenkreis und Abstand zwischen Kreislinien sowie zwischen Ursprung und Flankenkreis bemaßen
- TRIMMEN.

Anschließend LINEAR AUSGETRAGENER SCHNITT ausführen (►Abbildung 4.63, Durch alles).

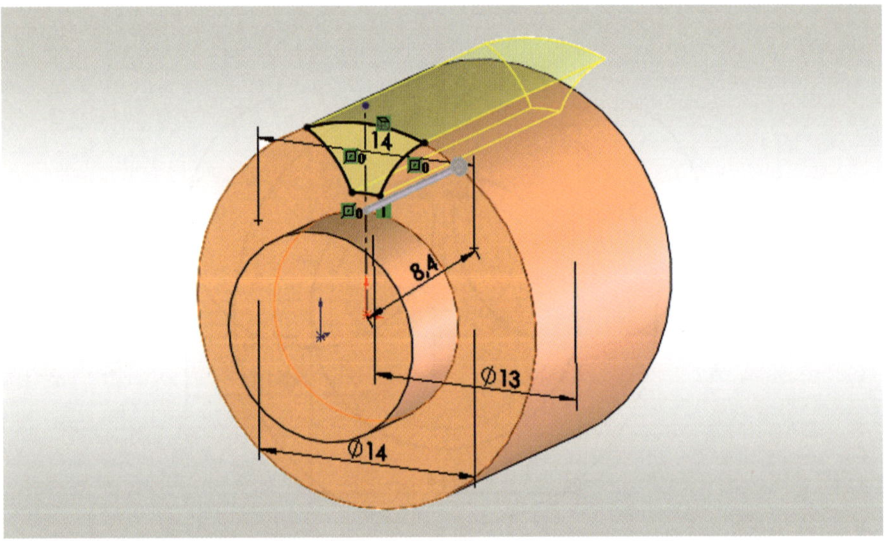

Abbildung 4.63: Linear ausgetragener Schnitt für Zahnlücke

Die komplette Verzahnung entsteht dann durch Kreismuster (►Abbildung 4.64). Stellen Sie die Sichtbarkeit der temporären Achsen ein, um die Musterachse selektieren zu können.

Abschließend erhalten die Kanten der Lagerzapfen noch eine Fase 0,4 × 45 Grad.

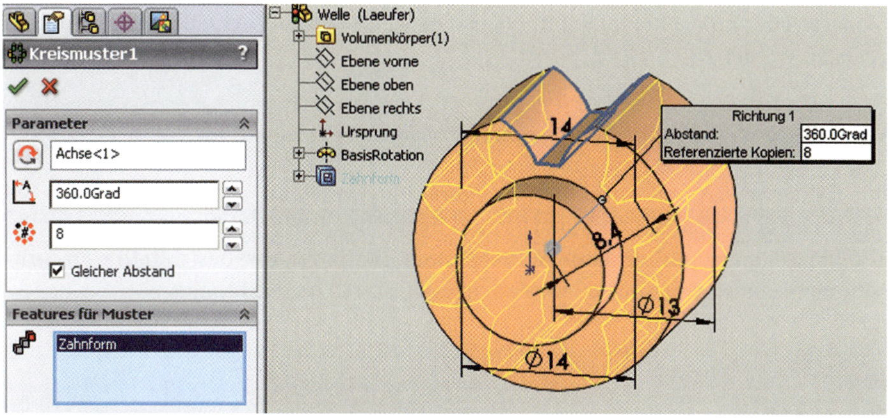

Abbildung 4.64: Komplette Verzahnung mit Kreismuster erstellen

4.6.2 Konfiguration

Wie bereits angedeutet, soll nun mit dem in SolidWorks verfügbaren Werkzeug Konfiguration der bisher modellierte Stand als Läuferwelle gespeichert werden. Gleichzeitig wird dieser Stand als Basis für die Antriebswelle verwendet. Diese entsteht, indem ein Lagerzapfen modifiziert wird und drei zusätzliche Features am Zapfenende diesen zum Antrieb umgestalten.

Konfigurationen anlegen

Legen Sie zuerst für Läufer- und Antriebswelle Konfigurationen an. Wechseln Sie dazu in den CONFIGURATIONMANAGER (Karteikarten oberhalb des FeatureManagers). In jeder Einzelteildatei existiert zu Beginn die Konfiguration mit dem Namen *Standard*. Selektieren Sie den Namen und ändern Sie ihn in *Laeufer*. Fügen Sie dann die zweite Konfiguration mit dem Namen *Antrieb* hinzu, indem Sie den obersten Eintrag im ConfigurationManager selektieren und dann über Kontextmenü (rechte Maus) eine Konfiguration hinzufügen.

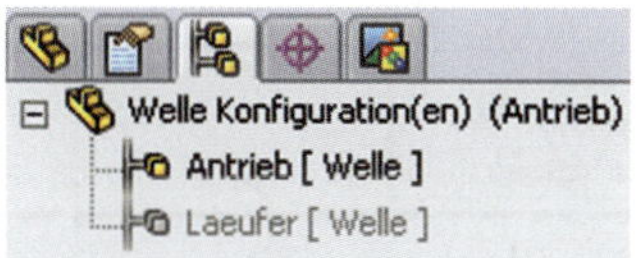

Abbildung 4.65: Konfigurationen innerhalb des Teils Welle

Anschließend hat der ConfigurationManager das Aussehen nach ►Abbildung 4.65. Beide Konfigurationen stehen auf gleicher Hierarchiestufe. Ein Konfigurationsname ist immer ausgeleuchtet. Das ist die aktuelle Konfiguration, die im Grafikbereich dargestellt wird und auf die sich alle anschließenden Modellierungsoperationen beziehen. Eine Konfiguration kann durch Doppelklick auf den Namen im Configuration-

Manager oder im Kontextmenü Konfiguration einblenden zur aktuellen Konfiguration gemacht werden.

Variante der Welle als Konfiguration erstellen

Für die weitere Arbeit muss die Konfiguration *Antrieb* aktuell sein. Wechseln Sie dann wieder in den FeatureManager und expandieren Sie die Struktur so, dass Sie alle Skizzennamen sehen können. Setzen Sie die Skizze der Basisrotation in Bearbeitung (Kontextsymbolleiste, SKIZZE BEARBEITEN, ►Abbildung 4.66).

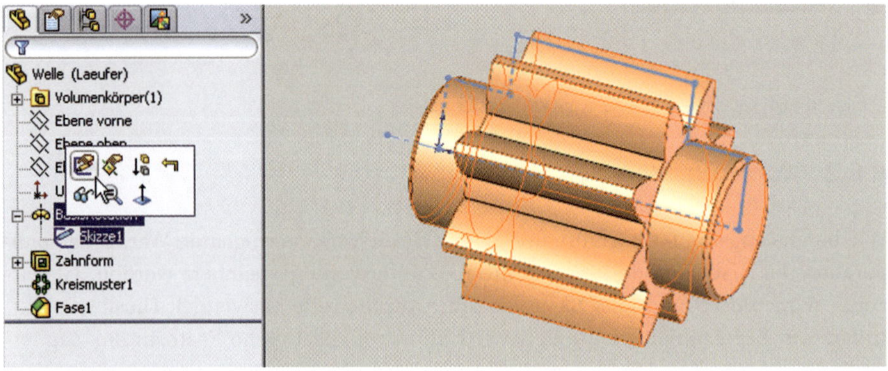

Abbildung 4.66: Skizze der Basisrotation bearbeiten

Im Bearbeitungsmodus doppelklicken Sie das Maß 27. Dieses Maß ist die bisherige Gesamtlänge beider Konfigurationen. Ändern Sie den Wert auf 55,5 und drücken Sie , um die Änderung zu kontrollieren. Im Dialogfenster zur Bemaßungsänderung wird der neue Wert standardmäßig der jeweils aktuellen Konfiguration zugewiesen. Sie können jedoch auch abweichende Festlegungen treffen (►Abbildung 4.67).

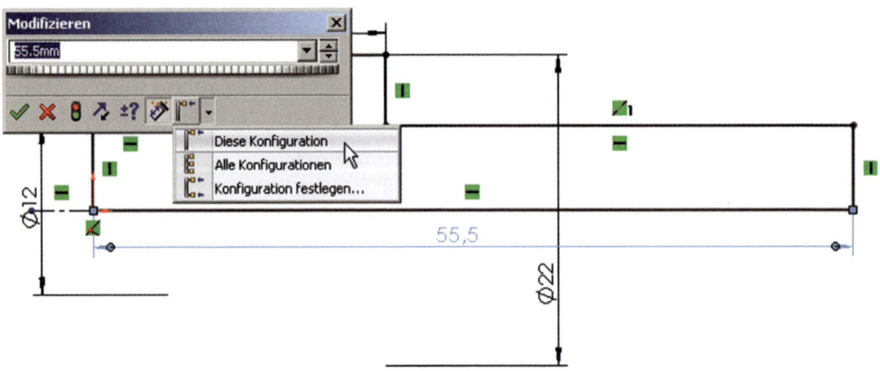

Abbildung 4.67: Neuen Bemaßungswert für die aktuelle Konfiguration festlegen

Beenden Sie die Arbeit in der Skizze. Wenn Sie nun im ConfigurationManager zwischen beiden Konfigurationen wechseln, sehen Sie entweder die Läuferwelle mit gleichen Lagerzapfen oder den momentanen Zustand der Antriebswelle mit einem verlängerten Zapfen. Sie haben damit eine Maßvariante erstellt. Stellen Sie wieder die Läuferwelle als aktuell ein!

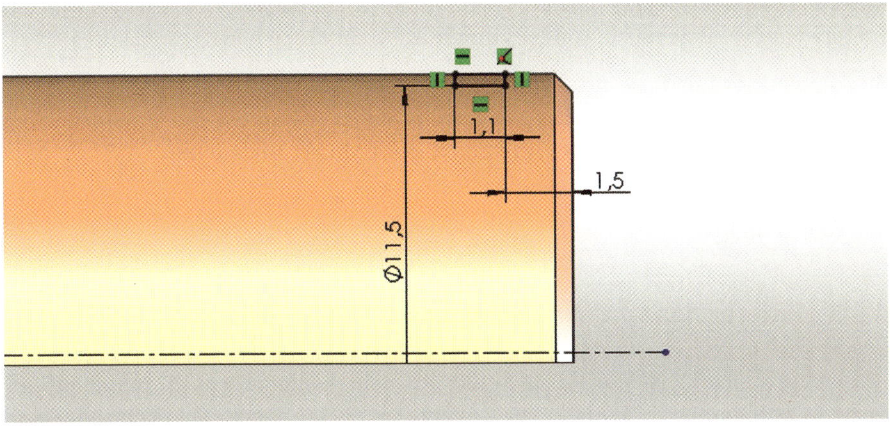

Abbildung 4.68: Skizze für Sicherungsringnut am Wellenende

Am Ende der Antriebswelle befinden sich zwei Nuten für Sicherungsringe, mit denen aufgesteckte Scheiben axial gesichert werden können. Eine Nut wird als ROTIERTER SCHNITT mit der Skizze nach ►Abbildung 4.68 und die zweite Nut als LINEARES MUSTER erstellt (►Abbildung 4.69).

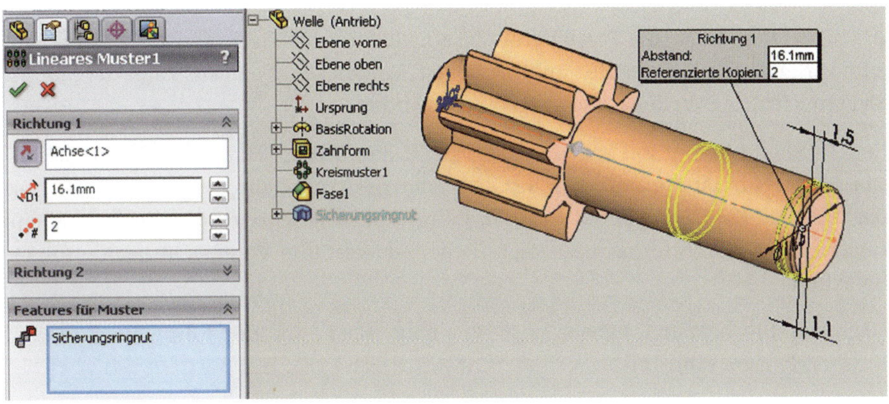

Abbildung 4.69: Zweite Sicherungsringnut über Lineares Muster

Vergleichen Sie nach der Modellierung der beiden Nuten wieder die Konfigurationen. Die zuletzt eingefügten Nuten erscheinen nur in der Konfiguration *Antrieb*. In der Konfiguration *Laeufer* sind die beiden Features unterdrückt. Unterdrückte Features werden im FeatureManager grau dargestellt und für die aktuelle Konfiguration nicht berücksichtigt.

Der Unterdrückungszustand kann für jedes Feature innerhalb der aktuellen Konfiguration eingestellt werden. Dazu ist das Feature zu selektieren und über die Kontextsymbolleiste UNTERDRÜCKEN oder UNTERDRÜCKUNG AUFHEBEN zu wählen. Falls in der Konfiguration Features existieren, die von einem unterdrückten Feature abhängig sind, werden diese ebenfalls (automatisch) unterdrückt. Die Unterdrückung der abhängigen Features wird nicht automatisch vom übergeordneten Feature wieder aufgehoben, sondern durch Auswahl des abhängigen Features.

Sie können das für die Antriebswelle ausprobieren: Sobald die Sicherungsringnut unterdrückt wird, wird auch das Muster unsichtbar. Wenn Sie die Unterdrückung beider Features aufheben wollen, müssen Sie das Muster selektieren.

Falls Sie in mehreren oder allen Features Unterdrückungszustände verändern möchten, stehen im MENÜ→BEARBEITEN→... weitere Befehle zur Verfügung.

4.6.3 Referenzgeometrie und Kreisbogenbemaßung

Als letztes Element ist die Passfedernut auf dem Wellenabschnitt zwischen den Sicherungsringnuten zu modellieren. Zunächst fehlt eine ebene Oberfläche oder eine geeignete Referenzebene, auf der die Form der Nut skizziert werden könnte. Abhilfe schafft das Einfügen von Referenzgeometrie. Darunter versteht man in SolidWorks im Wesentlichen Ebenen, Achsen oder Punkte, die außerhalb von Features und Skizzen im FeatureManager angeordnet sind.

Neue Referenzebene zum Skizzieren

Als Skizzierebene für die Passfedernut ist eine Referenzebene geeignet, die tangential zum verlängerten Lagerzapfen angeordnet ist. Von dieser Ebene aus kann der Schnitt Blind in Richtung Wellenachse ausgetragen werden.

Starten Sie im Flyout REFERENZGEOMETRIE den Befehl EBENE. Wählen Sie Auf Oberfläche. Nun ist die zylindrische Oberfläche des Wellenabschnitts zu wählen, auf der die neue Ebene tangential liegt, und eine weitere Ebene, zu der die neue Ebene senkrecht ist. ►Abbildung 4.70 zeigt die gelb dargestellte Voransicht nach erfolgter Selektion.

Nachdem Sie bestätigt haben, wird die neue Ebene an der Einfügeposition im FeatureManager eingereiht.

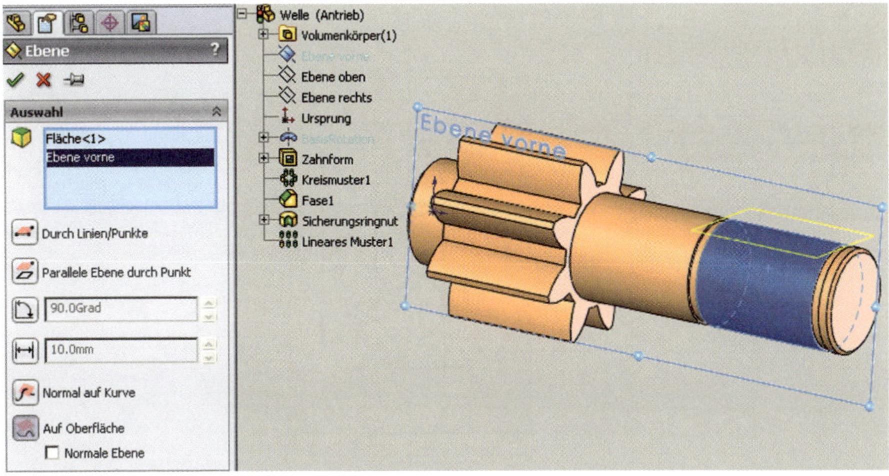

Abbildung 4.70: Einfügen einer zusätzlichen Referenzebene

Es wäre auch möglich, eine neue Ebene parallel zu einer der vorhandenen Referenzebenen *Ebene vorne* oder *Ebene oben* anzuordnen und mit dem halben Durchmesser des Lagerzapfens (6 mm) als Abstand zu platzieren. Ungünstig wäre dabei allerdings, dass bei Veränderungen am Wellendurchmesser die Position der Ebene nicht automatisch (wie bei Tangential) angepasst würde, sondern der Abstandswert explizit neu gesetzt werden müsste.

Kreisbogenbemaßung für die Passfedernut

Nun können Sie auf der soeben eingefügten Ebene eine Skizze für die Passfedernut anlegen (►Abbildung 4.71). Auch bei der Passfedernut ist es empfehlenswert, mit zwei Vollkreisen auf einer Mittellinie zu beginnen. Mit Linien können die Quadrantenpunkte der Kreise verbunden werden. Mit drei Bemaßungen und der Beziehung Gleich zwischen den Kreisen wird die Skizze voll definiert.

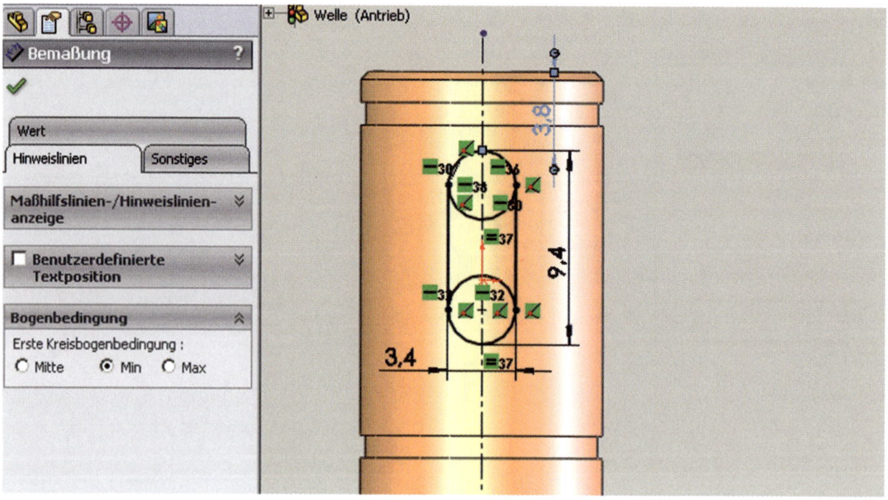

Abbildung 4.71: Anpassung der Bogenbedingungen

Bei Bemaßungen, an denen Kreisbögen beteiligt sind, wird standardmäßig der Maßendpunkt auf den Kreismittelpunkt bezogen. Wenn, wie bei Passfedernuten üblich, die Gesamtlänge bemaßt werden soll, können die Anfügepunkte der Bemaßung nachträglich geändert werden. Selektieren Sie das Maß und stellen Sie unter Hinweislinien, Bogenbedingung die gewünschten Punkte ein. Die **Bogenbedingung lässt sich nur ändern, wenn beim Antragen des Maßes die Kreislinien geklickt wurden**. Setzen Sie den endgültigen Bemaßungswert nach dem Ändern der Bogenbedingung und dem Trimmen (►Abbildung 4.72).

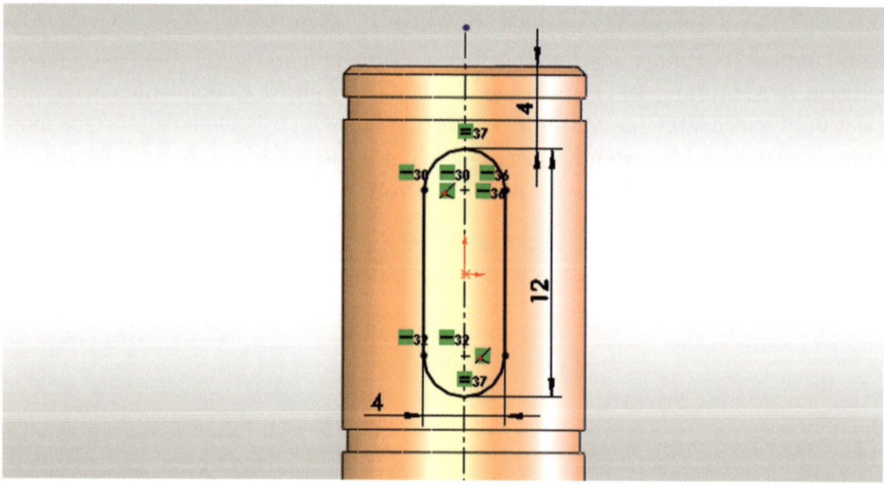

Abbildung 4.72: Fertige Skizze für die Passfedernut

Tragen Sie zuletzt die Skizze als LINEAR AUSGETRAGENER SCHNITT 4 mm in Richtung Wellenachse aus. Prüfen Sie noch einmal beide Konfigurationen auf korrekte Abmessungen und richtige Features.

Erarbeiten Sie das Modell der Wellen einschließlich Konfigurationen. Eine **Musterlösung** enthält *Welle.SLDPRT*.

Übung

4.7 Schraube

Zu Anfang dieses Kapitels wurde darauf hingewiesen, dass Normteile üblicherweise nicht modelliert, sondern aus Normteilbibliotheken entnommen werden. In diesem Zusammenhang können Konfigurationen natürlich besonders elegant für unterschiedliche Baugrößen eines Normteils Verwendung finden. Im Kontext dieses Lehrbuchs soll die Schraube modelliert werden. Das ist durchaus interessant, da in einem detailliert gestalteten Gewinde zwei Features verwendet werden, die einige Besonderheiten haben.

4.7.1 Grundkörper der Schraube

Zunächst kann mit den bekannten Mitteln der Schraubenkörper ohne Gewinde als AUFSATZ/BASIS ROTIERT erzeugt werden (►Abbildung 4.73). Nach dem Herstellen des Basisfeatures erhält der Schraubenschaft eine FASE 0,6 × 45° und die Kante des Kopfs am entgegengesetzten Ende eine VERRUNDUNG mit Radius 0,3. Die Selektionsregeln für den Befehl VERRUNDUNG entsprechen dem Befehl FASE (Abschnitt 4.3.5).

An dieser Stelle sollen kurz die beiden soeben modellierten Features diskutiert werden. Ist es möglicherweise sinnvoller, Fase und Verrundung in die Skizze des Basisfeatures einzuzeichnen? Wenn Sie Skizzen des Bohrungsassistenten anschauen, wird dort beispielsweise mit den Senkungen am Gewindeende so verfahren. Die komplette Bohrung wird aus einer einzigen Rotationsskizze erzeugt. Der Vorteil ist in einem kompakteren Modell zu sehen. Bei Änderungen einzelner Abmessungen sind diese alle in einer Skizze zu finden. Für die Erstellung der Skizze stehen auch im Skiziermodus Befehle für Fase und Verrundung zur Verfügung. Bei selbst erzeugten Skizzen sollte jedoch nicht so vorgegangen werden.

Für die hier favorisierte Vorgehensweise mit drei Features spricht, dass die erforderliche Skizze für das Basisfeature wesentlich einfacher ist. Insbesondere, wenn die Schritte zum kompletten Modell nicht sicher vorauszusehen sind, sollten einfache Features bevorzugt werden. Unter Umständen wird sonst viel Zeit in Skizzen investiert, die man später wieder verwerfen muss.

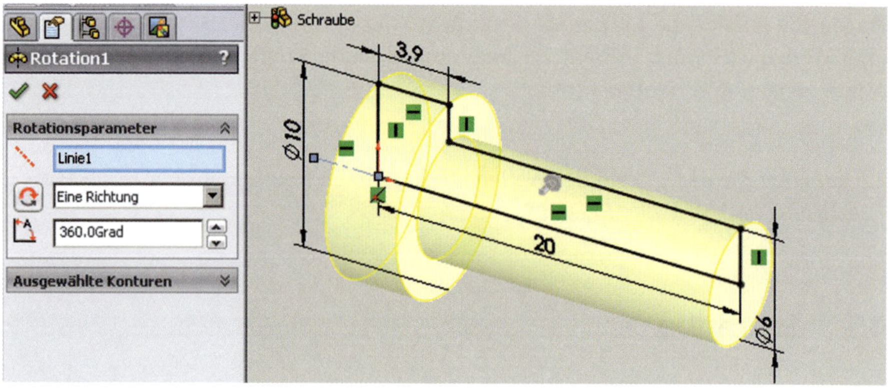

Abbildung 4.73: Basisfeature der Schraube M6 × 20

Nachdem die rotationssymmetrische Grundform der Schraube erzeugt ist, wird der Schlitz mittels LINEAR AUSGETRAGENER SCHNITT erzeugt (►Abbildung 4.74).

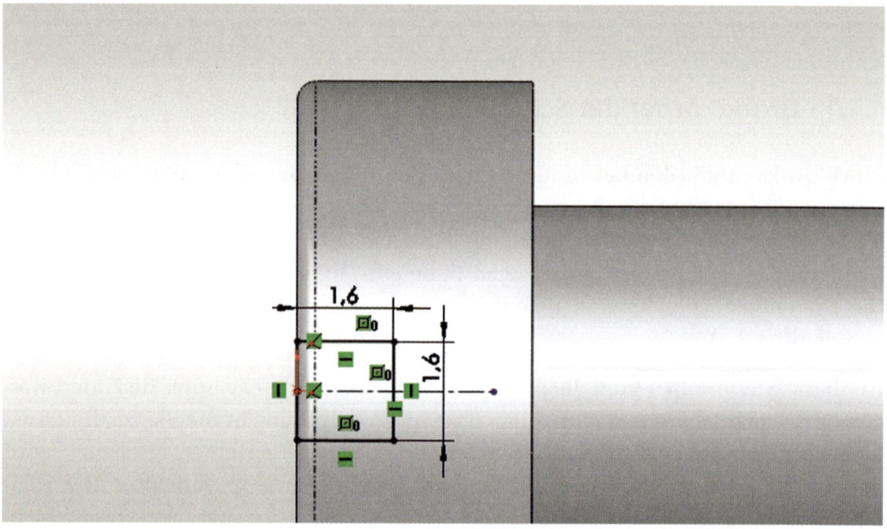

Abbildung 4.74: Skizze für den Schraubenschlitz

Beim Austragen ist zu beachten, dass die Skizze in der Längsachse des Grundkörpers liegt und nach zwei Seiten ausgetragen werden muss. Nur so wird ein Schlitz entstehen, der den kompletten Kopf der Schraube durchschneidet. Im Dialogfeld des Befehls Linear ausgetragener Schnitt muss dazu Richtung 2 aktiviert werden und auch für diese Richtung die Endbedingung Durch alles eingestellt sein (►Abbildung 4.75). Stellen Sie die Ansicht etwas schräg und prüfen Sie die Voransicht, bevor Sie bestätigen.

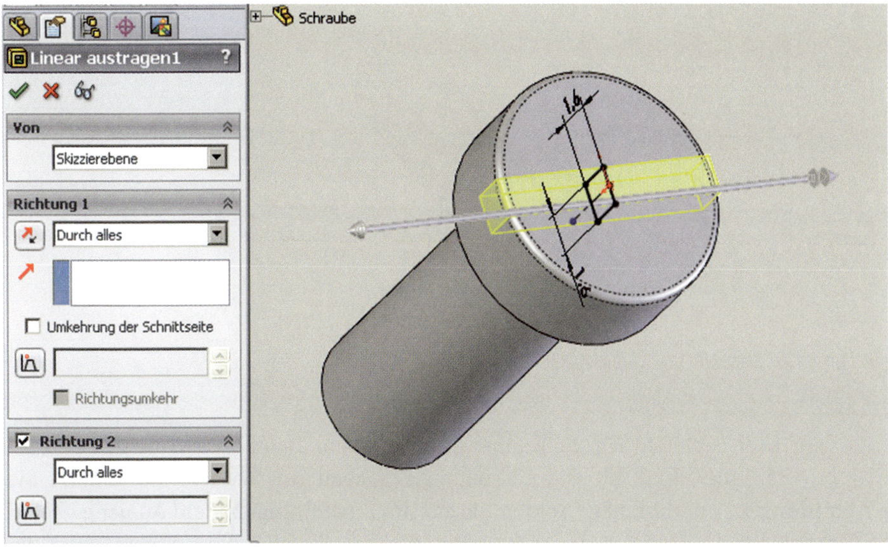

Abbildung 4.75: Skizze nach zwei Richtungen austragen

Nun kann das Gewinde „geschnitten" werden. Das dafür geeignete Feature AUSGETRAGENER SCHNITT ist eine allgemeinere Form des linear ausgetragenen Schnitts. Bei diesem wird eine skizzierte Kontur entlang einer Linie verschoben und es entsteht ein prismatisches Volumen. Der Befehl AUSGETRAGENER SCHNITT benötigt zwei Skizzen, eine für das Profil und eine für die Austragungsbahn, an der die Kontur entlangbewegt wird. Die Bahn ist eine Schraubenlinie, das Profil ein Dreieck, das den Querschnitt eines Gewindegangs beschreibt.

4.7.2 Schraubenlinie mit Befehl Spirale/Helix

Die Schraubenlinie wird aus einer Skizze entwickelt, die Sie auf der Unterseite des Schraubenkopfs platzieren können. Die Skizze enthält einen Kreis, den Sie mit ELEMENTE ÜBERNEHMEN aus der Kante zwischen Kopf und Schaft am einfachsten in die Skizze übernehmen (►Abbildung 4.77).

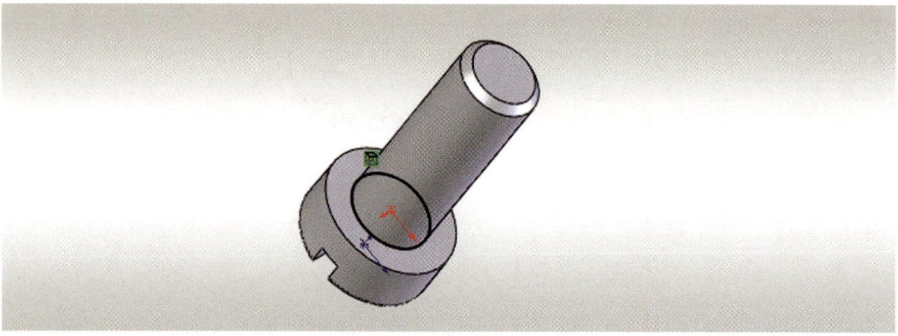

Abbildung 4.76: Skizze für die Schraubenlinie

Aus dem Kreis entsteht die Schraubenlinie mit dem Befehl MENÜ→EINFÜGEN→KURVE→SPIRALE/HELIX. Die passenden Eingaben für **Gewinde M6** können Sie ►Abbildung 4.77 entnehmen. Achten Sie auf die Einstellung im Feld **Ausgangswinkel**. Mit 0° beginnt die Helix in der **Ebene oben**. Merken Sie sich diese Ebene, denn der Gewindequerschnitt sollte dann genau in dieser Ebene skizziert werden.

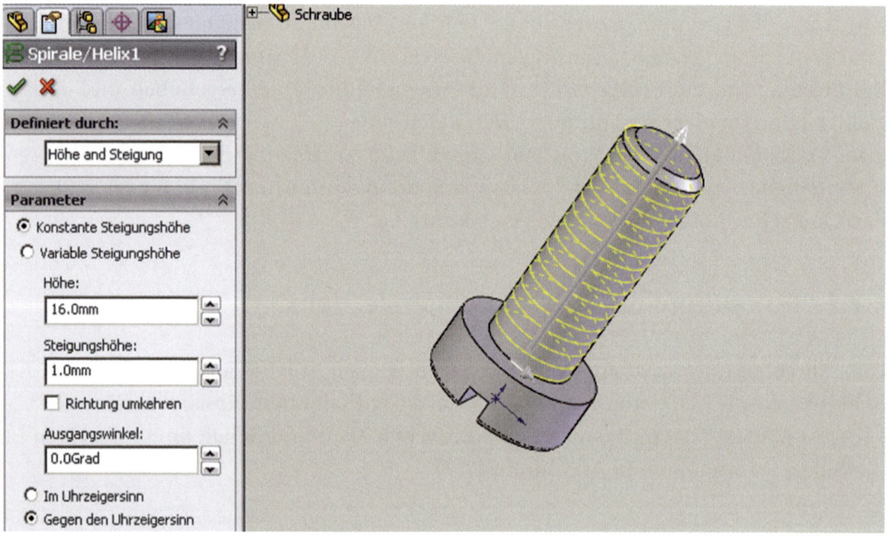

Abbildung 4.77: Erzeugung der Schraubenlinie

4.7.3 Schnitt entlang der Schraubenlinie

►Abbildung 4.78 zeigt die Skizze mit dem Gewindequerschnitt. Der linke obere Skizzenpunkt muss genau im Anfangspunkt der Helix liegen. Bei einer Steigungshöhe von 1mm bei Gewinde M6 müsste die Seitenlänge des skizzierten rechtwinkligen Dreiecks mit 60° Flankenwinkel ebenfalls 1mm sein. Das würde jedoch zu einem

Fehler im folgenden Featurebefehl führen, weil die Eckpunkte zweier benachbarter Gewindegänge exakt aufeinanderliegen würden. An einer derartigen punkt- oder linienförmigen Berührungsstelle kann SolidWorks den Schnitt nicht mehr eindeutig berechnen. Um dieses Problem zu vermeiden, wird die Seitenlänge etwas kleiner auf 0,99 mm gesetzt. Die Gewindegänge sind dann natürlich nicht mehr spitz, sondern außen ein wenig abgeflacht.

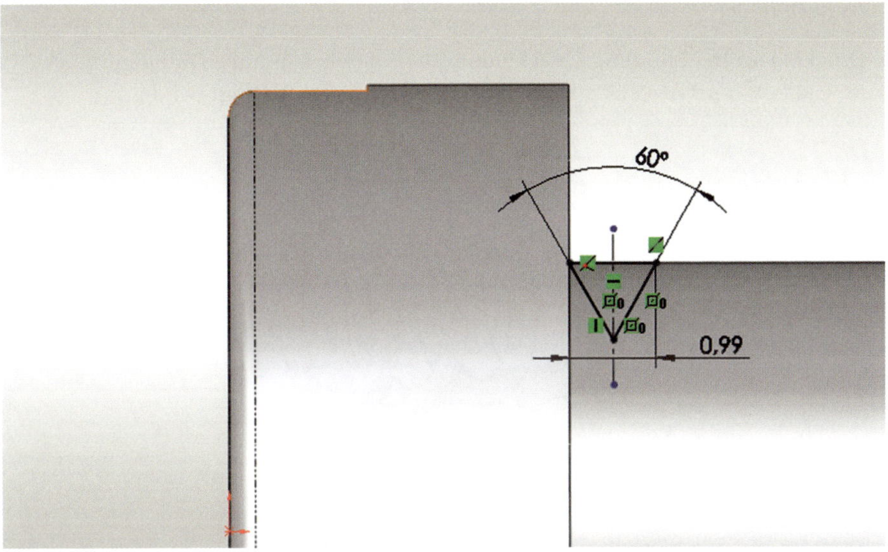

Abbildung 4.78: Skizze mit Querschnitt eines Gewindegangs

Wenn Sie die Skizze mit dem Austragungsprofil fertiggestellt haben, müssen Sie die Skizze beenden. Da der Befehl AUSGETRAGENER SCHNITT die Vorbereitung von Profil und Bahn verlangt, kann er nicht direkt aus dem Skizziermodus gestartet werden wie die meisten skizzierten Features. Nach dem Start des Befehls müssen Sie entsprechend ►Abbildung 4.79 die vorbereiteten Elemente selektieren.

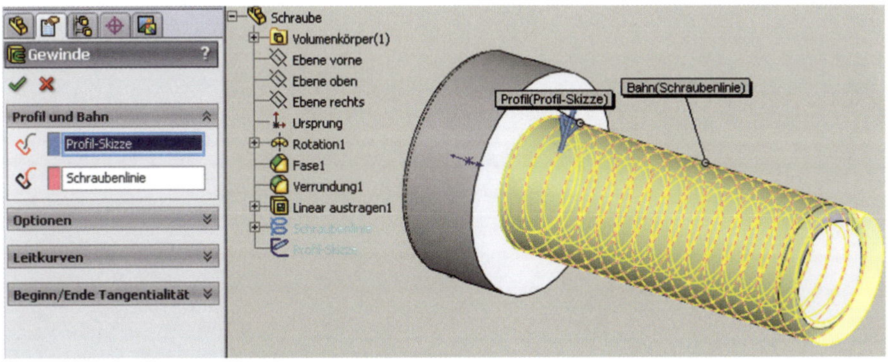

Abbildung 4.79: Gewinde mit Ausgetragener Schnitt erzeugen

Expandieren Sie abschließend noch einmal das zuletzt erzeugte Feature im Feature-Manager und verdeutlichen Sie sich dessen Struktur! Diese ist nicht wie üblich zwei-, sondern dreistufig, weil die Skizze mit dem Kreis für die Helix eine zusätzliche Hierarchiestufe bewirkt.

Übung

Modellieren Sie die Schraube und vergleichen Sie sie mit der Lösung in *Schraube.SLDPRT*.

Druckfedern (►Abbildung 4.80) können ähnlich wie Schrauben mit einer SPIRALE/HELIX und AUFSATZ/BASIS AUSGETRAGEN modelliert werden.

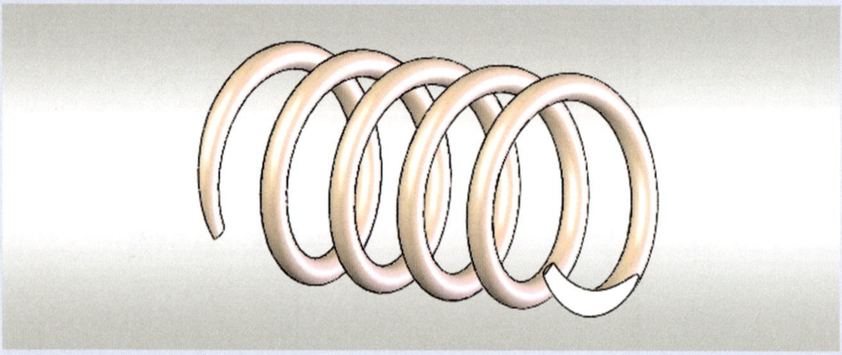

Abbildung 4.80: Druckfeder mit flachen Enden

Modellieren Sie die Helix und erzeugen Sie anschließend eine Skizze mit dem Querschnitt (kleiner Kreis, entsprechend dem Drahtquerschnitt). Aus Helix und Querschnitt erzeugen Sie die Windungen. Diese können Sie abschließend an den Enden abflachen.

Eine **Beispiellösung** enthält *Druckfeder.SLDPRT*.

ZUSAMMENFASSUNG

- Skizzen sind die Basis aller Einzelteilmodelle. Aus der Konturgeometrie entstehen die Flächen und Kanten des dreidimensionalen Modells. Neben Konturgeometrie können Skizzen auch Konstruktionsgeometrie für Rotationsachsen, Teilkreise, Symmetrielinien oder andere Hilfskonstruktionen enthalten.
- In der Skizze werden die Geometrieelemente durch Bemaßungen und Beziehungen definiert. Wenn jedes Element eine eindeutige Abmessung und Lage besitzt, wird die Skizze als voll definiert bezeichnet und kann für 3D-Operationen verwendet werden.
- Durch Austragungs- und Rotationsbefehle, in denen die Skizzen verwendet werden, entstehen Körper. Jeder Befehl existiert in einer Variante, die Volumen generiert und in einer weiteren, die Volumen entfernt. Volumen entfernende Befehle werden als Schnitt bezeichnet. Die Skizzen werden durch den Befehl zu einem Bestandteil des Features, weshalb diese als skizziertes Feature bezeichnet werden.
- Angewandte Features wie Muster, Spiegeln, Verrundung und Fase modifizieren vorhandene Körper. Diese Befehle benötigen keine Skizzen.
- Der FeatureManager stellt die Modellstruktur aus Ebenen, Skizzen, Features usw. dar. Alle Strukturelemente können im FeatureManager eindeutig benannt, selektiert und zur Bearbeitung geöffnet werden.
- Diverse Grund- und Durchgangsbohrungen, Senkungen und Gewindebohrungen können vorteilhaft mit dem Bohrungsassistenten modelliert werden. Dieser stellt die standardisierten Abmessungen bereit und ist daher effizienter als normale Schnittfeatures.
- Falls sich Einzelteile nur geringfügig unterscheiden, können zu ihrer Modellierung Konfigurationen genutzt werden. Eine Konfiguration speichert mehrere Modellvarianten in einer Datei.

Lernziele

- Modellierung von komplizierteren Einzelteilen
- Auswahl von geeigneten Basisfeatures und Vorgehensweisen für die Modellierung
- Erzeugen von mehreren Features aus einer Skizze mittels Konturauswahl
- Anwendung des Features Wandung für Teile mit einheitlicher Wanddicke
- Regeln für gut strukturierte und leicht änderbare Modelle

Optimale Einzelteilmodelle

5

ÜBERBLICK

Erste Voraussetzung für die dreidimensionale Modellierung ist die Beherrschung der Skizzierwerkzeuge und Featurebefehle. Diese stellen die elementaren Operationen für die Beschreibung geometrischer Formen bereit. Mindestens genauso wichtig sind die Auswahl und die Reihenfolge der Operationen, um ein komplexes geometrisches Objekt zu modellieren.

Die Entscheidung für eine mehr oder weniger günstige Strategie wird die Struktur des Modells, die Art und Anzahl der Skizzen und Features wesentlich bestimmen. Wenn man bereits vor der Modellierung in der Lage ist, die benötigten Schritte in ihrer Reihenfolge grob zu überschauen, werden sich leichter optimale Modelle erstellen lassen. Die erfolgreiche Vorgehensplanung beruht auf Erfahrung und der Befolgung einiger Regeln.

Gerade bei der geometrischen Modellierung existieren häufig mehrere Alternativen, um ein Modell zu erstellen. Bei beiden Beispielen dieses Kapitels steht die Diskussion dieser Alternativen bzw. die Begründung vorgeschlagener Arbeitsweisen im Mittelpunkt. Die Zahnradpumpe wird in diesem Kapitel zu Gunsten zweier komplizierterer Teile ausnahmsweise „zur Seite gelegt".

Als Abschluss zum Gebiet der Einzelteilmodellierung stellt das letzte Unterkapitel Regeln und Empfehlungen zusammen, die in verallgemeinerter Form die Erstellung optimaler Modelle erleichtern.

5.1 Sockel

Der Sockel ist ein spanend bearbeitetes Gussteil. Die Abbildungen zeigen schattierte Darstellungen des Teils (►Abbildung 5.1) und zwei Zeichnungsansichten mit den erforderlichen Maßangaben (►Abbildung 5.2).

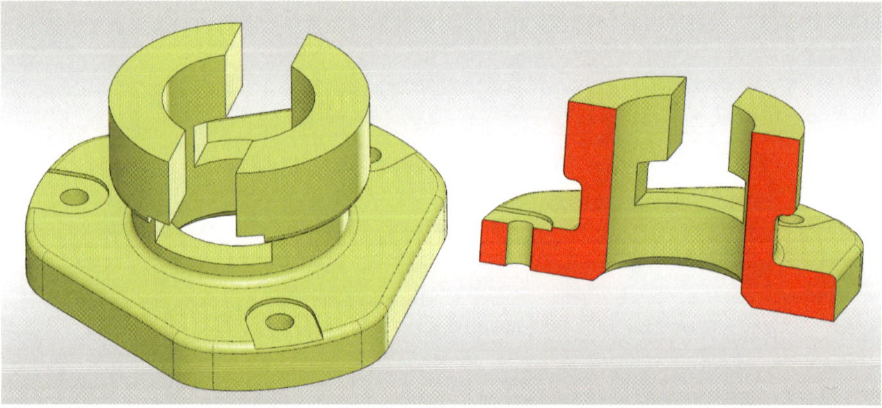

Abbildung 5.1: Perspektivische Darstellungen des Sockels, rechts ein Schnitt mit eingefärbter Schnittfläche

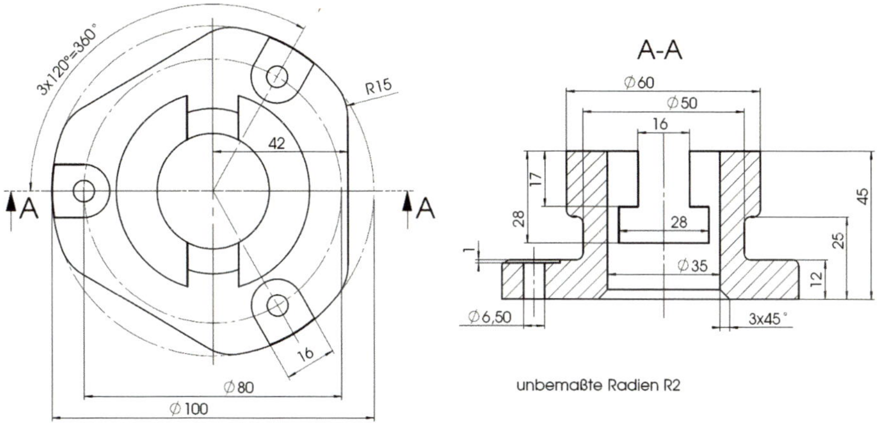

Abbildung 5.2: Zeichnungsansichten des Sockels mit Bemaßungen

Ein geeignetes Basisfeature für den Sockel finden

Für die Vorgehensplanung können alle Verrundungen und die Fase an der Unterseite der Grundplatte zunächst als unerheblich betrachtet werden. Gleichfalls können die drei Taschen mit den Durchgangsbohrungen und die zentrale Bohrung auf der Suche nach einem geeigneten Basisfeature vernachlässigt werden. Der Ausschnitt in Form eines kopfüber stehenden „T“ ist ebenfalls als Grundform ungeeignet. Nach diesen gedachten Vereinfachungen entsteht die Form nach ►Abbildung 5.3.

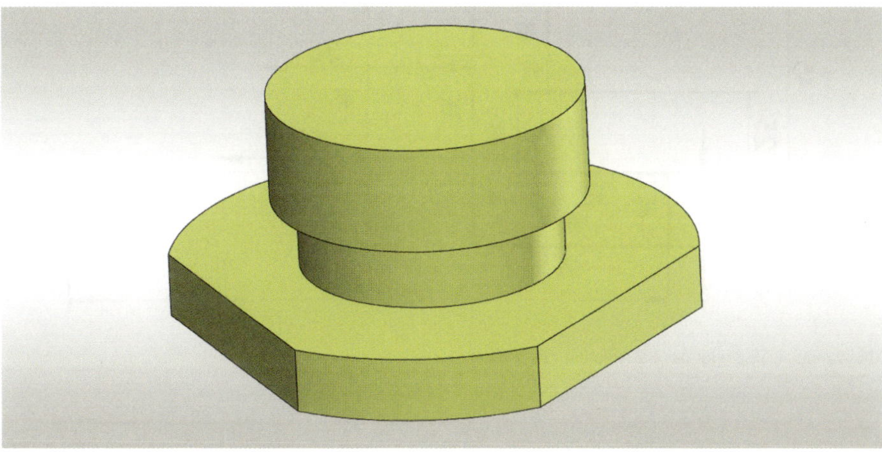

Abbildung 5.3: Grundform des Sockels

Während die beiden zylindrischen Abschnitte einfach zu modellieren sind, ergeben sich zwei bedenkenswerte Alternativen für die Grundplatte:

a. Die Grundplatte wird aus einer Skizze mit einem gleichseitigen Dreieck ausgetragen. Anschließend werden die Ecken des Dreiecks durch einen Schnitt abgerundet.

b. Die Grundplatte wird als Kreisscheibe modelliert (per Rotation aus einem Rechteck oder per Austragung aus einem Kreis). Danach werden die drei Seitenflächen abgeschnitten.

Die zweite Variante ist günstiger:

- Kreise/Rechtecke sind einfacher zu skizzieren als Dreiecke.
- Als Rotationsfeature lässt sich die Grundplatte gleichzeitig mit den beiden auf ihr sitzenden Zylindern erzeugen.
- Die zentrale Bohrung kann sofort mit entstehen.

Die ►Abbildung 5.4 zeigt die Skizze für das Basisfeature, das anschließend durch AUFSATZ/BASIS ROTIERT erzeugt wird. Achten Sie darauf, dass die Mittellinie durch den Ursprung verläuft (Ursprung und Linienendpunkt Deckungsgleich) und dass die unterste horizontale Linie ebenfalls mit dem Ursprung Deckungsgleich ist.

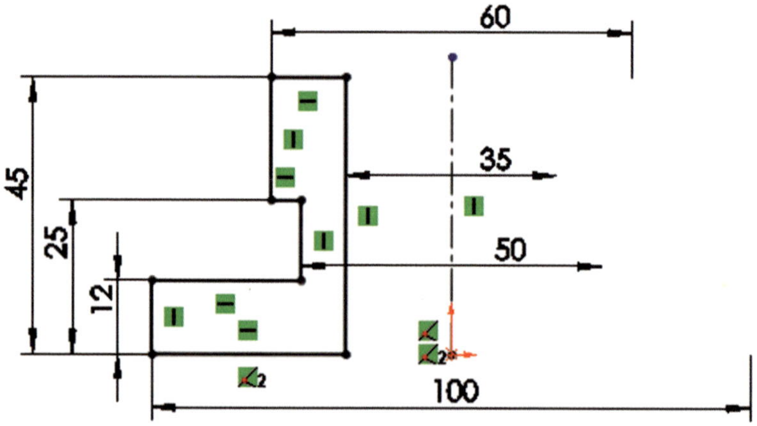

Abbildung 5.4: Skizze für das Basisfeature des Sockels

HINWEIS

Abzuraten ist davon, Fasen und Verrundungen bereits in der Skizze zu erzeugen. Dadurch werden Skizzen unnötig kompliziert und können insbesondere unfreundlich auf spätere Änderungen reagieren. Es gibt zwar entsprechende Skizzenwerkzeuge, jedoch sind die Featurebefehle VERRUNDUNG und FASE einfacher anzuwenden.

Muster aus Schnittfeatures in der Grundplatte des Sockels

Die nächste Skizze ist vorteilhaft auf der Grundplatte anzulegen. Die Formelemente seitlicher Anschnitt und Durchgangsbohrung können gleichzeitig in einem Schnitt erzeugt werden, da für beide die Endbedingung Durch alles oder Bis nächste Anwendung finden kann. Das ist für die Tasche nicht der Fall, die daher gesondert skizziert werden muss. Selbstverständlich wird jeweils nur ein Element skizziert und später kopiert.

►Abbildung 5.5 zeigt die Skizze während der Bearbeitung. Es ist zu erkennen, dass für die bogenförmige Begrenzung des seitlichen Anschnitts zunächst die gesamte Außenkante der Grundplatte mit ELEMENTE ÜBERNEHMEN in die Skizze eingefügt wurde. Die Abbildung zeigt, wie anschließend der nicht benötigte Abschnitt der Kreislinie mittels ELEMENTE TRIMMEN entfernt wird.

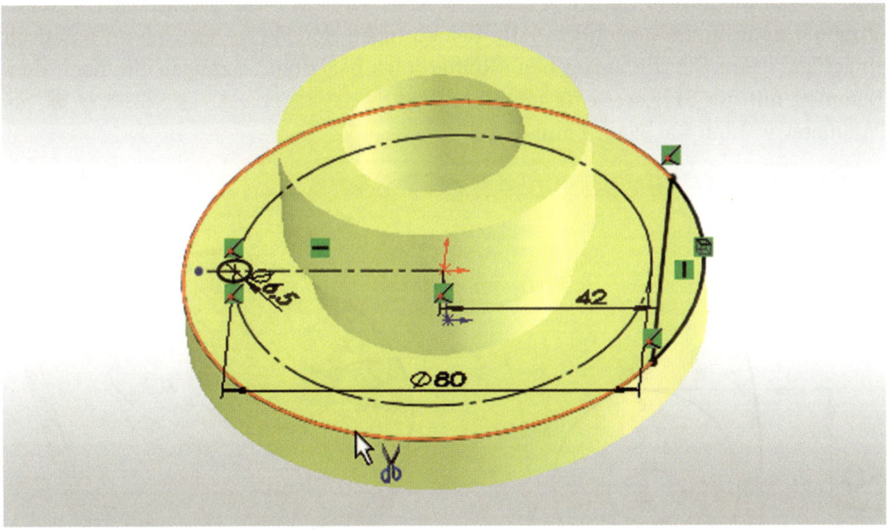

Abbildung 5.5: Trimmen in der Skizze für das erste Schnittfeature

Für die Durchgangsbohrung würde aus Sicht der Teilmodellierung auch eine einfachere Bemaßung ausreichen. Falls jedoch eine Zeichnung vom Modell erzeugt werden soll, ist die Konstruktion mit bemaßtem Teilkreis günstig. Die Skizzenmaße entsprechen dann den üblichen Zeichnungsangaben.

HINWEIS

Nun können Sie die Tasche für den Schraubenkopf modellieren. Platzieren Sie die Skizze wie für das vorhergehende Feature auf der Oberseite der Grundplatte. Sinnvoll ist die Schrittfolge:

1. Kante der Grundplatte mit ELEMENTE ÜBERNEHMEN einfügen.
2. Mittellinie vom Ursprung aus **Horizontal** ziehen.
3. Kreis aus dem Mittelpunkt der Bohrung aufziehen (eventuell mit der Maus die Bohrungskante überfahren, damit der Mittelpunkt angezeigt wird).
4. Linien jeweils vom Quadrantenpunkt des Kreises zur übernommenen Kante ziehen.
5. Linienabstand bemaßen.
6. Nicht benötigte Bogenstücke trimmen, so dass eine geschlossene Kontur ohne Lücken und Abzweige entsteht.

Das zuletzt angeführte ELEMENTE TRIMMEN wurde in der Skizze nach ►Abbildung 5.6 noch nicht ausgeführt. Alle Beziehungen der Skizze werden automatisch eingefügt, wenn Sie die angegebene Reihenfolge beachten. Erzeugen Sie nach dem Trimmen mit der Skizze die Tasche über LINEAR AUSGETRAGENER SCHNITT, als Parameter wählen Sie **Blind**, 1 mm.

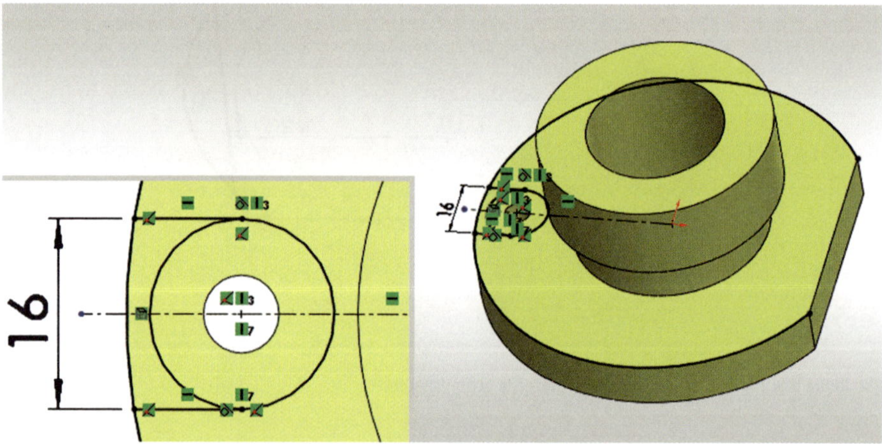

Abbildung 5.6: Skizze für die Tasche vor dem Trimmen der nicht benötigten Linien

HINWEIS

Bevor die beiden Schnittfeatures kopiert werden, kann man prüfen, ob Verrundungen oder Fasen ebenfalls kopiert werden können. Das funktioniert immer dann, wenn durch die Verrundungen oder Fasen ausschließlich Kanten/Flächen des zu kopierenden Features modifiziert werden. Im Fall des Sockels trifft das für die Verrundungen R15 zu.

Starten Sie den Featurebefehl VERRUNDUNG, selektieren Sie die beiden kurzen Kanten zwischen seitlichem Anschnitt und Grundplatte und stellen Sie als **Radius** 15 mm ein (►Abbildung 5.7).

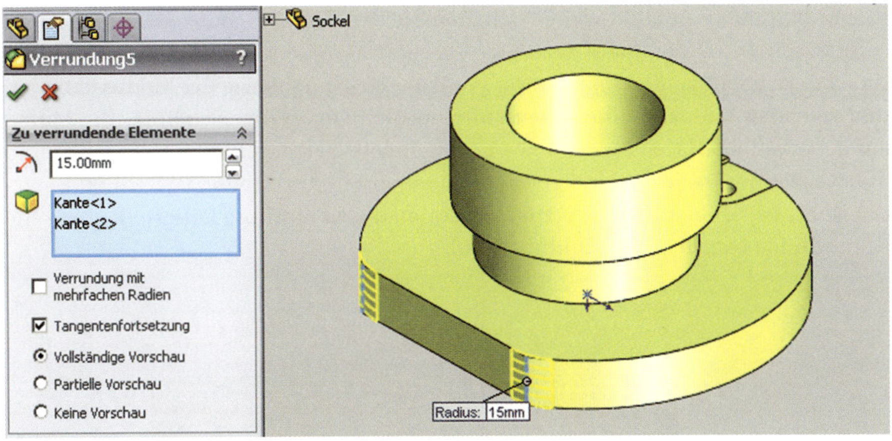

Abbildung 5.7: Verrundung der Kanten an der Grundplatte

Wählen Sie nun aus dem Flyout **Lineares Muster** den Befehl **Kreismuster**. Zeigen Sie die temporären Achsen an (MENÜ→ANSICHT→...) und wählen Sie die Achse des Basisfeatures als **Musterachse**. Die **Anzahl der referenzierten Kopien** ist 3, aktivieren Sie das Feld **Gleicher Abstand**. Im Feld **Features für Muster** wählen Sie die beiden Schnittfeatures und die zuletzt erzeugte Verrundung. ►Abbildung 5.8 zeigt die Situation unmittelbar vor Ausführung des Musterbefehls.

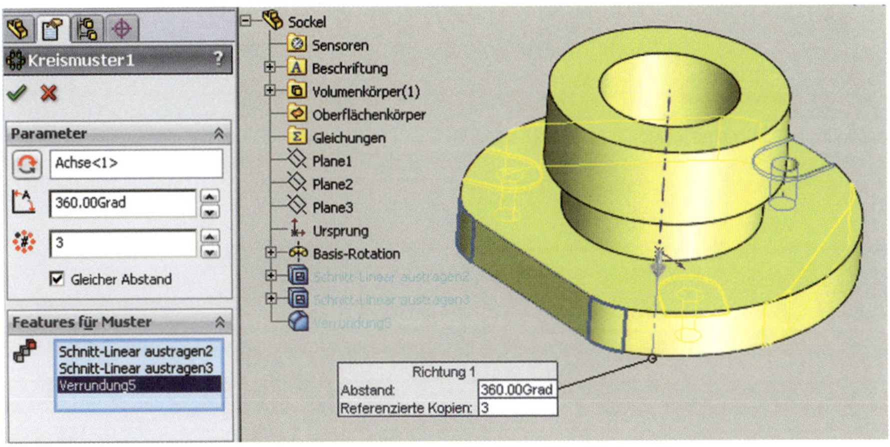

Abbildung 5.8: Einstellungen im Befehl Kreismuster

Dynamisches Spiegeln für symmetrische Konturen

Beim Skizzieren des Ausschnitts im oberen Teil des Sockels kann vorteilhaft die Funktion DYNAMISCH SPIEGELN angewendet werden. Zeichnen Sie zuerst die vertikale Mittellinie (▶Abbildung 5.9). Schalten Sie den Skizziermodus MENÜ→EXTRAS →SKIZZIEREN→DYNAMISCH SPIEGELN über das Menü ein. Wählen Sie die Mittellinie (diese erhält an den Enden zwei vertikale Striche, solange der Modus aktiv ist) und zeichnen Sie dann alle Linien auf einer Seite der Symmetrielinie. Die Linien auf der gegenüberliegenden Seite werden automatisch spiegelbildlich eingefügt und mit Symmetrisch-Beziehungen versehen. Schalten Sie den Modus DYNAMISCH SPIEGELN aus, bevor Sie mit zwei vertikalen Linien die Konturlinie fertigstellen und die Konturlinien bemaßen (▶Abbildung 5.10).

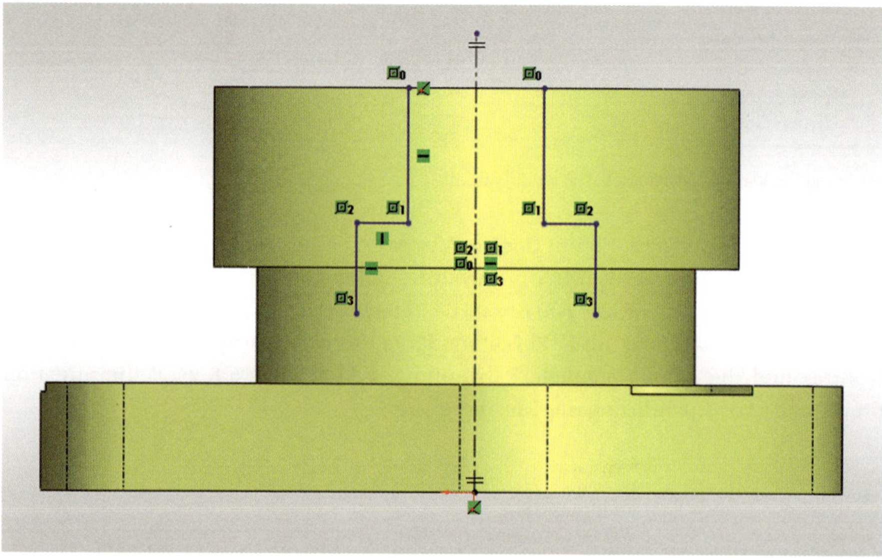

Abbildung 5.9: Skizzieren im Modus Dynamisch spiegeln

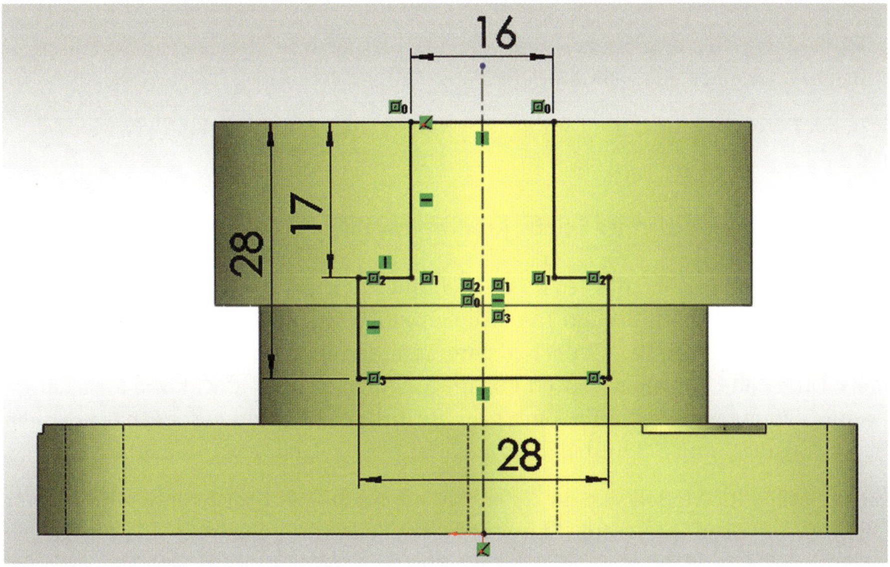

Abbildung 5.10: Komplette Skizze des Ausschnitts

Nach dem Erstellen des Schnitts (Durch alles, Richtung 2 aktivieren) sind die wesentlichen Formen komplett.

Abschließend bringen Sie an der Unterseite die Fase an und verrunden alle Kanten, die nicht durch spanende Bearbeitungsverfahren entstehen (►Abbildung 5.11).

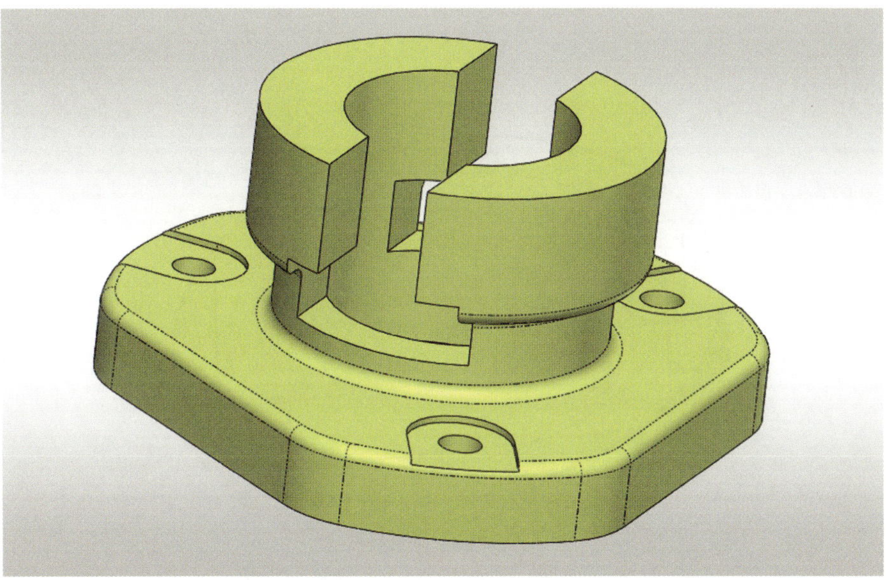

Abbildung 5.11: Modell des Sockels mit allen Verrundungen

Übung

Modellieren Sie den Sockel nach der bis hierher beschriebenen Schrittfolge. Beginnen Sie mit einer neuen Datei.

In der Datei *sockel.SLDPRT* finden Sie zum Vergleich ein vollständiges Modell.

Mehrere Features aus einer Skizze: Konturauswahl

Es soll erwähnt werden, dass es für die Schnitte zur Erzeugung von Durchgangsbohrung, seitlichem Anschnitt und Tasche eine weitere Möglichkeit gibt. Diese reduziert den Skizzieraufwand, stellt jedoch höhere Anforderungen an die Planung des Vorgehens. Die zweite Vorgehensweise nutzt die Möglichkeit, dieselbe Skizze für mehrere Features zu nutzen. Weiterhin kann man mit Hilfe der Option Ausgewählte Konturen in Austragungs- und Schnittbefehlen auch mit verzweigten Konturen arbeiten.

Beginnen Sie Ihr Modell wie im ersten Anlauf. Nach dem Basisfeature wird auf der Oberseite der Grundplatte eine Skizze mit allen Schnittbegrenzungen angefertigt. Die unnötigen Konturelemente werden nicht getrimmt (►Abbildung 5.12). Diese Skizze entspricht in zwei Punkten nicht den bisher bekannten Regeln:

- Die Konturlinien kreuzen und verzweigen sich, sie bilden keine geschlossenen Linienzüge.
- Linien für Features mit unterschiedlichen Endbedingungen befinden sich in derselben Skizze.

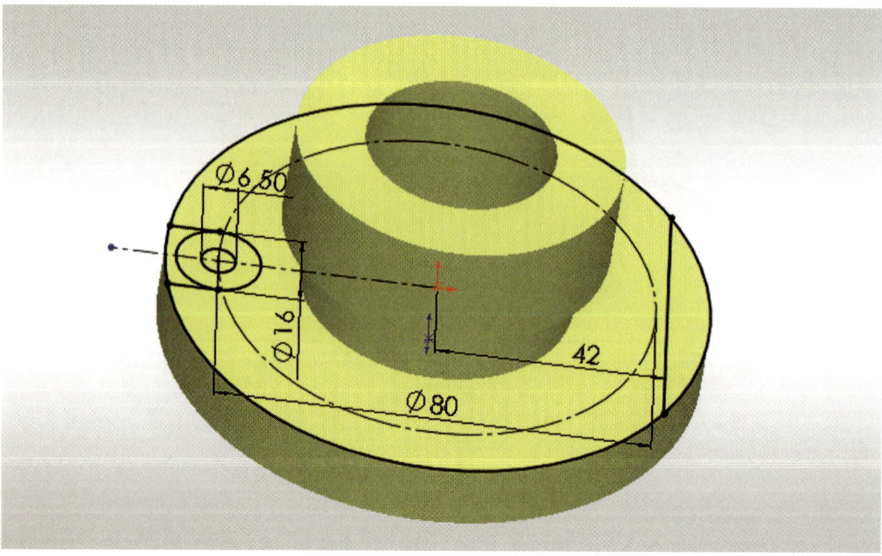

Abbildung 5.12: Skizze für alternatives Vorgehen

Nach der Fertigstellung der Skizze kann der erste Schnitt direkt aus dem Skizziermodus gestartet werden. Im Befehl Linear ausgetragener Schnitt müssen nun unter **Ausgewählte Konturen** die Konturinseln selektiert werden, die die ausgetragene Fläche bilden. Klicken Sie dazu etwa in die Mitte der Flächenstücke für die Durchgangsbohrung und den seitlichen Abschnitt (►Abbildung 5.13).

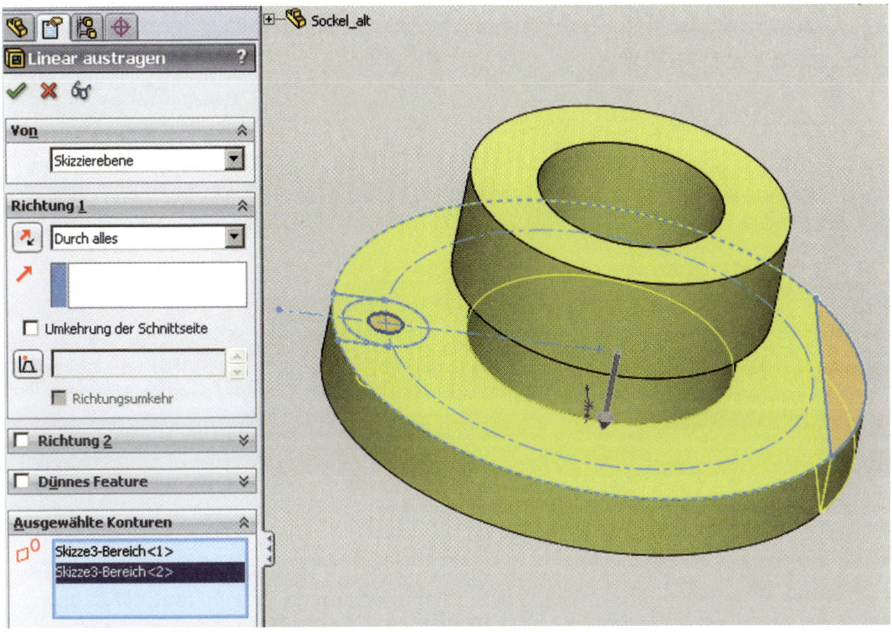

Abbildung 5.13: Schnitt mit Konturauswahl

Für den zweiten Schnitt (Tasche) wird diese Skizze erneut verwendet. Damit die Selektion im folgenden Featurebefehl klappt, muss die Skizze sichtbar sein. Im FeatureManager sind sichtbare Skizzen mit , unsichtbare mit gekennzeichnet. Zwischen beiden Zuständen können Sie mit in der Kontextsymbolleiste umschalten, wenn Sie die Skizze selektieren. Damit diese Sichtbarkeitseinstellung überhaupt wirkt, muss zusätzlich im Menü→Ansicht→Skizzen die prinzipielle Anzeige von Skizzen einschaltet sein.

Nachdem alle Voraussetzungen erfüllt sind, wird die Skizze erneut im FeatureManager selektiert (Strukturdarstellung aufklappen!) und wiederum der Befehl Linear ausgetragener Schnitt gestartet. Nunmehr werden die Flächenstücke selektiert, aus denen sich die Tasche zusammensetzt, und als Endbedingung wird **Blind**, 1mm gewählt (►Abbildung 5.14).

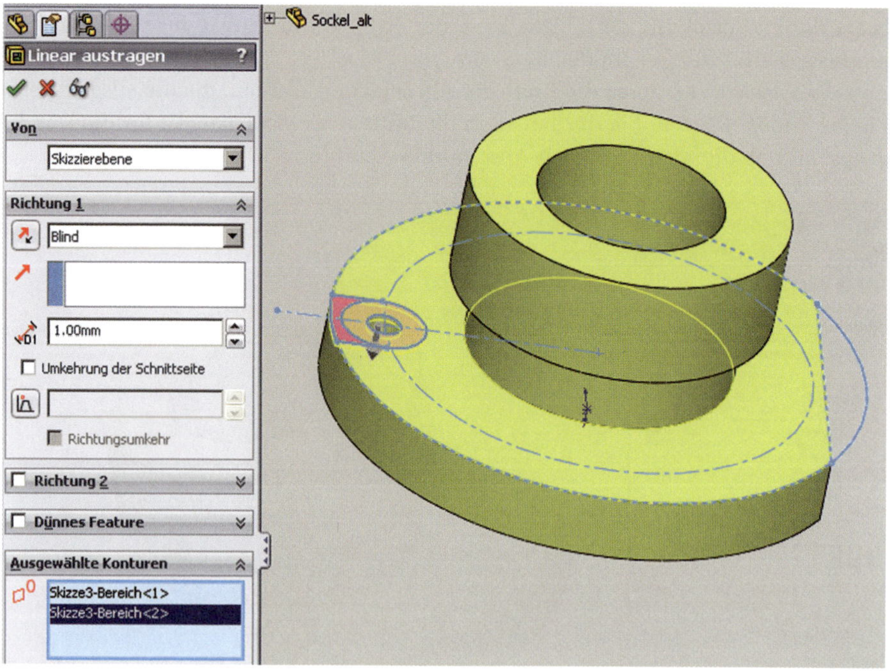

Abbildung 5.14: Schnitt mit Konturauswahl

Übung

Erstellen Sie ein Modell des Sockels mit der alternativen Vorgehensweise. Kopieren Sie dazu die erste Datei (*sockel.SLDPRT*) und löschen Sie alle Schnittfeatures der Bodenplatte. Modellieren Sie diese neu unter Verwendung einer einzigen Skizze.

Im beschriebenen Lösungsweg werden die Verrundungen zuletzt eingefügt. Versuchen Sie, im Verlauf der Modellierung Zwischenstände zu finden, an denen die Verrundungen mit weniger Selektionsaufwand eingefügt werden können!

Ein Modell, in dem alle Schnitte in der Grundplatte auf derselben Skizze beruhen, enthält die Datei *sockel_alt.SLDPRT*.

5.2 Ablaufgehäuse

Das Ablaufgehäuse ist ein Kunststoffteil, wie es beispielsweise in Campingfahrzeugen zum Anschluss eines Ablaufschlauchs an ein Waschbecken Verwendung finden kann. Durch eine in die rohrähnliche Hülse gedrehte Schraube wird der Ablauf gegen die Unterseite des Beckens gezogen und mit einer Elastomerdichtung, die in der gerundeten Nut liegt, gedichtet. In das halbkugelförmige Gehäuse ist leicht schräg eine Schlauchtülle für den Abwasserschlauch integriert (►Abbildung 5.15).

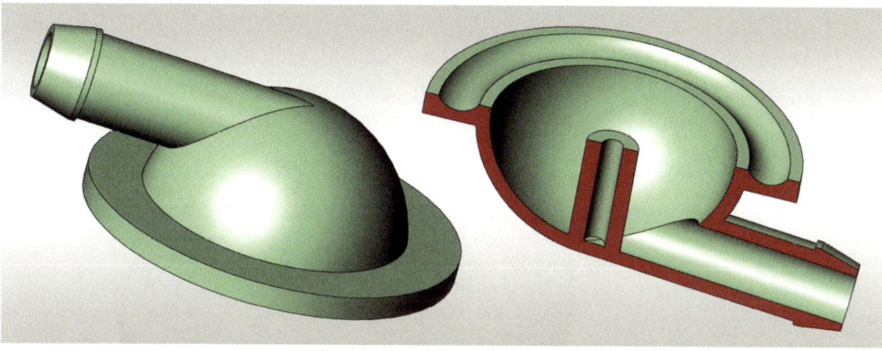

Abbildung 5.15: Ansicht und Schnitt des Ablaufgehäuses

Alle für die Modellierung notwendigen Maßangaben enthält ►Abbildung 5.16. Die Wanddicke soll 3 mm betragen, soweit keine anderen Maße angegeben sind. Das Modell ist etwas vereinfacht und enthält keine Entformschrägen und Verrundungen.

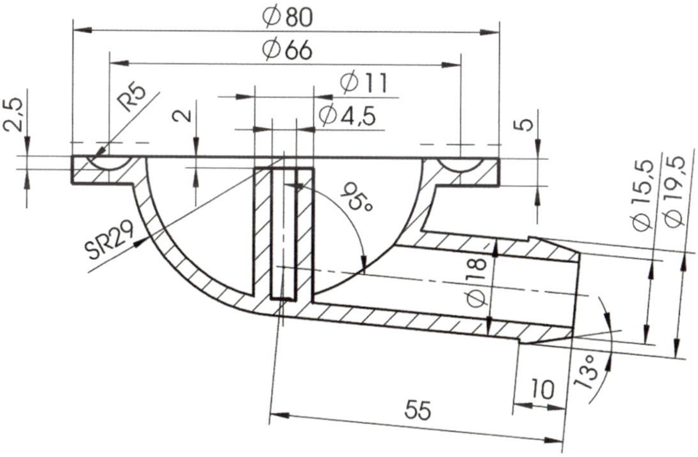

Abbildung 5.16: Abmessungen des Ablaufgehäuses

Wandungsfeature für Hohlkörper

Guss- und auch Blechbiegeteile, die zumindest in gewissen Bereichen Hohlräume umschließen und weitgehend einheitliche Wanddicken aufweisen, können vorteilhaft zunächst als massive Teile modelliert werden. ►Abbildung 5.17 zeigt dieses massive Teil, das aus zwei Features AUFSATZ/BASIS ROTIERT entstanden ist.

Zuerst wird die Halbkugel aus der orange dargestellten Skizze modelliert. Skizzieren Sie dafür einen Kreis im Ursprung (Durchmesser 58), ziehen Sie zwei Linien vom Ursprung zur Kreislinie und trimmen Sie den Kreis so, dass nur das benötigte Viertel übrig bleibt. Ergänzen Sie die Rotationsachse und führen Sie die Rotation aus.

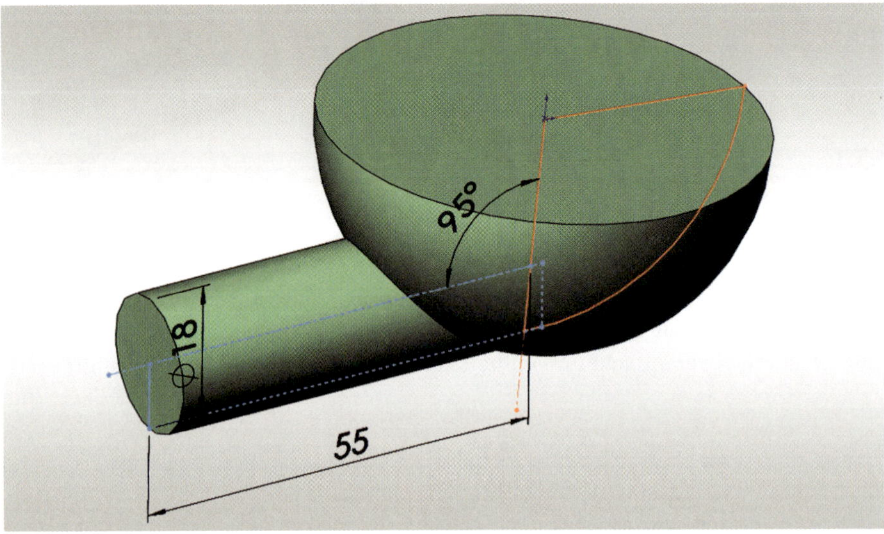

Abbildung 5.17: Massives Basisteil mit eingeblendeten Skizzen

Für die spätere Schlauchtülle (blaue, bemaßte Skizze) zeichnen Sie eine Mittellinie unter 95°. Von dieser ausgehend folgt dann ein Rechteck, dessen lange Seite Tangential in die Halbkugel einläuft. Wegen der leichten Neigung gegenüber der Horizontalen sollte nicht die Rechteckfunktion, sondern die Linienfunktion genutzt werden. Anschließend müssen sorgsam alle Beziehungen gesetzt werden. Richten Sie die Rechteckseiten zueinander Senkrecht bzw. Parallel aus.

Um das Maß 55 zwischen dem linken Tüllenende und dem Schnittpunkt der beiden Rotationsachsen setzen zu können, müssen Sie vorher am Schnittpunkt der Achsen einen PUNKT * setzen. Dieser Punkt ist Deckungsgleich zu beiden Achsen. ►Abbildung 5.18 zeigt die komplette Skizze.

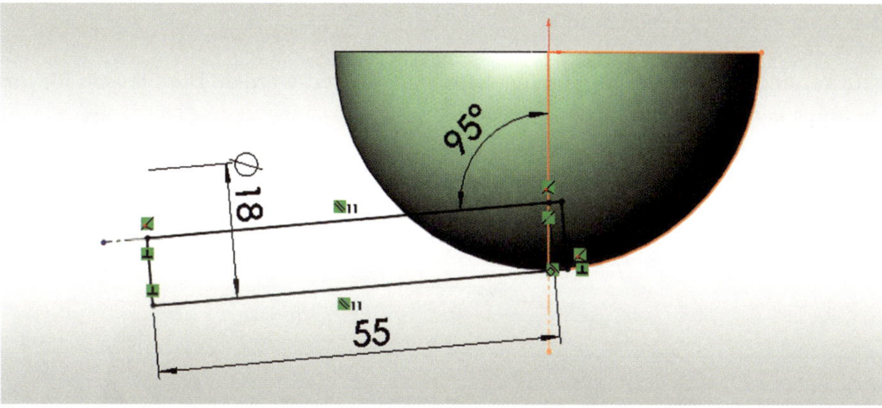

Abbildung 5.18: Detail der Skizze für die Schlauchtülle

Im nächsten Schritt wird der Massivkörper zum Hohlkörper. Dazu dient der Featurebefehl WANDUNG. Nach dem Start des Befehls (►Abbildung 5.19) ist die Wanddicke anzugeben (3 mm). Im folgenden Dialogfeld sind die Flächen auszuwählen, die komplett entfernt werden sollen, also keine Wandstärke erhalten.

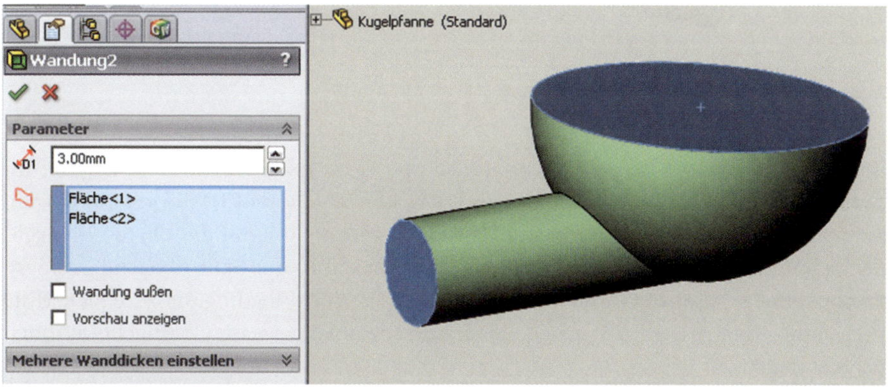

Abbildung 5.19: Wandungsbefehl

Bei der Modellierung ist zu beachten, dass der Befehl WANDUNG meist nur einmal pro Modell sinnvoll verwendbar ist und sich immer auf das komplette Modell bezieht. Sofern am Modell bereits Details wie Ausrundungen, Fasen, Taschen etc. vorhanden sind, kann dies zu Problemen führen. Die berechnete Wandungsfläche übernimmt exakt die vorhandene Geometrie, im Normalfall nach innen. Damit verringern sich z. B. Ausrundungsradien um die Wanddicke. Wenn dabei der Radius kleiner null wird, führt SolidWorks den Wandungsbefehl nicht aus.

HINWEIS

Dichtungsrille und Schlauchtülle

Nun können die Details des Ablaufgehäuses modelliert werden. Der Flansch für die Dichtung kann am einfachsten mittels LINEAR AUSGETRAGENER AUFSATZ (orangefarbene Skizze ►Abbildung 5.20) und ROTIERTER SCHNITT (blaue Skizze) erzeugt werden.

Abbildung 5.20: Flansch mit Rille für die Abdichtung

Zwei Besonderheiten des Befehls LINEAR AUSGETRAGENER AUFSATZ werden für die Schraubenhülse genutzt. Die Skizze (zwei konzentrische Kreislinien mit 4,5 mm bzw. 11 mm Durchmesser) liegen in der Referenzebene, die mit der oberen Flanschfläche identisch ist. Der Aufsatz beginnt jedoch nicht in der Skizzierebene, sondern erst mit einem **Offset** von 2 mm (►Abbildung 5.21). Als Endbedingung wird **Bis nächste** verwendet. Damit wird die unregelmäßige, zusammengesetzte Oberfläche automatisch gesucht.

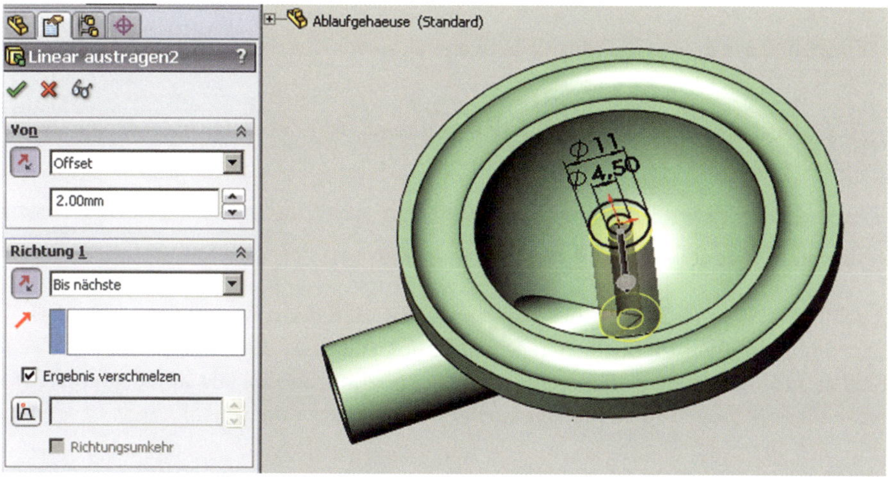

Abbildung 5.21: Modellierung der Hülse für die Schraube

Für den konischen Ansatz an der Schlauchtülle werden wieder zwei Features verwendet. Zunächst wird das Ende des Rohrstücks auf 19,5 mm aufgedickt, indem ein LINEAR AUSGETRAGENER AUFSATZ 10 mm Blind ausgetragen wird. Wählen Sie die Austragungsrichtung so, dass das Rohr nicht verlängert wird. Anschließend können Sie mit FASE die Kante des zylindrischen Ansatzes so modifizieren, dass der Konus entsteht, über den der Ablaufschlauch geschoben wird (►Abbildung 5.22).

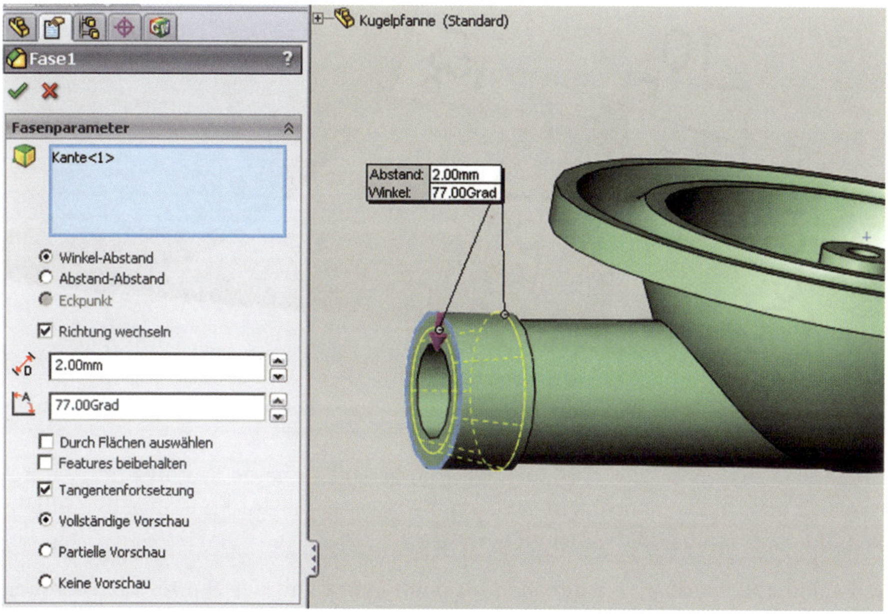

Abbildung 5.22: Einstellung des Fase-Befehls zur Erzeugung des konischen Tüllenendes

COMPANION WEBSITE
Übung

Erarbeiten Sie ein Modell des Ablaufgehäuses nach der dargestellten Vorgehensweise.

Alle Schritte bis zum fertigen Modell können Sie in der Datei *ablaufgehaeuse. SLDPRT* nachvollziehen.

Alternative Modellierung mit weniger Features

Auch beim Ablaufgehäuse gibt es gleichwertige Modellierungsvarianten, die diskutiert werden sollen. Beim letzten Konstruktionselement, dem Konus am Ende der Schlauchtülle, wäre es offensichtlich auch möglich, diesen als ein Feature AUFSATZ/BASIS ROTIERT zu erzeugen. Hier ist abzuwägen zwischen:

- einer **einfachen Skizze** mit einem Kreis, einem Maß und einer Beziehung sowie einem **zusätzlichen Feature** mit den Fasenparametern und
- einer etwas **aufwändigeren Skizze** mit sechs Linien, vier Bemaßungen und einigen Beziehungen (►Abbildung 5.23).

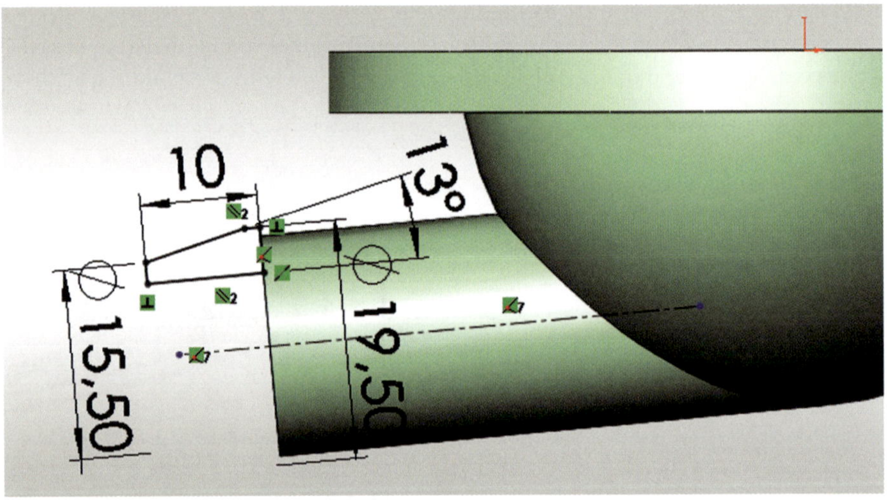

Abbildung 5.23: Skizze für ein Rotationselement als alternative Modellierung des Tüllenendes

Wählt man die erste (hier bevorzugte) Variante, sollten beide Features im Feature-Manager unmittelbar benachbart sein, um die etwas geringere Änderungsfreundlichkeit dieser Variante nicht weiter zu verringern.

Eine ähnliche Alternative ergibt sich für den Flansch mit der Nut für die Dichtung am Rand der Halbkugel. Anstelle der getrennten Modellierung von Flansch und Nut wäre genauso eine integrierte Modellierung als AUFSATZ/BASIS ROTIERT möglich.

Auch hier wäre eine kompliziertere Skizze erforderlich, in der aber alle für Flansch und Dichtungsnut notwendigen Maße und Beziehungen vereint wären. Eine Modifikation des Gehäuserands wäre damit etwas erleichtert.

Kopieren Sie das auf dem ersten Weg modellierte Ablaufgehäuse (*ablaufgehaeuse.SLDPRT*) und löschen Sie in der kopierten Datei die Features für Flansch, Rille und Tülle. Vervollständigen Sie anschließend das Modell wieder, indem Sie den zweiten Weg beschreiten. Beurteilen Sie für sich, ob Sie

- mehrere einfache Skizzen, die eventuell schwerer überschaubare Strukturen im FeatureManager bewirken, oder
- wenige, dafür kompliziertere Skizzen

bevorzugen.

Eine **Beispiellösung** für den zweiten Weg enthält die Datei *ablaufgehaeuse_alt.SLDPRT*.

Übung

5.3 Empfehlungen für gute Modelle

Die nachfolgend gegebenen Hinweise beziehen sich auf die Modellierung überwiegend spanend gefertigter Teile und sind an Leser gerichtet, die mit SolidWorks beginnen zu arbeiten.

Jedes Modell sollte so aufgebaut sein, dass eine **leichte Nachvollziehbarkeit** gegeben ist. Dabei kann man durchaus an Partner im Entwicklungsprozess denken, die mit dem Modell weiterarbeiten sollen. Andererseits ist es so, dass man auch selbst nach einigen Wochen durchaus Schwierigkeiten hat, eigene Überlegungen nachzuvollziehen und ein Modell zu verstehen. Hilfsmittel für das leichte Verständnis eines Modells ist seine durchdachte Struktur.

Ein weiteres entscheidendes Kriterium, an dem jedes Modell gemessen werden kann, ist seine **hohe Änderungsfreundlichkeit**. Häufig müssen Modelle im Verlauf des Entwicklungsprozesses oder bei Anpassungskonstruktionen modifiziert werden. Geschickt bemaßte Skizzen und sinnvoll eingestellte Featureparameter erleichtern die Anpassung des Modells.

Nutzen Sie die Featurevielfalt!

Denken Sie bei der Entwurfsplanung nicht nur an LINEAR AUSGETRAGENER AUFSATZ und LINEAR AUSGETRAGENER SCHNITT! Sicher lässt sich (fast) jedes Teil mit diesen beiden Features modellieren. Oftmals sind jedoch eine große Anzahl kleiner Schritte nötig, um das gewünschte Resultat zu erreichen.

- Teile mit bereichsweise **konstanter Wanddicke** (z. B. Blechteile, Gussteile) können oftmals vorteilhaft zunächst massiv modelliert und mit dem Feature WANDUNG „ausgehöhlt" werden. Ein Beispiel dafür ist das Ablaufgehäuse des Abschnitts 5.2.

- Teile mit **trägerartigen Strukturen oder charakteristischen Querschnitten** können eventuell mit AUFSATZ/BASIS AUSGETRAGEN (▶Abbildung 5.24) oder AUSGETRAGENER SCHNITT modelliert werden. Das Profil sollte immer am Ende der Bahn skizziert werden. Im Beispiel Abbildung 5.24 wurde zunächst eine Hälfte modelliert und dann gespiegelt.

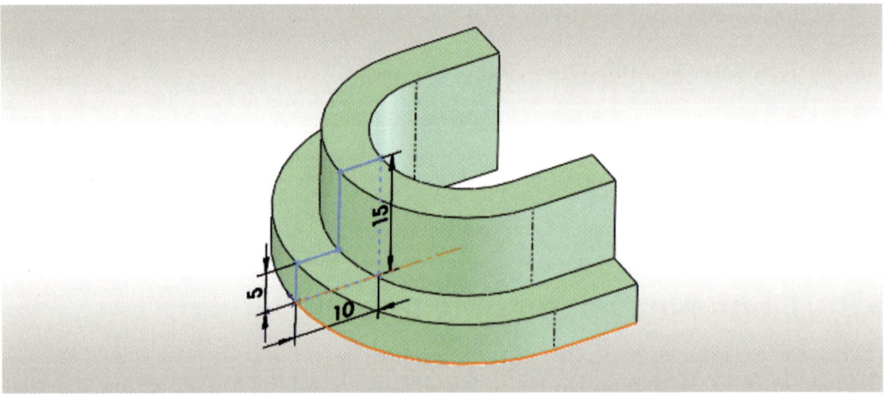

Abbildung 5.24: Typisches Austragungsteil mit Profilskizze (*blau*) und Bahnskizze (*orange*)

Die Austragungsbahn kann auch geschlossen sein oder als räumliche Kurve vorliegen. Letzteres kann bei der Modellierung von Schraubenfedern oder Gewinden ausgenutzt werden.

- Bei **Drehteilen** bzw. rotationssymmetrischen Formen kann die Gestalt entweder durch mehrere zylindrische Abschnitte „scheibenweise" mit LINEAR AUSGETRAGENER AUFSATZ oder „auf einen Schlag" mit AUFSATZ/BASIS ROTIERT erzeugt werden. Skizzen mit der Halbkontur für AUFSATZ/BASIS ROTIERT sind kompakter, können zeichnungsnah bemaßt werden, sind aber relativ aufwändig bei der Erstellung. Mehrere aneinandergereihte Features LINEAR AUSGETRAGENER AUFSATZ führen zu strukturell schlechten Modellen und Schwierigkeiten bei der Zeichnungserstellung.

- **Keglige Formen** immer als AUFSATZ/BASIS ROTIERT oder ROTIERTER SCHNITT erstellen.

Modellieren Sie einen Körper nach Abbildung 5.24. Wählen Sie die Dicke beider Schenkel des Profils mit 5 mm. Die Abmessungen der Bahnskizze können Sie nach den Verhältnissen in der Abbildung schätzen.

Eine Beispiellösung enthält die Datei *profil.SLDPRT.*

Versuchen Sie, das Teil nach Abbildung 5.24 auch mit dem Wandungsbefehl zu modellieren.

Eine **Lösung** dafür finden Sie in der Datei *profil_wandung.SLDPRT.*

Übung

► Verwenden Sie korrekte Endbedingungen bei Schnitten! ◄

Die standardmäßig eingestellte Endbedingung Blind bei LINEAR AUSGETRAGENEN SCHNITT sollte nur verwendet werden, wenn ein bestimmtes Abmaß (z. B. eine festgelegte Bohrungstiefe) funktional erforderlich ist. Keinesfalls sollte Blind angewendet werden, wenn wie z. B. in ►Abbildung 5.25 ein Schnitt durch das komplette Teil verlaufen soll. Wird hier mit Blind gearbeitet, eventuell noch mit einer (fragwürdigen) Sicherheitsreserve, kann es bei Änderungen der Höhe der Scheibe irgendwann dazu kommen, dass die Nut nicht mehr entlang der gesamten Mantelfläche das Teil schneidet. Bei detailreichen Modellen mit vielen Features kann das leicht übersehen werden und funktionale Fehler verursachen.

Auch Auswirkungen auf folgende Features sind möglich. Das mittlere und das rechte Bild in Abbildung 5.25 zeigen unterschiedliche Formen nach Ausführung des Befehls KREISMUSTER, mit dem die Nut aus dem linken Bild kopiert wurde. Je nachdem, ob der vorangegangene Schnitt mit Endbedingung Durch alles/Bis nächste oder Blind erstellt wurde, ergibt sich das mittlere oder das rechte Resultat.

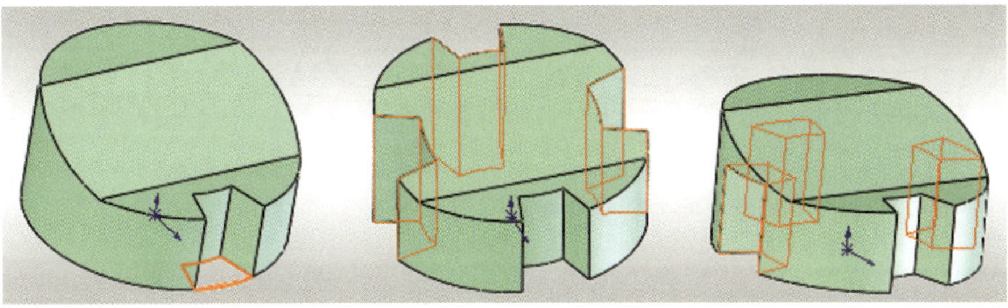

Abbildung 5.25: Schnitt und Muster des Schnitts bei unterschiedlichen Endbedingungen

Eine ähnliche Situation ist vorstellbar, wenn in einer 10 mm dicken Platte eine Durchgangsbohrung mit Blind, 10 mm Tiefe eingebracht wird. Muss die Plattendicke aus Festigkeitsgründen auf 12 mm erhöht werden, wird aus der Durchgangsbohrung erst einmal eine Grundbohrung ... Die richtige Endbedingung für den Schnitt wäre also Durch alles oder Bis nächste.

Übung

Modellieren Sie einen Körper nach Abbildung 5.25. Die Abmessungen können Sie nach den Verhältnissen in der Abbildung schätzen. Experimentieren Sie mit den unterschiedlichen Endbedingungen bei der Schnitterzeugung und dem resultierenden Musterbefehl.

Eine **Beispiellösung** enthält die Datei *prisma.SLDPRT*.

Nutzen Sie Muster und Spiegeln!

Sich wiederholende Formen sollten immer mit den Befehlen LINEARES MUSTER, KREISMUSTER oder durch SPIEGELN erstellt werden. Das betrifft beispielsweise Rippen, Streben, Nuten, Bohrungen. Muster- oder Spiegeln-Features können selbst wiederum gemustert oder gespiegelt werden.

►Abbildung 5.26 und ►Abbildung 5.27 zeigen die Anwendung des Musterbefehls bei der Modellierung von Flanschen. Zuerst wird jeweils eine Grundform erstellt. Außen- und Innenkontur können in einem Austragungsfeature erzeugt werden.

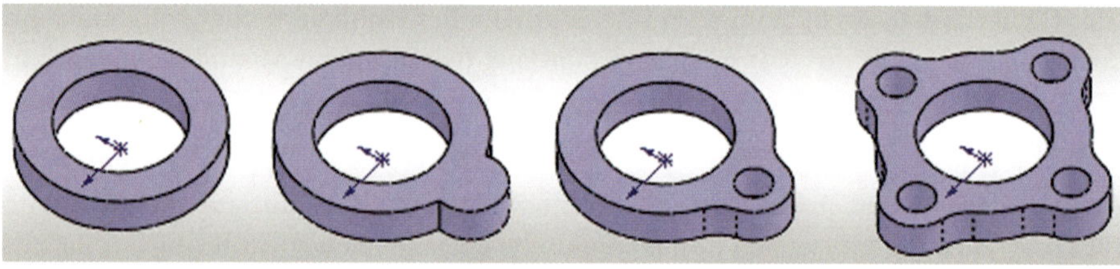

Abbildung 5.26: Flansch mit Kreisring als Grundform

Abbildung 5.27: Flansch mit quadratischer Grundform

Anschließend werden die Laschen für jeweils eine Bohrung und die Bohrung selbst modelliert. Überlegen Sie, warum nicht wie bei der Grundform Bohrung und umgebendes Material in einem Austragungsfeature gemeinsam erstellt werden können!

Trennen Sie immer die Grundform, die nicht gemustert wird, von den Features, die später kopiert werden. Theoretisch wäre es auch denkbar, beispielsweise eine Form wie im dritten Bild von links in Abbildung 5.26 zu modellieren und zu mustern. Die Ringform wäre dann sozusagen viermal übereinander an derselben Stelle. Davon ist abzuraten, weil SolidWorks derartige Überlagerungen mitunter nicht korrekt berechnen kann.

Erst nachdem eine Flanschbohrung inklusive Verrundung komplett fertiggestellt ist, wird im Modell nach Abbildung 5.26 das Muster erzeugt. Die Verrundung wird also mit kopiert.

Für jedes Feature **überträgt SolidWorks beim Mustern oder Spiegeln die Vorschrift zur Featureberechnung** an den neuen Ort. Dies funktioniert im Beispiel nach Abbildung 5.26: In allen Exemplaren des Musters wird durch die Verrundung die Kante zwischen denselben Oberflächen (Laschenaußenseite und Grundformaußenfläche) modifiziert. Im Beispiel nach Abbildung 5.27 ist das nicht so. Die Außenfläche der Grundform wird durch vier verschiedene Oberflächen gebildet. Daher kann die Verrundung nicht gemustert werden und muss nach dem Muster hinzugefügt werden.

Manche Fälle kann man mit einem sogenannten **Geometriemuster** lösen. Dieses Kontrollkästchen steht in allen Muster- und Spiegelbefehlen zur Verfügung. SolidWorks versucht dann, die Form der Oberflächen (und nicht die Berechnungsvorschrift) an den neuen Ort zu übertragen.

In ►Abbildung 5.28 wurde zunächst eine lineare Austragung aus einem gleichseitigen Dreieck mit Innenkreis modelliert und eine Kante verrundet. Diese Verrundung kann nur mit Kreismuster und aktiviertem Geometriemuster gemustert werden, da die verrundete Kante nicht mit kopiert werden soll. Die Nut hingegen kann mit dem normalen Musterbefehl kopiert werden. Die Einstellung Geometriemuster bezieht sich immer auf die komplette Selektion. Im Beispiel Abbildung 5.28 müssen daher zwei Features Kreismuster erzeugt werden.

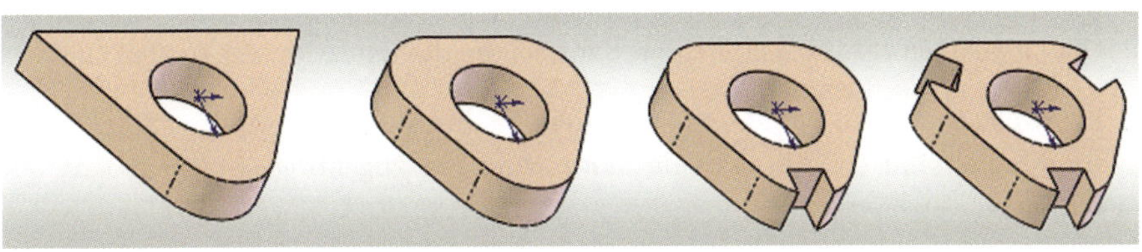

Abbildung 5.28: Muster mit Geometriemuster erzeugen

Modellieren Sie die in Abbildung 5.26, Abbildung 5.27 und Abbildung 5.28 abgebildeten Körper. Abmessungen können Sie nach den Abbildungen schätzen.

Verdeutlichen Sie sich die Varianten des Musterbefehls abhängig von den modifizierten Flächen und zu musternden Formen.

Lösungen für die Teile enthalten die Dateien *fl_viereck.SLDPRT*, *fl_kreis.SLDPRT* und *fl_dreieck.SLDPRT*.

Übung

Arbeiten Sie mit den Featurebefehlen!

Befehle wie Spiegeln, Muster, Fase oder Verrundung kennen Sie als Featurebefehl. Andererseits sind Ihnen vielleicht schon gleiche oder ähnliche Befehle im Skizziermodus begegnet (Lineares Skizzenmuster, Elemente spiegeln, kopieren, Verrundung, ...). Welche Befehle sind günstiger?

An dieser Stelle seien nachdrücklich die Featurebefehle empfohlen! In vielen Fällen ist mit den äquivalenten Skizzenbefehlen das Gleiche zu erreichen. Die entstehenden Skizzen sind jedoch oft kompliziert und häufig sehr sensibel bei Änderungen. Vorteile der Konzentration auf Skizzen liegen in geringeren Featurezahlen pro Modell und geringerer PC-Laufzeit beim Laden und Aufbauen von Modellen.

Einige **für die Featurebefehle sprechende Gründe** sollen nachdrücklich genannt werden:

- Bei Verrundungen bieten die Featurebefehle effiziente, nur im 3D-Modell anwendbare Selektionsmöglichkeiten durch Mehrfachauswahl, Flächenauswahl oder Tangentenfortsetzung.
- Bestimmte Verrundungen lassen sich nicht in den Skizzen erstellen. Denken Sie z. B. an in der Skizzierebene liegende Kanten oder Übergänge an mehreren nicht in einer Ebene liegenden Kanten.
- Wenn Verrundungen teilweise in Skizzen und teilweise in Features erstellt werden, leidet die Übersichtlichkeit. Also komplett im 3D-Modell verrunden!

  Bei unterschiedlichen Verrundungsradien zuerst die großen Radien bearbeiten. Die Tangentenfortsetzung erleichtert dann häufig die Selektion der Kanten stark.
- Bei Muster und Spiegeln können mehrere Features gewählt werden. Skizzenverrundungen sind auf die aktuelle Skizze und die zugehörige Skizzierebene beschränkt.
- Skizzenmuster sind nicht voll definiert. Das werden Sie erst durch zusätzliche Beziehungen. Wenn diese eingefügt sind, ist es aber oft nicht mehr möglich, die Musterparameter wie Anzahl, Richtung, Abstand frei zu ändern. Das geht im Featurebefehl MUSTER problemlos.

Halten Sie Ordnung im FeatureManager!

Sehr schnell kann die Zahl der im FeatureManager gelisteten Elemente 30 bis 40 Einträge überschreiten. Diese Anzahl kann noch, ohne scrollen zu müssen, dargestellt werden. Beispielsweise Frästeile mit einer Vielzahl Bohrungen oder Spritzgussteile mit Rippen und Verrundungen werden schnell unübersichtlich und damit schwer handhabbar. Versuchen Sie deshalb, Ihre Modelle möglichst übersichtlich zu gestalten:

- Alle Elemente im FeatureManager können Sie **zweckmäßig benennen**. Damit ist es leichter, bestimmte Features zu finden.
- Im FeatureManager können **Ordner angelegt** werden, die zusammen- oder aufgeklappt dargestellt werden. Damit lassen sich momentan nicht benötigte Elemente im FeatureManager platzsparend unterbringen.

  Mit Ordnern sind nur einstufige Strukturen bildbar, die zudem die Abhängigkeiten im FeatureManager nicht zerstören dürfen. Am besten, Sie bringen die Features, die in einem Ordner zusammengefasst werden sollen, vorher in die richtige Position und Reihenfolge.
- Versuchen Sie, **Skizzen** auf bestimmten **Ebenen zu konzentrieren**. Wenn Sie immer dieselbe oder parallele Skizzierebenen verwenden, sind Beziehungen zwischen Skizzen einfach zu erstellen und eher nachvollziehbar.
- Skizzen von Nebenformelementen wie **Bohrungen** und **Nuten** sollten **auf die Oberflächen** skizziert werden, von denen Sie ausgehen, und nicht auf Referenzebenen. Wenn sich die Flächen bei Änderung von Abmessungen verschieben, werden die Nebenformelemente mitgenommen.
- Ordnen Sie Nebenformelemente in **logischen Gruppen**. Dabei sind funktionale Anordnungen (Frästasche/Bohrung/Senkung oder Wellenabsatz/Sicherungsringnut/Passfedernut) genauso denkbar wie featurebezogene Gruppen mit Rippen oder mit Verrundungen.

Optimieren Sie die Skizzen!

- **Mehrere einfache Skizzen sind leichter in den Griff zu bekommen als eine komplizierte**.

  Insbesondere, wenn Ihre Vorgehensplanung noch nicht ganz sicher ist, sollten Sie sich nicht in aufwändigen Skizzen verlieren. Bei Bedarf lassen sich auch nachträglich Details in Skizzen ergänzen, wenn der Entwurfsplan erfolgreich umgesetzt ist.

  Wenn im Verlauf der Arbeit Features gelöscht werden müssen, weil sie nicht die gewünschten Formen erzeugen, bleiben die Skizzen erhalten. Je weniger Details sie enthalten, desto größer ist die Chance, sie weiterverwenden zu können.
- **Gute Skizzen haben wenige Maße und viele Beziehungen**.

  Zur vollständigen Definition der Skizzenelemente muss nichts mehr geschrieben werden. Wie aber sollte das Verhältnis zwischen Bemaßungen und Beziehungen sein, um die volle Definition in einer Skizze zu erreichen?

Je mehr es Ihnen gelingt, logische Relationen wie Symmetrien, Ausrichtungen, gleiche Abmessungen usw. durch Beziehungen auszudrücken, desto besser. Die Bemaßung reduziert sich dann auf die wirklich bestimmenden Abmessungen – mit dem Erfolg, dass die Skizze übersichtlich und leicht änderbar ist. ►Abbildung 5.29 zeigt Beispiele für skizzierte Quadrate und paarweise angeordnete Bohrungen.

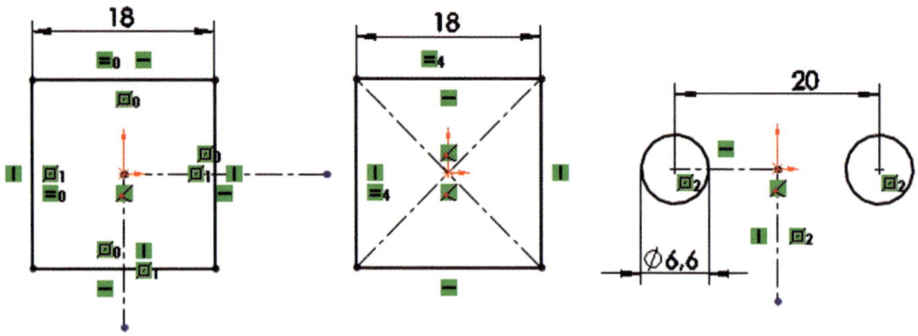

Abbildung 5.29: Reduktion der Bemaßung auf die wesentlichen Angaben

■ Skizzen sinnvoll zum Koordinatenursprung positionieren

Diese Position lässt sich meist aus dem Einsatzzweck des Teils und den Einbaubedingungen in einer Baugruppe ableiten. Typisch sind Platzierungen des Ursprungs in Drehachsen, Anlageflächen, Symmetrieebenen oder -achsen.

►Abbildung 5.30 zeigt zwei Skiziervarianten für ein einfaches Blechteil, das zur Befestigung eines Sensors mittels zwei Schrauben M6 dienen soll. Beide Skizzen sind voll definiert. Falls im Laufe des Konstruktionsprozesses noch eine Änderung der Blechbreite (jetzt 20mm) oder des Bohrungsabstands (jetzt 30mm) nötig wäre, sind die Vorteile der unteren Skizze offensichtlich. Diese legt den Ursprung in den Mittelpunkt der größeren Bohrung und macht die Bohrungsabstände zu den bestimmenden Größen.

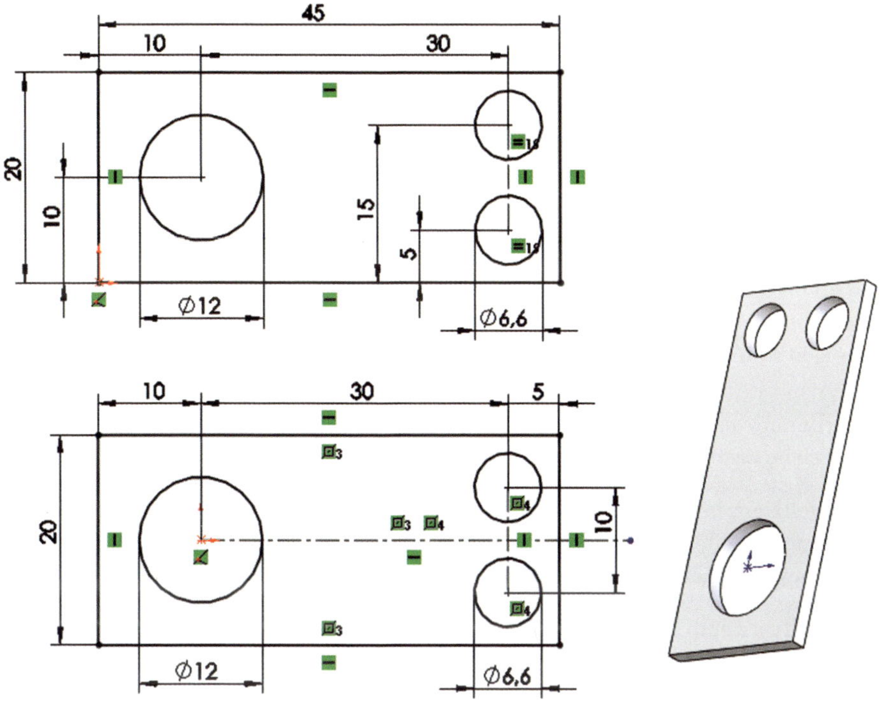

Abbildung 5.30: Varianten für Skizzen eines Blechteils

■ Schnittbegrenzungen immer auf der Kontur fixieren

Auch wenn die in ►Abbildung 5.31 gezeigten Konturlinien vollständig definiert sind, ist die rechte Variante zu bevorzugen. Hier ist die Konturlinie an die darunterliegende Körperkante gebunden. Dadurch ist sie besser anpassbar, wenn sich noch maßliche Änderungen am Modell ergeben. In der linken Skizze besteht mit der willkürlich über das Maß 25 mm platzierten Konturgrenze die Gefahr, dass die Kontur nicht in jedem Fall bis an die Kante des vorigen Features reicht.

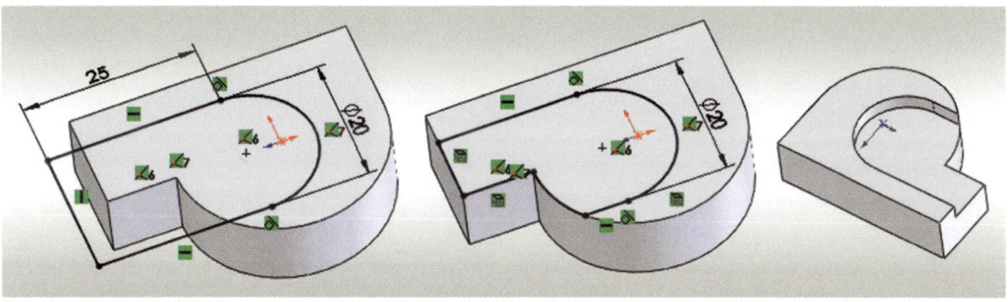

Abbildung 5.31: Schnittkonturen mit freier und konturfester Begrenzung

Effizientes Skizzieren ist mit den Befehlen ELEMENTE ÜBERNEHMEN und anschließendem TRIMMEN möglich, wenn Konturränder identisch mit Kanten von darunterliegenden Features verlaufen. So übernommene Elemente sind sofort voll definiert und ändern sich automatisch mit ihren Bezugselementen.

Zum Schluss ...

Es ist schwierig, allgemeingültige Regeln für die Modellierung anzugeben. So können immer Abweichungen von den zuvor aufgelisteten Empfehlungen sinnvoll sein, wenn besondere Anforderungen an die Modelle bestehen. Die verschiedenen Anforderungen resultieren beispielsweise aus:

- Fertigungsverfahren: Zerspanteile, Gussteile und Blechteile nutzen teilweise ganz spezielle Features.
- Modellkomplexität: Modelle, an denen über längere Zeiträume von mehreren Personen gearbeitet wird, stellen höhere Anforderungen an übersichtliche Strukturierung und die Einhaltung vereinbarter Regeln.
- Modellverwendung: Modelle, die an Partner weitergegeben werden, müssen eigenes Know-how schützen, aber alle vom Partner benötigten Details enthalten.

Das eigene Vorgehen sollte also immer kritisch betrachtet werden und an die bestehenden Anforderungen und natürlich das individuelle Können angepasst werden.

Zu Beginn der Modellierung mit SolidWorks kann es durchaus vorkommen, dass Ihnen erst im Verlauf der Arbeit klar wird, welcher Weg der optimale ist. Zögern Sie im Ernstfall nicht, völlig neu zu beginnen! Wenn Ihnen der günstigste Entwurfsplan bewusst geworden ist, werden Sie im zweiten Anlauf nur etwa 35% der vorher aufgewandten Zeit benötigen. Das neue Modell wird zudem besser strukturiert und eleganter sein.

ZUSAMMENFASSUNG

- Sich wiederholende Formen können als Muster modelliert werden. Dabei können gleichzeitig mehrere Features kopiert werden.
- Mit der Option Konturauswahl können mehrere Austragungen oder Schnitte mit unterschiedlichen Endbedingungen aus derselben Skizze erzeugt werden.
- Das Feature Wandung ist für Teile mit einheitlicher Wanddicke (Gussteile, Blechteile) ein elegantes Werkzeug.
- Bei der Modellierung von komplizierteren Einzelteilen existieren immer alternative Vorgehensweisen mit Vor- und Nachteilen.
- Optimale Modelle sind logisch strukturiert und leicht änderbar. Solche Modelle lassen sich durch die Beachtung einiger Regeln erstellen.

Lernziele

- Verknüpfungen zur Positionierung von Komponenten in Baugruppen
- Bildung von hierarchischen Produktstrukturen mit Unterbaugruppen durch Bottom-up-Modellierung
- Definition hierarchieüberspannender Baugruppenverknüpfungen und Komponentenbeweglichkeit
- Bearbeiten und Ändern von Komponenten im Kontext des Baugruppenmodells
- Top-down-Modellierung in Baugruppen

Modellierung von Baugruppen

6

ÜBERBLICK

Das Kapitel behandelt mit Baugruppen die zweite mögliche Ausprägung von CAD-Modellen. Baugruppen bestehen aus Komponenten, die miteinander verknüpft sind. Hinter dem Begriff Komponente können sich dabei sowohl Einzelteile verbergen als auch untergeordnete Baugruppen. Soweit ein Produkt vollständig in SolidWorks modelliert wird, wird die Produktstruktur in einer oder mehreren Baugruppendateien abgebildet. In SolidWorks wird für Baugruppendateien die Erweiterung .SLDASM benutzt, abgeleitet vom englischen Begriff Assembly.

Die im Baugruppenmodus verfügbaren Funktionen dienen zum einen der geometrischen Anordnung und Abbildung funktioneller Zusammenhänge der Komponenten. Das ist Schwerpunkt im Abschnitt 6.1. Zum anderen stehen spezielle Funktionen zur Bearbeitung und Erstellung von Komponenten bereit. Diese werden in Abschnitt 6.2 besprochen.

Bei der Modellierung von Baugruppen werden zwei Strategien unterschieden, die beide von SolidWorks unterstützt werden.

- *Bei der Bottom-up-Arbeitsweise modelliert man zuerst alle Komponenten. Anschließend werden diese zu einer Baugruppe zusammengefügt. Diese Arbeitsweise ist für Baugruppen geringer Komplexität geeignet und wird in diesem Kapitel für die Modellierung der Zahnradpumpe benutzt.*
- *Die Top-down-Strategie ist für umfangreiche Strukturen und für die Zusammenarbeit in Teams besser geeignet. Es sind gründliche Vorüberlegungen nötig, da die Zusammenhänge und Abhängigkeiten zwischen Komponenten bereits im Entwurfsstadium festgelegt werden. Innerhalb dieses Buchs wird die Arbeitsweise im Abschnitt 6.3. dargestellt.*

6.1 Arbeitsweise Bottom-up für den Zusammenbau der Zahnradpumpe

Für den Zusammenbau der Zahnradpumpe stehen alle Komponenten zur Verfügung. Auf Grund der kleinen Teilezahl der Zahnradpumpe wäre eine einstufige Struktur ausreichend, die alle Einzelteile auf gleicher Hierarchiestufe enthält. Um jedoch die Arbeit in mehrstufigen Baugruppen einzuführen, soll eine Unterbaugruppe aus Deckel, Schrauben und Stiften erstellt werden. Diese Unterbaugruppe bildet dann zusammen mit dem Gehäuse, der Buchse und den Wellen die Hauptbaugruppe „Zahnradpumpe" (►Abbildung 6.1).

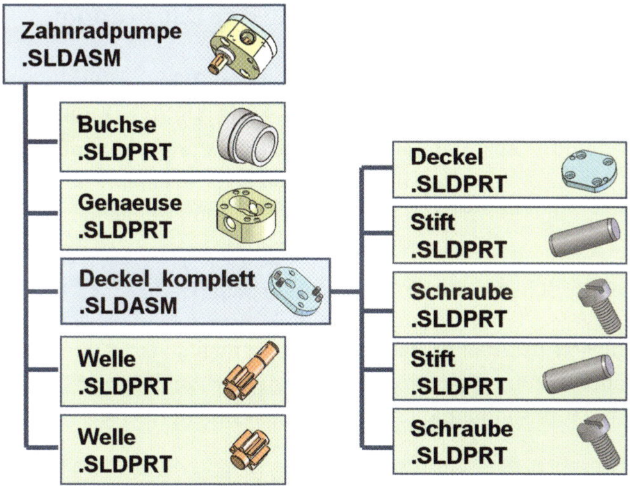

Abbildung 6.1: Produktstruktur der Zahnradpumpe in Baugruppen- und Einzelteilmodellen

Im vorigen Absatz wurde von Haupt- und Unterbaugruppe gesprochen. Diese Begriffe sind nur zur Beschreibung der logischen Struktur verwendet worden und für SolidWorks nicht relevant. SolidWorks kennt nur den Dateityp Baugruppe.

6.1.1 Vorbereitung des Zusammenbaus

Bevor Sie mit dem Zusammenbau der Baugruppe anfangen, zwei wichtige Empfehlungen:

- **Prüfen Sie die Speicherorte aller Komponenten**, aus denen die Baugruppe bestehen wird. Bei kleinen Baugruppen verschieben Sie alle Komponentendateien in einen Ordner. Falls Sie Komponenten auf mehrere Ordner verteilen möchten (vielleicht entsprechend der Zugehörigkeit zu Unterbaugruppen), tun Sie das jetzt.

  Wenn Sie später Dateien verschieben, kann SolidWorks die Baugruppenstruktur nicht mehr aufbauen und Sie werden viel Zeit für „Reparaturen“ benötigen. Das gilt jeweils für Ordnernamen und -strukturen, die sich oberhalb des Speicherorts der Baugruppe oder daneben befinden. Den kompletten Verzeichnisbaum einer Baugruppe mit den Unterverzeichnissen der Komponenten können Sie ohne Probleme beispielsweise von Ihrer internen Festplatte auf ein USB-Laufwerk kopieren.

- **Prüfen Sie ebenfalls alle Komponentennamen** und ändern Sie diese bei Bedarf vor Beginn des Zusammenbaus. Vergeben Sie Namen nach einheitlichen Richtlinien und verwenden Sie Namen, die auch in einer Stückliste akzeptabel sind. Eine Baugruppe aus den standardmäßigen Komponentennamen *Teil1*, *Teil2*, *Teil3* usw. ist äußerst unübersichtlich.

6.1.2 Gehäuse als erste Komponente der Baugruppe

Für den Zusammenbau beginnen Sie eine neue Datei. Wählen Sie als Typ Baugruppe. Das Bildschirmlayout ist dem Einzelteilmodus sehr ähnlich. Im Befehlsmanager ist im Baugruppenmodus anstelle der Symbolleiste Features die Symbolleiste Baugruppen platziert. Als letzter Eintrag im FeatureManager erscheint ein Ordner Verknüpfungen, zunächst ohne Einträge. Darauf wird später eingegangen.

Erste Komponente fixieren am Koordinatenursprung

Nach dem Anlegen des neuen Baugruppendokuments startet SolidWorks automatisch den Befehl KOMPONENTE EINFÜGEN, siehe ►Abbildung 6.2. Sollte das nicht passieren (installationsabhängig), starten Sie den Befehl über die Schaltfläche.

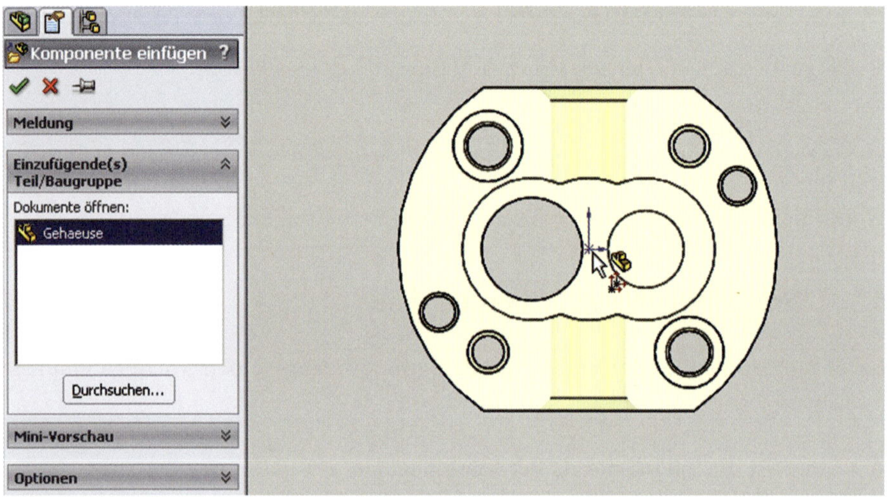

Abbildung 6.2: Erste Komponente auf den Ursprung platzieren

Fügen Sie als erstes Teil in die Baugruppe das *Gehaeuse* ein. Wählen Sie die entsprechende Einzelteildatei über Durchsuchen. Als Mauszeiger erscheint danach ein symbolisches Prisma. Platzieren Sie das Gehäuse (Mausklick) genau auf den Koordinatenursprung (Abbildung 6.2). Diese Methode ist grafisch anschaulich. Das gleiche Ergebnis erreichen Sie auch, wenn Sie im Grafikbereich nichts tun, sondern nur im Dialogfeld links oben ✔ klicken. Auch damit wird die Komponente exakt auf den Ursprung gesetzt.

Der FeatureManager im Baugruppenmodus

Verdeutlichen Sie sich die Zusammenhänge im FeatureManager, indem Sie die Bauteilstruktur expandieren. Die Baugruppe enthält ebenso Referenzebenen wie das eingefügte Gehäuse. Die Bezeichnungen sind gleich und die Ebenen von Baugruppe und

Teil haben durch die Platzierung beim Einfügen jeweils identische Lagen erhalten. ►Abbildung 6.3 zeigt die beispielhafte Selektion der *Ebene vorne* aus der Baugruppe und aus dem Einzelteil. Wenn Sie die Struktur im FeatureManager komplett aufklappen, können Sie alle Elemente des Einzelteilmodells sehen. Die Arbeit mit diesen Strukturen wird später erklärt. Damit der FeatureManager übersichtlich bleibt, klappen Sie zunächst die Struktur wieder zu, so dass nur der Name der eingefügten Komponente zu sehen ist.

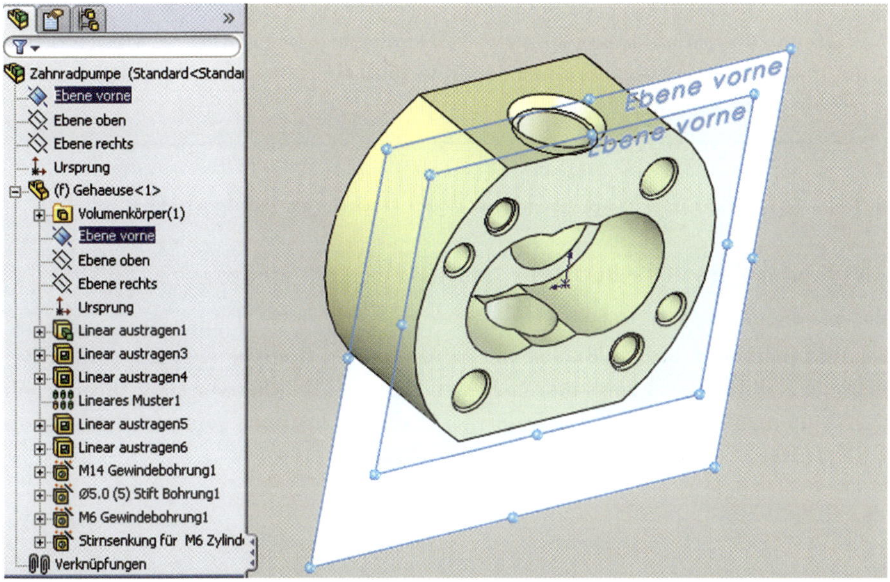

Abbildung 6.3: Nach dem Einfügen des Gehäuses

Im FeatureManager steht bei eingefügten Komponenten der Name der Datei *Gehaeuse*. Falls es sich um ein Einzelteil handelt, erscheint als Symbol neben dem Namen. Baugruppen werden durch gekennzeichnet. Zwischen dem Symbol und dem Komponentennamen steht in runden Klammern, ob die Komponente im Verhältnis zum Baugruppenursprung unbeweglich ist oder nicht. Hier steht ein „(f)“ für fixiert (unbeweglich). Andernfalls würde „(-)“ stehen oder kein Eintrag erscheinen, wenn die Komponente durch Zwangsbedingungen unbeweglich geworden ist. In spitzen Klammern hinter der Teilbezeichnung steht die laufende Nummer der Einfügung dieses Teils in die Baugruppe, hier „<1>“ für die erste Verwendung des Teils in der Baugruppe.

HINWEIS

Das erste Teil einer Baugruppe sollte immer fixiert werden und die weiteren Teile sollten dann relativ zu diesem Teil positioniert werden. Sinnvollerweise ist das erste eingefügte Teil innerhalb des modellierten Produkts ein unbewegliches Teil (Gehäuse, Gestell, Träger, ...). Die Positionierung auf den Ursprung ist meist vorteilhaft, da das Teil dadurch eine exakte Position und Ausrichtung erhält und somit die Baugruppe selbst wieder präzise in anderen Baugruppen platziert werden kann.

Fixierung und Ausrichtung können auch später bearbeitet werden, was jedoch mit höherem Aufwand verbunden ist. Innerhalb einer Baugruppe sollte generell nur ein Teil fixiert werden.

6.1.3 Buchse einfügen und mit dem Gehäuse verknüpfen

Als nächstes Teil soll die Buchse ins Gehäuse eingebaut werden.

Starten Sie wieder den Befehl KOMPONENTE EINFÜGEN. Wählen Sie die Buchse aus und platzieren Sie die Buchse mit Linksklick im Grafikbereich neben dem Gehäuse. ►Abbildung 6.4 zeigt diesen Zustand. Im FeatureManager steht links neben der Komponentenbezeichnung nun ein (-), da die Buchse noch keinerlei Bezüge zum Gehäuse hat.

Abbildung 6.4: Buchse nach dem Einfügen

Komponenten werden innerhalb einer Baugruppe durch Verknüpfungen zueinander positioniert. Meist werden Flächen oder Ebenen der beteiligten Bauteile zueinander ins Verhältnis gesetzt. Verknüpfungen sind mit den Beziehungen in Skizzen vergleichbar.

Verknüpfung konzentrisch

Zuerst sollen Buchse und Gehäusebohrung zueinander ausgerichtet werden. Aktivieren Sie den Befehl VERKNÜPFUNG und wählen Sie als zu verknüpfende Flächen die Innenfläche der Bohrung im Gehäuse und die Außenfläche der Buchse. Sobald die beiden Flächen selektiert sind, schlägt SolidWorks als Verknüpfungstyp **Konzentrisch** vor und richtet die Buchse entsprechend aus (►Abbildung 6.5).

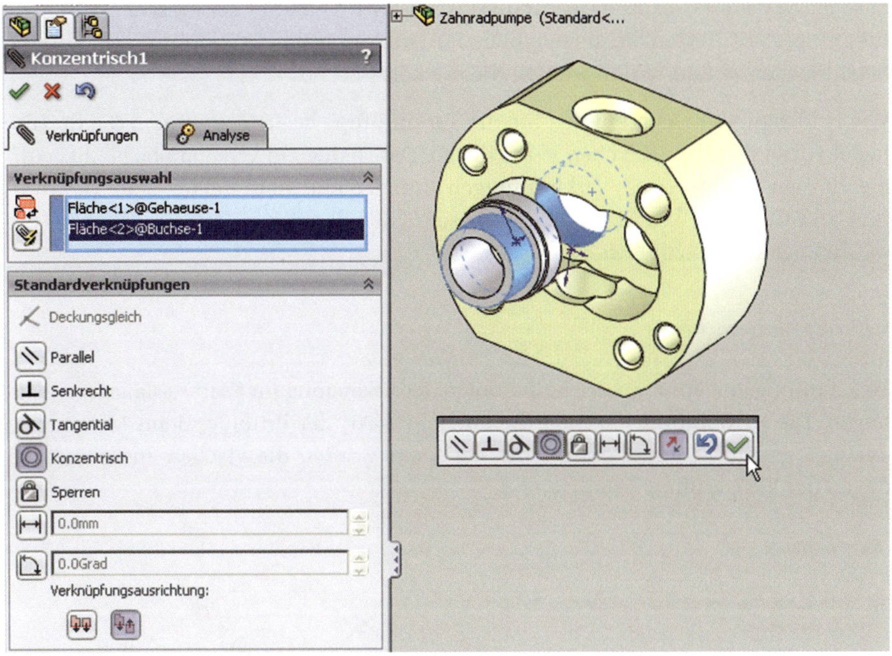

Abbildung 6.5: Erste Verknüpfung zwischen Buchse und Gehäuse

Nehmen Sie sich jetzt Zeit und studieren Sie das Dialogfeld!

Beginnen Sie mit dem Feld **Verknüpfungsauswahl**. Dort müssen im Baugruppenmodus immer Elemente von zwei verschiedenen Komponenten erscheinen (hier von Buchse und Gehäuse). Prüfen Sie unbedingt die Art der selektierten Geometrieelemente. Hier sind beispielsweise Flächen, Kanten, Achsen, Ebenen und Punkte möglich. Korrigieren Sie wenn nötig die selektierten Elemente, weil nicht alle Geometrieelemente gleichermaßen für bestimmte Verknüpfungen geeignet sind. Besonders in Baugruppen mit vielen Einzelteilen und detailreicher Geometrie ist die korrekte Selektion mitunter schwierig.

Im Feld **Standardverknüpfungen** muss der Verknüpfungstyp gewählt werden. Meist schlägt SolidWorks einen geeigneten Typ vor. Wenn nicht, ist das eventuell ein Hinweis darauf, dass die selektierten Elemente für eine Verknüpfung ungeeignet sind. Beim Einfügen der Schraube werden Sie später auch mit einer Fehlermeldung konfrontiert, weil SolidWorks nicht immer eine passende Verknüpfung findet.

Am unteren Rand des Felds **Standardverknüpfungen** finden sich weiterhin die Schaltflächen und zur Änderung der **Verknüpfungsausrichtung**. Für die meisten Verknüpfungen gibt es zwei mögliche Ausrichtungen. Im Fall der Buchse sind zwei Orientierungen der Längsachse möglich. Die Buchse muss so orientiert werden, dass sie von der Außenseite aus ins Gehäuse eingepresst werden kann. Es ist kein Fehler, wenn die Buchse wie in Abbildung 6.5 zwar richtig orientiert, aber noch auf der falschen Seite des Gehäuses positioniert ist. Das wird erst mit der nächsten Verknüpfung eingestellt. Testen Sie die möglichen Ausrichtungen bei Verknüpfungen mit den Schaltflächen und und wählen Sie die korrekte aus.

Wie bei Featurebefehlen müssen Sie die Verknüpfung bestätigen, indem Sie im Dialogfeld oben links das Häkchen anklicken. Das Dialogfeld Verknüpfung bleibt geöffnet, da man häufig weitere Verknüpfungen einfügen möchten. Um die erste Verknüpfung zu prüfen, klicken Sie jedoch in diesem Fall ein zweites Mal das Häkchen, um das Dialogfeld zu schließen.

Verknüpfung prüfen

Verknüpfungen werden in der Reihenfolge der Erzeugung im FeatureManager eingetragen. Die ►Abbildung 6.6 zeigt die einfachste Art der Prüfung: Beim **Überfahren der Einträge im FeatureManager** mit der Maus werden die Flächen ausgeleuchtet, die an der Verknüpfung beteiligt sind.

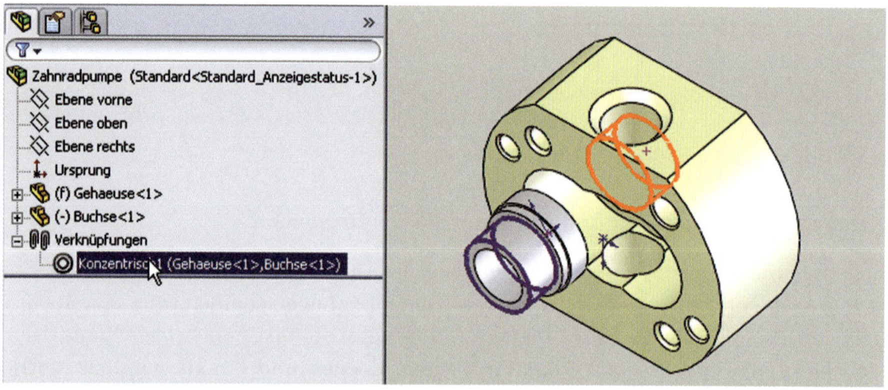

Abbildung 6.6: Die erste Verknüpfung erscheint im FeatureManager

Ein weiterer wichtiger Test ist die **Prüfung der Beweglichkeit** eines Teils. Selektieren Sie dazu das Teil und versuchen Sie, es mit gedrückter linker Maustaste zu verschieben. Falls das Teil beweglich ist, wird der Befehl KOMPONENTE VERSCHIEBEN gestartet. Mit der Maus kann nun geprüft werden, welche Verknüpfungen das Teil besitzt.

Prüfen Sie auf die beschriebene Weise die Buchse. Wenn die Verknüpfung im letzten Schritt korrekt eingefügt wurde, darf sich die Buchse nicht mehr aus der Achse der Bohrung im Gehäuse schieben lassen. Sie kann jedoch noch beliebig um ihre Achse gedreht und entlang der Achse verschoben werden. Wenn Sie versuchen, das

Gehäuse auf die gleiche Weise zu verschieben, erscheint ein Hinweis auf die Fixierung dieses Teils. Deshalb ist eine Verschiebung nicht möglich.

Verknüpfung Deckungsgleich

Die nächste Verknüpfung positioniert die Buchse nun bündig zum Gehäuseboden. Starten Sie wieder den Befehl VERKNÜPFUNG und selektieren Sie anschließend die kleinere der beiden ringförmigen Stirnflächen der Buchse und die ebene Innenfläche des Gehäuses. Sollte die Buchsenfläche schlecht sichtbar sein, ziehen Sie die Buchse vorher mit der Maus an eine besser erreichbare Stelle.

Wenn Sie zwei ebene Flächen selektieren, schlägt SolidWorks die Verknüpfung Deckungsgleich vor und bewegt die Teile so, dass beide Flächen in einer Ebene liegen (►Abbildung 6.7). Prüfen Sie die Voransicht und bestätigen Sie. Die Ausrichtung liegt mit der ersten Verknüpfung bereits fest und kann mit der nun eingefügten Verknüpfung Deckungsgleich nicht mehr verändert werden.

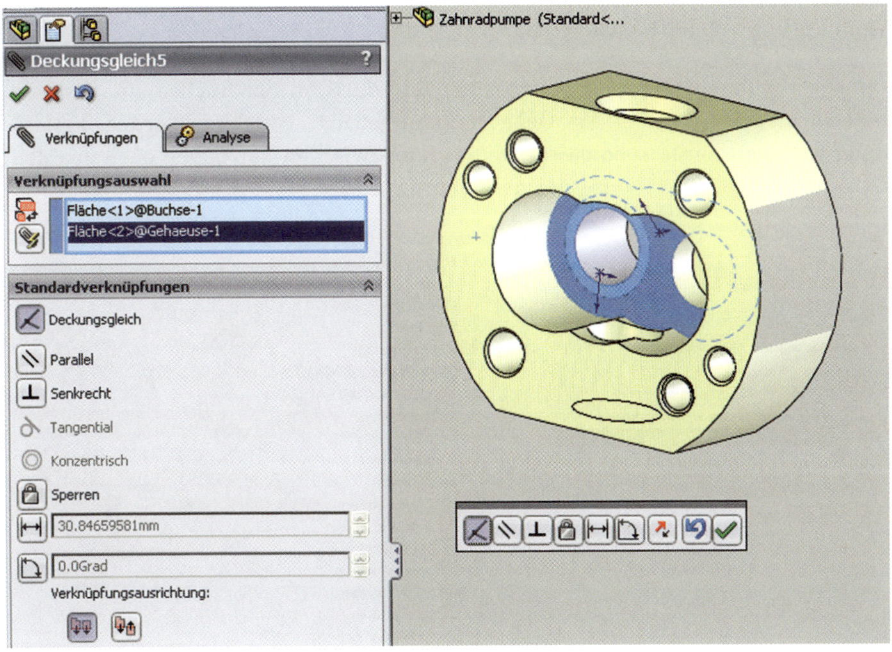

Abbildung 6.7: Bündige Positionierung der Buchse zum Gehäuseboden

Im FeatureManager ergibt sich anschließend die Ansicht in ►Abbildung 6.8. Wenn Sie mit der Maus die Beweglichkeit testen, lässt sich die Buchse noch um ihre Achse drehen. Da die Buchse rotationssymmetrisch ist, reichen die beiden Verknüpfungen aus geometrischer Sicht aus. Wenn man jedoch den funktionalen Sachverhalt berücksichtigen möchte, dass die Buchse in Folge des Einpressens praktisch unlösbar mit dem Gehäuse verbunden wird, kann dies über eine dritte Verknüpfung im Modell dargestellt werden.

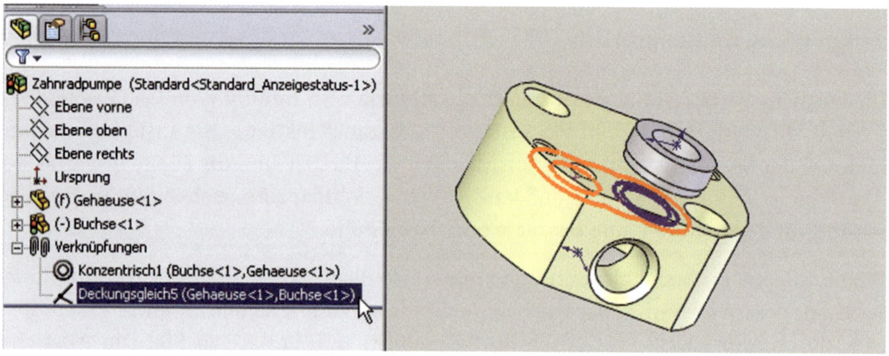

Abbildung 6.8: FeatureManager nach dem Einfügen der zweiten Verknüpfung

Verknüpfung von Referenzebenen

Um die Drehung der Buchse einzuschränken, muss an der Buchse eine Referenzebene selektiert werden. Am Gehäuse kann genauso verfahren werden. ►Abbildung 6.9 zeigt die Deckungsgleich-Verknüpfung zwischen der *Ebene oben* aus dem Gehäuse und der *Ebene vorne* aus der Buchse.

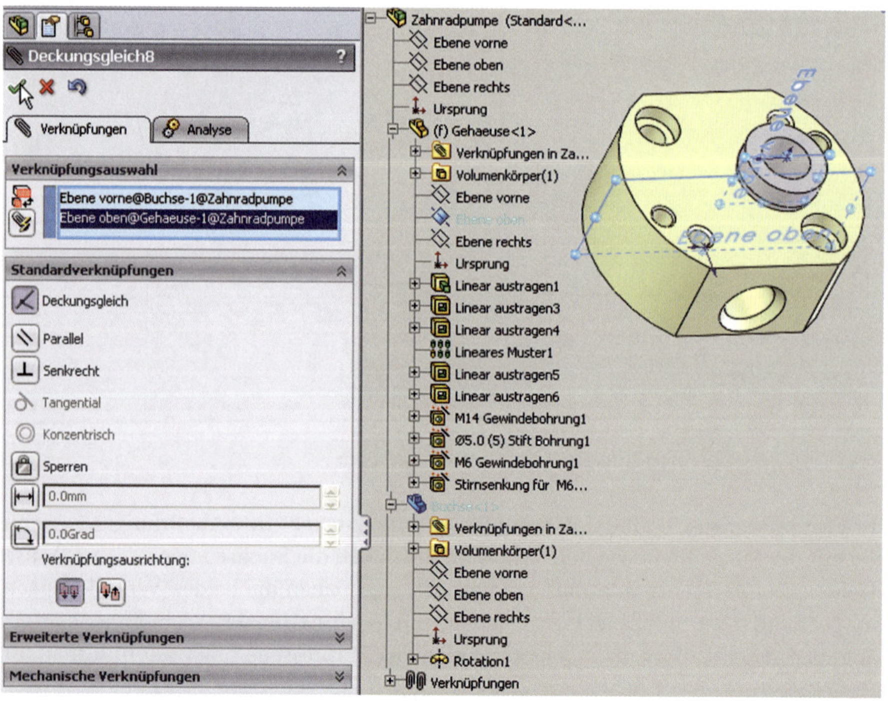

Abbildung 6.9: Verknüpfung von Referenzebenen in Buchse und Gehäuse

Nach dem Einfügen der dritten Verknüpfung besitzt die Buchse keine Bewegungsmöglichkeiten mehr. Dies ergibt die Mitteilung beim Versuch, die Komponente zu verschieben. Auch der Eintrag im FeatureManager hat sich verändert (►Abbildung 6.10). Der Eintrag (-) links neben dem Komponentennamen ist mit dem Einfügen der letzten Verknüpfung entfallen. Nun ist die Buchse nicht mehr beweglich und damit funktional korrekt eingefügt. Wie bei Skizzen im Einzelteilmodus bezeichnet man **Teile ohne Bewegungsmöglichkeiten als voll definiert**.

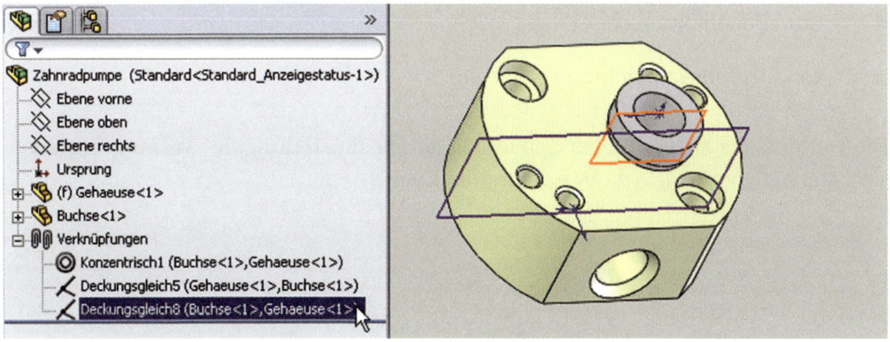

Abbildung 6.10: Fertig verknüpfte Buchse

6.1.4 Effizientes Einfügen von Verknüpfungen

Auch beim Einfügen von Verknüpfungen gibt es verschiedene Möglichkeiten, die Anzahl der erforderlichen Mausklicks zu reduzieren und die Mauswege zu verkürzen.

So ist es empfehlenswert, den **Befehl Verknüpfung nicht aus dem BefehlsManager oder dem Menü zu starten, sondern über die Kontextsymbolleiste**. Man beginnt mit der Selektion eines Elements, das an der einzufügenden Verknüpfung beteiligt sein soll. ►Abbildung 6.11 zeigt, wie nach Selektion der Buchsenfläche über die Kontextsymbolleiste der Befehl Verknüpfung gestartet werden kann. Besonderer Vorteil ist, dass die selektierte Fläche sofort ins Feld Verknüpfungsauswahl übernommen wird.

Abbildung 6.11: Kontextsymbolleiste nach erster Flächenselektion

Anschließend kann das zweite, an der Verknüpfung beteiligte Element im Grafikbereich selektiert werden. Sobald das geschehen ist, wird wieder die Kontextsymbolleiste eingeblendet. Diese enthält nun die zur Selektion passenden Verknüpfungstypen und Befehle (▶Abbildung 6.12). Dabei sind die Schaltflächen von rechts immer gleich:

- ✔ Verknüpfung hinzufügen, bestätigen
- aktuelle Selektion rückgängig machen
- Verknüpfungsausrichtung wechseln.

Die weiter links angeordneten Schaltflächen zur Einstellung des Verknüpfungstyps sind abhängig von der Art der selektierten Elemente.

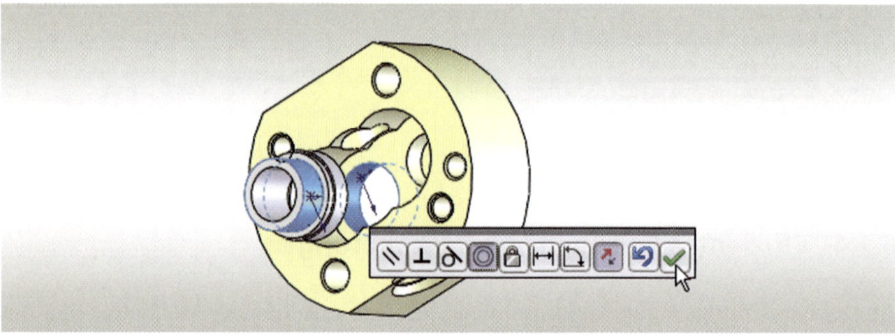

Abbildung 6.12: Kontextsymbolleiste nach Selektion beider Verknüpfungselemente

HINWEIS

Anstatt eines der beiden Verknüpfungselemente zu selektieren und dann den Verknüpfungsbefehl zu starten, kann man mit gedrückter Strg auch beide Elemente selektieren. In detailreichen Modellen ist das nicht zu empfehlen, da Selektionen nicht immer gleich so gelingen, wie gewünscht. Nach einer Mehrfachselektion mit Strg kann es passieren, dass man im Fehlerfall die komplette Selektion wiederholen muss.

Bei der beschriebenen Arbeitsweise benötigt man das Dialogfeld des Verknüpfungsbefehls nur zur Kontrolle und agiert ausschließlich im Grafikbereich. Versuchen Sie, sobald Sie die Verknüpfungen gut verstanden haben, diese Arbeitsweise zu nutzen.

Weitere Tipps zum Einfügen von Verknüpfungen

Abschließend noch einige allgemeine Hinweise zum Arbeiten mit Verknüpfungen in Baugruppen:

- Prüfen Sie jede Verknüpfung nach dem Einfügen! Übersehene Fehler sind später eventuell schwer zu finden und verursachen viel Nacharbeit.

  Am Anfang kann es passieren, dass unbeabsichtigt eingefügte Verknüpfungen das Modell „vermüllen" und Fehler verursachen. Wenn eine Verknüpfung eingefügt wurde und das Ergebnis nicht Ihren Erwartungen entspricht, hilft es nicht, den Vorgang zu wiederholen! Löschen Sie vorher die falsche Verknüpfung und versuchen Sie, die Fehlerursache zu finden und beim nächsten Mal zu vermeiden.

- Beginnen Sie immer mit den Verknüpfungen Konzentrisch. Wenn eine Komponente schon andere Verknüpfungen besitzt, lässt sich die Ausrichtung manchmal nicht mehr beliebig einstellen.

- Zum Ändern von Verknüpfungen sind diese im FeatureManager zu selektieren und über das Kontextmenü FEATURE BEARBEITEN änderbar.

  Verknüpfungen können dabei nicht immer in einen anderen Typ umgewandelt werden, auch wenn logisch nichts dagegen spricht (passende Selektion usw.). In diesem Fall muss die bisherige Verknüpfung gelöscht und die gewünschte neu eingefügt werden.

- Einzelteile können im Moment der Verknüpfung durch die automatische Platzierung an ungünstige Positionen verschoben werden (z. B. ins Innere anderer Teile). Um das Teil wieder „zurechtzurücken", selektieren Sie es im FeatureManager und starten manuell den Befehl KOMPONENTE VERSCHIEBEN. Dann können Sie in einem leeren Areal des Grafikbereichs mit gedrückter linker Maustaste ziehen und das (unsichtbare) Teil bewegen.

6.1.5 Unterbaugruppe Deckel mit Komponentenmuster

Die Arbeit in der Baugruppe *Zahnradpumpe* (Hauptbaugruppe) wird nun unterbrochen, um die Baugruppe *Deckel_komplett* (Unterbaugruppe) zusammenzustellen. Diese wird dann als Komponente in die übergeordnete Baugruppe *Zahnradpumpe* eingesetzt.

Mehrere Teile in neue Baugruppe einfügen

Beginnen Sie eine zweite Baugruppendatei (Neue Datei). Die bisher bearbeitete Datei können Sie schließen oder parallel geöffnet lassen. Mit KOMPONENTE EINFÜGEN platzieren Sie zuerst den Deckel Fixiert auf den Ursprung. Danach fügen Sie eine Schraube und einen Stift ein, die Sie zunächst neben dem Deckel ablegen (►Abbildung 6.13).

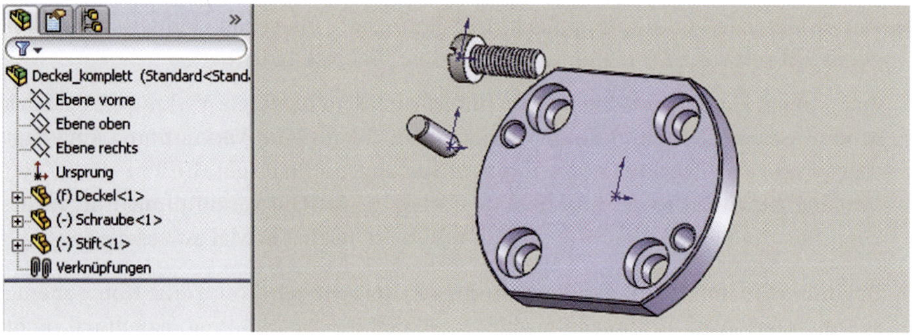

Abbildung 6.13: Komponenten der Baugruppe Deckel_komplett

Nun sind folgende VERKNÜPFUNGEN einzufügen:

- Konzentrisch zwischen Schraubenkopf und Senkbohrung, richtige Ausrichtung beachten
- Deckungsgleich zwischen Unterseite des Schraubenkopfs und Grundfläche der Senkbohrung
- Konzentrisch zwischen Mantelfläche des Stifts und Stiftbohrung.

HINWEIS

Bei den Verknüpfungen Konzentrisch können Sie an Stelle der zylindrischen Flächen auch die Temporären Achsen dieser Flächen selektieren (vorher anzeigen lassen über MENÜ→ANSICHT→TEMPORÄRE ACHSEN). Intern richtet SolidWorks immer die Achsen aus. Deswegen akzeptiert SolidWorks auch Flächen unterschiedlichen Durchmessers wie bei Schraubenkopf und Bohrung.

Verknüpfung Abstand

Der Stift soll ein wenig (1 mm) versenkt werden. Dafür eignet sich die Positionierung mittels Abstand (►Abbildung 6.14). Beim Verknüpfen selektieren Sie die Deckelfläche und die Stirnfläche des Stifts. Daraufhin wird zunächst automatisch der Verknüpfungstyp Deckungsgleich gewählt und der Stift entsprechend verschoben. In dem Moment, wo Sie den gewünschten Typ Abstand einstellen, springt der Stift wieder in die vorige Position. Das ist manchmal etwas verwirrend, aber anschließend ist neben der Schaltfläche das Eingabefeld für den Abstand zugänglich. Tragen Sie dort 1mm ein und drücken Sie [Return], um die Voransicht zu sehen. Der Stift kann nun wie gewünscht 1 mm versenkt sein oder aber um diesen Betrag aus der Deckelebene herausragen. Die richtige Auswahl können Sie mit dem Kontrollfeld Bemaßung auf andere Seite wechseln treffen.

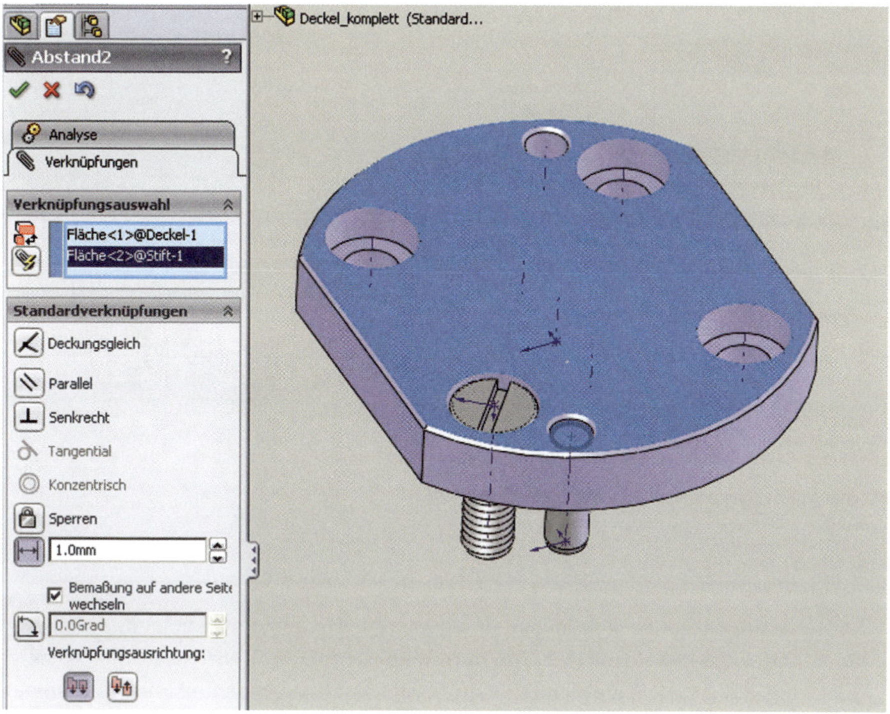

Abbildung 6.14: Verknüpfung Abstand zwischen Deckel und Stirnfläche des Stifts

Komponentenmuster in der Baugruppe

Bisher wurden die Komponenten Schraube und Stift je einmal eingefügt. Um die diagonal versetzten Teile zu platzieren, stehen wie im Einzelteilmodus auch in der Baugruppe Musterbefehle zur Verfügung. Hier kann der Befehl KREISFÖRMIGES KOMPONENTENMUSTER benutzt werden. Die Einstellungen im Dialogfeld (►Abbildung 6.15) entsprechen denen des Featurebefehls im Einzelteilmodus. Die Musterachse ist die zentrale Achse des Deckels, die wegen ihrer geringen Länge in der Abbildung kaum sichtbar ist (grauer Pfeil). Auch hier können mehrere Komponenten gleichzeitig gemustert werden (Komponenten für Muster).

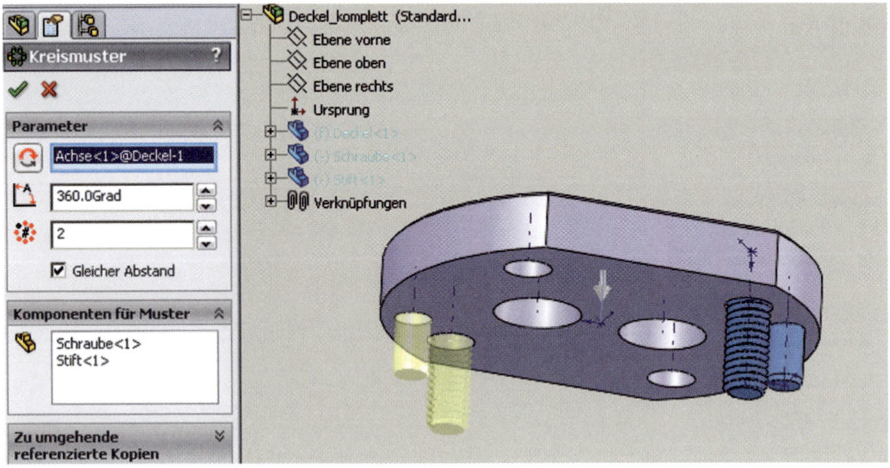

Abbildung 6.15: Komponentenmuster für Schraube und Stift

Im Baugruppenmodus steht neben den Komponentenmustern auch ein Spiegelbefehl zur Verfügung. Diesen sollte man nicht benutzen, wenn sich der gleiche Effekt mit den Musterbefehlen erzielen lässt. Die Musterbefehle haben den Vorteil, dass im FeatureManager ein jederzeit änderbares Feature (►Abbildung 6.16) erzeugt wird und die gemusterten Komponenten inklusive ihrer Verknüpfungseigenschaften kopiert werden. Beides ist beim Spiegeln nicht der Fall.

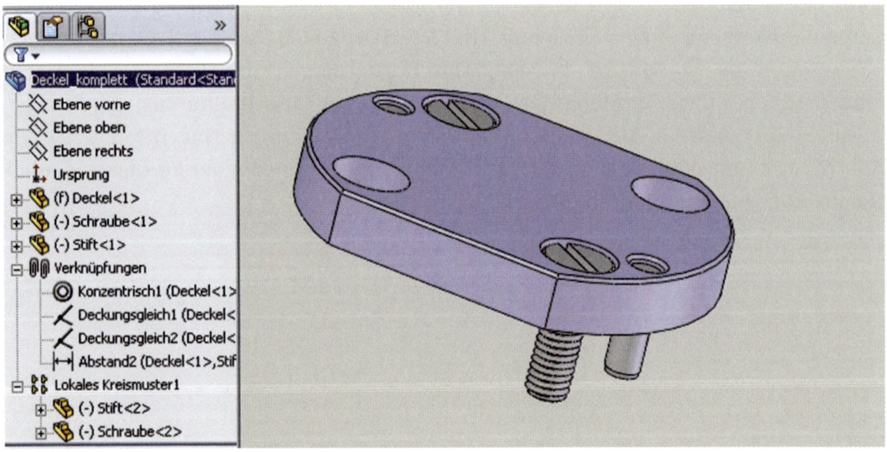

Abbildung 6.16: Fertiggestellte Baugruppe Deckel_komplett

Eventuell haben Sie bemerkt, dass Stift und Schraube noch nicht vollständig verknüpft sind und für beide Bauteile noch Bewegungsmöglichkeiten verblieben sind. Das ist im FeatureManager (Abbildung 6.16) ersichtlich und kann ausprobiert werden, wenn Sie mit der Maus die Schrauben anfassen und drehen. Dabei sehen Sie gleichzeitig den Mustereffekt: Beide Schrauben drehen sich im Gleichtakt. Belassen Sie die Baugruppe in diesem Zustand, der nach dem Einbau in die Zahnradpumpe noch eine wesentliche Erkenntnis bringt.

Speichern und schließen Sie die Baugruppe *Deckel_komplett* und arbeiten Sie in der Baugruppe *Zahnradpumpe* weiter.

Stellen Sie als Übung die Baugruppe *Deckel_komplett* aus den Einzelteilmodellen *Deckel.SLDPRT*, *Stift.SLDPRT* und *Schraube.SLDPRT* zusammen.

Eine **Musterlösung** enthält *Deckel_komplett.SLDASM* zum Vergleich.

Wichtiger Hinweis zu allen Übungen dieses Kapitels

Wenn Sie Ihre Modelle so wie im Text genannt haben, können mehrdeutige Komponentennamen auftreten. Speichern Sie in jedem Fall Ihre Modelle und die Musterlösungen in unterschiedlichen Ordnern! Öffnen Sie immer nur eines der beiden Baugruppenmodelle!

Alle Modelle einer Baugruppe sind in einem zip-Archiv zusammengefasst, das so benannt ist wie die Baugruppe. Entpacken Sie diese Archive am besten in separate Ordner.

Übung

6.1.6 Verknüpfung und Beweglichkeit von Baugruppenkomponenten

Wieder in der Baugruppe *Zahnradpumpe* fügen Sie die im vorigen Abschnitt erstellte (Unter-)Baugruppe *Deckel_komplett* ein. Benutzen Sie den bekannten Befehl KOMPONENTE EINFÜGEN. Achtung im Dateidialog: Falls Sie die Baugruppe *Deckel_komplett.SLDASM* nicht finden können, liegt es eventuell am falsch eingestellten Dateityp. Leider kann man hier nur entweder Teile oder Baugruppen einstellen und nicht „alle SolidWorks-Dateien".

Verknüpfungen zwischen Baugruppenkomponenten

Zum Verknüpfen der Unterbaugruppe werden drei Verknüpfungen benötigt, um diese voll definiert einzufügen. Dabei sind zwei Vorgehensweisen denkbar. Die erste besteht darin, für die Verknüpfung ausschließlich Referenzgeometrie der Baugruppe mit Referenzgeometrie der eingefügten Komponente in Beziehung zu setzen. In ▶Abbildung 6.17 ist dies zu sehen, indem eine Verknüpfung zwischen der *Ebene vorne* der Baugruppe *Zahnradpumpe* und der *Ebene vorne* der eingefügten Baugruppe *Deckel_komplett* hergestellt wird. Zwei weitere Beziehungen zwischen den anderen Referenzebenen führen anschließend zur vollen Definition. Dieser Verknüpfungsart kommt entgegen, dass bei der Modellierung der Einzelteile die Ursprünge von Gehäuse und Deckel vorteilhaft in die Kontaktebene zwischen beiden Teilen gelegt wurden.

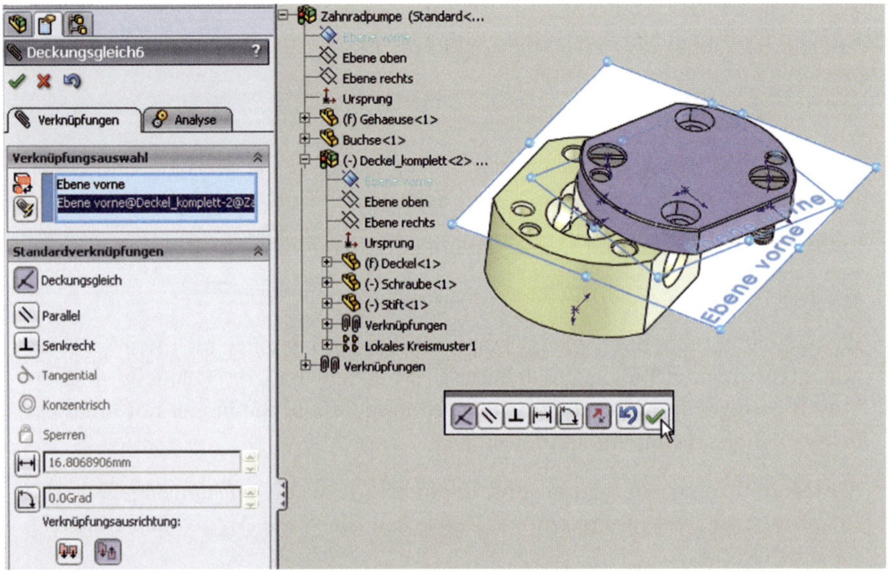

Abbildung 6.17: Positionierung durch Verknüpfung von Referenzgeometrie

Die Verknüpfung über Referenzgeometrie hat den Vorteil, dass sie unabhängig von der tatsächlichen Gestalt der verknüpften Komponenten ist. Änderungen an der Geometrie von Deckel oder Gehäuse würden die Verknüpfungen nicht beeinflussen. Insbesondere für die Verknüpfung zwischen Baugruppen sollte diese Art der Verknüpfung bevorzugt werden. Sie ist für vielstufige Baugruppen und variable Mehrfachverwendungen von Unterbaugruppen in verschiedensten Zusammenhängen ebenso geeignet wie für die später beschriebene Top-down-Modellierung.

Beachten Sie auch folgende Regeln, die insbesondere bei umfangreichen Strukturen Probleme verringern:

- In mehrstufigen Baugruppenstrukturen mit Verknüpfungen keine Hierarchiestufen überspringen, sondern nur zwischen benachbarten Stufen verknüpfen
- Baugruppenkomponenten auf gleicher Hierarchiestufe jeweils zur übergeordneten Baugruppe verknüpfen und nicht untereinander
- Mehrere Verknüpfungen zwischen dem gleichen Komponentenpaar sind besser als mehrere Verknüpfungen zu unterschiedlichen Partnern.

Die zweite Verknüpfungsstrategie ist die funktionsorientierte Verknüpfung von Flächen und anderen Geometrieelementen. ►Abbildung 6.18 zeigt, welche Verknüpfungen zwischen Deckel und Gehäuse die beiden Baugruppen alternativ zueinander positionieren könnten. Diese Art der Verknüpfung sollte nur zwischen Einzelteilkomponenten innerhalb der gleichen Baugruppe angewendet werden. Sie ist zweifellos die anschaulichere Art der Verknüpfung, jedoch nicht verwendbar für Top-down-Modellierung und empfindlich bei Geometrieanpassungen an den verknüpften Teilen.

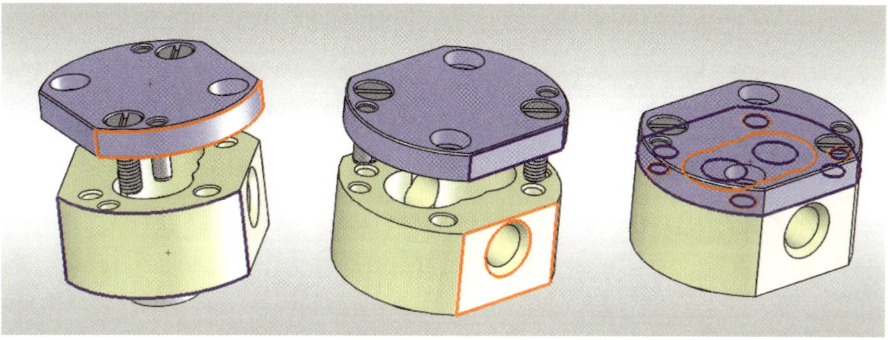

Abbildung 6.18: Positionierung durch Flächenverknüpfung

Beweglichkeit von Komponenten über Baugruppengrenzen hinweg

Im FeatureManager ist in der eingefügten und verknüpften Baugruppenkomponente *Deckel_komplett* nach wie vor die Schraube mit (-) als bewegliches Element gekennzeichnet. Versucht man jedoch, mit KOMPONENTE VERSCHIEBEN die Schraube zu drehen, gelingt das nicht. Ursache dafür ist, dass SolidWorks standardmäßig die Komponentenbeweglichkeit nicht über Baugruppengrenzen hinweg berechnet. Wenn das gewünscht wird, muss die entsprechende Eigenschaft der eingefügten Komponente geändert werden.

Selektieren Sie dazu den Eintrag *Deckel_komplett* im FeatureManager und starten Sie den Befehl KOMPONENTENEIGENSCHAFTEN aus der Kontextsymbolleiste. Ändern Sie im Dialogfeld unten rechts die Eigenschaft Lösen als von Starr auf Flexibel. Anschließend können Sie die Schraube auch in der Baugruppe *Zahnradpumpe* mit der Maus wählen und drehen.

Im FeatureManager werden Baugruppenkomponenten durch als starr und mit als flexibel gekennzeichnet. Die Beweglichkeit von Komponenten über Baugruppengrenzen hinweg beansprucht sehr viel Rechenleistung. Deshalb ist sie zunächst nicht aktiviert.

6.1.7 Komponenten mit Konfigurationen

In das vollständige Pumpengehäuse müssen nun noch die Wellen eingesetzt werden, was in dieser Reihenfolge natürlich nur im 3D-Modell möglich ist. Beide Wellen liegen in einer gemeinsamen Einzelteildatei in Form von Konfigurationen vor. Beim KOMPONENTE EINFÜGEN muss je eine Konfiguration *Läufer* und *Antrieb* eingefügt werden.

Im Dateidialog kann ausgewählt werden, welche Konfiguration geladen wird (►Abbildung 6.19). Falls der Dateidialog nicht durchlaufen wird, weil das Teil gerade geöffnet ist, wird immer die aktuelle Konfiguration geladen. Sollte versehentlich eine falsche Konfiguration geladen werden, kann mit dem Befehl KOMPONENTENEIGENSCHAFTEN auch nachträglich die gewünschte Konfiguration eingestellt werden.

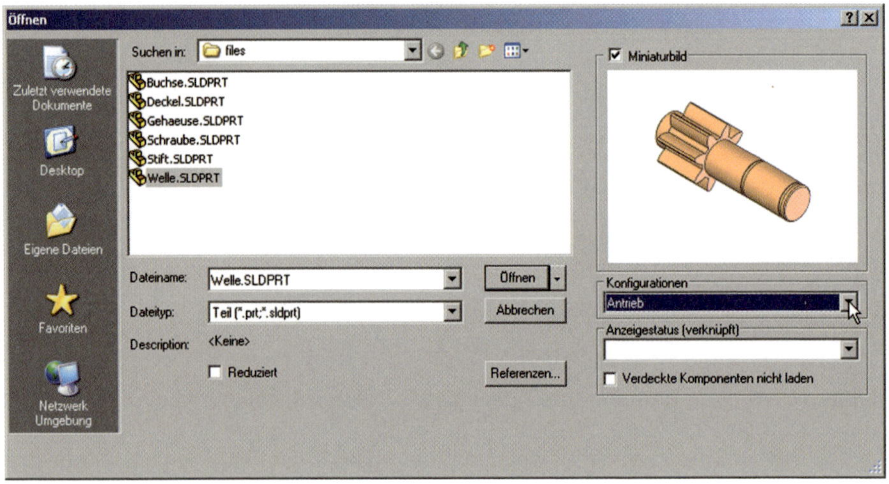

Abbildung 6.19: Konfigurationsauswahl beim Einfügen der Komponente

Bevor die Wellen per Verknüpfung an die richtigen Positionen gebracht werden, kann mittels SCHNITTANSICHT eine günstige Arbeitsumgebung eingestellt werden (►Abbildung 6.20).

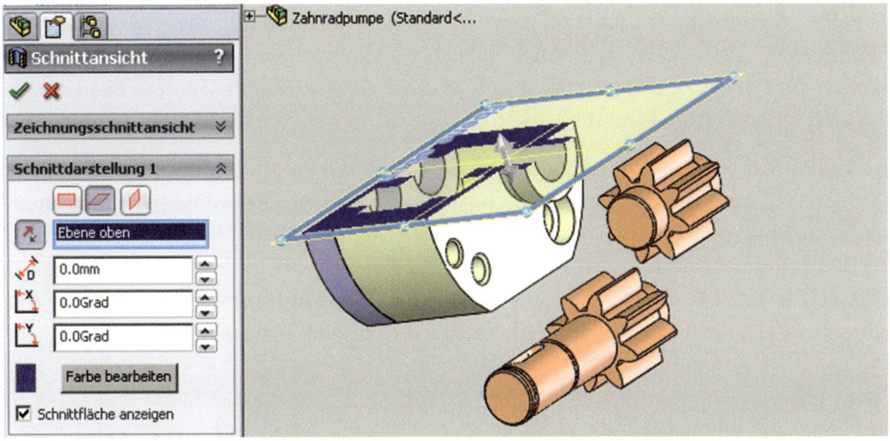

Abbildung 6.20: Schnittansicht einstellen

Die Schnittansicht erlaubt einen Blick ins Modellinnere und erleichtert die Verknüpfung der Wellen in den Lagerbohrungen. Achten Sie darauf, dass die beiden Wellen auf der „sichtbaren" Seite liegen. Sie können die Seite mit wechseln oder die Wellen vorher per Maus an die richtige Stelle ziehen.

Verknüpfen Sie die Wellenzapfen anschließend jeweils Konzentrisch mit den Bohrungen in Gehäuse und Buchse. Die Stirnseiten der Verzahnungen erhalten Verknüpfungen Deckungsgleich mit dem Gehäuseboden (►Abbildung 6.21).

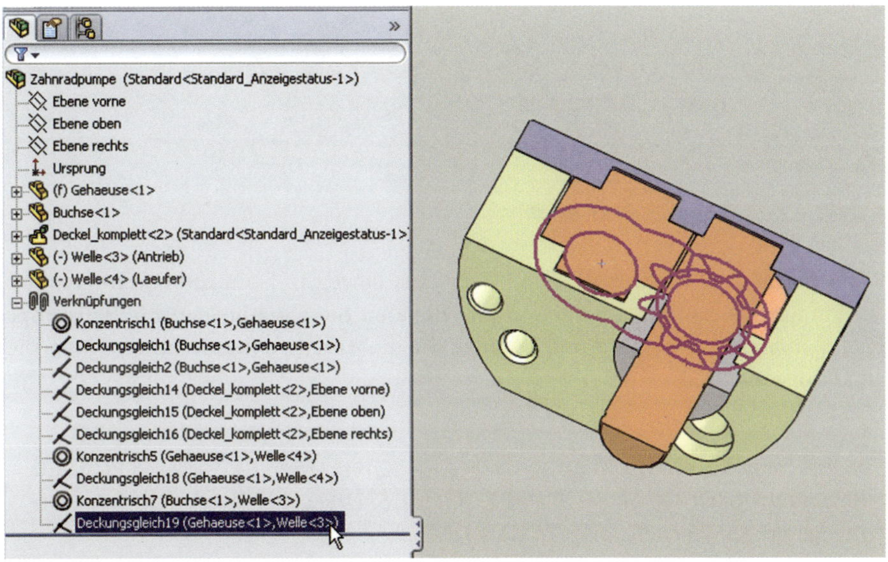

Abbildung 6.21: Wellen nach dem Verknüpfen

Schalten Sie die Schnittansicht wieder aus und blenden Sie die Baugruppe *Deckel_komplett* aus. Sie können jetzt die deckelseitigen Lagerzapfen sehen. Die Wellen sind drehbar, bringen Sie durch Drehen die Verzahnung in eine Position, in der sich keine Zähne durchdringen.

Abschließend wird zwischen Antriebs- und Läuferwelle eine Zahnradverknüpfung hergestellt. Damit kann ein Übersetzungsverhältnis zwischen drehbaren Komponenten in der Baugruppe eingestellt werden. Selektieren Sie die beiden deckelseitigen Wellenzapfen (►Abbildung 6.22) und starten Sie VERKNÜPFUNG. Im Dialogfeld wählen Sie unter Mechanische Verknüpfungen den Verknüpfungstyp Zahnrad. Aus den Durchmessern der Lagerzapfen ergibt sich das richtige Übersetzungsverhältnis.

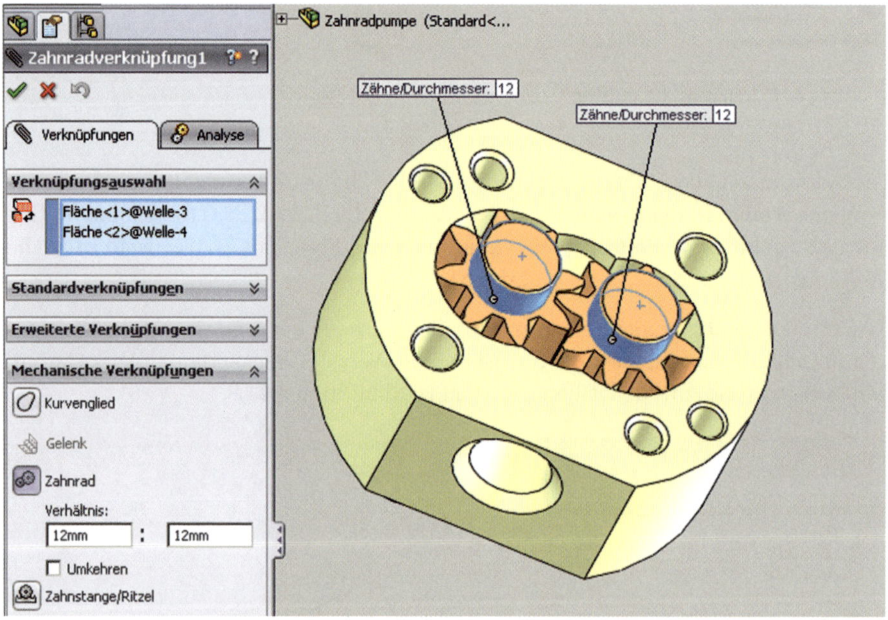

Abbildung 6.22: Verknüpfung zwischen den Wellen

Wenn Sie nun eine der Wellen mit der Maus bewegen, kann die Funktionsweise der Pumpe anschaulich gezeigt werden. Blenden Sie abschließend die Baugruppe *Deckel_komplett* wieder ein und beenden Sie die Arbeit an der *Zahnradpumpe*, die nun fertiggestellt ist.

Übung

Modellieren Sie die vollständige Baugruppe *Zahnradpumpe*. Verwenden Sie die Einzelteildateien *Gehaeuse.SLDPRT*, *Buchse.SLDPRT* und *Welle.SLDPRT* sowie die Baugruppe *Deckel_komplett.SLDASM*.

Stellen Sie die Komponentenbeweglichkeit korrekt ein.

Vergleichen Sie Ihre **Lösung** mit *Zahnradpumpe.SLDASM.*

Beachten Sie den Hinweis zur Übung 1 dieses Kapitels!

6.2 Arbeit in Baugruppen

6.2.1 Komponenten im Baugruppenkontext ändern

Sehr häufig werden beim Zusammenstellen der Baugruppenmodelle Fehler sichtbar, die während der Einzelteilmodellierung nicht aufgefallen sind. Insbesondere Bereiche, an denen Komponenten in Kontakt stehen, müssen nachträglich angepasst werden. Im Beispiel der Zahnradpumpe wird bei eingestellter Schnittdarstellung ein solcher Fehler sichtbar (►Abbildung 6.23).

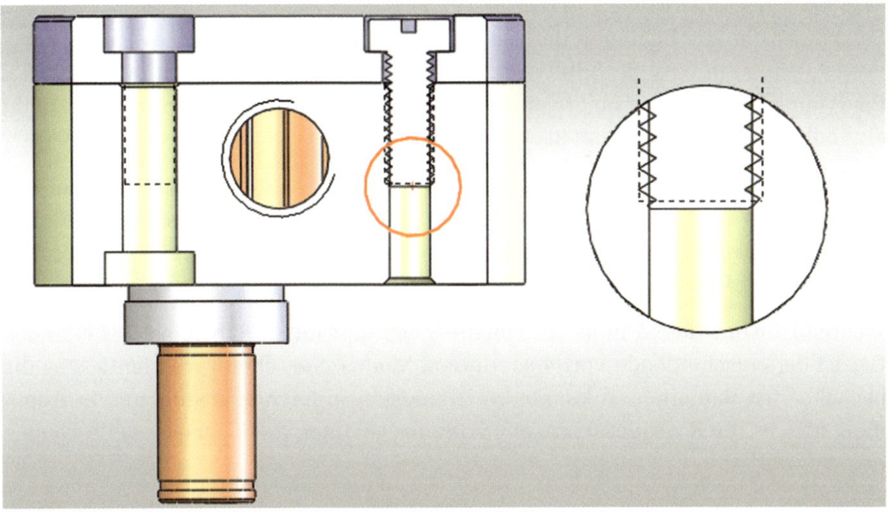

Abbildung 6.23: Zu lange Schraube in der Gewindebohrung M6

Die M6-Schraube ist länger als das dafür geschnittene Gewinde (gestrichelte Linie in Abbildung 6.23). Da die Einschraubtiefe bereits recht groß ist, soll die Schraube verkürzt werden und die Gewindelänge belassen werden.

Im Baugruppenmodus werden Änderungen von Komponenten unterstützt. Es bestehen zwei Möglichkeiten, die Änderung vorzunehmen.

Isolierte Bearbeitung

Klappen Sie die Strukturen im FeatureManager so weit auf, dass die Schraube als Komponente in der Baugruppe *Deckel_komplett* zu sehen ist. Selektieren Sie die *Schraube* und wählen Sie Teil Öffnen aus der Kontextsymbolleiste.

SolidWorks öffnet ein neues Fenster im Einzelteilmodus und lädt die *Schraube*. Die Baugruppe *Zahnradpumpe* bleibt geöffnet, nur das Baugruppenfenster wird hinter das Einzelteilfenster gelegt. Im Einzelteil *Schraube* in der Skizze des ersten Features ist die Schraubenlänge auf 16mm zu ändern. Dann kann die Schraube gespeichert und geschlossen werden. Daraufhin kommt automatisch wieder das Baugruppenfenster in den Vordergrund und die geänderte Schraube wird eingeblendet. Zuvor stellt SolidWorks fest, dass Komponenten der *Zahnradpumpe* verändert wurden, und fragt nach, ob die Baugruppe neu aufgebaut werden soll. Beantworten Sie die Frage mit Ja.

In-Kontext-Bearbeitung

Selektieren Sie die Schraube im FeatureManager und starten Sie den Befehl Komponente bearbeiten. SolidWorks aktiviert den Teilbearbeitungsmodus in der Baugruppe (je nachdem, ob Sie ein Teil oder eine Baugruppe selektieren, erscheint als Tooltip Teil bearbeiten oder Baugruppe bearbeiten).

Schauen Sie zunächst die Bedienoberfläche genau an, um mit diesem Modus erfolgreich arbeiten zu können (►Abbildung 6.24). Im FeatureManager erscheinen die zur Bearbeitung aktivierten Elemente blau. Nur diese Elemente können Sie nun mit dem Änderungsmodus In-Kontext bearbeiten.

Während Sie In-Kontext ändern, bleibt die Baugruppe im Grafikbereich eingeblendet. Das ist der entscheidende Vorteil an diesem Modus. Sie sehen zur Orientierung die benachbarten Bauteile und können so Abmessungen leichter abstimmen. In Abbildung 6.24 ist die Rotationsskizze der Schraube geöffnet, die Skizzierbefehle können benutzt werden.

Etwas problematisch ist, besonders bei großen Baugruppen, die Einstellung der Bildschirmansicht. Häufig behindern eine Vielzahl von Linien den Überblick. Denken Sie hier an die bekannten Möglichkeiten, Komponenten auszublenden oder eine Ansicht ohne unsichtbare Kanten einzustellen.

Während Sie In-Kontext ändern, rücken die Symbolleisten Features und Skizze im Befehlsmanager etwas nach rechts wie in Abbildung 6.24. Dafür erscheint ganz links die Schaltfläche Komponente bearbeiten. Mit Klick auf diese Schaltfläche beenden Sie den In-Kontext-Modus.

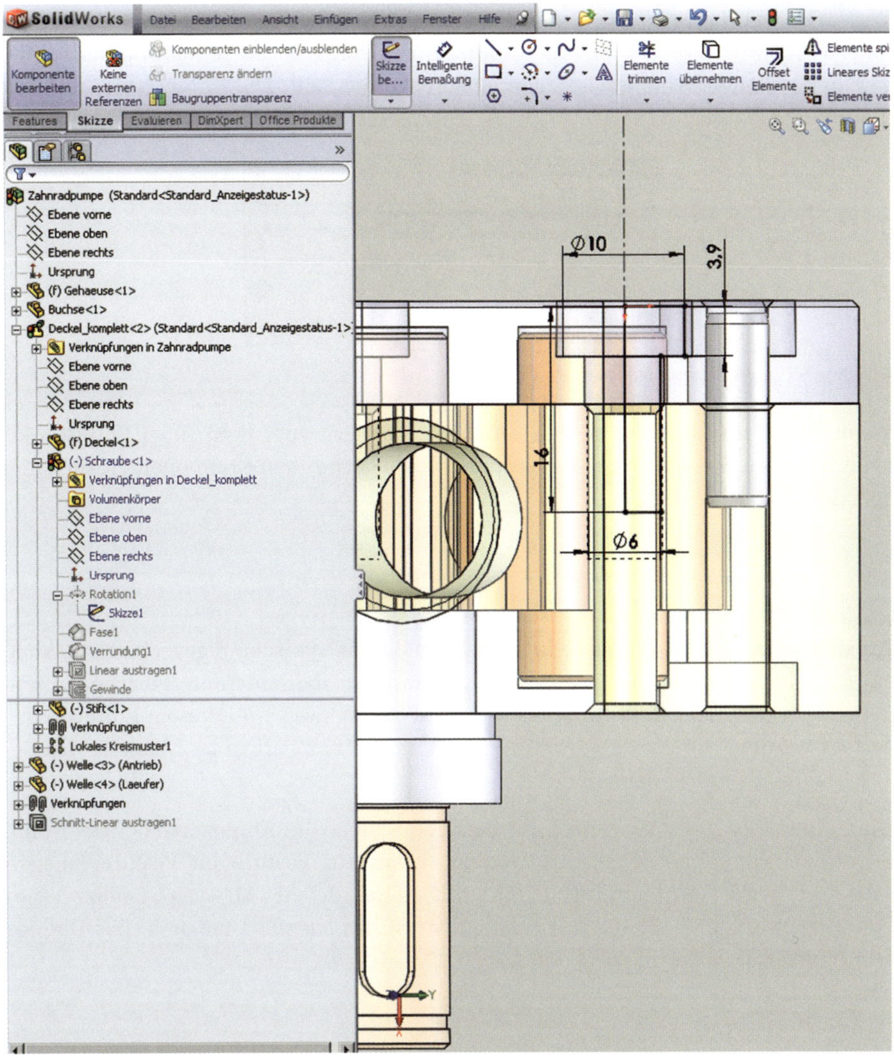

Abbildung 6.24: Zum Bearbeiten geöffnete Skizze im Modus Komponente bearbeiten

Wenn Sie während der In-Kontext-Bearbeitung eine andere Komponente zur Änderung wählen, wechselt der Bearbeitungsmodus zum zuletzt gewählten Element. Diese Neuwahl ist nur möglich, wenn Sie nicht gerade im Skizziermodus arbeiten. Eine Skizze muss erst fertig bearbeitet und beendet werden.

Den isolierten Änderungsmodus für eine Komponente können Sie auch aktivieren, wenn sich eine andere Komponente in In-Kontext-Bearbeitung befindet. Beispielsweise könnten Sie damit den Deckel zur Bearbeitung öffnen, während die Schraube In-Kontext geändert wird.

Wenn Sie während einer In-Kontext-Änderung speichern, wird ein Anfragefenster nach ►Abbildung 6.25 erscheinen. SolidWorks fragt, ob die Baugruppe oder die gerade bearbeitete Komponente gespeichert werden soll. Die Komponente ist hier die richtige Wahl.

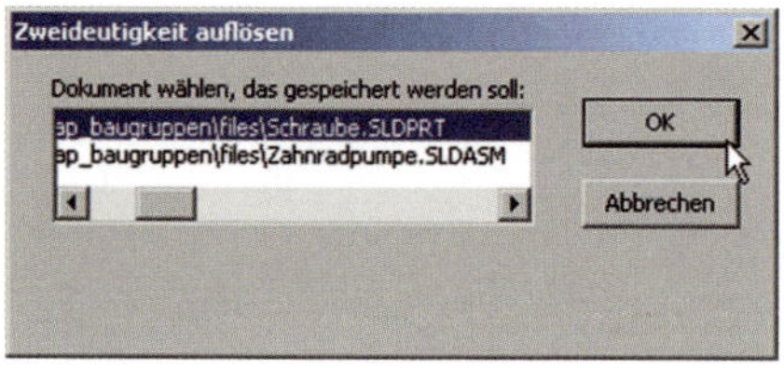

Abbildung 6.25: Speichern während In-Kontext-Änderung

Wenn Sie den In-Kontext-Modus verlassen, ohne zu speichern, fragt SolidWorks beim nächsten Speichern der Baugruppe, ob die geänderten Komponenten auch gespeichert werden sollen.

6.2.2 Exkurs Farbe/Erscheinungsbild, Material

An sich ist die Farbe, ebenso wie das Material, eine typische Eigenschaft, die sich auf Einzelteile bezieht. Andererseits ist die Farbe, insbesondere in Baugruppenmodellen, ein wichtiges Gestaltungselement und soll deswegen in diesem Kontext dargestellt werden. Die verschiedenen Abhängigkeiten von Farben und Material lassen sich gleichfalls besser darstellen

Die Farbe eines Teils kann im Einzelteilmodus über die Kontextsymbolleiste und ERSCHEINUNGSBILDER gesetzt werden, wenn ein Feature im FeatureManager selektiert wird (►Abbildung 6.26). Mit dem Befehl MENÜ→BEARBEITEN→ERSCHEINUNGSBILD→ERSCHEINUNGSBILD ist das ebenfalls möglich. Das Dialogfeld Erscheinungsbilder zeigt ►Abbildung 6.27.

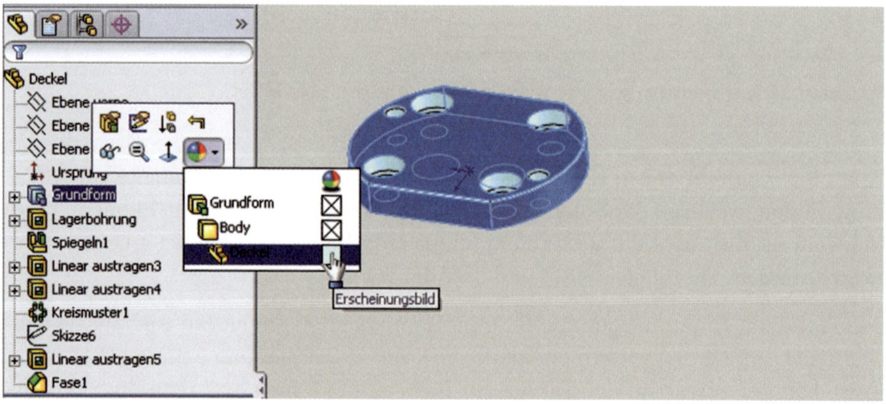

Abbildung 6.26: Selektion für die Farbeinstellung im Einzelteilmodus

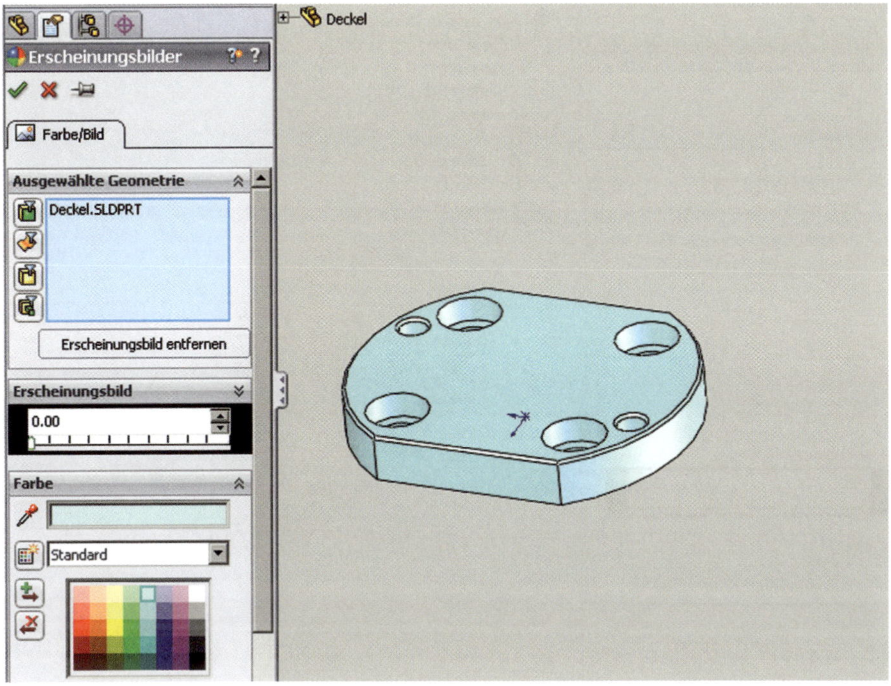

Abbildung 6.27: Farbe für Einzelteile setzen

Es kann sinnvoll sein, unterschiedliche Farben im Einzelteilmodell für die Kennzeichnung von Features oder Oberflächen zu benutzen. Beides ist möglich, wenn die gewünschten Elemente selektiert werden. Damit lassen sich beispielsweise Flächen für bestimmte Fertigungsverfahren oder Features mit speziellen Toleranzanforderungen kennzeichnen.

Unabhängig von der Farbe, die bei der Bearbeitung des Teils festgelegt wird, kann bei jeder Verwendung des Teils in einer bestimmten Baugruppe dem Teil eine weitere Farbe zugewiesen werden. Diese gilt dann nur in der Baugruppe. In der Baugruppe kann wie in ►Abbildung 6.28 eine Komponente selektiert werden. In der Kontextsymbolleiste erscheinen dann Baugruppe und Teil zur Auswahl. Im folgenden Fenster Erscheinungsbilder wird angezeigt, worauf sich die Zuweisung bezieht (Komponentenebene oder Teildokument).

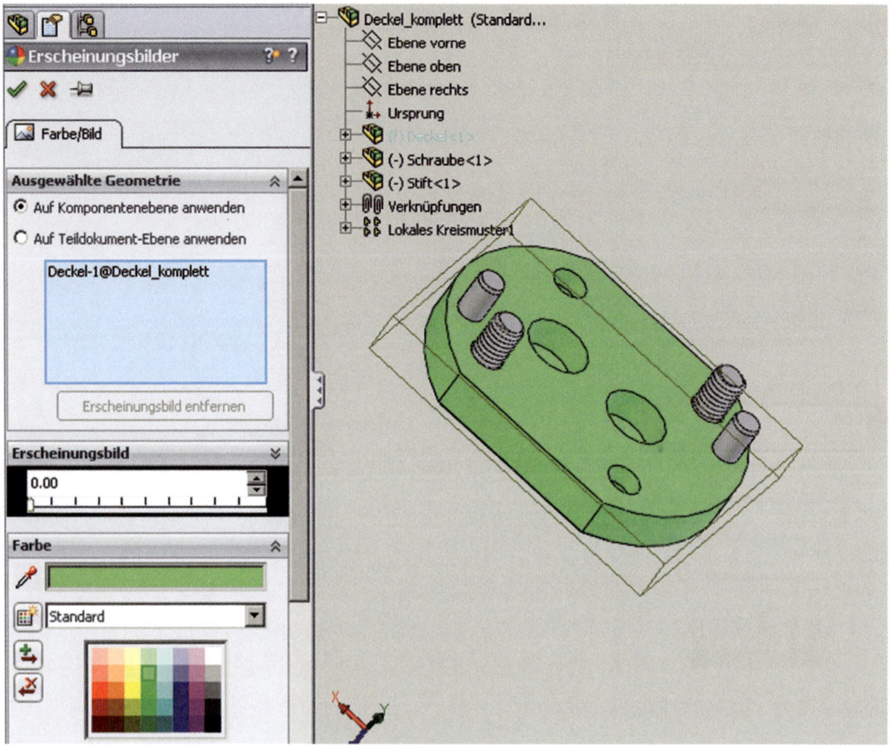

Abbildung 6.28: Ändern der Farbe des Deckels in der Baugruppe

Es gelten folgende weitere Regeln für das Setzen der Erscheinungsbilder:

- Die Schaltfläche **Erscheinungsbild entfernen** ist nur im Modus **Baugruppe** nutzbar. Anschließend hat das Teil wieder die Ursprungsfarbe. Soll im Teil die Farbe zurückgesetzt werden, geht das nur über Menü→Extras→Optionen→Dokumenteigenschaften→Farben→Alles auf Standardwerte zurücksetzen.
- In mehrstufigen Baugruppenhierarchien kann immer das Erscheinungsbild der selektierten oder der eine Stufe höher stehenden Komponente gesetzt werden.

Material wird ausschließlich im Teil zugewiesen über Menü→Bearbeiten→Erscheinungsbild→Material. Beim Einstellen des Materials kann die Materialfarbe übernommen und damit eine vorher gesetzte Farbe des Teils geändert werden. Gleichzeitig können mit der Materialzuweisung Texturen zugewiesen werden, die bestimmte fertigungsabhängige Oberflächeneffekte darstellen.

Für eine schnelle Visualisierung ist die Zuweisung von Erscheinungsbildern ausreichend und auf Baugruppenniveau immer anzuwenden. In Einzelteilmodellen ist die aufwändigere Materialzuweisung empfehlenswert, wenn beispielsweise nachfolgend Berechnungen ausgeführt werden. Durch die Materialzuweisung werden nämlich auch Festigkeitseigenschaften eingeschlossen.

Übung

Führen Sie in der Baugruppe *Zahnradpumpe.SLDASM* Änderungen an Komponenten durch, um die Zusammenhänge zwischen den einzelnen Bearbeitungsmodus zu verstehen.

Üben Sie die Zuweisung von Erscheinungsbildern im Baugruppenkontext.

Beachten Sie den Hinweis zur Übung 1 dieses Kapitels!

6.3 Top-down-Modellierung

Für die in Abschnitt 6.1 beschriebene Bottom-up-Arbeitsweise ist es charakteristisch, dass Komponenten (Teile oder Baugruppen) zunächst komplett modelliert werden. Anschließend wird die übergeordnete Strukturebene durch Verknüpfung der Komponenten zusammengestellt. Man arbeitet also von unten nach oben.

Häufig existieren jedoch in der Produktentwicklung bereits zu Beginn der CAD-Modellierung Festlegungen über geometrische Zusammenhänge, aus denen sich Abmessungen und Anordnungen untergeordneter Komponenten ergeben. Eine Modellierung in umgekehrter Richtung ist dann vorteilhaft. Ausgehend von der obersten Strukturebene (Hauptbaugruppe/Produkt) werden die Komponenten (Unterbaugruppen/Einzelteile) modelliert. Diese Arbeitsweise von oben nach unten wird als Top-down bezeichnet.

6.3.1 Einzelteil im Baugruppenzusammenhang modellieren

Eine sehr einfache Form der Top-down-Modellierung ist die Erstellung eines Einzelteils im Zusammenhang der Baugruppe. Beispielsweise soll die Zahnradpumpe einen anders gestalteten Deckel erhalten (►Abbildung 6.29), mit dem sie in einer vorbereiteten Aufnahme montiert werden kann.

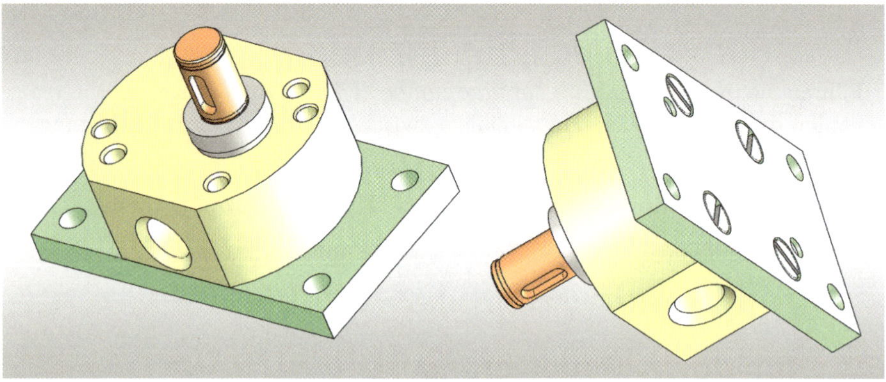

Abbildung 6.29: Zahnradpumpe mit verändertem Deckel

Varianten der Baugruppen speichern

Öffnen Sie die Baugruppendatei *Zahnradpumpe.SLDASM* und erzeugen Sie eine Kopie dieser Baugruppe. Wählen Sie im Menü den Befehl SPEICHERN UNTER und aktivieren Sie im folgenden Dialogfeld Als Kopie speichern. Als Dateinamen geben Sie *Zahnradpumpe_mit_Flansch* an. Anders als zum Beispiel bei Word oder Excel arbeiten Sie danach immer noch im Original und nicht in der gerade erzeugten Kopie! Schließen Sie die aktuelle Datei *Zahnradpumpe* und öffnen Sie die neue Baugruppe *Zahnradpumpe_mit_Flansch*.

Im FeatureManager setzen Sie die Unterbaugruppe *Deckel_komplett* in den Änderungsmodus mit KOMPONENTE BEARBEITEN. Die Baugruppe *Deckel_komplett* sollte nun besser in *Flansch_komplett* umbenannt werden. Verwenden Sie den Befehl SPEICHERN UNTER, nicht Als Kopie speichern wählen. Damit bleibt die ursprüngliche Baugruppe *Deckel_komplett* erhalten und kann weiter in der *Zahnradpumpe.SLDASM* genutzt werden. Die in Bearbeitung befindliche Komponente ist nun die Baugruppe *Flansch_komplett.SLDASM*, wie es auch in Word oder Excel nach dem Befehl SPEICHERN UNTER... der Fall wäre.

Löschen Sie den Deckel über Selektion und Kontextmenü. Beim Löschen weist SolidWorks darauf hin, dass der Deckel Verknüpfungen zu Schraube und Stift besitzt, die durch das Löschen ebenfalls zerstört werden (►Abbildung 6.30). Das ist nicht vermeidbar und wird durch die Hinweiszeichen ⚠ und ⚠ im FeatureManager angezeigt.

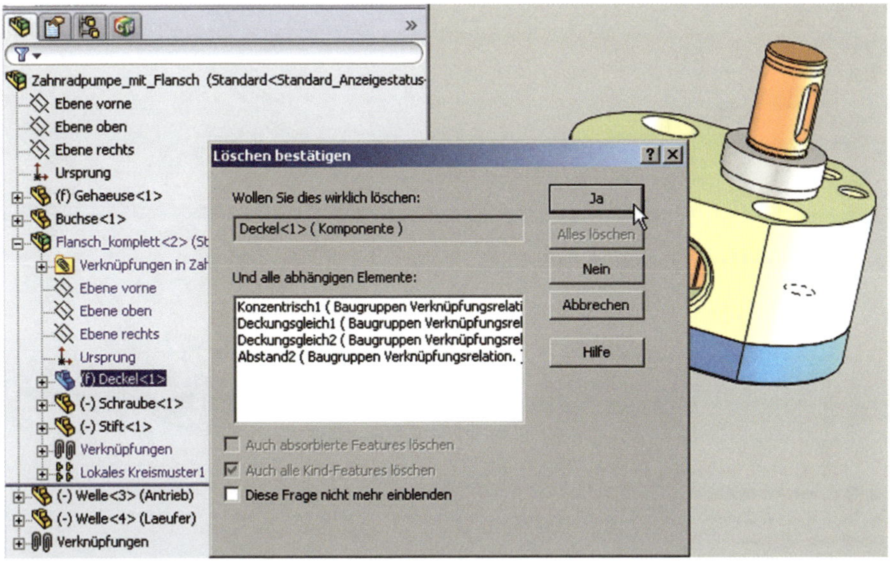

Abbildung 6.30: Löschen des Deckels und seiner Verknüpfungen

Teil im Baugruppenkontext erzeugen

Der neue Deckel wird nun über den Befehl NEUES TEIL (Flyout KOMPONENTE EINFÜGEN oder MENÜ→EINFÜGEN→KOMPONENTE-...) erzeugt. Nach dem Start des Befehls erwartet SolidWorks die Selektion einer Skizzierebene, auf der die erste Skizze des neuen Teils platziert werden soll. Wählen Sie die *Ebene Vorne* der Baugruppe *Zahnradpumpe_mit_Flansch* (►Abbildung 6.31). In dieser Ebene befindet sich immer die Trennung zwischen Gehäuse und Deckel, womit die Ebene als Skizzierebene für das Basisfeature des Deckels geeignet ist. Alternativ könnte auch die Fläche des Gehäuses gewählt werden. Das wäre anschaulicher, aber funktioniert nur, solange die Fläche bzw. das Gehäuse als Ganzes an dieser Stelle sind.

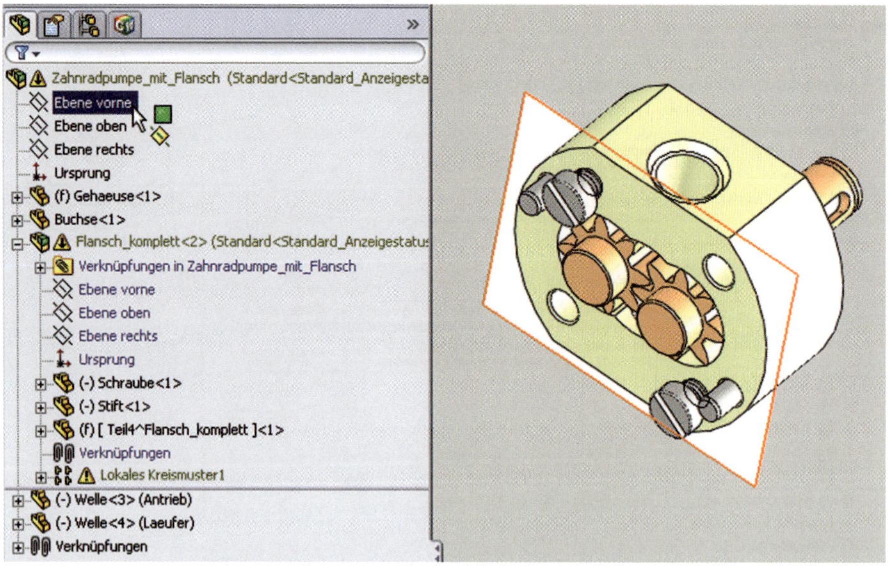

Abbildung 6.31: Wahl der Skizzierebene für das Basisfeature des neuen Deckels

SolidWorks befindet sich nun im Skizziermodus. Dieser entspricht dem In-Kontext-Modus (Abschnitt 6.2.1). Man sieht während des Skizzierens die Baugruppenkomponenten und kann sie in der Skizze verwenden.

Die Skizze des Basisfeatures (►Abbildung 6.32) enthält in Folge der Top-down-Vorgehensweise hauptsächlich Beziehungen zu übergeordneten Baugruppenkomponenten. Die langen Rechteckseiten sind Kollinear zu den Gehäusekanten, die kurzen Rechteckseiten Symmetrisch zur Mittellinie. Die Stiftbohrungen sind mittels ELEMENTE ÜBERNEHMEN in die Skizze gekommen. Blenden Sie die Stifte aus, damit Sie die Bohrungskanten und nicht die Stiftumrisse übernehmen! Lediglich das Maß 90 erweitert die schon vorhandene Geometrie.

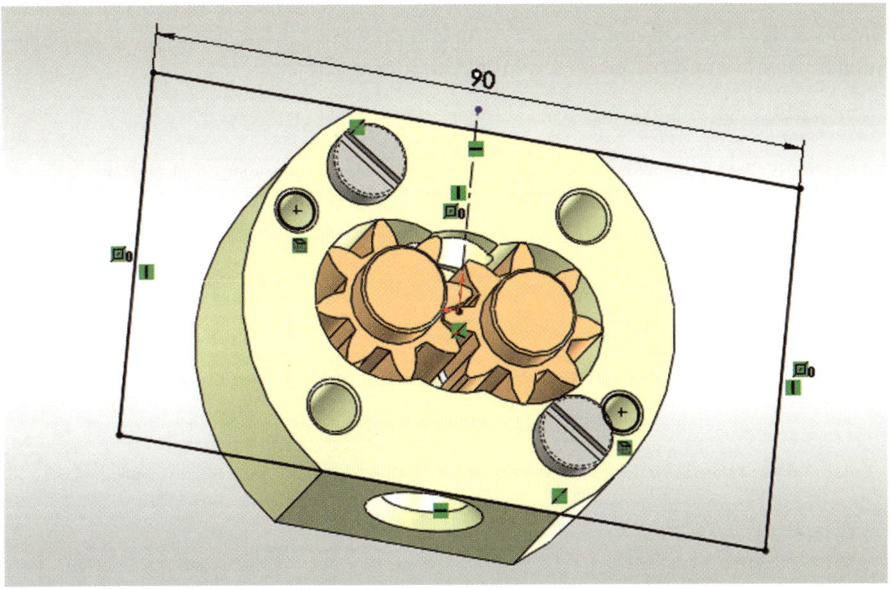

Abbildung 6.32: Skizze für das Basisfeature des neuen Deckels

Tragen Sie abschließend die Skizze 8mm linear aus ►Abbildung 6.33.

Abbildung 6.33: Basisfeature des neuen Deckels

Externe Referenzen des neuen Teils

Im FeatureManager erscheint nun rechts neben der Skizze die Kennzeichnung „→“ für externe Referenzen. Das sind Beziehungen über Dateigrenzen hinweg. Im Kontextmenü der Skizze lassen sich mit AUFLISTEN EXTERNER REFERENZEN diese Beziehungen zu anderen Dateien anzeigen (►Abbildung 6.34).

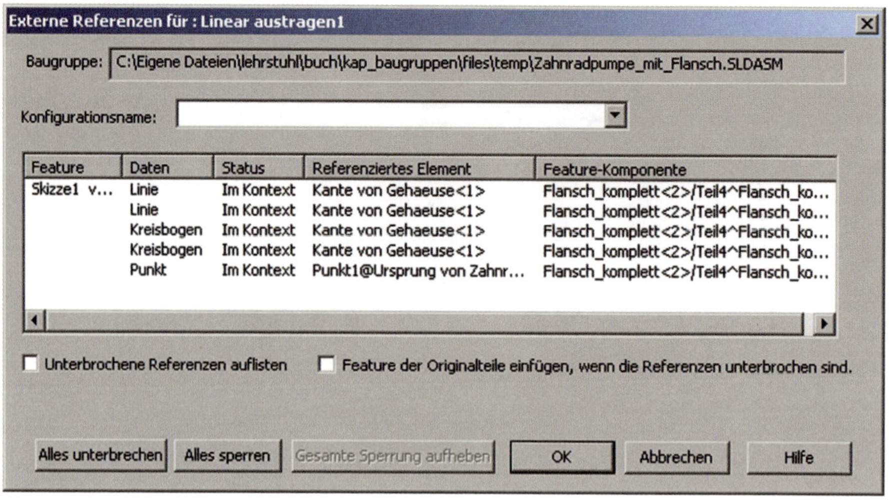

Abbildung 6.34: Externe Referenzen in der Skizze des Basisfeatures

Das neu erstellte Teil ist zunächst eine virtuelle Komponente. So werden Komponenten bezeichnet, die noch nicht in einer separaten Datei gespeichert wurden. Kennzeichen virtueller Komponenten sind eckige Klammern um den Dateinamen im FeatureManager. Der Name kann wie bei Features geändert werden. Benennen Sie den neuen Deckel als Flanschplatte und speichern Sie dann die *Flanschplatte* als Datei über das Kontextmenü TEIL SPEICHERN (IN EXTERNER DATEI) ins Baugruppenverzeichnis. Danach sind die eckigen Klammern verschwunden. In der Baugruppe *Flansch_komplett*, zu der die Flanschplatte gehört, erscheint als Verknüpfungstyp Platziert. Das ist für top-down erstellte Komponenten typisch, deren Lage in der Baugruppe durch die externen Referenzen und nicht durch Baugruppenverknüpfungen bestimmt wird.

Bohrungsfeatures im Kontext zur Baugruppe erzeugen

Wie für das Basisfeature können auch die Bohrungen für die Verbindung der Flanschplatte mit dem Gehäuse übernommen werden. Abweichend von der bisherigen Konstruktion soll die Flanschplatte über vier Schlitzschrauben M6 mit dem Gehäuse verbunden werden (die Gehäusebohrungen müssen später noch angepasst werden). ►Abbildung 6.35 zeigt die Positionsskizze für die Bohrungsmittelpunkte während der Erzeugung mittels BOHRUNGSASSISTENT. Die Punkte sind jeweils deckungsgleich zu den Temporären Achsen der Gehäusebohrungen, so dass auf eine Bemaßung verzichtet werden kann. Um die Selektion der Temporären Achsen zu erleichtern, wurden die Wellen ausgeblendet.

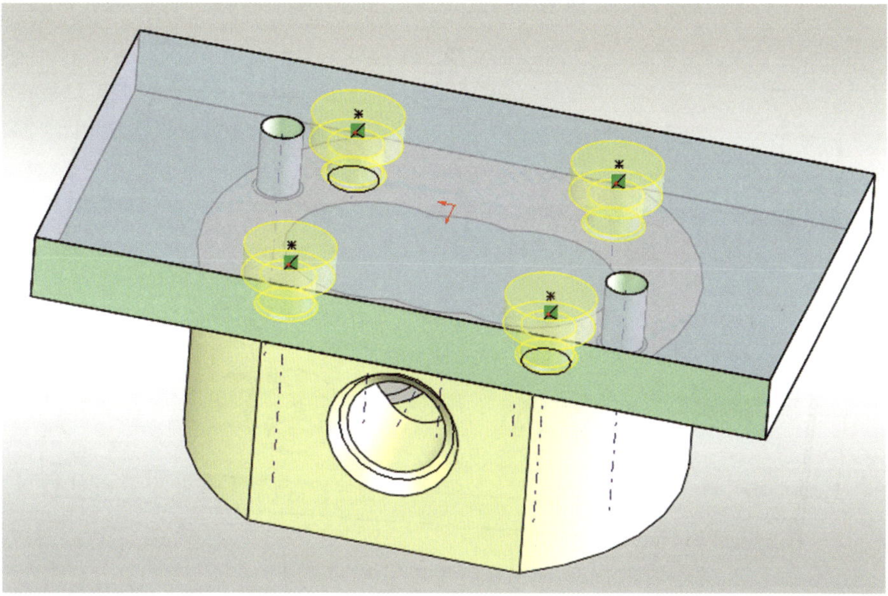

Abbildung 6.35: Positionsskizze im Bohrungsassistenten

Im Gegensatz zur Verbindung zwischen Flanschplatte und Gehäuse müssen die Durchgangsbohrungen 6,6 natürlich komplett bemaßt werden, da es dafür noch keine Geometrieelemente gibt, die für die Positionsangabe verwendet werden könnten (►Abbildung 6.36). Benutzen Sie ebenfalls den BOHRUNGSASSISTENT!

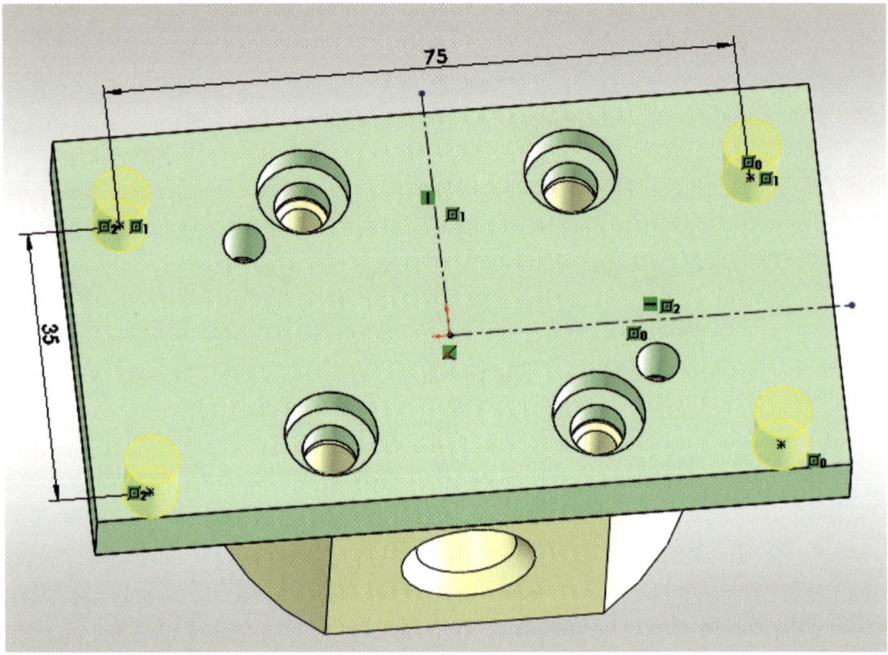

Abbildung 6.36: Flanschbohrungen mit Positionsbemaßung

Abschließend müssen noch die Lagerbohrungen der Wellen modelliert werden. Bevor Sie beginnen, sollten Sie die Flanschplatte „durchsichtig" machen, damit Sie die zu übernehmenden Kanten der Wellen leicht selektieren können. Gehen Sie über ERSCHEINUNGSBILDBESCHREIBUNG und stellen Sie die Transparenz ein.

Beginnen Sie dann auf der Kontaktfläche zwischen Flanschplatte und Gehäuse eine neue Skizze und übernehmen Sie die beiden Kanten der Wellenlagerzapfen (►Abbildung 6.37). Erzeugen Sie mit der Skizze einen Schnitt (Blind, 6 mm). Stellen Sie anschließend die Transparenz wieder auf den ursprünglichen Wert.

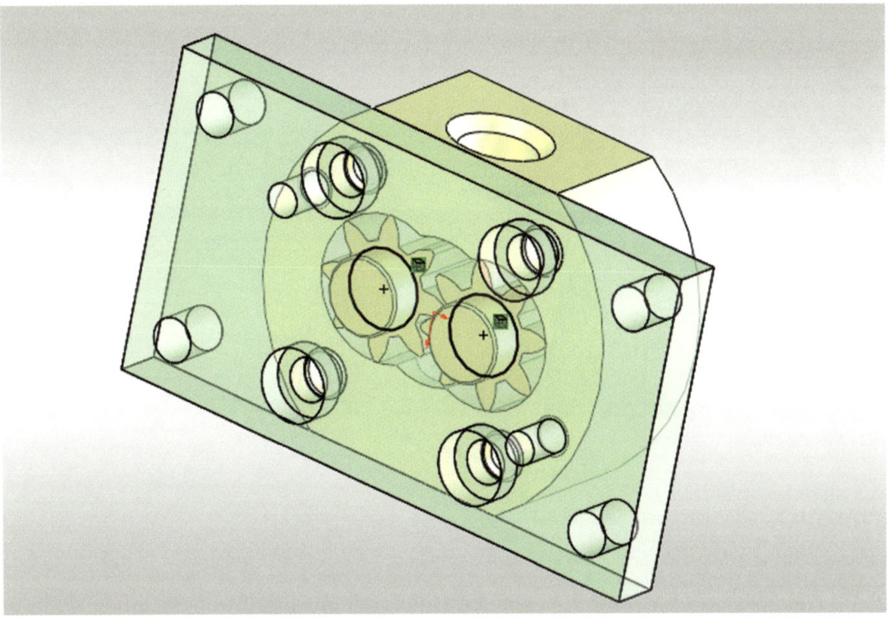

Abbildung 6.37: Skizze für die Lagerbohrungen in der Flanschplatte

Wiederherstellung der Verknüpfungen zu übergeordneten Komponenten

Nachdem die Flanschplatte fertiggestellt ist, sind noch zwei Anpassungen in den übergeordneten Komponenten notwendig. Gehen Sie bei den nachfolgend beschriebenen Arbeiten langsam vor! Versuchen Sie sich an jeder Stelle **Klarheit zu verschaffen, in welcher Komponente Sie arbeiten** und welche Sie lediglich sehen.

1. In der Baugruppe *Flansch_komplett* müssen Stift und Schraube neu verknüpft werden und Komponentenmuster für den Stift mit zwei Kopien und für die Schraube mit vier Kopien erzeugt werden. Da die Flanschplatte im Gegensatz zum Deckel keine temporäre Achse besitzt, die als Richtung des Musters verwendet werden kann, muss eine Achse konstruiert werden, ehe die Komponentenmuster eingefügt werden können.

   Eine Achse können Sie mit dem Befehl ACHSE aus dem Flyout REFERENZGEOMETRIE erzeugen. Die Achse ergibt sich aus der Schnittlinie der Referenzebenen *Ebene oben* und *Ebene rechts* (▶Abbildung 6.38). Mit dieser Achse lassen sich anschließend die Komponentenmuster erzeugen.

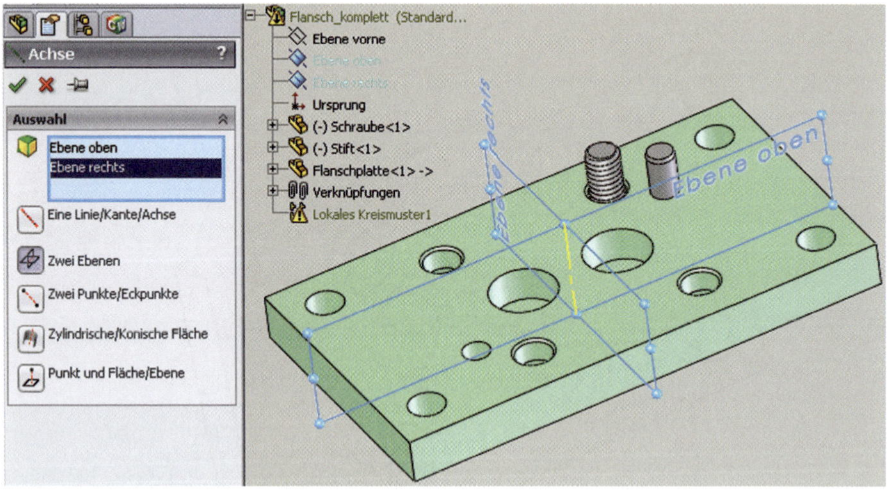

Abbildung 6.38: Achse aus zwei Ebenen erstellen

2. Im Gehäuse werden nun vier gleiche Gewindebohrungen auf der offenen Seite benötigt und die gegenüberliegenden Senkungen können entfallen. Für diese Änderungen bietet sich im Gehäuse eine zweite Konfiguration an, die den Gegebenheiten der Flanschplatte entspricht. Wenn Sie die vorhandene Konfiguration umbenennen möchten, müssen Sie vorher die Baugruppendateien schließen, die diese Konfiguration nutzen.

   Öffnen Sie das Gehäuse, fügen Sie eine zweite Konfiguration ein. In dieser Konfiguration können Sie die Stirnsenkungen unterdrücken und dafür die beiden Gewindebohrungen M6 mustern, so dass insgesamt vier Bohrungen vorhanden sind. In den Baugruppen *Zahnradpumpe* und *Zahnradpumpe_mit_Flansch* muss dann die jeweils richtige Gehäusekonfiguration eingestellt werden.

   Nachdem das Muster erstellt wurde, müssen in der Flanschplatte die Mittelpunkte der Stirnsenkungen neu positioniert werden. Die mit den Mittelpunkten verknüpften Bohrungsachsen des Gehäuses sind sonst infolge der Änderungen am Gehäuse ungültig.

Wenn Sie abschließend die beiden Varianten der Zahnradpumpe vergleichen, sind bezüglich der Teile Deckel und Flanschplatte folgende Unterschiede festzuhalten:

- Die **Flanschplatte** ist **Top-down** modelliert. Abmessungen der Flanschplatte ergeben sich aus Features des Gehäuses oder der Wellen. Ändern sich Maße, so ändert sich automatisch auch die Flanschplatte. Dieser Effekt ist sehr vorteilhaft, wenn in einer Konstruktion noch Änderungen im Einzelnen zu erwarten sind, aber die Featuretopologie unverändert bleibt.

Das Modell besitzt externe Referenzen und **existiert nur im Kontext anderer Modelle**. Die Zusammenhänge zwischen Modellen sind nicht trivial. Änderungen eines Modells können weitreichende Auswirkungen haben.

- Der **Deckel** ist **Buttom-up** modelliert. Innerhalb von Baugruppen ist die Anpassung von Abmessungen nur iterativ möglich, indem in allen betroffenen Teilen die Parameter verändert werden.

  Das Modell ist unabhängig von anderen Dateien und damit ohne weiteres auch in anderen Baugruppen verbaubar.

Übung

Modellieren Sie die Variante der Baugruppe *Zahnradpumpe*.

Ersetzen Sie den Deckel durch den Flansch und verbauen Sie diesen in der neuen Baugruppe *Flansch_komplett*. Stellen Sie anschließend wieder eine komplette Pumpe zusammen, die die neue Baugruppenkomponente *Flansch_komplett.SLDASM* enthält.

Vergleichen Sie Ihre **Lösung** mit *Zahnradpumpe_mit_Flansch.SLDASM*.

Beachten Sie den Hinweis zur Übung 1 dieses Kapitels!

6.3.2 Verwendung von Layoutskizzen

Die Einzelteile der Zahnradpumpe haben diversen Anforderungen zu genügen, damit sie zueinander passen. Beispielsweise müssen die Lagerbohrungen im Deckel den gleichen Durchmesser wie die Lagerzapfen der Wellen haben. Der Abstand der Bohrungen muss mit Durchmesser und Geometrie der Verzahnung der Wellen harmonieren. Bei der bisherigen Arbeitsweise wurden diese Abhängigkeiten zwar beachtet, aber nicht in den Modellen niedergelegt. Die Abhängigkeiten existieren damit nur als externes Wissen im Kopf des Bearbeiters.

Verwendet man auf oberster Modellebene Layoutskizzen, können untergeordnete Baugruppen und Teile aus diesen Strukturen abgeleitet werden. In den Layoutskizzen sind dann die wesentlichen Abmessungen und Relationen enthalten, zunächst ohne Berücksichtigung der späteren Baustruktur. Das Wissen über Zusammenhänge zwischen Teilen wird damit in der SolidWorks-Datei speicherbar und befindet sich nicht mehr nur im Kopf des Bearbeiters.

Im Fall der Zahnradpumpe können in zwei senkrecht zueinander stehenden Skizzen die wichtigsten Maße aufgenommen werden. Mit diesen Skizzen soll die alternative Top-down-Modellierung für die Gesamtbaugruppe ihren Anfang nehmen.

Alternative: Baugruppe mit Layoutskizzen

Beginnen Sie eine neue Baugruppe *Zahnradpumpe_Layout.SLDASM* und zeichnen Sie auf der *Ebene vorne* die erste Skizze (►Abbildung 6.39). Diese Skizze enthält die wichtigsten Elemente der Pumpenkontur und die Umfangskreise der Wellenverzahnung. Die Mittelachsen der Schraub- und Stiftverbindungen sind in der Skizze jeweils durch einen Punkt repräsentiert. Ob Sie die Teilkreise und Mittellinien als Für Konstruktion kennzeichnen oder genauso wie die Konturlinien zeichnen, ist unerheblich. Beide Skizzen werden nicht direkt in Featurebefehlen verwendet.

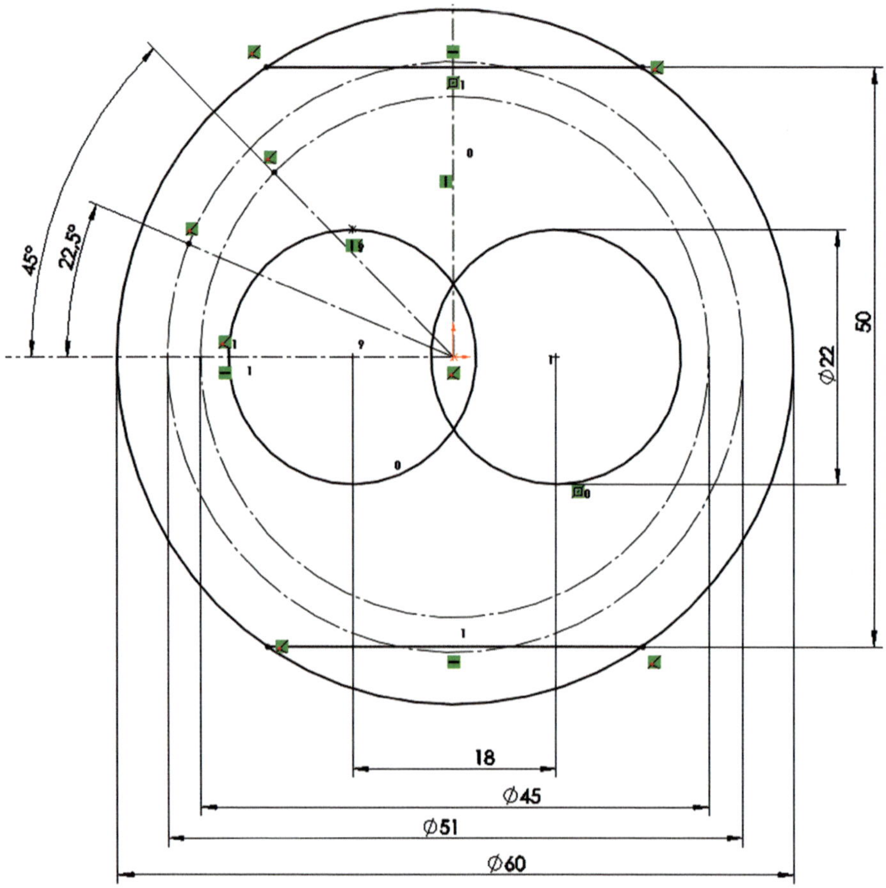

Abbildung 6.39: Layoutskizze mit Blick in Achsrichtung der Pumpe

Legen Sie eine zweite Skizze auf der senkrecht zur *Ebene vorne* stehenden *Ebene rechts* an (►Abbildung 6.40). In der Skizze müssen alle Maße in die dritte, bisher nicht betrachtete Richtung aufgenommen werden. Alle anderen Elemente können über Beziehungen bezüglich der ersten Skizze definiert werden. In Abbildung 6.40 ist die rot dargestellte Linie die seitlich gesehene *Ebene vorne*, in der sich die vorhergehende Skizze befindet. Die erste Skizze liegt exakt in der Kontaktfläche zwischen Gehäuse und Deckel.

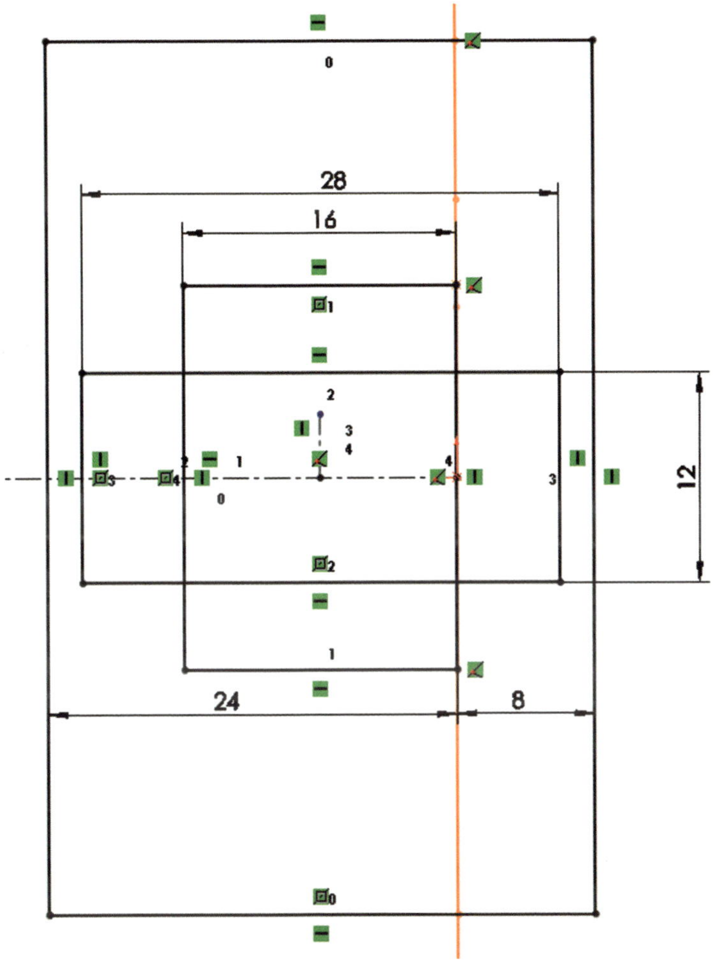

Abbildung 6.40: Achsschnitt als zweite Layoutskizze

Die räumliche Lage der beiden Skizzen zeigt ►Abbildung 6.41. Nachdem die beiden Layoutskizzen erstellt wurden, können nun alle Einzelteile auf Basis des Layouts modelliert werden. Das soll in diesem Abschnitt nicht nochmals komplett erfolgen. Die Vorgehensweise wird am Beispiel des Deckels und der Läuferwelle verdeutlicht.

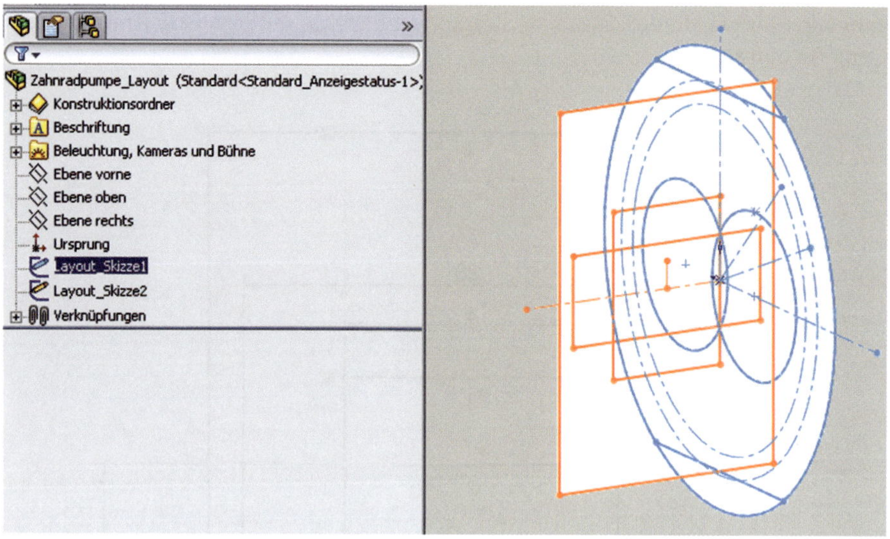

Abbildung 6.41: Situation nach Anlegen der Layoutskizzen

Deckel ausgehend vom Layout erzeugen

Erzeugen Sie direkt in der Baugruppe ein neues Teil:

- Flyout KOMPONENTE EINFÜGEN, NEUES TEIL,
- *Ebene vorne* wählen als erste Skizzierebene,
- Skizze für den Deckelumriss erstellen durch ELEMENTE ÜBERNEHMEN und TRIMMEN,
- Deckelumriss linear austragen, dabei BIS ECKPUNKT wählen und Punkt in der zweiten Layoutskizze wählen (►Abbildung 6.42).

Für die Lagerbohrungen können die Positionen der Bohrungsmittelpunkte über die erste Layoutskizze festgelegt werden (Deckungsgleich). Für die Bohrungsgröße kann eine Hilfskonstruktion die Verbindung zur zweiten Layoutskizze herstellen (►Abbildung 6.43). Zeichnen Sie eine waagerechte Hilfslinie (MITTELLINIE) und machen Sie diese Deckungsgleich zum blau dargestellten Konturpunkt. Die Kreise können dann Tangential an die Hilfslinie angelegt werden.

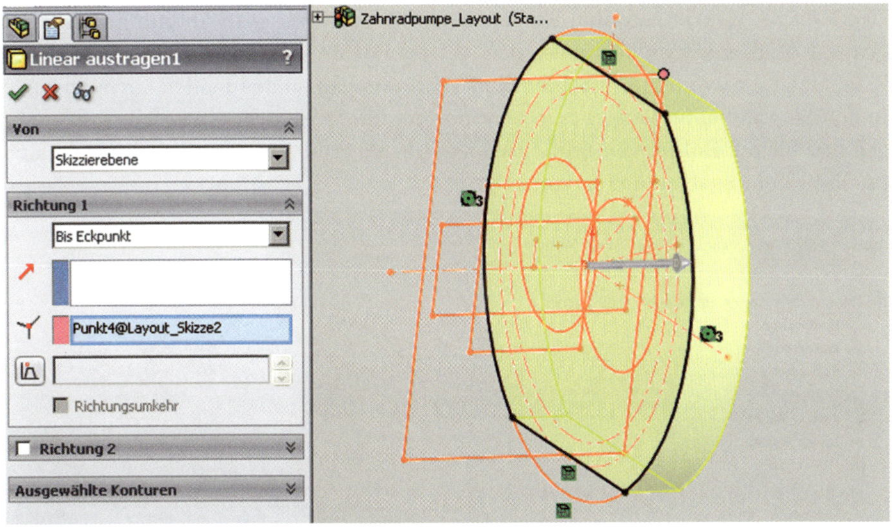

Abbildung 6.42: Basisfeature des Deckels aus Elementen der Layoutskizzen

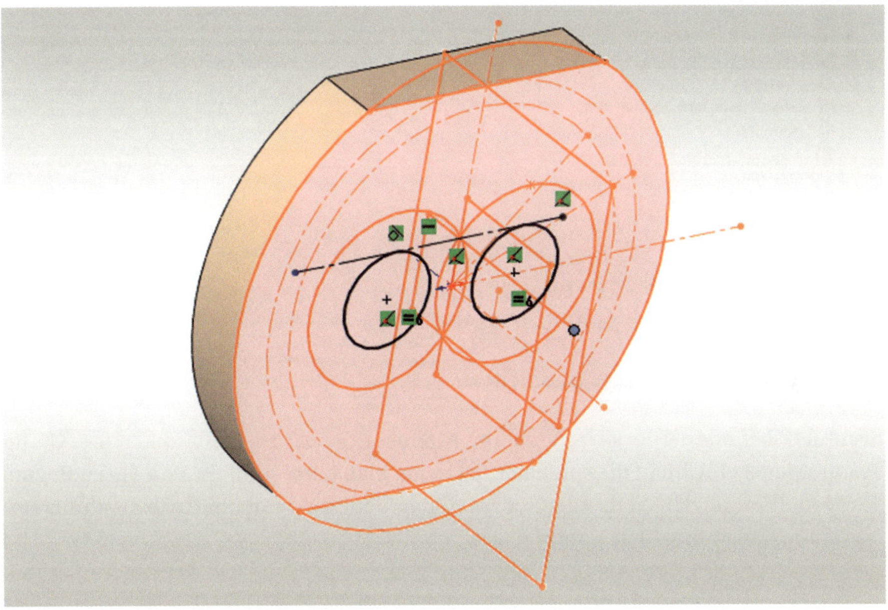

Abbildung 6.43: Skizze für die Lagerbohrungen im Deckel

Im Weiteren sind noch die Bohrungen für Schrauben und Stifte zu modellieren. Verwenden Sie dafür den BOHRUNGSASSISTENT und verknüpfen Sie die Mittelpunkte der Positionsskizze mit der ersten Layoutskizze. Anschließend erzeugen Sie mit dem Befehl KREISMUSTER vier bzw. zwei Exemplare der Bohrungen.

Damit ist der Deckel komplett als Top-down-Modell erzeugt (►Abbildung 6.44). Im FeatureManager erscheinen neben den meisten Features die Hinweise → auf externe Referenzen. Das sind die verschiedenen Verbindungen zu den beiden Layoutskizzen in der Baugruppe. Im Vergleich mit der Bottom-up-Arbeitsweise wurden Abmessungen nur für die Bohrungen und Fasen angegeben. Alle anderen Maße ergeben sich durch Beziehungen zu den Layoutskizzen.

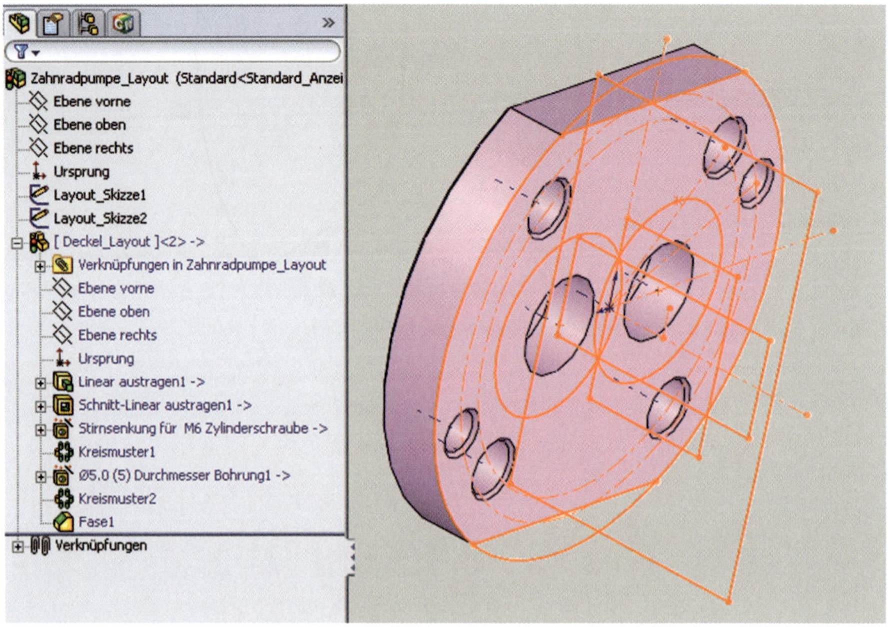

Abbildung 6.44: Fertiges Modell des Deckels

Wellenmodell aus dem Layout ableiten

Eventuell befinden Sie sich noch im Modus KOMPONENTE BEARBEITEN. Im FeatureManager wäre in diesem Fall der Deckel blau dargestellt. Prüfen Sie zu Beginn der Modellierung der Welle zuerst, dass Sie im Baugruppenmodell arbeiten und verlassen Sie, falls nötig, den Komponentenmodus.

Die Referenzen für die Wellenkontur befinden sich zum großen Teil in der zweiten Layoutskizze. Diese liegt in der *Ebene rechts* der Baugruppe. Wenn die Welle als Rotationsteil modelliert werden soll, fehlt eine geeignete Skizzierebene. Diese wird zuerst in der Baugruppe erzeugt. Starten Sie aus dem Flyout REFERENZGEOMETRIE den Befehl EBENE. Fügen Sie eine neue Referenzebene parallel zur **Ebene rechts** ein. Als Abstandsreferenz wählen Sie **Parallele Ebene durch Punkt** und selektieren Sie den Mittelpunkt der Lagerbohrung in der ersten Layoutskizze (►Abbildung 6.45).

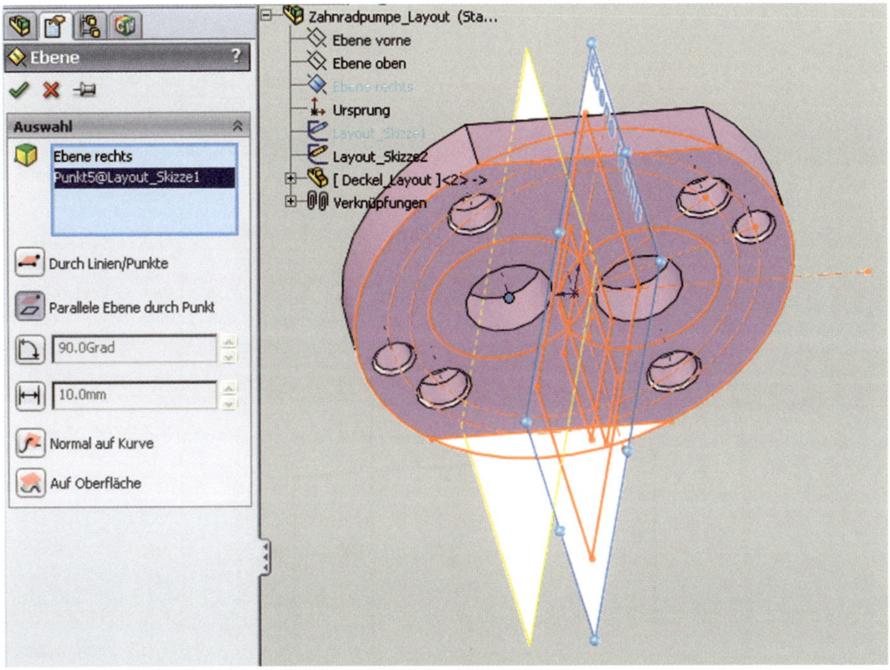

Abbildung 6.45: Referenzebene für die Modellierung der Läuferwelle

Fügen Sie nun die Läuferwelle in die Baugruppe ein: Flyout KOMPONENTE EINFÜGEN, NEUES TEIL. Wählen Sie als erste Skizzierebene die soeben erzeugte Referenzebene.

In dieser Ebene können Sie nun wieder durch ELEMENTE ÜBERNEHMEN und TRIMMEN die Halbkontur der Läuferwelle generieren, ohne Skizzenmaße zu benutzen. Einen Zwischenstand nach dem Übernehmen der relevanten Konturlinien und mit einer Mittellinie für das spätere Rotationsfeature zeigt ▶Abbildung 6.46.

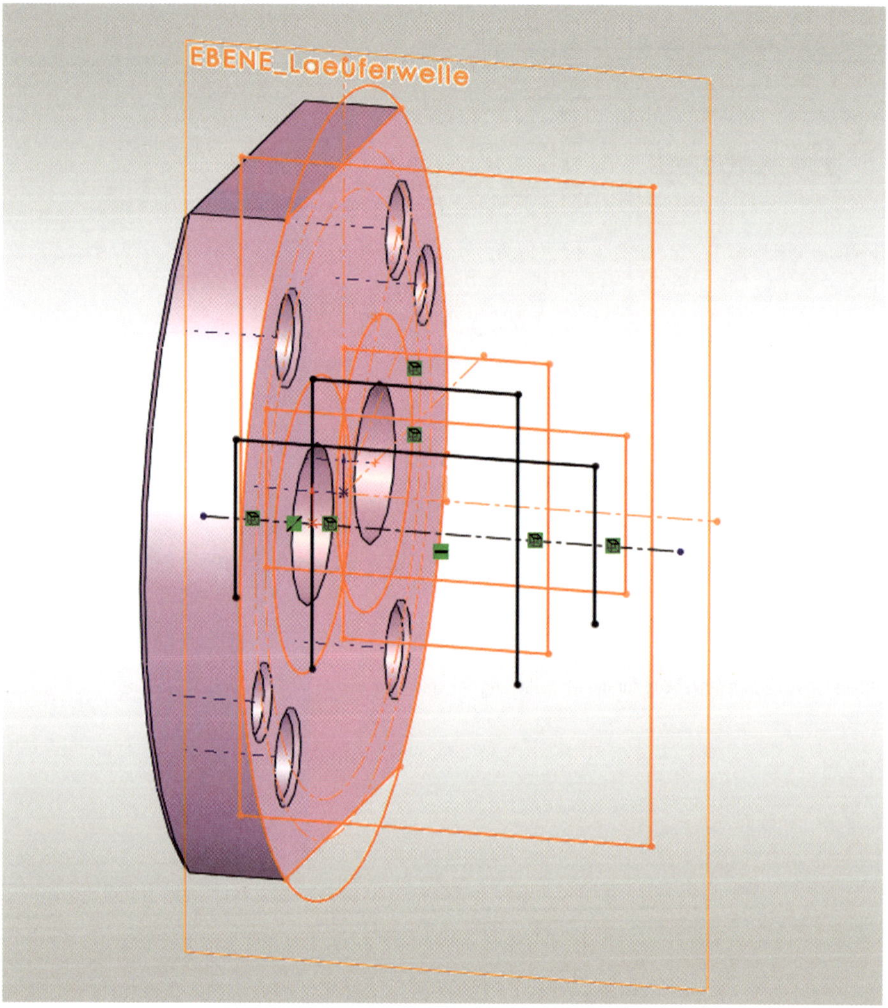

Abbildung 6.46: Referenzebene für eine Welle durch den Lagerbohrungsmittelpunkt

►Abbildung 6.47 zeigt die komplette Skizze, aus der das Basisfeature der Läuferwelle mittels Rotation entsteht. In der zweiten Layoutskizze sind die Konturen der Lagerbohrungen eingezeichnet. Da die entsprechenden Zapfen der Läuferwelle 0,5 mm kürzer sind, muss dieses Maß zwischen den Skizzenlinien des Layouts (orange) und des Basisfeatures (schwarz) eingetragen werden. Das Maß sichert damit das Spiel zwischen Deckel und Lagerzapfen.

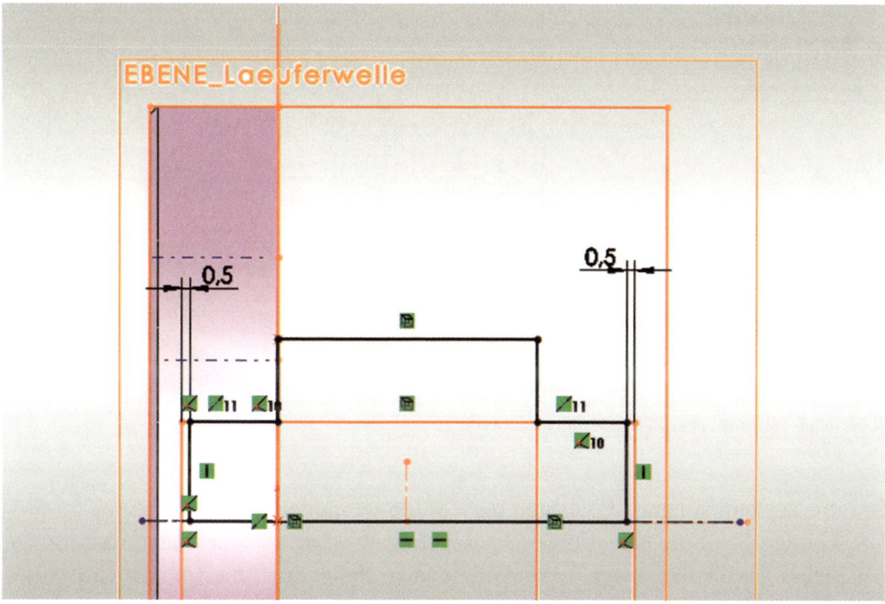

Abbildung 6.47: Skizze für das Basisfeature der Läuferwelle

Zwischenstand des Top-down-Modells

Nach dem Ausführen der Rotation ergibt sich das Baugruppenmodell nach ►Abbildung 6.48. Beide Komponenten wurden inzwischen auch als separate Einzelteildateien gespeichert.

Bis hierher sollte das prinzipielle Vorgehen bei der Modellierung Top-down klar geworden sein. Auf die Darstellung der weiteren Modellierung der Läuferwelle und der übrigen Einzelteile wird verzichtet, da keine neuen Vorgehensweisen vermittelt werden können.

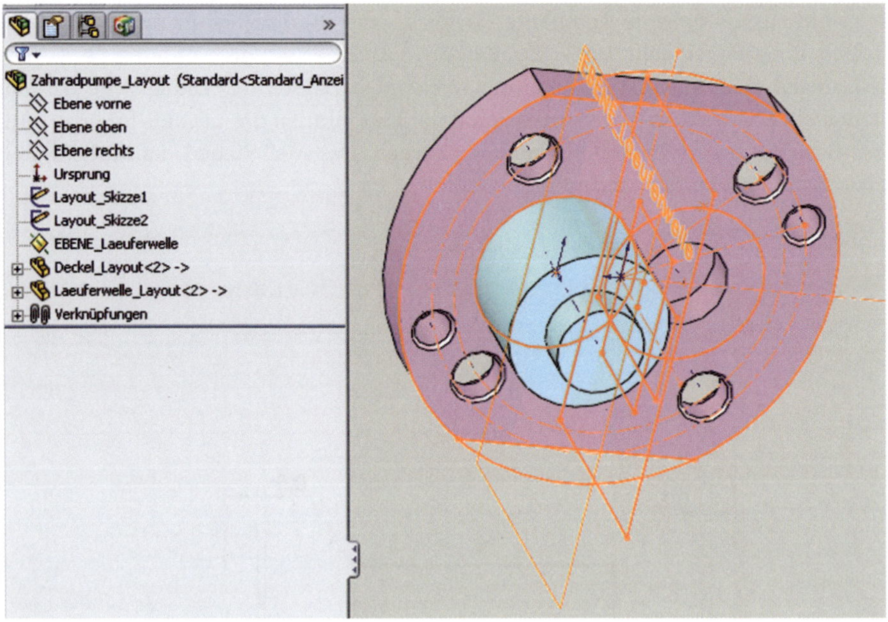

Abbildung 6.48: Baugruppe mit Deckel und Läuferwelle

Um die Zusammenhänge innerhalb der Top-down modellierten Baugruppe zu prüfen, können Sie nun Änderungen in den Layoutskizzen vornehmen. Ändern Sie beispielsweise in der ersten Layoutskizze den Außendurchmesser der Läuferwellen oder in der zweiten Durchmesser und Länge der Lagerzapfen. Wenn alles im Sinn eines Top-down-Modells verknüpft ist, passen sich die von den Layoutskizzen abhängigen Einzelteilmodelle nach Änderung der Skizzen automatisch an. Welche Teile von den Änderungen betroffen sind, ermittelt SolidWorks automatisch. Bevor ein geändertes Modell neu aufgebaut wird, bzw. geänderte Komponenten gespeichert werden, fragt SolidWorks, ob das gewünscht wird. Die Fragen können stets mit Ja beantwortet werden, außer die Modelle sind sehr umfangreich. Dann sollte nur in gewissen Abständen eine vollständige Aktualisierung des Modells erfolgen, um Zeit zu sparen.

Übung

Erarbeiten Sie einen neuen Modellansatz für die Zahnradpumpe nach dem Top-down-Prinzip. Modellieren Sie ausgehend von den Layoutskizzen in der Baugruppe einige Teile.

Vergleichen Sie Ihre **Lösung** mit *Zahnradpumpe_Layout.SLDASM.*

Beachten Sie den Hinweis zur Übung 1 dieses Kapitels!

ZUSAMMENFASSUNG

- Baugruppenmodelle dienen in SolidWorks zur Modellierung von Produktstrukturen. Sie werden durch hierarchisch verknüpfte Komponenten gebildet. Die Komponenten einer Produktstruktur können Einzelteile oder Baugruppen sein.
- Mit Verknüpfungen werden in Baugruppenmodellen Flächen, Ebenen oder Achsen von jeweils zwei Komponenten zueinander in Beziehung gesetzt. Beziehungen bilden die Anordnung der Komponenten und funktionale Zusammenhänge ab.
- In Baugruppenmodellen lässt sich die Passfähigkeit von Komponenten kontrollieren und anpassen. Es ist auch möglich, im Baugruppenkontext neue Komponenten zu modellieren.
- Bottom-up-Modelle eignen sich für Modelle aus wenigen Komponenten oder für die Verknüpfung von unveränderlichen Modellen wie Normteilen.
- Top-down-Modelle sind sehr effizient und über Komponentengrenzen hinweg anpassbar. Top-Down-Modelle verlangen gründliche Vorüberlegungen sowie Disziplin und Überblick bei der Erstellung, um die strukturelle Integrität nicht zu zerstören.

Lernziele

- Auswählen der Blattgröße und Bearbeiten von Schriftfeldeinträgen
- Erzeugen der Ansichten auf dem Zeichenblatt
- Zeichnungsansichten mit Mittellinien und sonstigen symbolischen Elementen ergänzen, Kantendarstellung anpassen und Modellmaße übernehmen
- Erstellen und Verwenden von Layern für Gruppen von Zeichnungselementen und Hilfskonstruktionen
- Vorbereiten von Modellen zur Zeichnungsableitung durch Einrichtung spezieller Konfigurationen
- Positionsnummern und Stückliste in Zusammenbauzeichnungen einfügen

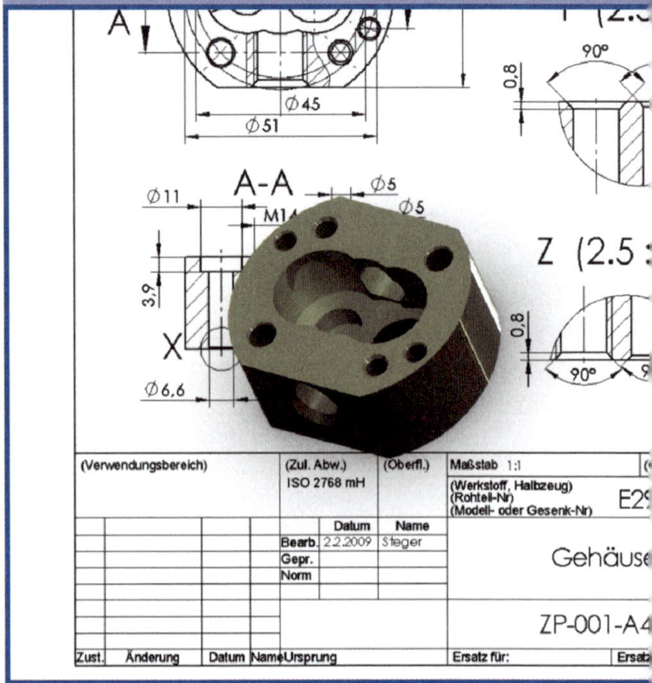

Zeichnungserstellung

7

ÜBERBLICK

Im 3D-CAD entstehen Zeichnungen immer, nachdem die Modellierung der Teile und Baugruppen weitgehend abgeschlossen ist. Zeichnungen werden als Einzelteilzeichnung von zuvor modellierten Einzelteilmodellen oder als Zusammenbauzeichnung aus Baugruppenmodellen abgeleitet.

Auch in der modernen, computerunterstützten Produktentwicklung sind Zeichnungen immer noch ein wichtiges Dokumentations- und Verständigungsmittel, auch wenn die Bedeutung als Fertigungsunterlage zurückgeht. Für viele Fertigungsabläufe werden inzwischen 3D-Modelle direkt verwendet. Zeichnungsähnliche maßstäbliche Ansichten von Produkten, Abbildungen für Bedienungs- oder Wartungsanleitungen sind jedoch nach wie vor in großer Zahl erforderlich. Sehr komfortabel lassen sich diese Ansichten aus 3D-CAD-Modellen ableiten.

Eine technische Zeichnung ist meist aus mehreren Ansichten aufgebaut, die das zu beschreibende Produkt aus verschiedenen Richtungen und unter Verwendung von Schnitten und Vergrößerungen zeigen. Bemaßungen und Beschriftungen ergänzen die Gestaltdarstellung mit exakten Größenangaben und Fertigungsvorschriften in Form von Toleranz- und Rauheitsangaben sowie Form- und Lageabweichungen.

7.1 Zeichnung des Pumpengehäuses

Zeichnungen in SolidWorks werden mit der Dateierweiterung *.SLDDRW*, abgeleitet vom englischen Begriff Drawing, gespeichert. Sie können Ansichten von Einzelteil- oder Baugruppenmodellen enthalten.

Genauso wie Baugruppenmodelle enthalten auch Zeichnungsdateien Referenzen zu den abgebildeten Modellen. Daher sollten Dateinamen und -positionen von Modellen, die mit Zeichnungen verknüpft sind, nach der Ansichtserstellung nicht mehr verändert werden.

Die Arbeitsumgebung enthält die bekannten Elemente. Im BefehlsManager befinden sich drei relevante Registerkarten:

- Layout anzeigen stellt die in der Symbolleiste Zeichnung enthaltenen Befehle zur Erstellung verschiedener Ansichten bereit.
- Beschriftung enthält die typischen Elemente zur Zeichnungsbeschriftung wie Mittellinie und -kreuz, Schraffur, Rauheitsangabe, Schweißsymbole.
- Skizze stellt die bekannten Skizzierfunktionen zur Verfügung.

7.1.1 Schritte bei der Zeichnungsableitung

Als Beispiel in diesem Kapitel soll wieder die Zahnradpumpe verwendet werden. Zuerst wird eine Einzelteilzeichnung des Gehäuses erarbeitet (►Abbildung 7.1).

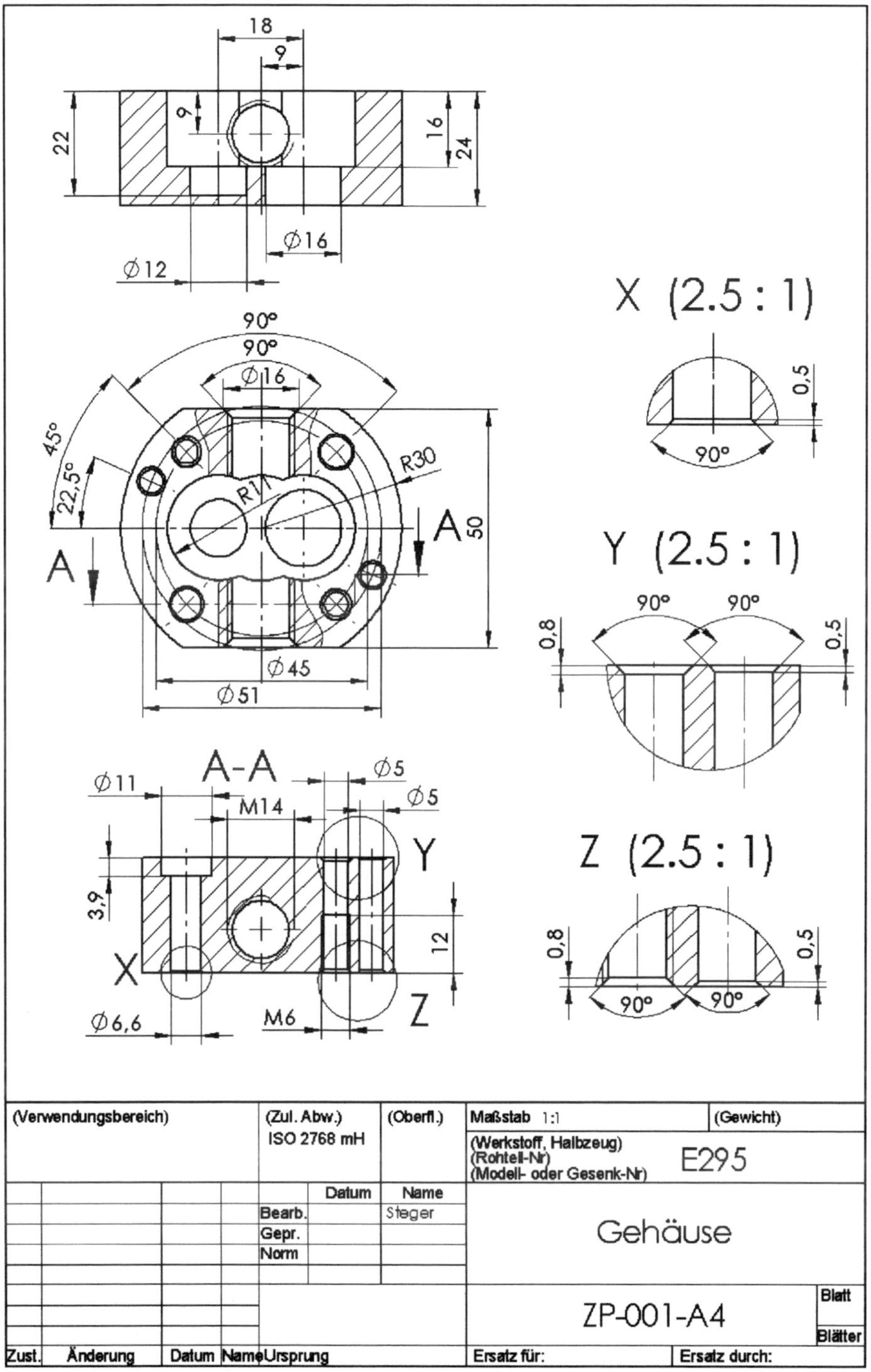

Abbildung 7.1: Einzelteilzeichnung des Gehäuses der Zahnradpumpe

Bei der Erstellung von Zeichnungen ist folgende Vorgehensweise zu empfehlen:

1. Ungefähre gedankliche Gliederung der Zeichnung und Entwicklung des grafischen Layouts:
   - Welche Ansichten und Schnitte werden benötigt?
   - Wie soll der Zeichnungsmaßstab bzw. der Maßstab der Ansichten sein?
   - Welche Größe (Papierformat) wird die Zeichnung haben?
2. Einrichten des Zeichenblatts, Ausfüllen des Schriftfelds
3. Erstellen der Ansichten und Platzieren der Ansichten auf dem Zeichenblatt
   - Festlegung der Reihenfolge der Ansichten, Erstellung der Hauptansicht
   - Erstellung der von der Hauptansicht abgeleiteten Ansichten
   - Erstellung zusätzlicher Details, Ausbrüche, Profilschnitte, Bruchkanten
4. Ergänzen und Korrigieren von
   - Ansichtsbeschriftungen,
   - Schnittkanten und Schnittbegrenzungen,
   - Mittellinien und Bohrungskreuzen,
   - zusätzlichen grafischen Elementen (symbolisch dargestellte Freistiche, Dichtringe, ...)
5. Bemaßungen in die Ansichten einfügen, Toleranzangaben, Rauheitsangaben, Angaben zu Form- und Lageabweichungen und sonstige Hinweise eintragen
6. Positionsnummern und Stückliste einfügen, falls es sich um eine Zusammenbauzeichnung handelt

Der erste Punkt ist durch die vorgegebene Zeichnung nach Abbildung 7.1 weitgehend erledigt. Das Gehäuse erfordert eine Anzahl von Schnittansichten, um insbesondere die Innenformen und Bohrungen darstellen und bemaßen zu können. Da zudem einige kleine Senkungen an den Bohrungen zu bemaßen sind, werden zusätzlich Detailansichten angefertigt.

Bis auf die Details sind alle Einzelheiten in natürlicher Größe im Maßstab 1:1 darstellbar. Das Gehäuse insgesamt ist mit den Größenmaßen $60 \times 50 \times 24$ gut auf einem A4-Blatt unterzubringen.

7.1.2 Zeichenblatt einrichten

Eine SolidWorks-**Zeichnungsdatei basiert auf einer sogenannten Dokumentvorlage** (**.DRWDOT*). Diese Vorlage wird beim Anlegen einer neuen Datei von SolidWorks kopiert und als Ausgangspunkt für die zu erstellende Zeichnungsdatei verwendet. In der Dokumentvorlage sind alle unter MENÜ→EXTRAS→OPTIONEN→DOKUMENTEIGENSCHAFTEN vorgenommenen Einstellungen enthalten – für Zeichnungen z. B. Linienarten, Schriftgrößen, Pfeilart für Bemaßung, ...

Da diese Einstellungen zum Papierformat passen müssen, sollten unterschiedliche Vorlagen für unterschiedliche Papierformate verwendet werden, z. B. eine für A4... A2 und eine weitere für A1 und A0.

Mit der Auswahl einer Dokumentvorlage ist noch nicht zwangsläufig die Papiergröße festgelegt. Die **Festlegung der Papiergröße erfolgt erst mit dem Einfügen eines Blattformats.** Dazu fordert SolidWorks auf, sobald man eine neue Zeichnung beginnt. Blattformatdateien haben die Extension *.SLDDRT*. Nach dem Einfügen des Blattformats hat der FeatureManager das Aussehen wie in ►Abbildung 7.2.

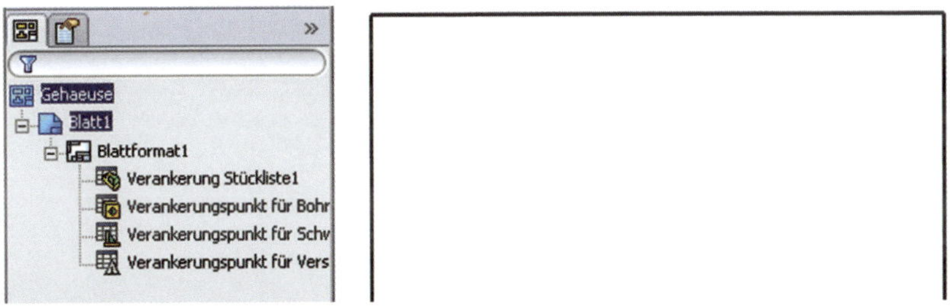

Abbildung 7.2: FeatureManager mit Blatt und Blattformat

Man kann in einer Zeichnungsdatei mehrere Blätter anlegen. Jedes Blatt hat dann ein eigenes Blattformat. Falls in einer Datei große und kleine Blätter enthalten sind, kommt es zu Problemen bei den Einstellungen aus den Dokumentvorlagen. Denn in dieser gibt es nur einen Parametersatz, der für alle Blätter gilt. Besser verwenden Sie nur ein Blatt in einer Zeichnungsdatei!

Natürlich kann man eine Zeichnungsdatei auch nach dem Einfügen eines Blattformats als Vorlage speichern. Man erhält damit die praktikabelste Lösung: für **jede Papiergröße eine Vorlagendatei mit Blattformat** und korrekten Einstellungen.

Sie können von der CWS zu diesem Buch die Vorlagedateien *Zeichnung_A4.DRWDOT* bis *Zeichnung_A0.DRWDOT* herunterladen. Damit haben Sie für die üblichen Formatgrößen jeweils eine Datei mit dem Blattformat sowie Schriftgrößen, Maßpfeile, Beschriftungseinstellungen etc.

Um die Vorlagen in Ihrem SolidWorks nutzen zu können, ermitteln Sie das Verzeichnis, in dem Ihre Dokumentvorlagen gespeichert sind. Wählen Sie den Befehl MENÜ→EXTRAS→OPTIONEN→SYSTEMOPTIONEN→DATEIPOSITIONEN und bestimmen Sie unter Dokumentvorlagen das oder die eingetragenen Verzeichnisse. Dorthin kopieren Sie die Dokumentvorlagen.

Wenn Sie nun den Befehl MENÜ→DATEI→NEU starten, werden Ihnen die Dokumentvorlagen angeboten. Eine Karteikarte im Dialog entspricht immer einem eingetragenen Vorlagenverzeichnis.

Wählen Sie für die Zeichnung des Pumpengehäuses die *Zeichnung_A4*. Sollte nach dem Anlegen der neuen Datei automatisch der Befehl MODELLANSICHT starten, brechen Sie diesen ab. Zunächst soll das Schriftfeld ausgefüllt werden.

7.1.3 Schriftfeld ausfüllen

Jedes Zeichenblatt in SolidWorks ist logisch in

- **Blattformat** mit Schriftfeld und Blattrand und
- **Blatt** mit den Ansichten

geteilt. Man kann entweder im Blattformat oder im Blatt arbeiten. Von einem Modus zum anderen kann über das Kontextmenü oder MENÜ→BEARBEITEN... umgeschaltet werden.

Um im Schriftfeld oder an den Objekten des Zeichnungsrahmens zu arbeiten, müssen Sie sich im Modus **Blattformat bearbeiten** befinden. Diesen erreichen Sie über MENÜ→BEARBEITEN→BLATTFORMAT oder das Kontextmenü, wenn Sie in einem Bereich des Blatts klicken, wo sich keine Objekte befinden.

Die Einträge im Schriftfeld werden durch das SolidWorks-Objekt Bezugshinweis gebildet. Der Text eines Bezugshinweises ergibt sich aus einer Benutzereingabe oder kann z. B. mit Dateieigenschaften verknüpft sein. Im zweiten Fall ergibt sich der Text automatisch. Sie sehen eine eventuelle Verknüpfung, wenn Sie den Mauszeiger in die Nähe eines Bezugshinweises bewegen (▶Abbildung 7.3).

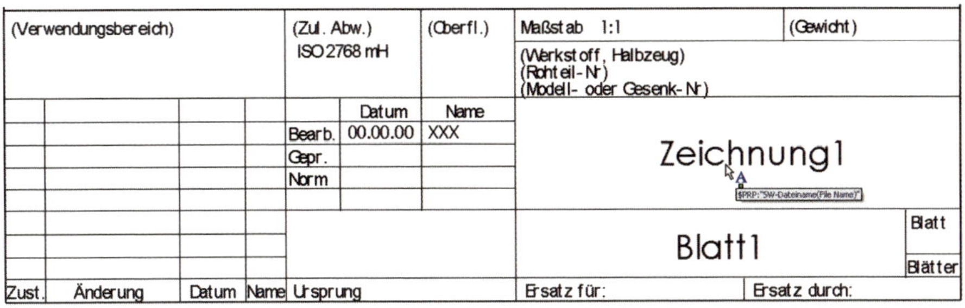

Abbildung 7.3: Verknüpfter Bezugshinweis

Im Beispiel sind der Zeichnungsname mit dem Dateinamen, die Zeichnungsnummer mit dem Blattnamen und der Maßstab mit dem Blattmaßstab verknüpft. Derartige Verknüpfungen können während der Bearbeitung von Bezugshinweisen im Dialogfeld **Textformat** mit VERKNÜPFUNG ZU EIGENSCHAFT eingefügt werden.

Speichern Sie die Zeichnung mit dem Dateinamen *Gehäuse* und benennen Sie das aktuelle Blatt mit *ZP-001-A4*. Den Blattnamen können Sie im Dialog **Blatteigenschaften** ändern. Diesen erreichen Sie über das Kontextmenü EIGENSCHAFTEN, nach Selektion des Blatts im FeatureManager oder am unteren Fensterrand links. Die verknüpften Bezugshinweise werden aktualisiert. Sollte das nicht automatisch passieren, klicken Sie MODELLNEUAUFBAU.

Die Platzhalter *00.00.00* und *XXX* können Sie nach Doppelklick auf die Texte oder über Selektion und Kontextmenü TEXT BEARBEITEN ändern. Tragen Sie Ihren Namen und das Datum ein.

Alle Texte werden wie erwähnt mit dem Befehl BEZUGSHINWEIS **A** erstellt. Wählen Sie den Befehl und platzieren Sie den Platzhalter im Feld **Werkstoff**. Tragen Sie als Werkstoffname *E295* ein. Vergrößern Sie die Schrifthöhe auf 5 mm. Den Bearbeitungsmodus für den Text verlassen Sie, indem Sie außerhalb des Textrahmens klicken. Anschließend müssen Sie noch [Esc] drücken, wenn Sie keine weiteren Bezugshinweise einfügen möchten.

Damit kennen Sie die wesentlichen Möglichkeiten, Texte im Schriftfeld zu platzieren, zu ändern und mit SolidWorks-Eigenschaften zu verknüpfen (►Abbildung 7.4).

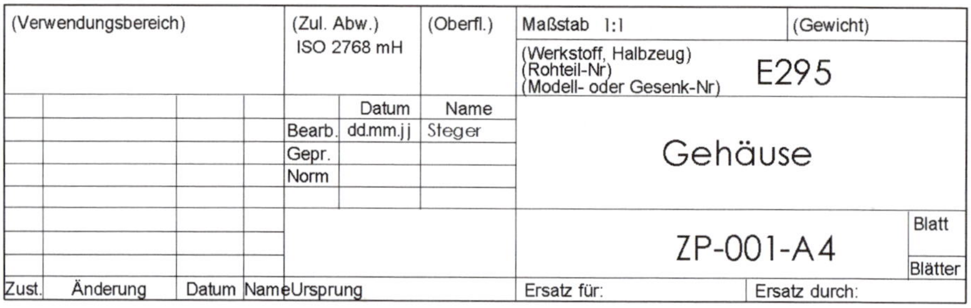

Abbildung 7.4: Schriftfeld nach dem Ausfüllen

Schalten Sie abschließend den **Programmmodus von Blattformat bearbeiten zurück auf Blatt bearbeiten**. Die Bezugshinweise im Schriftfeld und die Linien des Blattformats dürfen sich nun nicht mehr selektieren lassen.

7.1.4 Erstellen der Ansichten

Im Normalfall wird auf einer Einzelteilzeichnung ein Bauteil in mindestens einer Ansicht dargestellt. Sofern mehrere Ansichten verwendet werden, sollte eine Ansicht als Hauptansicht festgelegt werden, von der die anderen Ansichten abgeleitet werden. Die Hauptansicht sollte kein Schnitt sein.

Modellansicht

Die Hauptansicht stellt die wichtigste Verknüpfung zwischen 3D-Modell und Zeichnung her. Erzeugen Sie die Ansicht mit folgenden Schritten (►Abbildung 7.5):

1. Starten Sie den Befehl MODELLANSICHT.
2. Wählen Sie das darzustellende Einzelteilmodell *Gehaeuse.SLDPRT* mit Durchsuchen. Falls die Datei geöffnet ist, wird sie im Listenfeld über dem Knopf Durchsuchen angezeigt.
3. Richten Sie das Modell so aus (Dialogfeld Ausrichtung), dass die Ausrichtung der gewünschten Zeichnungsansicht entspricht. Aktivieren Sie zur Kontrolle die Vorschau. Diese sehen Sie, sobald Sie die Maus im Grafikbereich bewegen.
4. Anzeigeart für Zeichnungen ist normalerweise Verdeckte Kanten ausgeblendet.
5. Prüfen Sie den Maßstab und stellen Sie falls nötig 1:1 ein.
6. Bewegen Sie die Maus im Grafikbereich und platzieren Sie die Ansicht über dem Schriftfeld mit einem Linksklick.

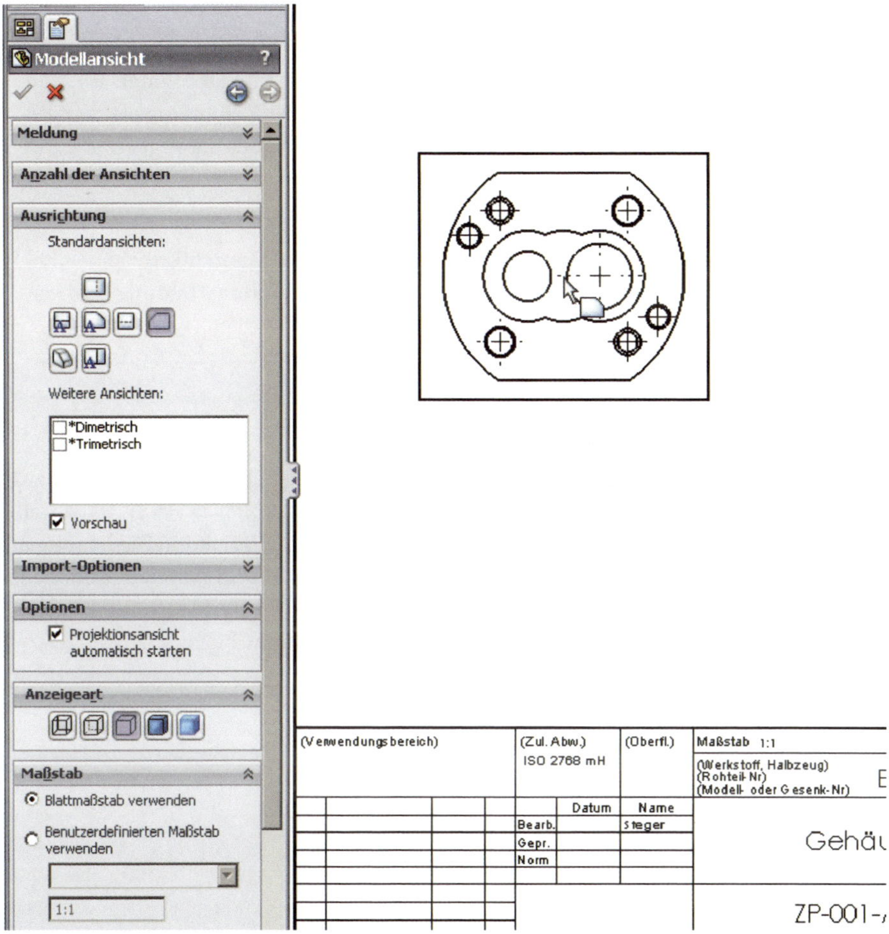

Abbildung 7.5: Einfügen der Hauptansicht

Wenn eine Ansicht selektiert ist, erscheint ihr Begrenzungsrahmen. An diesem Rahmen können Ansichten per Maus über das Blatt gezogen werden. Es werden immer alle Ansichten mitbewegt, die aus der angefassten Ansicht abgeleitet wurden. Solange die Ansicht selektiert ist, können ihre Eigenschaften wie z. B. der Maßstab verändert werden.

HINWEIS

Die angebotenen Ansichten entsprechen den Standardansichten. Wenn Sie eine anders ausgerichtete Ansicht benötigen, öffnen Sie die Einzelteildatei. Richten Sie im Einzelteilmodus das Modell so aus, wie es auf der Zeichnung erscheinen soll, und speichern Sie das Modell. Lassen Sie die Modelldatei geöffnet und wechseln Sie zur Zeichnung.

Wenn Sie nun eine Ansicht einfügen, bietet SolidWorks auch die Ausrichtung Aktuelle Modellansicht an. Nach dem Einfügen bleibt die Ausrichtung der Zeichnungsansicht erhalten, auch wenn Sie später die Modellausrichtung ändern.

Projizierte Ansicht

Anschließend kann man von der Hauptansicht weitere Ansichten ableiten. Standardmäßig startet SolidWorks dazu automatisch den Befehl PROJIZIERTE ANSICHT (falls nicht, starten Sie den Befehl manuell). Je nachdem, welche Projektion Sie benötigen, bewegen Sie die Maus in die Umgebung der ersten Ansicht und platzieren Sie dann die abgeleitete Ansicht (►Abbildung 7.6). Der Befehl PROJIZIERTE ANSICHT bezieht sich immer auf die beim Start des Befehls selektierte Ansicht.

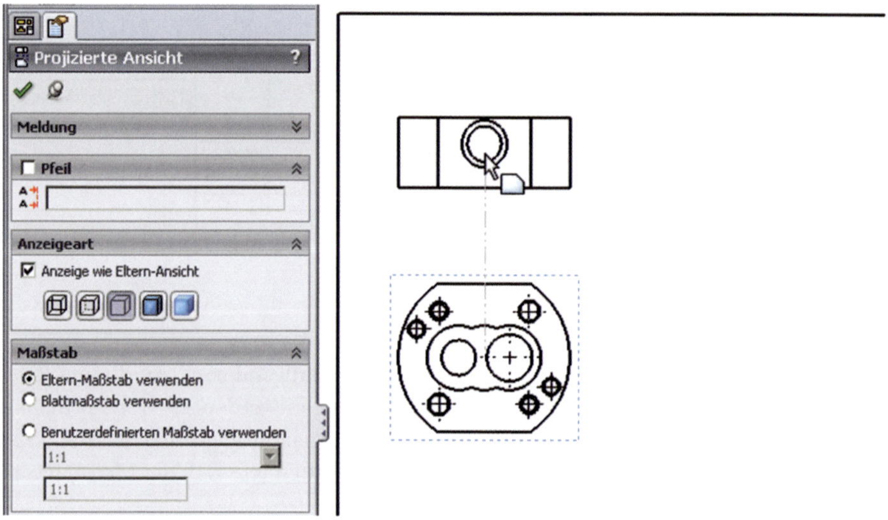

Abbildung 7.6: Befehl Projizierte Ansicht

Schnittansicht

Unterhalb der Hauptansicht soll ein Schnitt zur Darstellung der Bohrungen verwendet werden. Um die drei unterschiedlichen Bohrungen im Profil zu zeigen, muss ein abgewinkelter Schnittverlauf gewählt werden.

Für jeden Schnitt muss zuerst der Schnittverlauf – blaue Linie in ►Abbildung 7.7 – gezeichnet werden. Der Verlauf wird in eine schon vorhandene Ansicht eingezeichnet, deren Projektionsebene rechtwinklig zu der des Schnitts liegt.

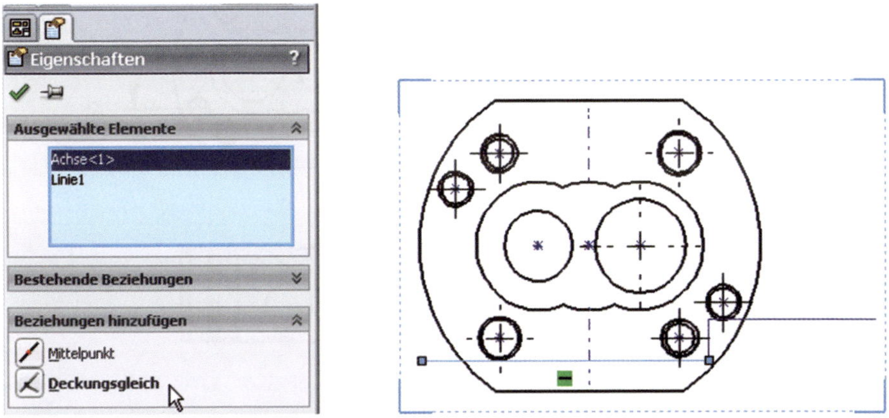

Abbildung 7.7: Schnittverlauf exakt ausrichten

Verwenden Sie das Skizzierwerkzeug LINIE. **Zeichnen Sie absolut exakt** einen lückenlosen Linienzug, **sonst gelingt der folgende Schnitt nicht**. Keine Linien mehrfach ziehen oder anstückeln! Damit der Linienzug präzis durch die Bohrungsmitten verläuft, kann man die Temporären Achsen anzeigen. Diese sind infolge der Ansichtsausrichtung nur als Punkte sichtbar (bzw. als kleine blaue Sternchen). Sie können jedoch im Gegensatz zu den Bohrungskreuzen für die Ausrichtung der Liniensegmente mittels Beziehung Deckungsgleich verwendet werden. Den vorbereiteten Schnittverlauf zeigt ►Abbildung 7.8.

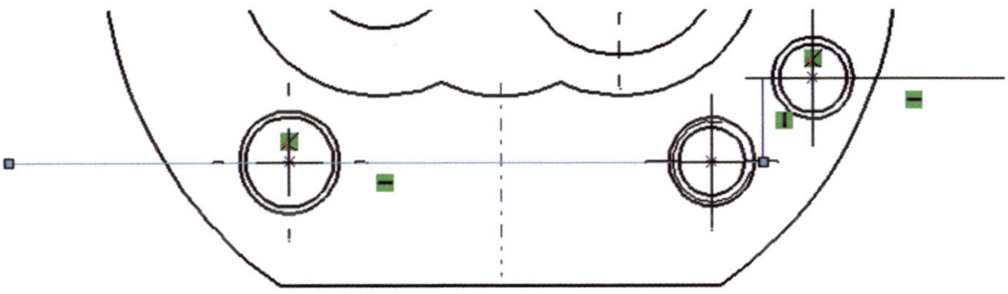

Abbildung 7.8: Komplett vorbereiteter Schnittverlauf

Nach dem Ausrichten des Linienzugs **selektieren Sie ein beliebiges Liniensegment**. Starten Sie dann den Befehl SCHNITTANSICHT. Die Schnittansicht kann nun mit der Maus unterhalb der Hauptansicht platziert werden (►Abbildung 7.9).

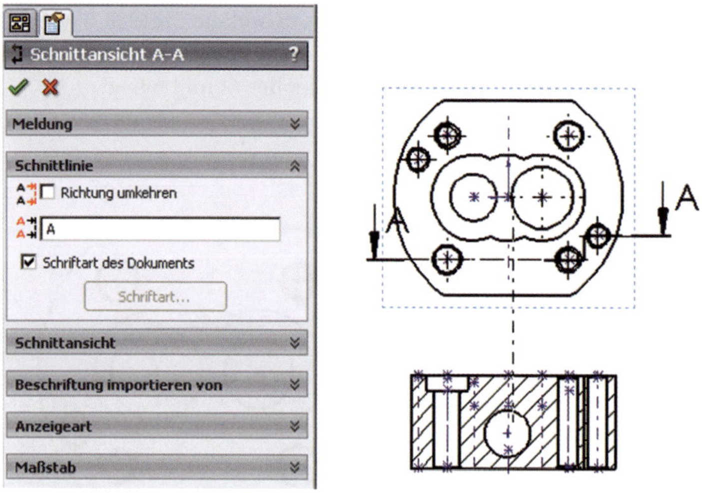

Abbildung 7.9: Schnittansicht erzeugen

Prinzipiell sind immer zwei Ansichtsrichtungen möglich. Die gewünschte ist während oder nach dem Platzieren der Ansicht über das Feld Richtung umkehren im Dialogfeld Schnittlinie einzustellen. Blenden Sie abschließend die Temporären Achsen wieder aus und ziehen Sie die Buchstaben zur Schnittkennzeichnung an eine passende Stelle.

HINWEIS

Falls auf einer Zeichnung nur eine Schnittansicht dargestellt werden soll, muss zunächst trotzdem eine Ansicht mit dem gewünschten Schnittverlauf erzeugt werden. Diese kann man jedoch nach Erstellen der Schnittansicht ausblenden. Eventuell reicht auch ein Ausbruch aus, der die komplette Ansicht umfasst. Dann kann natürlich auf den Schnittverlauf verzichtet werden, wie im nächsten Abschnitt beschrieben.

Als Standardschraffur ist das Muster ANSI31 (45°-Linien mit konstantem Abstand) für metallische Werkstoffe zu verwenden. Falls ein falsches Muster angezeigt wird: Klicken Sie in die schraffierte Fläche, entfernen Sie im Dialog das Häkchen Materialschraffur und stellen Sie dann ANSI31 ein.

Ausbruch

Ausbrüche werden meist verwendet, um in bestehenden Ansichten Teilbereiche zu schneiden und dadurch die Darstellung innen liegender Formen wie Bohrungen zu ermöglichen. Die Beispielzeichnung Abbildung 7.1 enthält in der Hauptansicht zwei Ausbrüche zur Darstellung der Anschlüsse M14. Auch die oberhalb der Hauptansicht angeordnete Schnittansicht ist ein Ausbruch, der allerdings die gesamte Ansicht schneidet. Dieser soll zuerst erstellt werden.

Für Ausbrüche muss **zuerst** mit den Skizzenwerkzeugen eine **Umrandung/Schnittlinie** gezeichnet werden. Im Fall der oberen Ansicht skizzieren Sie ein Rechteck Deckungsgleich zur Außenkontur (►Abbildung 7.10).

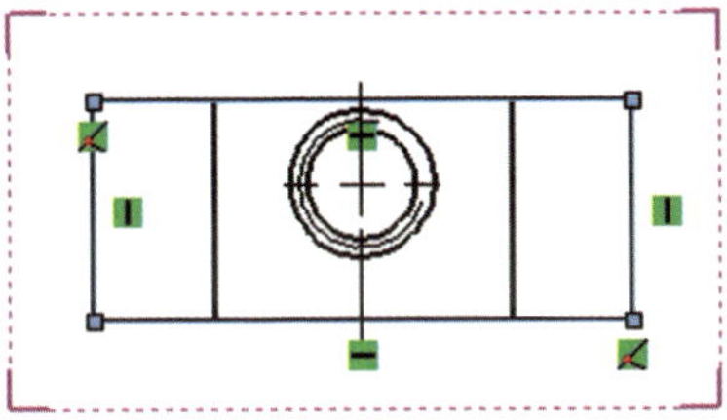

Abbildung 7.10: Rechteck als Ausbruchsbegrenzung

Dann kann der Befehl AUSBRUCH gestartet werden. Beim Start des Befehls muss ein Element der Umrandung selektiert sein. Die **Lage des Teilschnitts wird nun als Tiefe bezeichnet**. Dabei bezeichnet der Wert 0 für die Tiefe die am nächsten zum Betrachter liegende Fläche oder Kante. Von dieser ausgehend zählt die Tiefe positiv vom Betrachter weg. Hier entspricht die Tiefe 25 der Lage des Schnitts in der Mittelebene des Pumpengehäuses (►Abbildung 7.11).

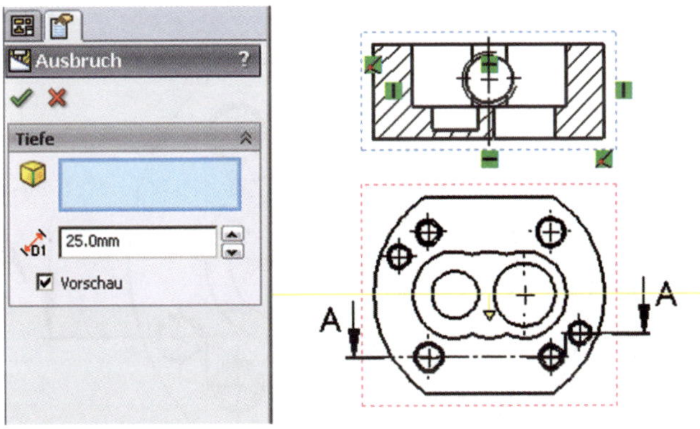

Abbildung 7.11: Ausbruch einfügen

Alternativ kann die **Lage des Ausbruchs in einer anderen Ansicht gepickt werden**. Dazu Vorschau einschalten! Die Lage des Ausbruchs wird durch die gelbe Linie in der Hauptansicht markiert. Als Position könnte eine der Bohrungsachsen gewählt werden, die in Abbildung 1.11 allerdings gerade nicht sichtbar sind.

Es folgen nun die „echten" Ausbrüche in der Hauptansicht.

Zeichnen Sie einen SPLINE, der die Bohrung umgrenzt. Der Spline wird durch mehrere Stützpunkte beschrieben, klicken Sie als letzten Punkt wieder den Anfangspunkt an. Es entsteht ein geschlossener, aus Kurvenabschnitten gebildeter Konturzug (►Abbildung 7.12). Dieser kommt der Freihandlinie nach Zeichnungsnorm nahe.

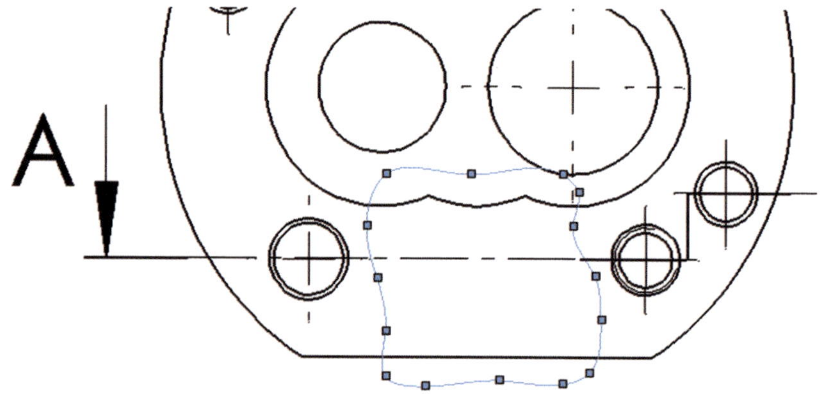

Abbildung 7.12: Spline als Ausbruchsbegrenzung

Der zugehörige Ausbruch liegt in einer Tiefe von 9 mm, gerechnet von der Gehäuseoberfläche bis zur Achse der Bohrungen M14. Der Befehl AUSBRUCH muss hier zweimal angewendet werden, da jeweils nur eine Begrenzung verarbeitet werden kann. Die komplette Hauptansicht des Gehäuses mit beiden Ausbrüchen zeigt ►Abbildung 7.13.

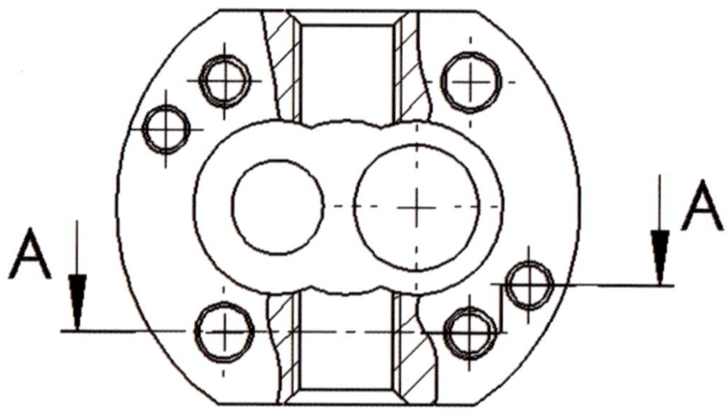

Abbildung 7.13: Komplette Hauptansicht des Gehäuses

Detailansicht

Einzelheiten einer Ansicht können als vergrößerte Ausschnitte dargestellt werden. Diese Möglichkeit soll für die Darstellung der Bohrungsausläufe in der Schnittansicht unten auf der Zeichnung genutzt werden. Auch hier wird **zuerst eine Begrenzung** des zu vergrößernden Bereichs skizziert.

Ziehen Sie einen Kreis um die zu vergrößernde Einzelheit in der Schnittansicht. Starten Sie den Befehl DETAILANSICHT, wenn der Kreis selektiert ist. Platzieren Sie die Ansicht mit der Maus. Für die Kennzeichnung von Detailansichten sollten Buchstaben vom Ende des Alphabets genommen werden, ändern Sie das vorgeschlagene Etikett in Z.

Stellen Sie den Maßstab für diese Ansicht im Eigenschaftsfenster auf 2,5:1 ein. Geben Sie einen Dezimalpunkt anstelle des Kommas ein, das SolidWorks in diesem Feld nicht akzeptiert. Falls der Kreis eine unpassende Größe hat, können Sie ihn selektieren und mit der Maus ziehen.

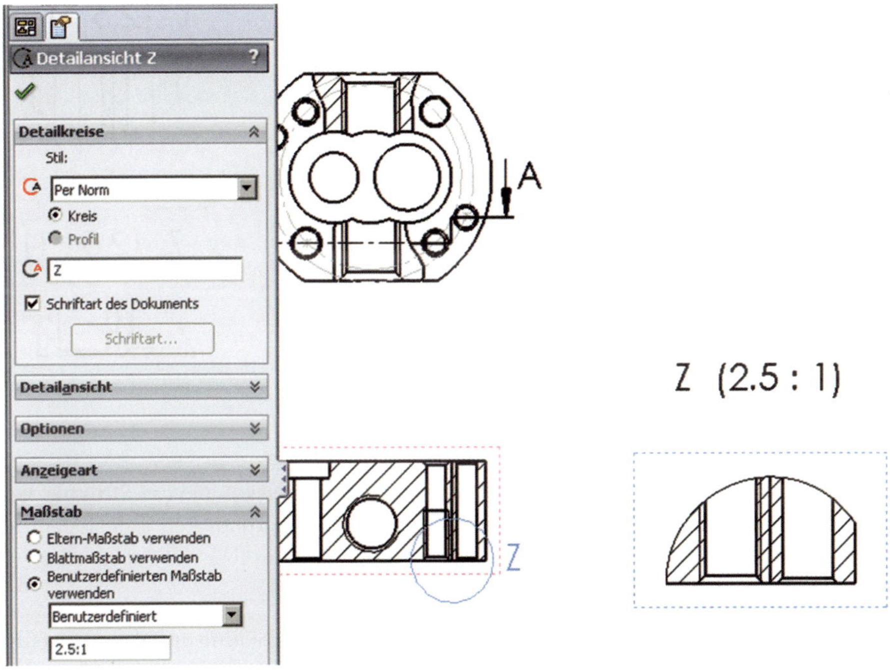

Abbildung 7.14: Detailansicht einfügen

Fügen Sie abschließend zwei weitere Detailansichten X und Y für die übrigen Bohrungsenden ein, wie in der Abbildung 7.1 zu sehen.

7.1.5 Zeichnungsansichten im FeatureManager

Nachdem alle Ansichten in die Zeichnung eingefügt wurden, ergibt sich auf dem Blatt die Darstellung nach Abbildung ►7.15.

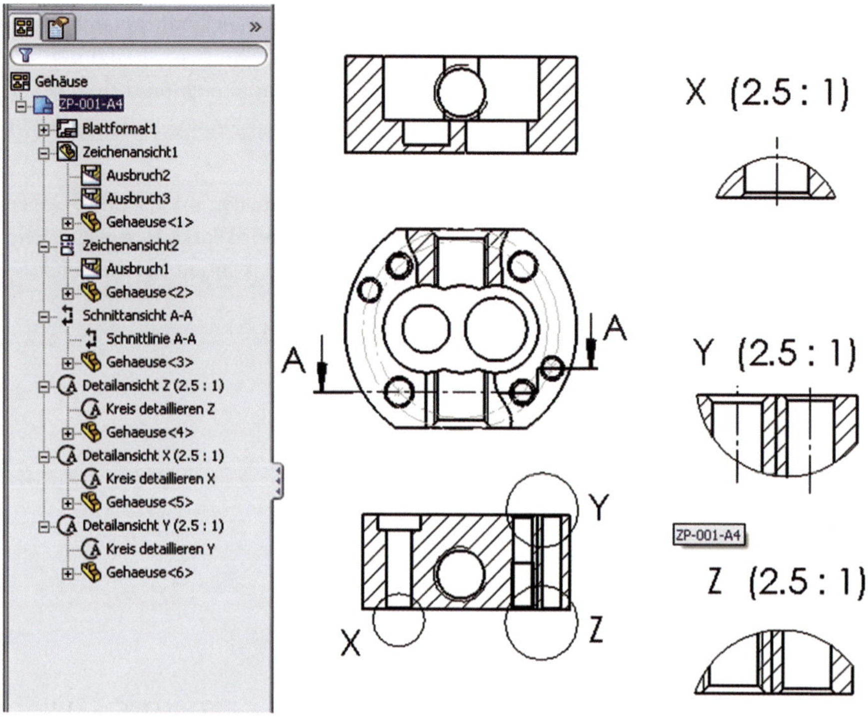

Abbildung 7.15: Zeichnungsansichten für das Pumpengehäuse

An dieser Stelle ist ein Blick in den FeatureManager interessant, um die Struktur der Zeichnung zu verstehen. Nach dem Blattformat ist die Hauptansicht aufgelistet, es folgen auf gleicher Hierarchiestufe die projizierte Ansicht darüber, die Schnittansicht darunter sowie die drei Detailansichten.

Den jeweiligen Ansichten untergeordnet sind Ausbrüche, Schnittlinien und Detailgrenzen. Hinter diesen Elementen stehen die skizzierten Linienzüge, die den Schnittverlauf oder die Ansichtsbegrenzung darstellen. Sollen diese geändert werden, ist jeweils im Kontextmenü der Befehl SKIZZE BEARBEITEN verfügbar. Damit kann die skizzierte Linie in den Bearbeitungsmodus versetzt werden, um beispielsweise **Schnittverläufe zu verändern oder Ausbruchsbegrenzungen zu verschieben**. Sind alle Änderungen erfolgt, können die Ansichten über MODELLNEUAUFBAU aktualisiert werden.

Eine Sonderstellung nehmen die Schnittlinien ein. Sie sind logisch Teil der Schnittansicht (siehe FeatureManager), obwohl sie stets in der Ansicht lokalisiert sind, aus der die Schnittansicht abgeleitet wird.

In jedem Ansichtseintrag im FeatureManager ist auch ein Eintrag für die Modellkomponente enthalten, aus der die Ansicht entstanden ist. Wird dieser Eintrag weiter aufgeklappt, sind die Features und Skizzen der jeweiligen Komponente sichtbar. Die dargestellte Komponente (Teil oder Baugruppe) kann aus dem Kontextmenü geöffnet werden.

7.1.6 Ergänzung der Ansichten

In (fast) jeder Zeichnung sind nach der Ansichtserstellung eine Reihe von Änderungen und Ergänzungen notwendig, die sich aus den Zeichnungsnormen und Darstellungsregeln ergeben. Viele dieser Zeichnungseinträge sind abhängig von der dargestellten Konstruktion und können daher vom CAD-System nur begrenzt automatisch und korrekt eingetragen werden.

Mittellinien und Mittelkreuze

Mittellinien und Mittelkreuze für Bohrungen werden von SolidWorks teilweise automatisch in die Ansichten eingetragen. Ansonsten müssen sie in die Ansichten per Hand eingezeichnet werden. Verwenden Sie die speziell dafür vorgesehenen Beschriftungswerkzeuge:

- Für Mittellinien wählen Sie den Befehl MITTELLINIE und selektieren anschließend die beiden Kanten, zwischen denen die Mittellinie erzeugt werden soll. Nachdem die Mittellinie gezeichnet ist, können Sie die Linie selektieren und bei Bedarf an den Endpunkten mit der Maus anfassen und die Linienlänge verändern.
- Für Bohrungskeuze wählen Sie den Befehl MITTELKREUZ und selektieren anschließend einen Kreis oder Kreisbogen. Die Länge der Linien im Mittelkreuz können Sie ebenfalls mit der Maus anpassen.

In ►Abbildung 7.16 sind zunächst die senkrechte Mittellinie für die Bohrungen M14 und die Mittelkreuze für die Bohrungen in der Gehäusemitte eingetragen. Weiterhin wurden alle automatisch eingefügten Mittelkreuze der Befestigungs- und Stiftbohrungen entfernt, da diese nicht den Darstellungsgewohnheiten entsprechen.

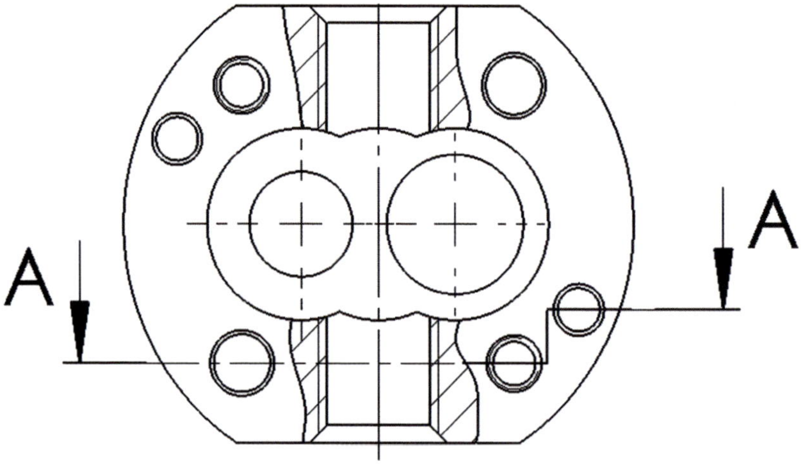

Abbildung 7.16: Senkrechte Mittellinie und Mittelkreuze für zentrale Bohrungen

In der Hauptansicht soll die Darstellung verdeutlichen, dass die Bohrungen jeweils auf Teilkreisen angeordnet sind. Verwenden Sie dazu ebenfalls den Befehl MITTELKREUZ mit den Einstellungen nach ►Abbildung 7.17. Selektieren Sie die vier auf dem Teilkreis liegenden Bohrungen. Sobald Sie drei selektiert haben, findet SolidWorks den Mittelpunkt des Teilkreises, richtet alle Mittelkreuze aus und zeichnet den Teilkreis.

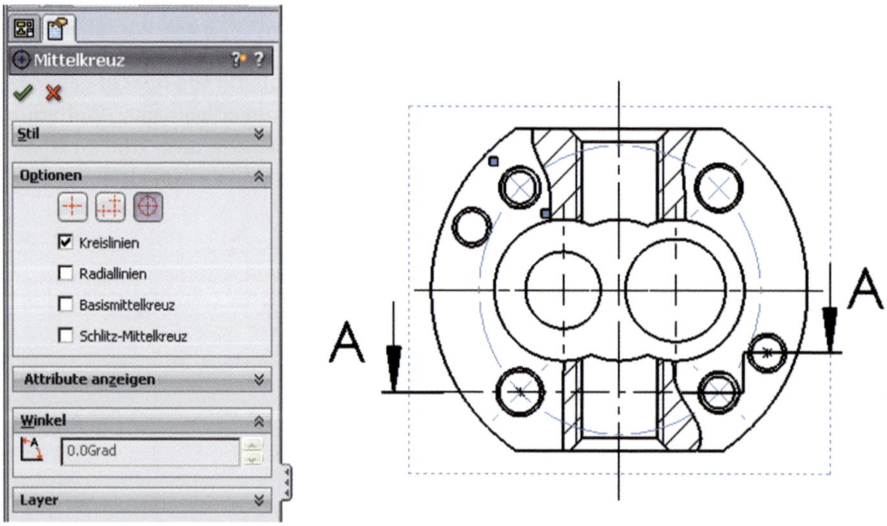

Abbildung 7.17: Mittelkreuze auf Teilkreis

Da nur zwei Stiftbohrungen vorhanden sind, muss bei diesen anders selektiert werden: Starten Sie den Befehl MITTELKREUZ erneut, wählen Sie zuerst einen der äußeren Begrenzungsbögen des Gehäuses und anschließend die beiden Stiftbohrungen. Abschließend wählen Sie **Basismittelkreuz** an und sofort wieder ab und bestätigen mit ✔.

Bearbeiten Sie anschließend in allen anderen Ansichten ebenfalls die Mittellinien und -kreuze.

Schnittkanten

In der Schnittansicht entsteht dort, wo die Schnittlinie abgewinkelt ist, eine Kante. Das ist zwar geometrisch korrekt, aber eine solche Kante wird in Zeichnungen nicht dargestellt. Die Kante muss selektiert und über das Kontextmenü ausgeblendet werden (►Abbildung 7.18).

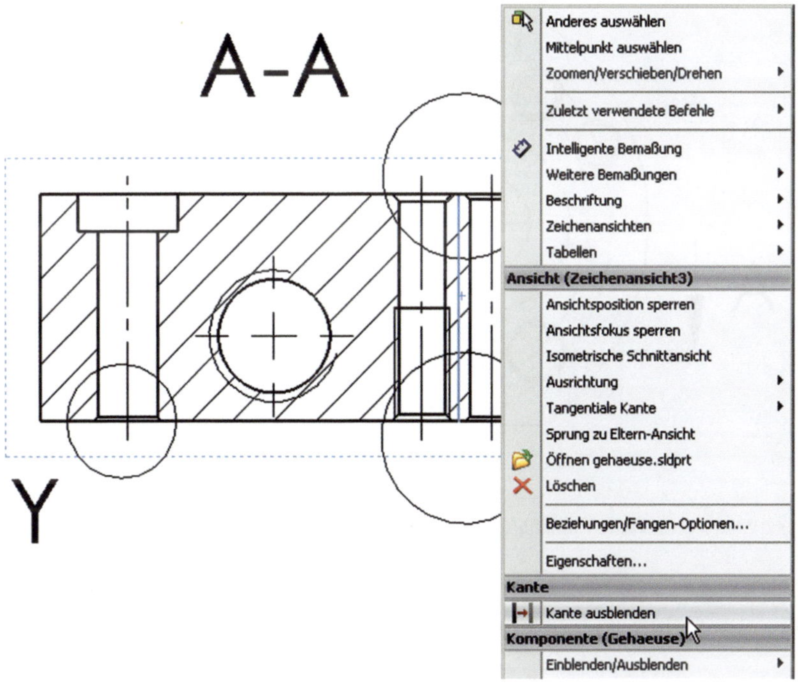

Abbildung 7.18: Ausblenden von Kanten aus Ansichten

Auch in zwei der Detailansichten ist die Kante enthalten. Blenden Sie diese Kantendarstellungen ebenfalls aus.

Derartige Kanten entstehen auch bei den häufig angewendeten Halbschnitten. Die durchgezogenen Linien an der Trennstelle zwischen Schnitt und Vollteil müssen ebenfalls ausgeblendet werden. Falls SolidWorks automatisch eine Mittellinie über die Kante gezogen hat, lässt sie sich schlecht selektieren. Verwenden Sie dann Anderes auswählen aus dem Kontextmenü oder die Auswahlfilter. Notfalls löschen Sie die automatisch erzeugte Mittellinie, blenden die Kante aus und zeichnen die Mittellinie anschließend neu.

Nach den Zeichnungsnormen werden die Grenzen von Ausbrüchen und Teilschnitten mit dünnen Volllinien dargestellt. Selektieren Sie die entsprechenden Grenzlinien und stellen Sie die Linienstärke auf die tiefste Stufe 0,2 mm (Thin). Aktivieren Sie dazu die Symbolleiste Linienformat (►Abbildung 7.19).

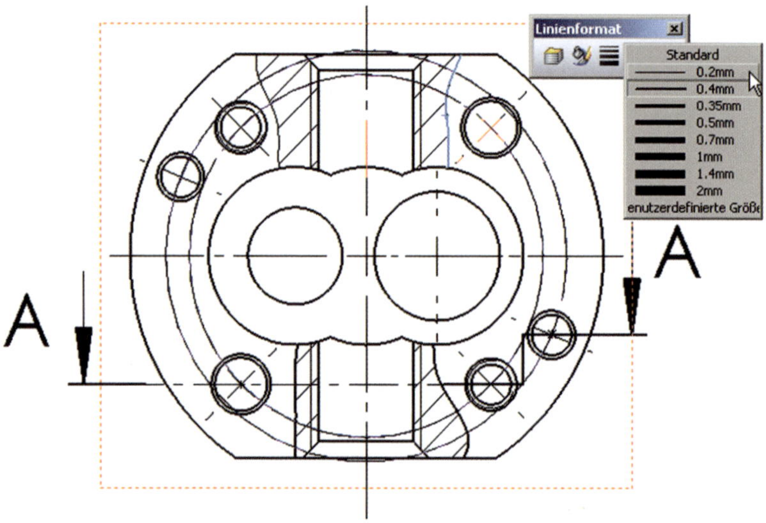

Abbildung 7.19: Linienstärke von Schnittbegrenzungen ändern

7.1.7 Bemaßen der Zeichnung

Eine automatische Bemaßung ohne Nacharbeit wird im allgemeinen Fall leider eine Illusion bleiben. Gleichwohl sind natürlich alle Modellmaße im Zeichnungsmodus bekannt, so dass Bemaßungen sehr schnell angetragen werden können.

Die automatische Maßeintragung in die Ansichten folgt bei SolidWorks der Skizzenpositionierung und wird nicht zufriedenstellend sein. Das liegt an zwei Tatsachen:

1. Nur mit extremer Voraussicht lassen sich sämtliche Skizzen so bemaßen, wie es für die später anzufertigende Zeichnung sinnvoll ist.
2. Durch die schrittweise Modellierung gibt es Skizzenmaße und Features, die in der letztendlichen Gestalt und auf der späteren Zeichnung nicht mehr auftreten.

Die komplette Beschreibung aller Aktionen zur Bemaßung der Beispielzeichnung würde viel Raum erfordern. Daher werden nachfolgend die notwendigen Operationen nicht vollständig, sondern an geeigneten Objekten beispielhaft dargestellt.

Modellelemente einfügen

Über den Befehl MODELLELEMENTE können Maße aus dem Modell in die Zeichnung eingefügt werden. Genauer gesagt betrifft das alle Maße, die in den angefertigten Skizzen als Bemaßung auftreten, und alle zahlenmäßigen Parameter der Featurebefehle wie Abstand der Kopien im Muster, Schnitttiefe bei Endbedingung **Blind** etc.

Der Befehl MODELLELEMENTE kann im Rahmen der Bemaßung einer Zeichnung zu Beginn Verwendung finden, um einen gewissen Grundbestand an Maßen zu erzeugen. Starten Sie den Befehl MODELLELEMENTE und stellen Sie die Optionen im Dialogfeld ein (▶Abbildung 7.20).

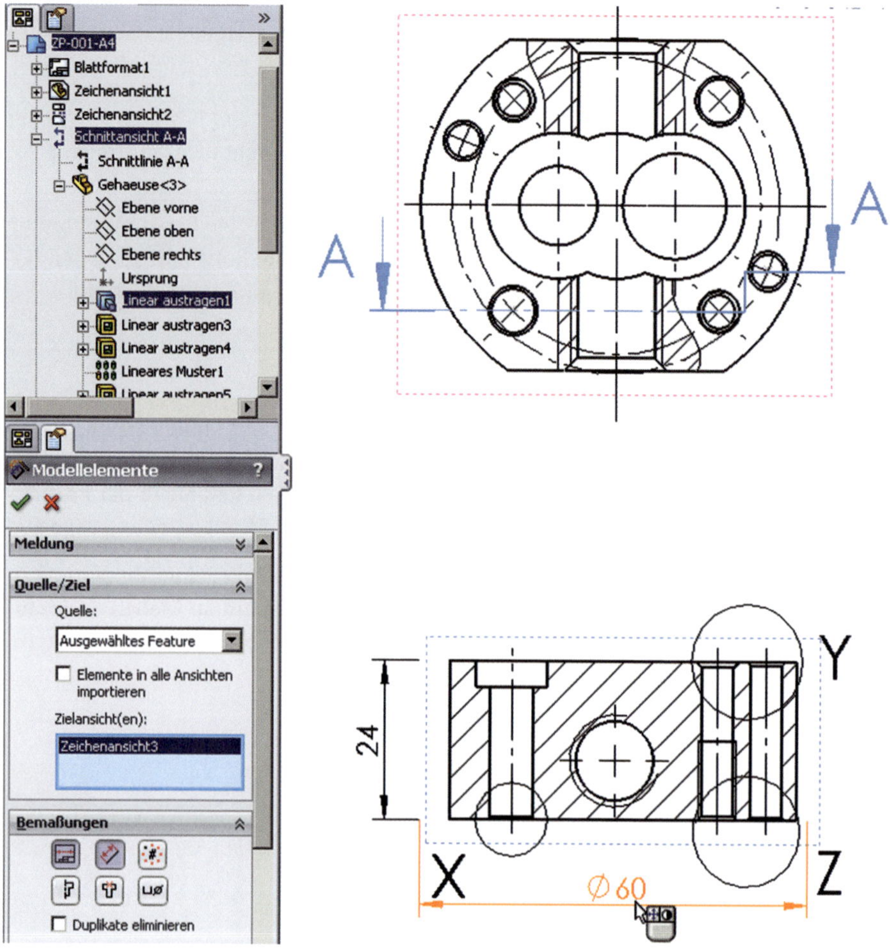

Abbildung 7.20: Einfügen der ersten Featurebemaßung

Die Maßübernahme erfolgt, indem Sie ein Feature anklicken. Um das exakt zu tun, benötigen Sie die Featureliste im FeatureManager, die normalerweise in diesem Moment verdeckt ist. Ziehen Sie das Dialogfeld Modellelemente nach unten. Sie finden die Trennlinie zwischen BefehlsManager und FeatureManager und können diese mit der Maus ziehen. Danach sehen Sie gleichzeitig die Featureliste und das Dialogfeld des Befehls.

Abbildung 7.20 zeigt die Situation unmittelbar nach Anklicken des ersten Features *Linear austragen1*. Das Basisfeature des Gehäuses enthält als Skizzenmaß den Durchmesser 60 und die Austragungsentfernung 24. Beide werden in die untere Ansicht, die selektiert ist, eingetragen. Man kann nun entscheiden, ob beide Maße in der Zeichnung erscheinen sollen und ob sie das in dieser Ansicht tun sollen. Da die Gehäuseflächen abgeflacht werden, ist der Durchmesser 60 obsolet und wird gelöscht (selektieren und Taste [Entf]). Das Maß 24 soll in der oberen Ansicht erscheinen. Es wird daher in diese Ansicht verschoben. Dazu das Maß selektieren und mit gedrückter [Umschalt] in die gewünschte Ansicht ziehen. Um Maße von einer Ansicht in eine andere zu kopieren, selektieren Sie das Maß und ziehen es mit gedrückter [Strg] in die gewünschte Ansicht.

HINWEIS

Eine etwas andere Arbeitsweise ist möglich, wenn Sie Elemente in alle Ansichten importieren aktivieren. Bemaßungen werden dann in alle Ansichten importiert, in denen das Maß dargestellt werden kann. Sie müssen anschließend mehrfach auftretende Maße löschen, brauchen aber keine Maße in andere Ansichten zu verschieben.

Wenn Sie zusätzlich Duplikate eliminieren wählen, entscheidet SolidWorks, in welcher Ansicht das Maß erscheint. Dann werden aber wiederum Verschiebungen einzelner Bemaßungen unvermeidlich sein.

In dieser Art kann nun die gesamte Featureliste des Gehäuses abgearbeitet werden:

1. Feature selektieren
2. Nicht benötigte Maße löschen
3. Maße bei Bedarf in andere Ansicht ziehen.

Unmittelbar vor dem Abschluss des Befehls ergibt sich das Bild nach ▶Abbildung 7.21.

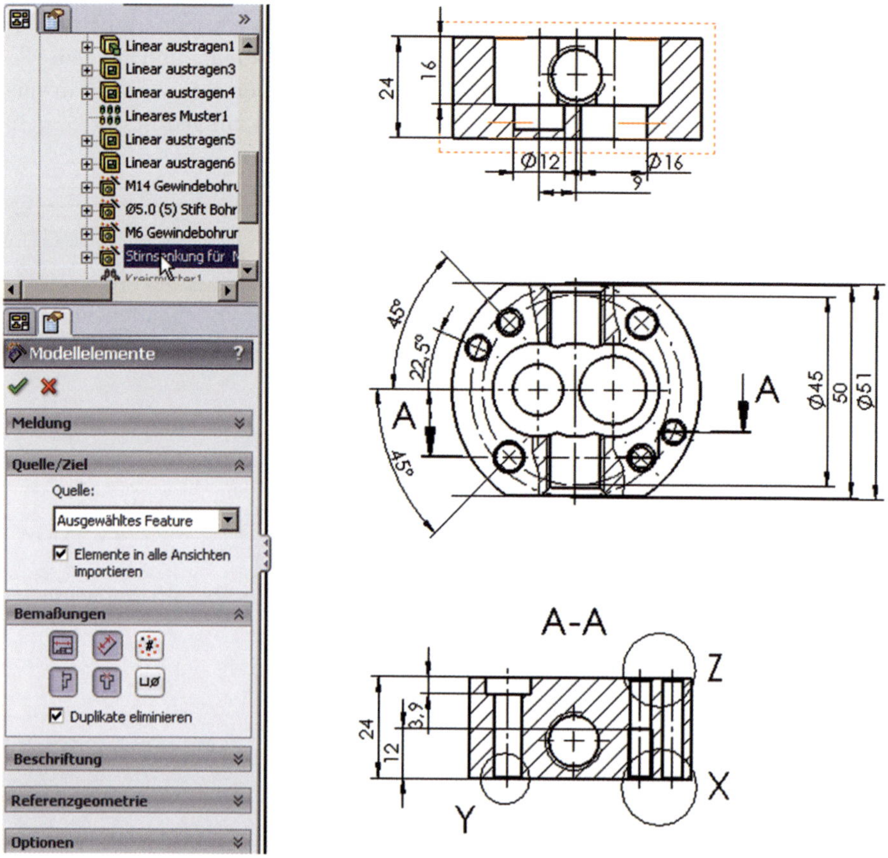

Abbildung 7.21: Vor dem Abschluss des Befehls Modellelemente

Das Gehäuse ist ein Teil mit einer größeren Bohrungsanzahl. Um Positionen von Bohrungen oder Maße der Bohrungskontur zu übernehmen, müssen Sie jeweils vor dem Einfügen der Bohrungsfeatures im Feld Bemaßungen diese Maße zur Übernahme auswählen.

Mit MODELLELEMENTE übernommene **Bemaßungen sind steuernd**. Das bedeutet, Änderungen der Maßzahl ändern auch das Modell.

Wenn die übernommenen Maße nicht ausreichen oder nicht sinnvoll platzierbar sind, müssen manuell die fehlenden Maße ergänzt werden. Dazu kann das Bemaßungswerkzeug wie beim Skizzieren verwendet werden. Diese Maße sind dann **gesteuerte Maße**.

Bei entsprechender Farbeinstellung werden übernommene (steuernde) Maße schwarz und zusätzlich eingefügte (gesteuerte) Bemaßungen grau dargestellt. Das ist nur informativ, solange an der Zeichnung gearbeitet wird. Beim Drucken der Zeichnung können alle Maßangaben schwarz gedruckt werden.

Bemaßungen in der Zeichnung bearbeiten

Maße werden durch Klick auf die Maßzahl selektiert. Nach der Selektion sind sechs oder bei Durchmessermaßen sieben Selektionspunkte und die Maßzahl aktiv (►Abbildung 7.22).

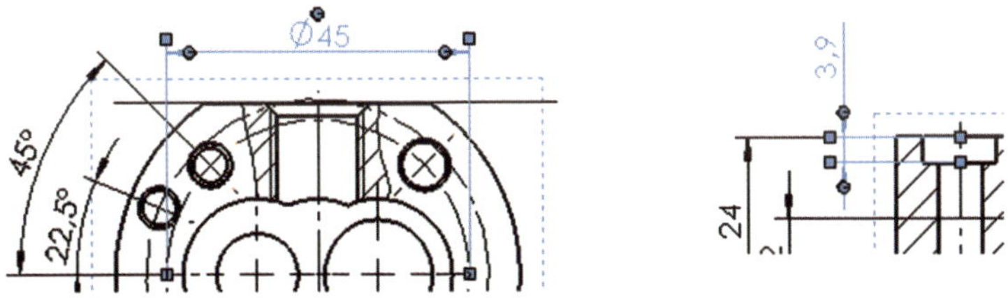

Abbildung 7.22: Selektierte Maße mit Ziehpunkten

- Die Position der Maßzahl und des Maßes können durch Anfassen und Verschieben der Maßzahl bestimmt werden.
- Klick auf die runden Ziehpunkte der Pfeile ändert Pfeilrichtung und -lage. Das ist für kleine Maße nötig.
- Die Fußpunkte der Maßhilfslinien lassen sich in Richtung der Hilfslinie verschieben, wenn andere geeignete Fußpunkte verfügbar sind.
- Am Ziehpunkt über der Maßzahl können Durchmessermaße um den Kreismittelpunkt des bemaßten Kreises gedreht werden.
- Ziehen an den Endpunkten der Maßhilfslinie stellt das Maß schräg (im Normalfall nicht benutzen).

In Halbschnitten können Maße die Teilungslinie schneiden. Dann ist es notwendig, **Maßlinie und Maßhilfslinie nur in der Schnittdarstellung anzuzeigen** (►Abbildung 7.23).

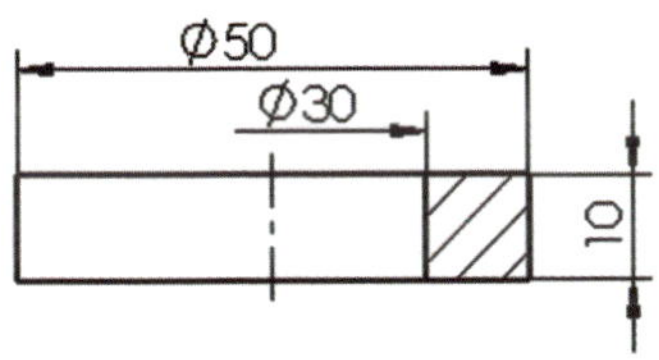

Abbildung 7.23: Halbschnitt eines Rings

Zur Einstellung der Darstellung vergrößern Sie das Maß stark. Ein Maß besteht aus zwei Maßlinien (mit je einem Pfeil) und zwei Hilfslinien. Alle vier Elemente können selektiert und über das Kontextmenü aus- oder eingeblendet werden. Die Länge der übrig bleibenden Maßlinie richtet sich nach der Maßzahlposition.

Der **Text jedes Maßes** ergibt sich beim Einfügen aus dem Modell. Eine Modellbemaßung wird symbolisch durch <DIM> dargestellt. Für Textelemente wie Durchmesser werden ebenfalls solche symbolischen Darstellungen angezeigt <MOD-DIAM>.

Wenn Maßzahlen durch weitere Angaben (Durchmesserzeichen) ergänzt werden müssen oder verändert werden sollen, ist das entsprechende Maß zu selektieren und im Dialogfeld Bemaßungstext der Text zu bearbeiten.

Bei Bedarf ist im Feld auch eine völlig freie Texteingabe mit mehreren Zeilen möglich (►Abbildung 7.24). Im Dialogfeld Toleranz/Genauigkeit lassen sich **freie und ISO-Toleranzen** anhängen.

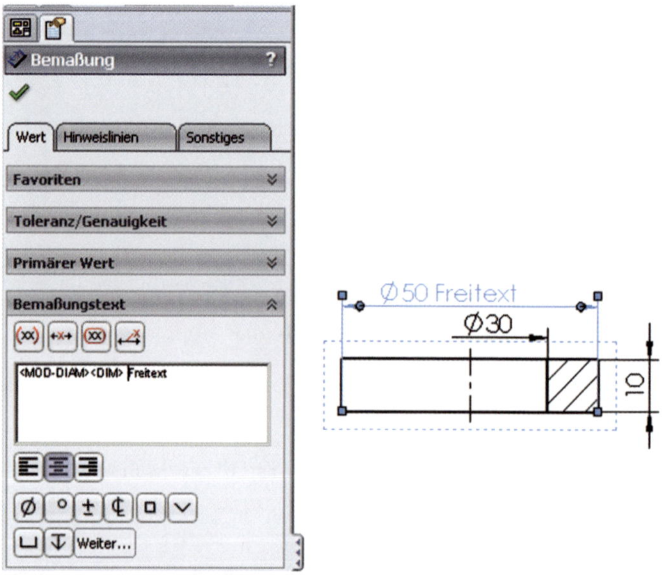

Abbildung 7.24: Maßtext

Weitere fertigungsrelevante Angaben zu **Oberflächenrauheit, Form- und Lageabweichungen** etc. finden sich in der Symbolleiste Beschriftung. Die einzelnen Symbole werden alle an Modellkanten bzw. den entsprechenden Linien der Zeichnungsansichten positioniert.

Layer für Zeichnungselemente

Eine Zeichnung enthält hauptsächlich die Ansichten mit den Abbildungen des Modells. In den Ansichten werden Linienart, -stärke und -farbe durch die Systemeinstellungen vorgegeben und sollten für einzelne Linien nicht verändert werden.

Daneben enthält die Zeichnung mit Schriftfeld und Zeichnungsrahmen auch Objekte, deren Darstellungsparameter frei bestimmbar sind. Damit nicht für jedes einzelne Objekt die Darstellungsparameter gesetzt werden müssen, kann man einen Parametersatz als Layer definieren und diesen dann den Zeichnungsobjekten zuweisen. In der Beispielzeichnung wird die Vorlagendatei *Zeichnung_A4.DRWDOT* verwendet. Diese enthält einige Layer für die Rahmenlinien und das Schriftfeld.

Schauen Sie die vorhandenen Layer an. Aktivieren Sie die Symbolleiste **Layer** und zeigen Sie mit dem Befehl LAYER-EIGENSCHAFTEN die Tabelle mit den vorhandenen Layern an (►Abbildung 7.25). Jedem Layer sind ein Name mit Beschreibungstext sowie Farbe, Linienart und -stärke zugewiesen.

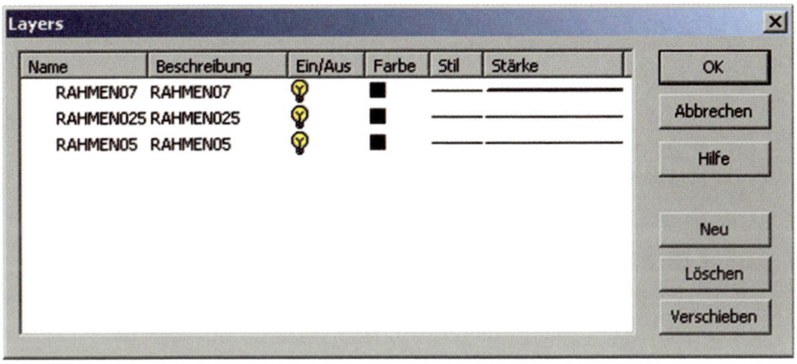

Abbildung 7.25: Layertabelle

Layer können weiterhin durch Anklicken des Glühbirnensymbols sichtbar und unsichtbar geschaltet werden. Damit kann man sie vorteilhaft für zusätzliche Darstellungen und Hilfskonstruktionen benutzen, die man nur bei Bedarf anzeigen möchte. Layer wirken übergreifend auf Blattformat und Blatt von Zeichnungen.

Wenn Sie Elemente zeichnen und einem Layer zuweisen möchten, stellen Sie den gewünschten Layer vorher als den aktiven ein. Verwenden Sie dazu immer das Listenfeld mit den Layernamen aus der Symbolleiste **Layer** (►Abbildung 7.26). Sollen die Elemente keinem Layer zugewiesen werden, wählen Sie *-Kein-* aus der Liste.

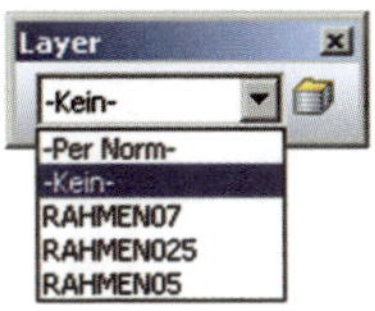

Abbildung 7.26: Listenfeld zur Auswahl des aktiven Layers

Übung

Erstellen Sie eine Einzelteilzeichnung für das Pumpengehäuse nach dem Muster in Abbildung 7.1.

Eine **Beispiellösung** enthält die Datei *Gehäuse.SLDDRW*.

Wichtiger Hinweis zu allen Übungen dieses Kapitels

Wenn Sie Ihre Modelle so wie im Text genannt haben, können mehrdeutige Komponentennamen auftreten. Speichern Sie in jedem Fall Ihre Modelle und die Musterlösungen in unterschiedlichen Ordnern! Öffnen Sie immer nur eine der beiden Zeichnungsdateien!

Alle Modelle zu einer Zeichnung sind in einem zip-Archiv zusammengefasst, das so benannt ist wie die Zeichnung. Entpacken Sie diese Archive am besten in separate Ordner.

7.2 Zeichnung der Zahnradpumpe

7.2.1 Zusammenbauzeichnung

Die Zusammenbauzeichnung bildet die komplette Zahnradpumpe ab. Sie gibt zusammen mit der Stückliste, die ebenfalls Bestandteil der Zeichnung ist, die notwendigen Montage- und Einbauinformationen (►Abbildung 7.27).

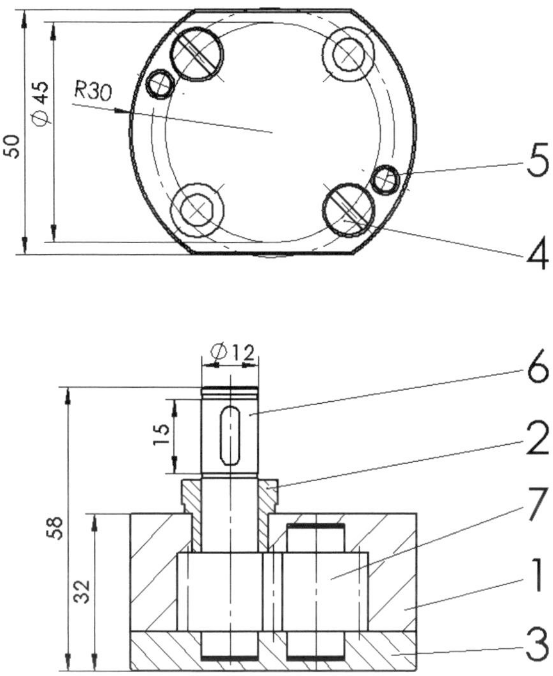

Pos.-Nr	Menge	Einheit	Benennung	Sachnummer/Norm	Bemerkung
7	1	Stück	Läuferwelle	ZP-004-A4	16MnCr5
6	1	Stück	Antriebswelle	ZP-003-A4	16MnCr5
5	2	Stück	Stift	ISO 2338-5h8x15	
4	2	Stück	Schraube	DIN 84 M6x15-5.6	
3	1	Stück	Deckel	ZP-002-A4	E295
2	1	Stück	Buchse	ZP-005-A4	E295
1	1	Stück	Gehaeuse	ZP-001-A4	E295

(Verwendungsbereich) | (Zul. Abw.) ISO 2768 mH | (Oberfl.) | Maßstab 1:1 | (Gewicht)

(Werkstoff, Halbzeug)
(Rohteil-Nr)
(Modell- oder Gesenk-Nr)

	Datum	Name
Bearb.		Steger
Gepr.		
Norm		

Zahnradpumpe

ZP-1-00-A4

Blatt | Blätter

Zust. | Änderung | Datum | Name | Ursprung | Ersatz für: | Ersatz durch:

Abbildung 7.27: Zusammenbauzeichnung der Zahnradpumpe

In der Zusammenbauzeichnung muss jede Komponente in mindestens einer Ansicht zu sehen sein, so dass über eine Positionsnummer der Verweis zur Stückliste hergestellt werden kann. Diese enthält dann die Stückzahl und weitere Bestell- oder Zeichnungsinformationen.

Daneben sollten aus der Zusammenbauzeichnung die für Lagerung, Versand und Einbau wichtigen Abmessungen enthalten sein.

7.2.2 Vorbereitung der Antriebs- und Läuferwelle

Häufig weichen die Zeichnungsdarstellungen von der tatsächlichen Geometrie eines Teils ab. Im Fall der in der Zahnradpumpe verbauten Wellen betrifft das die Verzahnung. Diese wird in Zeichnungen meist nur symbolisch dargestellt. Das heißt, die einzelnen Zähne werden durch einen Zylinder mit dem Außendurchmesser der Verzahnung ersetzt.

Aus Sicht des CAD-Modells weicht also das für die Zeichnung erforderliche Geometriemodell von dem bisher verwendeten ab, welches durch die ausmodellierten Zähne besonders anschaulich ist. Um sowohl die Zeichnungs- als auch die anschauliche Funktionsdarstellung zu ermöglichen, können vorteilhaft Konfigurationen angewandt werden.

Das Einzelteilmodell enthält bereits die zwei Konfigurationen für die Antriebs- und die Läuferwelle. Für jede der beiden Einzelteilvarianten werden nun untergeordnete Konfigurationen hinzugefügt, die den Zeichnungsanforderungen entsprechen.

Öffnen Sie die Einzelteildatei *Welle.SLDPRT*. Wechseln Sie in den ConfigurationManager und stellen Sie die Konfiguration *Antrieb* als aktuelle Konfiguration ein (Doppelklick). Selektieren Sie den Konfigurationsnamen und wählen Sie im Kontextmenü ABGELEITETE KONFIGURATION HINZUFÜGEN (►Abbildung 7.28).

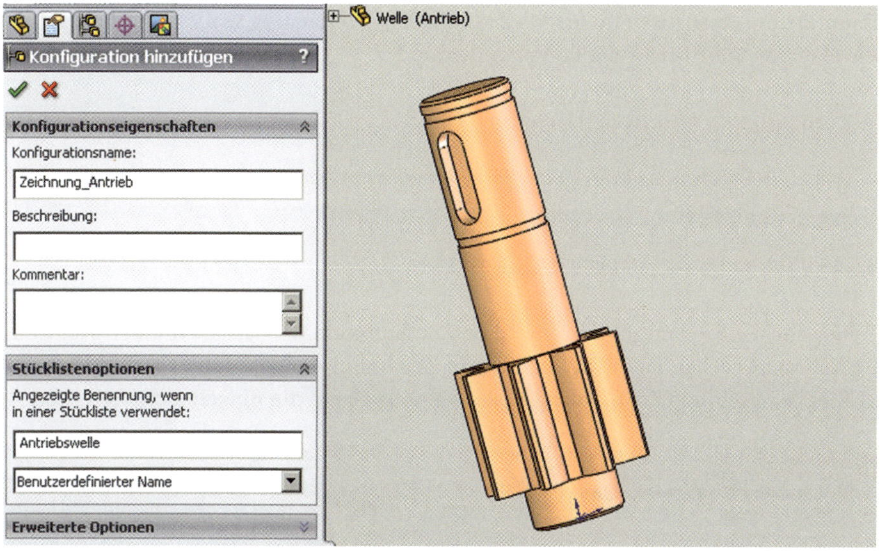

Abbildung 7.28: Abgeleitete Konfiguration für die Antriebswelle

Benennen Sie die neue Konfiguration mit *Zeichnung_Antrieb*. Im Feld Stücklistenoptionen können Sie die **spätere Stücklistenerstellung vorbereiten**, indem Sie Benutzerdefinierter Name wählen und die spätere Stücklistenbenennung *Antriebswelle* dieser Konfiguration eintragen.

Danach ist die neue Konfiguration aktuell. Im FeatureManager selektieren Sie den Schnitt *Zahnform* und wählen in der Kontextsymbolleiste UNTERDRÜCKEN. Daraufhin werden die Zahnform und das von ihr abhängige Muster nicht mehr in die Geometrieberechnung einbezogen (►Abbildung 7.29).

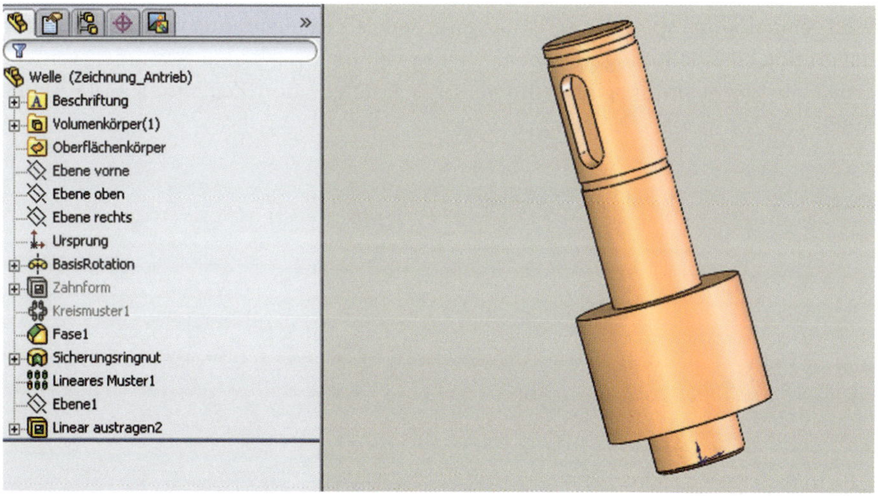

Abbildung 7.29: Unterdrücken der Verzahnung in der Zeichnungskonfiguration

Damit ist die Antriebswelle für die Zusammenbauzeichnung vorbereitet. Führen Sie die gleichen Schritte für die Läuferwelle durch:

1. Konfiguration *Laeufer* aktivieren
2. Abgeleitete Konfiguration *Zeichnung_Laeufer* einfügen, Stücklisteneintrag *Läuferwelle* vorbereiten
3. *Zahnform* und *Kreismuster1* unterdrücken

Prüfen Sie das Ergebnis abschließend im ConfigurationManager. Es müssen vier Konfigurationen vorhanden sein. Jeweils die Zeichnungskonfigurationen sind untergeordnet (►Abbildung 7.30). Speichern Sie abschließend die Einzelteildatei.

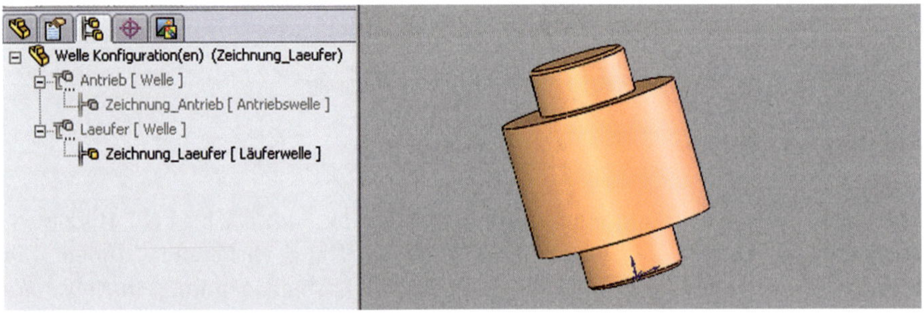

Abbildung 7.30: Abschließende Übersicht im ConfigurationManager

7.2.3 Vorbereitung des Baugruppenmodells

Damit das Baugruppenmodell auch weiterhin als Funktionsmodell dienen kann, wird ebenfalls eine spezielle Zeichnungsvariante als Konfiguration vorbereitet. In der Baugruppe können Konfigurationen genauso wie im Einzelteil angewendet werden. Legen Sie zuerst im Baugruppenmodell die Konfiguration *Zeichnung* an (►Abbildung 7.31).

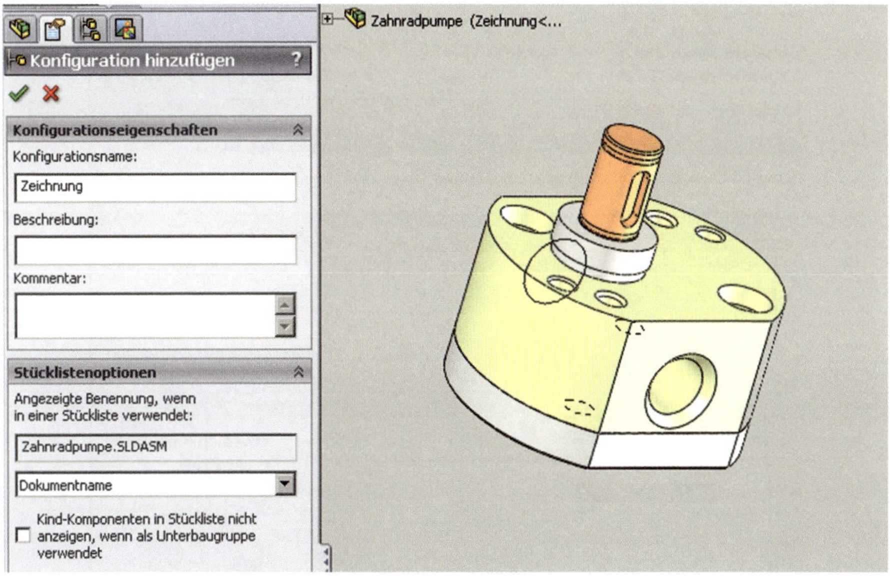

Abbildung 7.31: Baugruppenkonfiguration für die Zeichnung anlegen

Diese soll die beiden vorbereiteten Wellen enthalten. Dazu müssen für die gerade angelegte Baugruppenkonfiguration *Zeichnung* die Eigenschaften der enthaltenen Komponenten umgestellt werden. Bisher sind in der Baugruppe die Wellen mit Verzahnung enthalten. Jede der beiden Wellen muss selektiert werden und kann dann über den Befehl EIGENSCHAFTEN aus der Kontextsymbolleiste in die jeweilige Zeichnungskonfiguration umgeschaltet werden (►Abbildung 7.32).

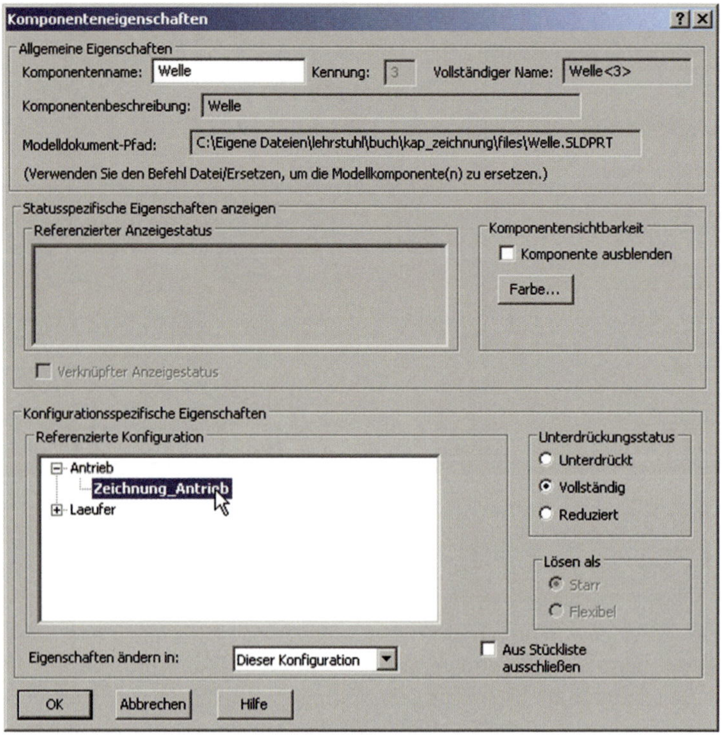

Abbildung 7.32: Auswahl der Zeichnungskonfiguration für die Antriebswelle

Darüber hinaus ist es empfehlenswert, die Antriebswelle in der Baugruppenkonfiguration auszurichten. Damit wird erreicht, dass die Ansicht auf die flache Seite mit der M14-Verschraubung gleichzeitig exakt den Umriss der Passfedernut in der Antriebswelle zeigt. Fügen Sie eine VERKNÜPFUNG vom Typ Parallel zwischen der Gehäusefläche und dem Nutgrund ein (►Abbildung 7.33).

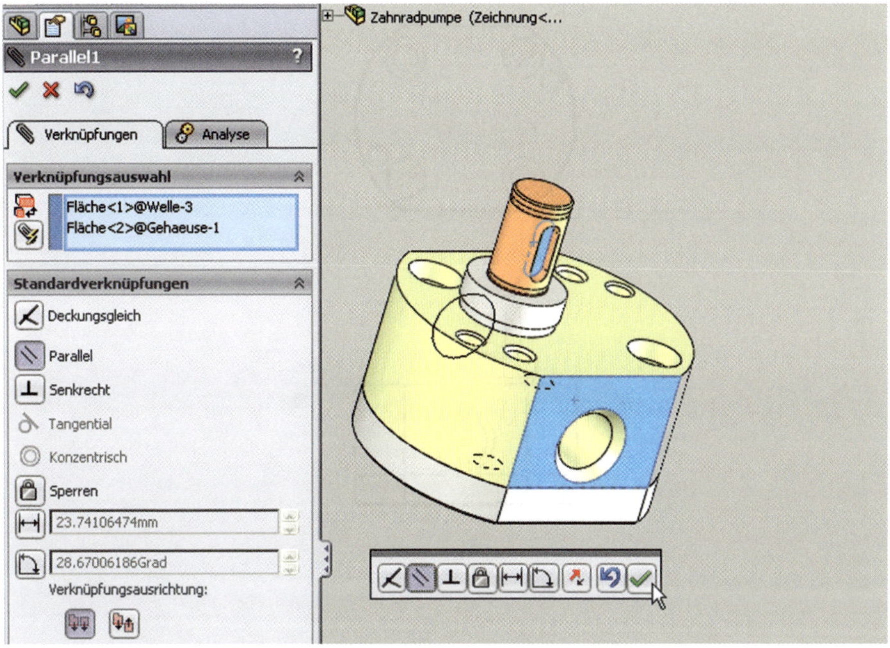

Abbildung 7.33: Zusätzliche Verknüpfung zur Komponentenausrichtung

7.2.4 Ansichten einfügen und ergänzen

Auf der Zusammenbauzeichnung sollen ein Schnitt und eine Ansicht auf den Deckel mit den Verbindungselementen dargestellt werden. Die Schnittansicht wird als Ausbruch erzeugt. Da dafür keine Schnittlinie erforderlich ist, kann mit dieser Ansicht begonnen werden.

Fügen Sie eine MODELLANSICHT und eine PROJIZIERTE ANSICHT auf die Baugruppe ein. Zeichnen Sie für den Ausbruch ein Rechteck, das die komplette Ansicht umschließt (►Abbildung 7.34).

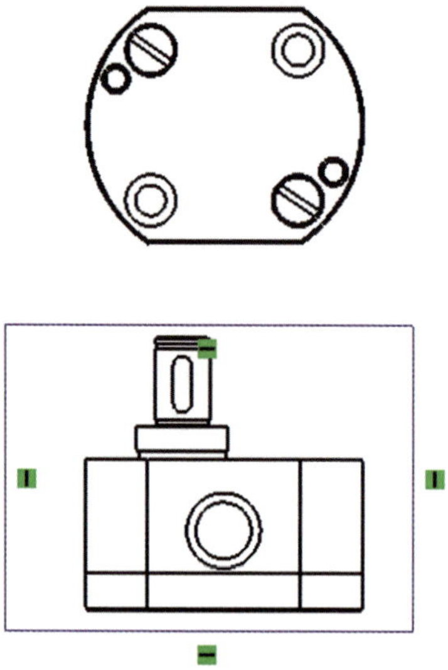

Abbildung 7.34: Skizze für die Ausbruchsbegrenzung

Starten Sie den Befehl AUSBRUCH. Bevor Sie wie gewohnt die Tiefe des Ausbruchs angeben können, erscheint beim Schneiden von Baugruppen ein zusätzlicher Dialog Schnittansicht (►Abbildung 7.35). In diesem können Komponenten angegeben werden, die entsprechend den Zeichnungsregeln nicht geschnitten dargestellt werden sollen.

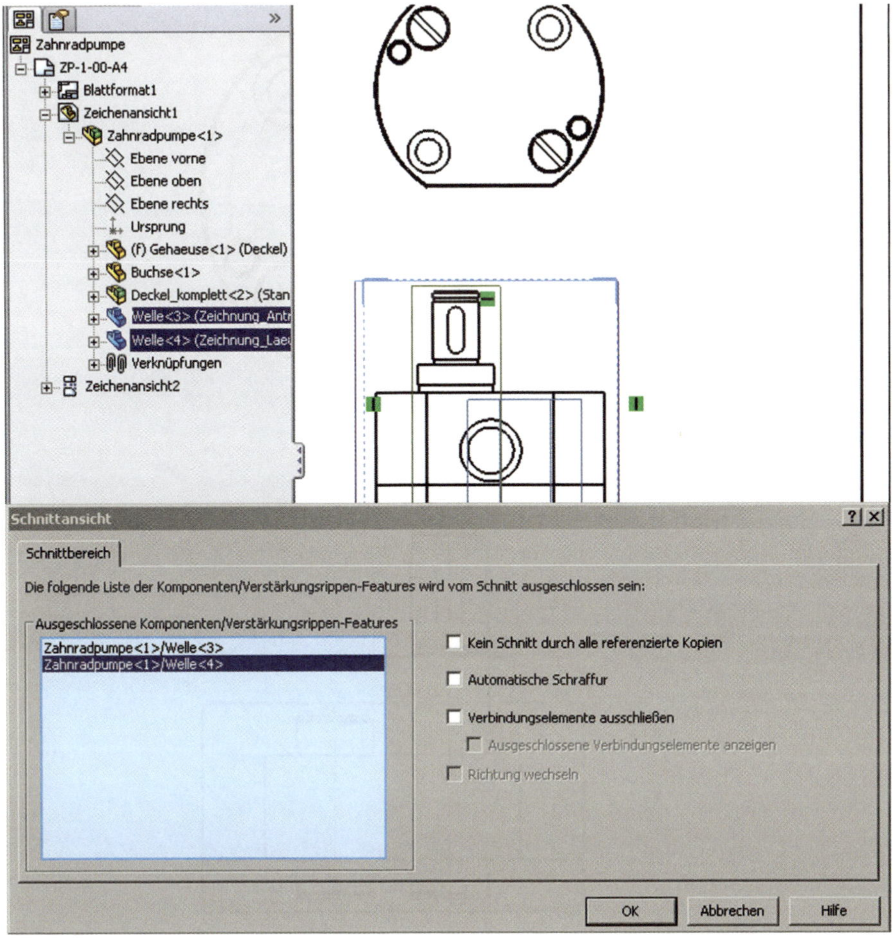

Abbildung 7.35: Auswahl nicht zu schneidender Komponenten

Selektieren Sie die beiden Wellen im FeatureManager. Klappen Sie dazu die Darstellung so weit auf, bis die Komponenten sichtbar sind. Achtung: Die Auswahl ist nur möglich, wenn Sie in der richtigen Zeichenansicht navigieren! Anschließend beenden Sie den Dialog Schnittansicht und tragen im folgenden Dialog die Tiefe 25 für den Ausbruch ein.

Bearbeiten Sie anschließend die Schraffuren. Jedes geschnittene Teil bekommt eine eigene Schraffur. Klicken Sie dazu in die schraffierten Flächen, entfernen Sie das Häkchen Materialschraffur und gestalten Sie die Flächen mit unterschiedlichem Schraffurwinkel und -abstand. Das Schraffurmuster ist einheitlich ANSI31. Fügen Sie weiterhin Mittellinien und Mittelkreuze in die Ansichten ein (►Abbildung 7.36).

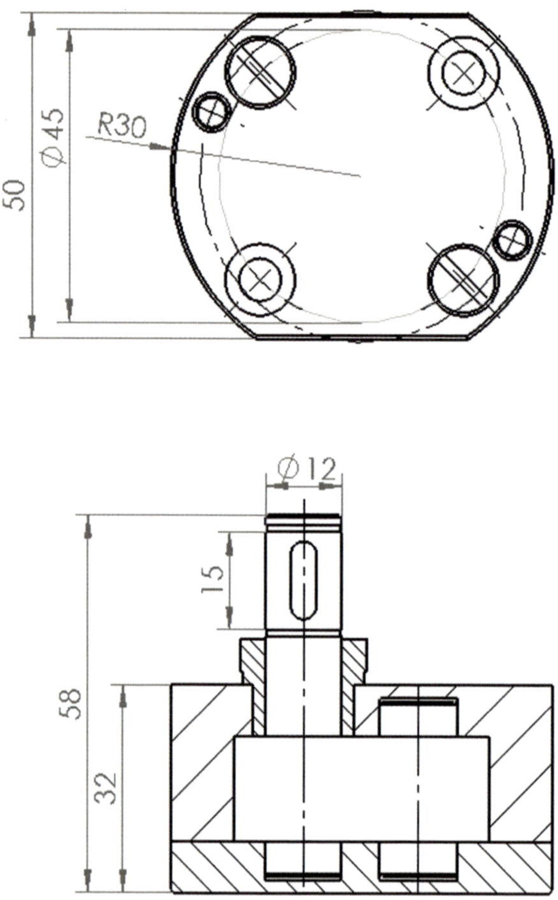

Abbildung 7.36: Ansichten der Zusammenbauzeichnung

Zusätzlich erhält die Zusammenbauzeichnung die größten Abmessungen in jeder Richtung und die Anschlussmaße. Diese sind hier komplett manuell und nicht mit MODELLELEMENTE angetragen worden.

Layer für Hilfskonstruktion

Die Verzahnungen werden wie erwähnt symbolisch dargestellt. Dazu sind an der Stelle, wo die Zähne ineinandergreifen, zwei Linien zu zeichnen, die den Kopfkreisen der beiden Räder entsprechen. Zwischen beiden wird mit einer Mittellinie der Teilkreis symbolisch dargestellt.

Übernehmen Sie die beiden Mantellinien der Wellen mit ELEMENTE ÜBERNEHMEN, fügen Sie zwischen beiden eine MITTELLINIE ein und ändern Sie die Linienstärke der beiden übernommenen Kanten auf **0,4 mm (Normal)** (►Abbildung 7.37).

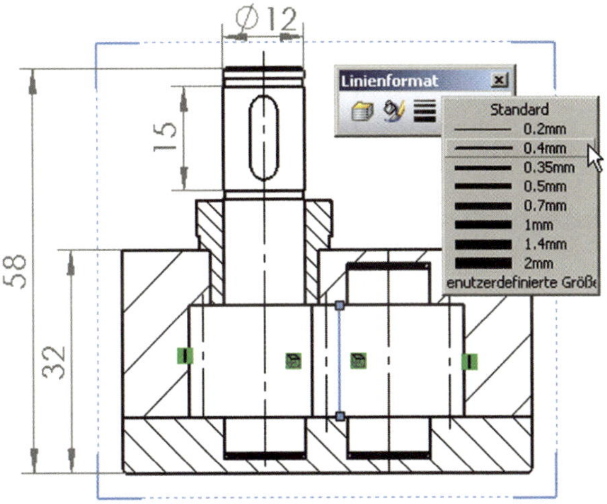

Abbildung 7.37: Symbolisch dargestellte Verzahnung der Wellen

Die beiden skizzierten Konstruktionslinien der entgegengesetzten Stellen am Wellenumfang sind zunächst ohne exakte Positionierung eingezeichnet. Sie erhalten nur eine Beziehung Vertikal (Abbildung 7.37). Die Platzierung der Linien wird über eine *Hilfskonstruktion* vorgenommen, für die ein spezieller Layer eingerichtet wird. Definieren Sie diesen im Befehl LAYER mit Neu und wählen Sie ihn als aktuellen Layer (►Abbildung 7.38).

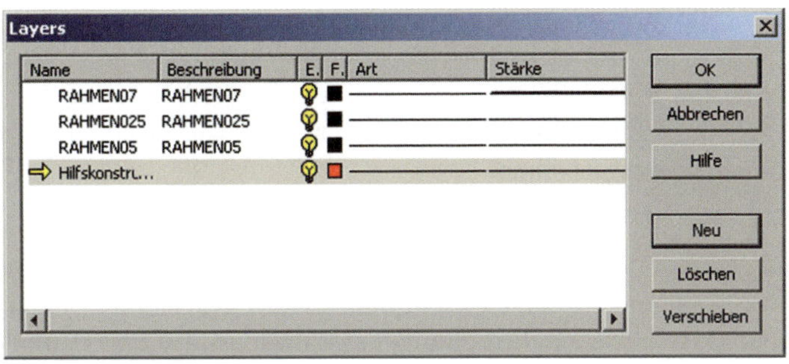

Abbildung 7.38: Layer für Hilfskonstruktion

Nun können die beiden Linien durch Maße positioniert werden (►Abbildung 7.39).

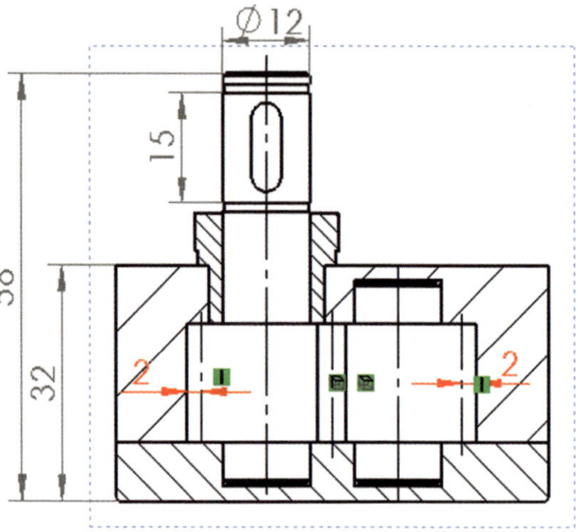

Abbildung 7.39: Maße im Layer Hilfskonstruktion

Danach kann der Layer *Hilfskonstruktion* ausgeblendet werden, indem in der Layertabelle die Glühlampe geklickt wird. Schließen Sie dann die Layertabelle und denken Sie unbedingt daran, in der Symbolleiste Layer als aktuellen Layer *-kein-* einzustellen. Ansonsten bleibt der unsichtbare Layer für die Hilfskonstruktionen aktuell und alle nachfolgenden Objekte „verschwinden" sofort, nachdem sie eingefügt wurden.

7.2.5 Positionsnummern und Stückliste

Aktivieren Sie den Befehl STÜCKLISTENSYMBOL. Stellen Sie zuerst im Eigenschaftsmanager unter Einstellungen den **Stil** auf **Keiner**. Damit werden Positionsnummern ohne Umrandung gezeichnet.

Klicken Sie anschließend jedes Teil einmal an und platzieren Sie die Positionsnummer. Versuchen Sie, immer in die Flächen der Teile und nicht auf die Kanten zu klicken. Davon ist die Darstellung der Endpunkte der Führungslinien abhängig (Punkt oder Pfeil, Punkt ist besser). Der Endpunkt der Führungslinie lässt sich nachträglich durch Anklicken mit der rechten Maustaste oder durch Verschieben der Pfeilspitze vom Rand in die Fläche ändern.

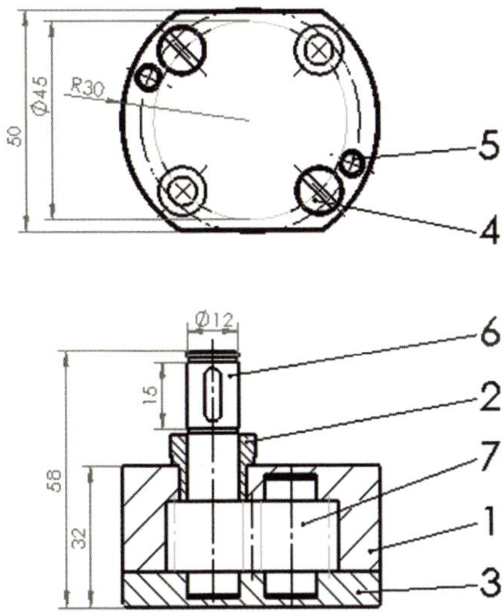

Abbildung 7.40: Ansichten mit ausgerichteten Positionsnummern

Positionieren Sie anschließend die Positionsnummern untereinander neben den Ansichten. Selektieren Sie alle Positionsnummern und gehen Sie über MENÜ→ EXTRAS→AUSRICHTEN. ▶Abbildung 7.40 zeigt abschließend die Ansichten mit den ausgerichteten Positionsnummern.

Stücklisten in SolidWorks basieren auf vordefinierten Tabellen. Sie können die Tabellenvorlage *tuSTL.sldbomtbt* von der CWS zu diesem Buch herunterladen.

Zum Einfügen einer Stückliste markieren Sie eine Ansicht und starten den Befehl STÜCKLISTE aus dem Flyout TABELLEN (▶Abbildung 7.41).

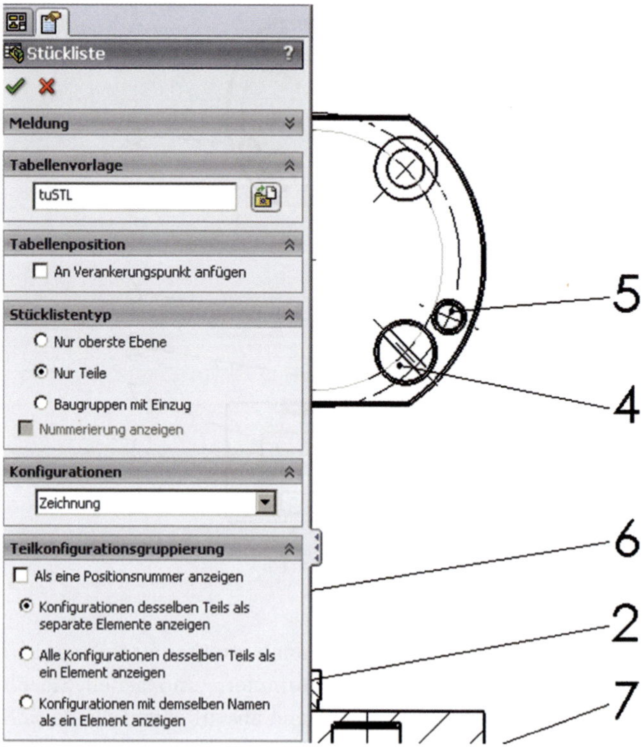

Abbildung 7.41: Optionen im Befehl Stückliste

Die Optionen bedeuten:

- Es wird die Tabellenvorlage *tuSTL.SLDBOMTBT* verwendet.
- Es werden alle Teile ohne Beachtung der Produktstruktur angezeigt, die Unterbaugruppe *Deckel_komplett* wird ignoriert.
- Konfigurationen werden als separate Teile angezeigt.
- Nach dem Einfügen kann die Stückliste per Maus an ihre Position gezogen werden (nicht verankert).

Ziehen Sie nach dem Einfügen die Stückliste über das Schriftfeld. Die eingefügte Stückliste sieht etwa so aus wie in ►Abbildung 7.42.

7	1		Läuferwelle		
6	1		Antriebswelle		
5	2		Stift		
4	2		Schraube		
3	1		Deckel		
2	1		Buchse		
1	1		Gehaeuse		
Pos.-Nr	Menge	Einheit	Benennung	Sachnummer/Norm	Bemerkung

(Verwendungsbereich)	(Zul. Abw.) ISO 2768 mH	(Oberfl.)	Maßstab 1:1	(Gewicht)
			(Werkstoff, Halbzeug) (Rohteil-Nr)	

Abbildung 7.42: Stückliste nach dem Einfügen

In der Spalte „Benennung“ wird standardmäßig der Dateiname oder nach entsprechender Einstellung in der Teildatei der Konfigurationsname angezeigt. Sollten Sie an dieser Stelle feststellen, dass die Teilnamen ungeeignet für eine Stückliste sind, benennen Sie nicht die Teildateien um! Dadurch würden die Referenzen der Baugruppe zerstört und Sie müssten mit viel Aufwand die Baugruppe reparieren. Ändern Sie bei Bedarf lieber die Konfigurationsnamen und lassen Sie diese in der Stückliste anzeigen (Abschnitt 7.2.2).

Neben den automatisch ausgefüllten Spalten sind noch die Spalten „Einheit“, „Sachnummer/Norm“ und „Bemerkung“ per Hand auszufüllen. Selektieren Sie die Stückliste, öffnen Sie die Stücklistenfelder mit Doppelklick. Anschließend können alle Änderungen in den Zellen vorgenommen werden, bis die Einträge komplett sind (Abbildung 7.27). Über das Kontextmenü jeder Tabellenzelle kann auch der ursprüngliche automatische Eintrag wiederhergestellt werden.

Erstellen Sie eine Zusammenbauzeichnung mit Stückliste für die Zahnradpumpe nach Abbildung 7.27.

Eine Beispiellösung enthält die Datei *Zahnradpumpe.SLDDRW*.

Beachten Sie den Hinweis zur Übung 1 dieses Kapitels!

Übung

ZUSAMMENFASSUNG

- Zeichnungen können in SolidWorks von Einzelteil- und Baugruppenmodellen abgeleitet werden. Das Blattformat einer Zeichnung bestimmt die Zeichnungsgröße und enthält das Schriftfeld. Alle Ansichten befinden sich auf dem sogenannten Blatt.
- Auf dem Blatt können mehrere verknüpfte Ansichten, die aus einer Hauptansicht abgeleitet sind, oder unverknüpfte Ansichten angeordnet werden. Aus Ansichten können Schnitte, Details, Ausbrüche usw. entwickelt werden.
- Automatisch erzeugte Ansichten müssen den Darstellungsregeln für Zeichnungen folgend mit Mittellinien und -kreuzen ergänzt werden. Schnittkanten müssen ausgeblendet oder modifiziert werden. Bemaßungen können aus dem Modell übernommen werden oder als Beschriftung in der Zeichnung erstellt werden.
- Zusätzlich erforderliche grafische Elemente können in die Ansichten gezeichnet werden und sind in diesen durch Beziehungen positionierbar. Eigenschaften von zusätzlichen Elementen lassen sich vorteilhaft über Layer steuern.
- Um speziellen Zeichnungsanforderungen gerecht zu werden, können in den 3D-Modellen Konfigurationen angelegt werden, die als Grundlage der Zeichnungsansichten dienen.
- Von Baugruppenmodellen lassen sich Zusammenbauzeichnungen mit Positionsnummern und Stückliste ableiten.

TEIL II

Programmieren

Lernziele

- Einen Überblick über Programmiermöglichkeiten bekommen
- Einfache Programmierungen wie Gleichungen ausführen können
- Den Aufbau des SolidWorks-Objektmodells verstehen
- Grundlegende Anwendungen der Programmierung kennenlernen:
  - Analyse der Geometrie eines Einzelteils am Beispiel der Extraktion einer Bohrliste aus einem Part-Modell
  - Untersuchung der Struktur von Baugruppen am Beispiel des Ableitens von Grunddaten einer Stückliste
  - Synthese der Geometrie eines Einzelteils am Beispiel der geometrischen Modellierung einer Kurvenscheibe

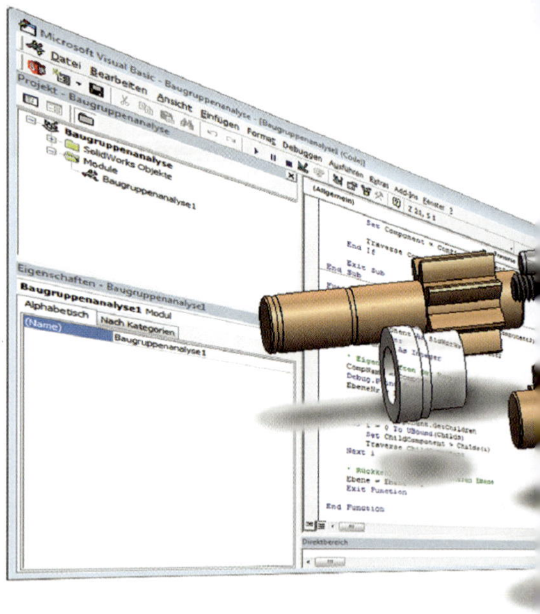

Programmieren mit SolidWorks

8

ÜBERBLICK

Bei der Nutzung von CAD-Systemen steht man häufig vor Fragestellungen, die sich mit den verfügbaren Funktionen nur sehr aufwändig oder auch gar nicht lösen lassen. Dies kann vorkommen, wenn komplizierte Modelle häufig mit ähnlichen Parametern erstellt werden müssen oder wenn Geometrien benötigt werden, die mit den angebotenen Werkzeugen des CAD-Systems nicht erzeugbar sind. In diesen Fällen liegt die einzige Möglichkeit, zum Ziel zu kommen, in der Erstellung und Nutzung von Programmen.

Das vorliegende Kapitel soll Ihnen die grundlegende Vorgehensweise bei der Nutzung von Programmen in SolidWorks erläutern. Dabei wird vor allem Wert darauf gelegt, dass Sie nicht nur einfach den Programmcode an der richtigen Stelle niederschreiben, sondern dass Sie die Zusammenhänge und Abläufe verstehen.

Dazu wurden drei typische Beispiele ausgewählt. Dies sind die Featureanalyse eines Teils, die Analyse der Struktur einer Baugruppe sowie die Synthese einer Geometrie.

Zum Abschluss jedes einzelnen Beispiels wird Ihnen ein lauffähiges Programm zur Verfügung stehen. Zuvor werden jedoch jeder einzelne Schritt des Programmablaufs sowie die genutzten Komponenten des SolidWorks-Modells erläutert. Dadurch wird es Ihnen später erleichtert, die Beispiellösung auf ein konkretes Problem anzuwenden.

Für das bessere Verständnis ist ein Überblick über das diesem CAD-System zugrunde liegende Objektmodell sehr hilfreich. Deshalb werden wichtige Grundelemente des SolidWorks-Objektmodells zu Beginn vorgestellt. Wenn es Ihnen um eine schnelle Lösung der praktischen Anwendungen geht, können Sie diesen Abschnitt gegebenenfalls auch erst einmal überspringen und später darauf zurückkommen.

Auch dem Leser mit nur geringer Erfahrung in der Programmierung wird es möglich sein, die grundlegende Vorgehensweise bei der Arbeit mit der SolidWorks-Programmierschnittstelle zu verstehen. Dazu werden alle schwierigeren Sprachkonstrukte jeweils erläutert. Die Lösungen für die besprochenen Beispiele werden ausführlich hergeleitet und die entstehenden Programme stehen Ihnen auch im WEB-Portal komplett zur Verfügung.

8.1 Einleitung

Viele Fragestellungen bei der Erstellung von Modellen in SolidWorks können mit den verfügbaren Funktionen nur sehr aufwändig oder auch gar nicht gelöst werden. Dies ist bei der Erzeugung komplizierter Geometrien ebenso der Fall wie bei der automatischen Analyse existierender Teile oder Baugruppen. Eine derartige typische Aufgabe liegt z. B. vor, wenn mit dem CAD-System die Geometrie einer Kurvenscheibe modelliert werden soll. Eine Kurvenscheibe ist ein Maschinenelement zur Steuerung von ungleichförmigen Bewegungsabläufen auf rein mechanischer Basis. ►Abbildung 8.1 zeigt ein derartiges Beispiel.

Abbildung 8.1: Beispiel einer Kurvenscheibe (Quelle: PAMAG Engineering)

Die Kurvenscheibe besteht meist aus einer ebenen Scheibe mit ungleichförmigem Rand und wird in eine gleichmäßige Drehung versetzt. Über einen Hebel wird die aus der Drehung der Scheibe resultierende Bewegung von ihrem Rand abgegriffen und zur Steuerung technischer Abläufe wie beispielsweise Schaltvorgängen verwendet. Anwendung findet die Kurvenscheibe im Werkzeugmaschinen- und Textilmaschinenbau und in abgewandelter Form als Nocken auf der Nockenwelle im Verbrennungsmotor. Die konkrete Form der alles entscheidenden Hüllkurve hängt von einer Menge von Parametern ab, wie die beabsichtigte Position des Hebels zu einem bestimmten Zeitpunkt sowie die erlaubte Geschwindigkeit, Beschleunigung oder das Antriebsmoment des Hebels (►Abbildung 8.2).

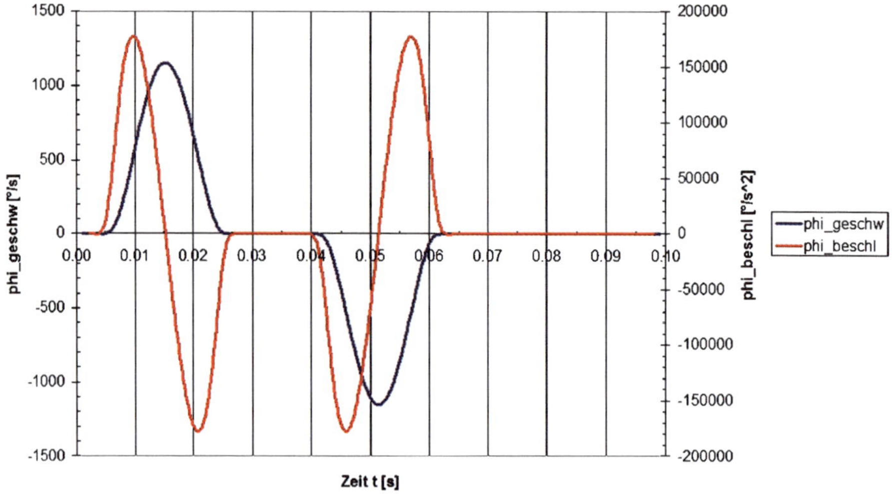

Abbildung 8.2: Minimale Antriebsdrehmomente einer beschleunigungs-optimierten Kurvenscheibe (Quelle: PAMAG Engineering)

Es gibt zur Berechnung derartiger Hüllkurve natürlich bewährte Algorithmen. Diese können jedoch schon wegen der Vielzahl unterschiedlicher Lösungsansätze nicht Bestandteil der standardmäßigen CAD-Funktionalität sein. Die Lösung liegt darin, mittels eines Programms die Geometrie zu berechnen und dann im CAD-System zu erzeugen. Ohne Programmierung wäre dieses Teil nicht zu konstruieren.

Ein weiterer, äußerst effektiver Einsatz von Programmen im CAD-Umfeld liegt bei der Bereitstellung von Konstruktionssystematiken. Darunter versteht man die häufige Entwicklung ähnlicher Teile oder Baugruppen, deren Formen und Aufbau aus einer abgeschlossenen Menge von Anforderungen aus der Aufgabenstellung direkt abgeleitet werden kann. Man möchte also nur noch funktionale Kennwerte und gegebenenfalls weitere Restriktionen eingeben und erwartet anschließend die Erzeugung der weitgehend fertigen Konstruktion. Ein derartiges Beispiel zeigt ►Abbildung 8.3.

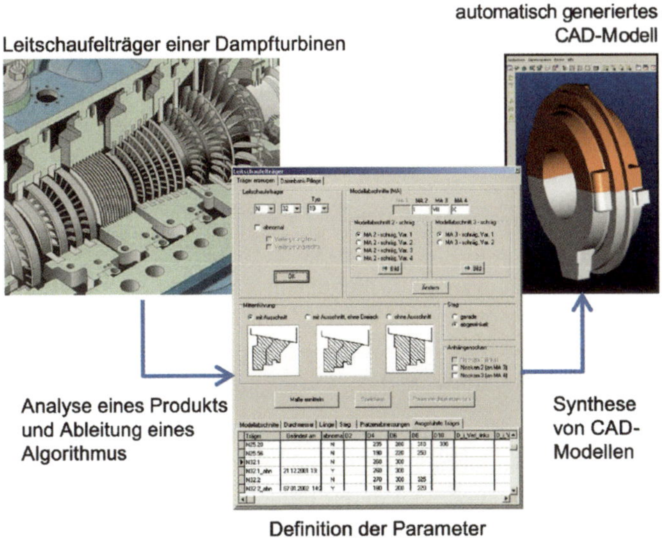

Abbildung 8.3: Konstruktionssystematik eines Leitschaufelträgers; nach (Kuhlke 2002)

Neben diesen sehr häufig anzutreffenden Anforderungen der Geometriesynthese (zu der in Abschnitt 8.8 ein Beispiel vorgestellt wird), gibt es eine ganze Reihe weiterer typischer Einsatzfälle von Programmen:

- **Analyse der Geometrie von Teilen**. In vielen Fällen benötigt man Angaben über bestimmte Features, die in einem Teil zum Einsatz gekommen sind. So werden zur Ableitung sogenannter Bohrpläne Übersichten über alle im Teil enthaltenen Bohrungen mit deren Lage und Durchmessern benötigt. Auf die Lösung dieser Aufgabe wird in Abschnitt 8.6 detailliert eingegangen.

- **Analyse der Baugruppenstruktur**. Die Struktur der CAD-Baugruppe ist eine wichtige Grundlage für die Ableitung von Stücklisten oder auch den Nachweis der Mehrfachverwendung von Teilen in Baugruppen. Diese Informationen (was ist wo verbaut) kann man direkt aus den CAD-Modellen auslesen. Abschnitt 8.7 wird zeigen, wie man dieses Problem löst.

- **Ändern von Eigenschaften**, z. B. der Suchpfade in Baugruppen. Verändert man die Lage von Dateien in der Directory-Struktur des Rechners, so ist es dem CAD-System nicht mehr möglich, die Baugruppenstruktur aufzulösen und zu laden. Dies tritt auch dann auf, wenn man Namen von einzelnen Komponenten extern ändert, da man z. B. gern geänderte Informationen im CAD-Objektbrowser sehen möchte (diese Angaben leitet das CAD-System üblicherweise direkt aus den File-Namen ab). Mittels eines Programms könnte man in diesen Fällen die Verlinkung der Komponenten wieder in Ordnung bringen.

- **Automatisches Reagieren auf Ereignisse**. Häufig wünscht man sich, dass das CAD-System bei bestimmten Ereignissen, wie z. B. beim Nachladen von einzelnen Teilen, beim Speichern oder einfach beim Anklicken eines Teils, automatisch bestimmte Funktionen ausführt. Mittels Programmen ist es ohne Weiteres möglich, auf solche Ereignisse zu reagieren.

In diesem Kapitel soll nun zunächst in die Grundlagen der Programmierung von SolidWorks eingeführt werden. Dazu ist es erforderlich, ein Verständnis für den Modellaufbau zu erlangen sowie die Vorgehensweise des Zugriffs auf Funktionen und Objekte im CAD-System verstehen zu lernen. Darauf aufbauend wird anhand dreier typischer Beispiele (Analyse von Teile- und Baugruppenstrukturen sowie Synthese einer Teilegeometrie) die Vorgehensweise gezeigt.

Um später umfangreichere SolidWorks-Programme entwickeln zu können, sind Kenntnisse in der Programmierung mit Visual Basic natürlich erforderlich. Das Ziel dieses Kapitels ist jedoch, auch dem in der Programmierung unerfahrenen Leser ein Grundverständnis für den Einsatz und den Nutzen der SolidWorks-Programmierung zu vermitteln. Mittels der vorgestellten Beispiele werden Sie in der Lage sein, einige wichtige Problemlösungen selbst nachzuvollziehen. Für alle, die sich tiefer in die Programmierung einarbeiten wollen, stehen eine ganze Reihe von Werken zur Einführung in Visual Basic bereit, wie u. a. (Halvorson 1998) oder (Held 2006).

8.2 Programmiertechniken in SolidWorks

Zur Lösung solcher und weiterer Anforderungen benötigt man die Möglichkeit, auf die Funktionen des CAD-Systems bzw. auf die Struktur der geladenen CAD-Modelle zuzugreifen. CAD-Systeme bieten dafür sehr unterschiedliche Möglichkeiten an. Manche Systeme lassen dies überhaupt nicht zu. Andere stellen lediglich Zugriffe zur Verfügung, die an den Nutzer sehr hohe Anforderungen bezüglich seiner Programmierkenntnisse stellen. Häufig ist die Nutzung der für diese Zugriffe erforderlichen Programmierwerkzeuge auch nur bestimmten Partnern des CAD-Anbieters möglich und die erforderlichen Lizenzen sind extrem teuer.

Demgegenüber stellt SolidWorks sehr leistungsfähige Werkzeuge bereit, welche es auch dem Anfänger erlauben, zumindest einfachere Anwendungen mit relativ geringem Aufwand zu entwickeln. Dazu stehen mehrere unterschiedliche Schnittstellen zur Verfügung, die den fast vollständigen Zugriff auf Geometrieelemente und Systemfunktionen ermöglichen. Alle Schnittstellen sind lizenzgebührenfrei und jedermann zugänglich. Im Folgenden sollen die einzelnen Programmiertechniken vorgestellt werden (►Abbildung 8.4).

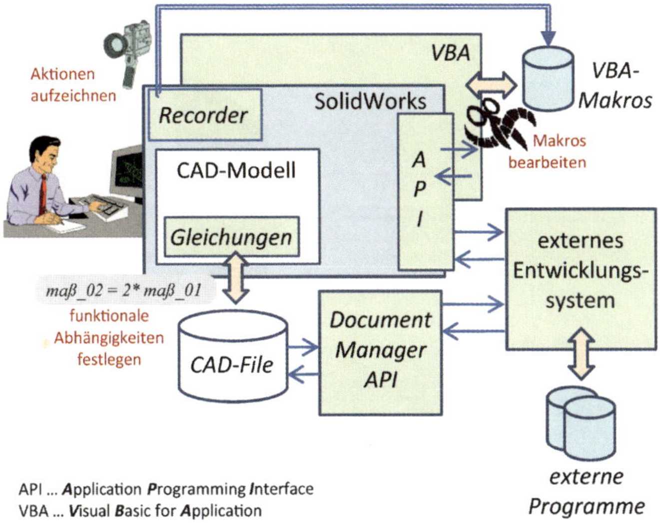

Abbildung 8.4: Programmiertechniken in SolidWorks

Funktionale Abhängigkeiten

Sehr einfach kann man funktionale Abhängigkeiten zwischen einzelnen Maßen eines Modells festlegen. Dabei handelt es sich eigentlich nicht um eine richtige Programmierung und so werden auch keinerlei Programmierkenntnisse benötigt.

Die Funktionen werden als **Gleichungen** direkt mit einem kleinen, in das CAD-System eingebetteten Editor geschrieben. Sie geben (wie in ►Abbildung 8.5 beispielhaft gezeigt wird) z. B. an, dass ein bestimmtes Maß (hier: *maß_02*) von einem anderen Maß (hier: *maß_01*) entsprechend einer vorgegebenen Funktion (hier: Faktor 2) abhängt. Dabei ist es allerdings durchaus möglich, auch kompliziertere Gleichungen zu schreiben, welche von mehr als einem Ausgangsmaß abhängen können.

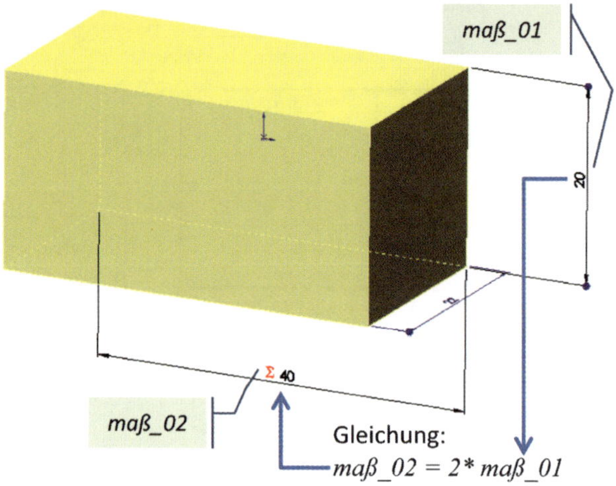

Abbildung 8.5: Gleichungen in SolidWorks

Wie in Abbildung 8.4 dargestellt ist, werden diese Gleichungen direkt mit im Geometrie-File von SolidWorks gespeichert. Ein Beispiel zur Arbeit mit Gleichungen wird in Abschnitt 8.3 besprochen.

Arbeit mit Makros

Die Arbeit mit Gleichungen ist jedoch für alle komplexeren Synthese-, Änderungs- und Analyseanforderungen nicht geeignet. In solchen Fällen muss man die Möglichkeit erhalten, auf die Geometrieelemente (z. B. Körper, Flächen, Kanten) sowie die Funktionen des CAD-Systems (z. B. Öffnen und Speichern von Modellen) zugreifen zu können. All dies stellt SolidWorks als sogenannte **Objekte** zur Verfügung. Mit ihrer Hilfe kann man auf Eigenschaften (Länge, Breite oder Lage von Elementen) zugreifen und diese Eigenschaften auch ändern. Diese Objekte bilden das zentrale Grundgerüst der Programmierung in SolidWorks. Da deren Aufbau nicht ganz einfach ist und vor allem Anfänger häufig Schwierigkeiten bei der Arbeit mit derartigen Objekten haben, wird in Abschnitt 8.4 darauf noch detailliert eingegangen.

Im einfachsten Fall kann man aber auch bereits mit richtigen Programmen arbeiten, ohne tiefere Kenntnisse zu besitzen. So stellt SolidWorks ein Werkzeug zur Verfügung, welches die **Aufzeichnung von Nutzeraktionen** gestattet (ähnlich eines Recorders). Diese Aufzeichnung kann zu einem beliebigen Zeitpunkt gestartet und wieder gestoppt werden und speichert im Hintergrund alle in der Zwischenzeit durchgeführten Tätigkeiten. Dabei wird eine Datei geschrieben, die in SolidWorks **Makro** genannt wird. Solche einmal gespeicherten Makros kann man später beliebig oft wieder starten und so auf einfache Art und Weise bestimmte Konstruktionsabläufe automatisiert wiederholen. Dazu ist es nicht notwendig, diese Makros zu lesen. Man kann sie auch benutzen, ohne den Inhalt selbst zu kennen.

Allerdings wird man schnell dazu kommen, dass man die so aufgezeichneten Abläufe manuell ändern und anpassen möchte. Dies ist durchaus möglich, denn dieses Makro ist in Wirklichkeit nichts anderes als ein kleines Programm. Da jede Aktion des Nutzers in SolidWorks die Abarbeitung eines einzelnen Programmbefehls darstellt, kann der Makrorecorder einfach alle abgearbeiteten Befehle nacheinander aufzeichnen und so ein lauffähiges Programm erstellen.

Zur Bearbeitung der Makros und auch zum Verfassen eigener, neuer Programme stellt SolidWorks eine recht leistungsfähige Entwicklungsumgebung zur Verfügung. Dazu wird **Visual Basic for Applications** (kurz: **VBA**) genutzt. Dies ist eine zu den Microsoft-Office-Programmen gehörende Skriptsprache. Sie wurde aus dem von Microsoft entwickelten Visual Basic abgeleitet und ursprünglich zur Steuerung von Abläufen innerhalb der Microsoft-Office-Programme entwickelt. Heute wird VBA von sehr vielen PC-Anwendungen genutzt. Damit hat es sich zu einer Art Standard entwickelt.

VBA löste Mitte der 1990er Jahre die bis zu diesem Zeitpunkt in den Microsoft-Office-Anwendungen enthaltenen verschiedenen Makro-Sprachen ab. Wohl auch aus diesem Grund wird heute immer noch von Makros gesprochen – auch in SolidWorks. Der Sprachaufbau ist sehr ähnlich dem des auch noch von vielen Programmierern verwendeten Visual Basic Version 6. Allerdings muss man sagen, dass dies eigentlich eine veraltete Technologie ist. Schon vor Jahren wurde Visual Basic 6 von Visual Basic .NET abgelöst und innerhalb der modernen .NET-Umgebung von Microsoft nehmen andere Sprachen, wie z. B. C#, eine immer wichtigere Rolle ein. So wird wohl in nicht allzu ferner Zukunft auch VBA diesen geänderten Rahmenbedingungen angepasst werden. Da es allerdings heute noch Bestandteil aller Office-Produkte und auch der aktuellen SolidWorks-Version ist, wird auch im vorliegenden Buch auf dieser Sprache aufgebaut.

Dabei zeigt sich VBA zum einen als völlig in SolidWorks integrierte Entwicklungsumgebung und wird auch aus SolidWorks heraus gestartet, auf der anderen Seite erscheint es dem Nutzer gegenüber als separate Anwendung mit einem eigenen Fenster (►Abbildung 8.6).

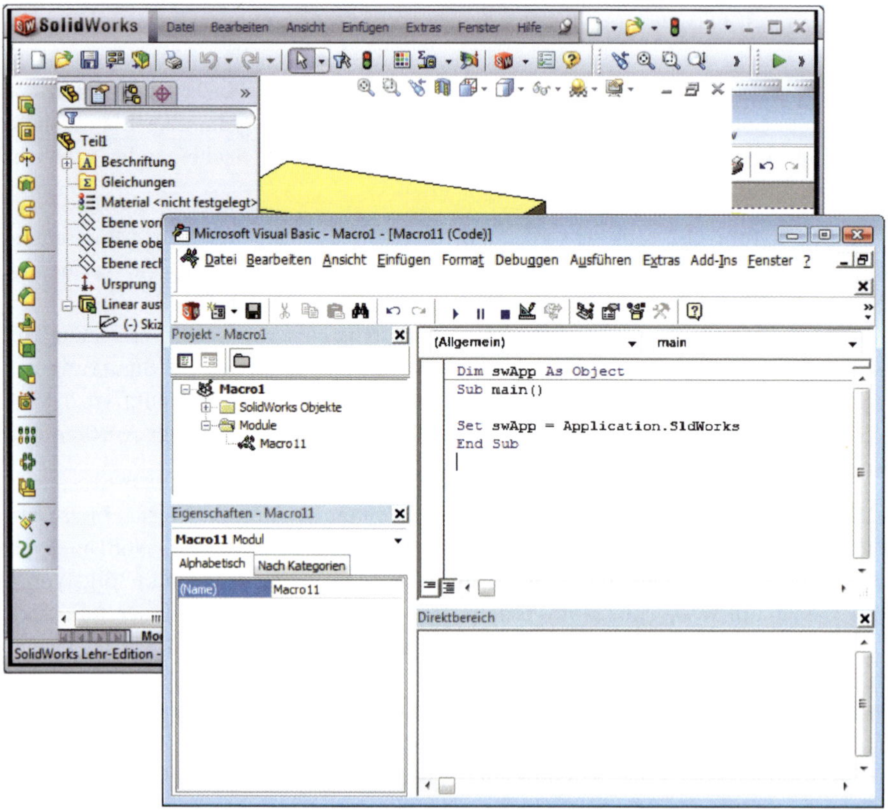

Abbildung 8.6: VBA-Entwicklungsumgebung von SolidWorks

Mit VBA ist es nun zum einen möglich, eigene Programme zu entwickeln. Zum anderen kann man aber auch die mit dem Recorder aufgezeichneten Makros einlesen und an seine besonderen Vorstellungen anpassen (Abbildung 8.4). Alle derartigen Makros haben einen gemeinsamen Zugang zu den SolidWorks-Objekten. Dieser besteht in einer sogenannten SolidWorks-API. **API** ist eine gebräuchliche Abkürzung für **Application Programming Interface**. Mittels einer solchen API gibt SolidWorks Programmierern die Möglichkeit, die internen Funktionen des CAD-Systems zu nutzen und auf alle geometrischen Elemente der Dokumente zuzugreifen. Die SolidWorks-API enthält Hunderte von Funktionen und kann außer in den bereits beschriebenen SolidWorks-Makros auch von Visual Basic 6.0, Visual Basic .NET, Visual C# .NET, Visual C++ 6.0, Visual C++ .NET genutzt werden.

Die Nutzung derartiger externer Entwicklungsumgebungen funktioniert, was die Zugriffe auf die SolidWorks-Objekte betrifft, vergleichbar mit VBA, gestattet aber viel komplexere Anwendungen. Diese Vorgehensweise ist damit geübten Nutzern vorbehalten und bildet auch die Basis professioneller Software.

Charakteristisch für die Nutzung dieser SolidWorks-API ist, dass nur solche Modellelemente bearbeitet werden können, die sich im Speicherraum von SolidWorks befinden. Die Modelle müssen also zuvor geöffnet werden. Dafür stehen dann aber fast alle Funktionen zur Bearbeitung, die auch im Dialog verfügbar sind, sowie viele weitere Funktionen, die nur über die Programmierung zugänglich werden.

Der Arbeit mit Makros widmet sich dieses Kapitel vorrangig. Nach einer Vorstellung der VBA-Entwicklungsumgebung in Abschnitt 8.4 wird anschließend auf wichtige Grundlagen der Makro-Entwicklung eingegangen.

Der Dokument-Manager

Manchmal ist es hinderlich, dass man die SolidWorks-Modelle erst öffnen muss. Dies ist vor allem dann der Fall, wenn man eigentlich nur bestimmte Informationen aus dem Modell auslesen möchte (z. B. die Pfade der referenzierten Teile). Dann kostet das Öffnen zum einen unnötig viel Zeit und auch die Notwendigkeit, eine SolidWorks-Lizenz für diese Analyse zu benötigen, ist unschön.

Für diese Fälle stellt SolidWorks eine weitere Zugriffsmöglichkeit bereit – das **SolidWorks Document Manager API**. Mittels dieser API können Programme entwickelt werden, die solche Funktionen wie das Umbenennen, Ersetzen oder Kopieren von SolidWorks-Dokumenten ermöglichen, ohne diese zuvor in SolidWorks zu laden. Auf diese Schnittstelle soll allerdings in diesem Buch nicht weiter eingegangen werden.

8.3 Arbeit mit Gleichungen

Da Gleichungen ein häufig genutztes Werkzeug in SolidWorks sind, soll deren Einsatz für das einfache Beispiel nach Abbildung 8.5 vorgestellt werden.

Um dieses Beispiel nachvollziehen zu können, konstruieren Sie so, wie es im Kapitel 4 erläutert wurde, in einem Part-Dokument einen einfachen Quader aus einer ebenen, rechteckigen Skizze. Bemaßen Sie die Skizze und tragen Sie diese linear aus. Sie können dabei für dieses Beispiel die Maße frei wählen. Belassen Sie jedoch zunächst alle automatisch vergebenen Namen für die Features.

Wollen Sie nun, wie in Abbildung 8.5 dargestellt, festlegen, dass sich die Länge des Quaders immer so einstellen soll, dass sie das Doppelte der Höhe beträgt, so gehen Sie wie folgt vor.

Um alle Maße sehen zu können, doppelklicken Sie zunächst im Featuremanager auf das Feature *Linear austragen1* (►Abbildung 8.7).

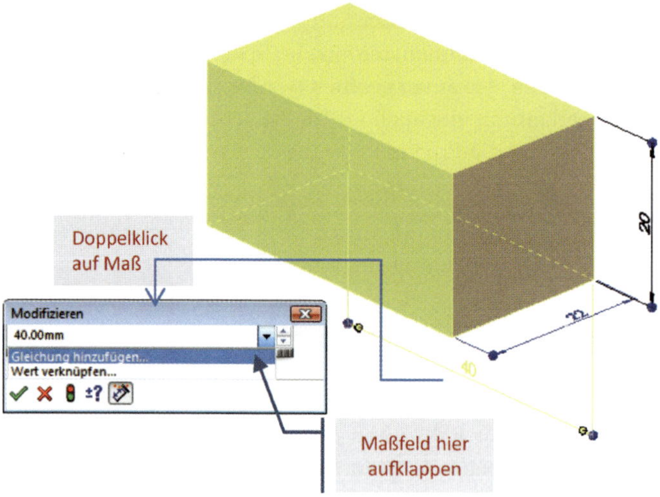

Abbildung 8.7: Ändern eines Maßes am ausgetragenen Körper

Jetzt klappen Sie das Maßfeld auf. Es erscheinen zwei weitere Möglichkeiten, das Maß festzulegen, wobei Sie hier bitte das erste Angebot Gleichung hinzufügen ... wählen. Es öffnen sich jetzt ein weiteres Formular (►Abbildung 8.8).

Im oberen Teil steht in einem weißen Feld bereits ein Teil der künftigen Gleichung. Der in Anführungszeichen stehende Text *D2@Skizze1* ist der interne SolidWorks-Name des selektierten Längenmaßes der Skizze. Ein derartiger Name setzt sich immer

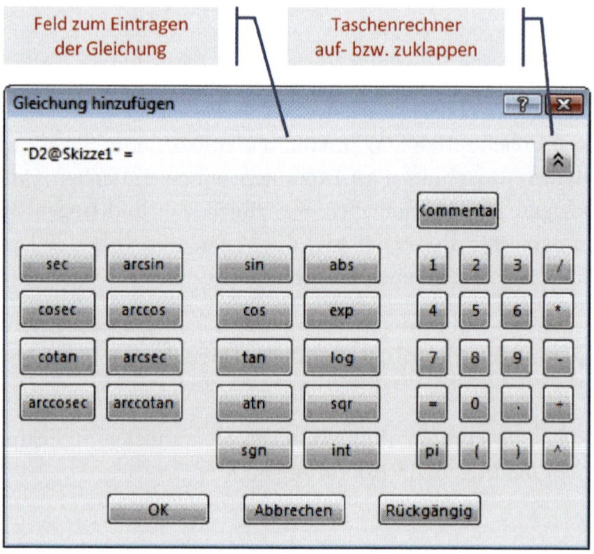

Abbildung 8.8: Formular zum Eintragen von Gleichungen

aus dem Namen der Skizze sowie einem automatisch vergebenen Zähler für das Maß in dieser Skizze zusammen. Rechts vom bereits eingetragenen Gleichheitszeichen können Sie nun die gewünschte funktionale Abhängigkeit eintragen. Für gegebenenfalls benötigte mathematische Funktionen steht Ihnen im unteren Teil des Formulars ein kleiner **Taschenrechner** zur Verfügung. Dort gewählte Funktionen oder Zahlen werden dann sofort im Eingabefeld an der Cursorposition eingetragen. Sehen Sie den Taschenrechner nicht oder wollen Sie diesen ausblenden, so können Sie diesen mit der kleinen Schaltfläche rechts neben dem Eingabefeld ein- bzw. ausblenden.

Um Bezüge zu anderen Maßen herzustellen, ist es unnötig, deren interne Namen zu wissen. Es reicht, diese einfach anzuklicken. Dann wird deren Name automatisch im Eingabefeld des Formulars eingetragen. Führen Sie dies jetzt mit dem Maß für die ausgetragene Höhe des Quaders durch. Sie sehen, dass dessen Name *D1@Skizze1* übernommen wird (►Abbildung 8.9).

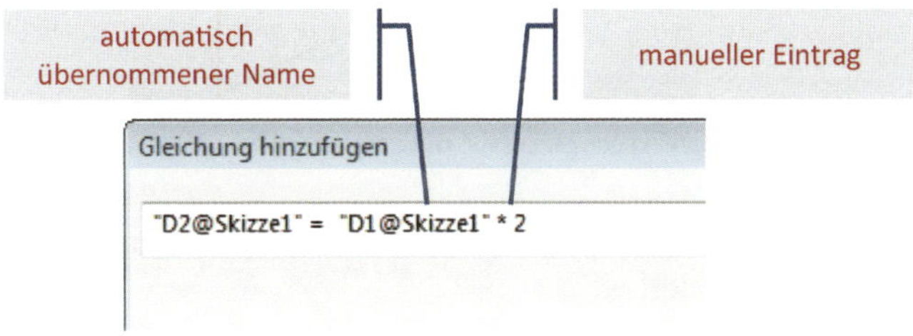

Abbildung 8.9: Vervollständigen der Gleichung

Manuell (mittels der Tastatur oder des Taschenrechners im Formular) vervollständigen Sie jetzt noch die Gleichung durch Angabe des Faktors 2. Schließen Sie jetzt dieses Formular. Nun ist ein weiteres Formular zu sehen (►Abbildung 8.10).

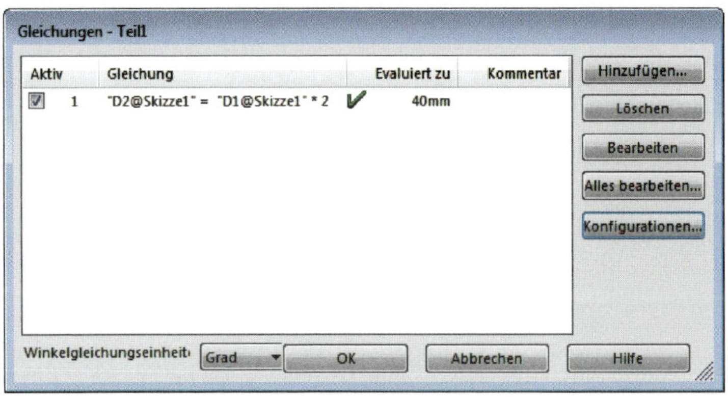

Abbildung 8.10: Übersicht über die im Part enthaltenen Gleichungen

Sie können hier sehen, welche Gleichungen es in diesem Part bereits gibt und ob die Gleichungen aktiv sind. Sie können alle Gleichungen durch einen Klick in das kleine Schaltkästchen auf der linken Seite auch jederzeit wieder deaktivieren bzw.

aktivieren. Mit den Schaltflächen auf der rechten Seite ist es auf einfache Weise möglich, Gleichungen zu bearbeiten, zu löschen oder auch bestimmten Konfigurationen zuzuweisen. Verlassen Sie nun auch dieses Formular.

Sie können sehen, dass die Gleichung dazu geführt hat, dass das Längenmaß auf einen aktuellen Wert geändert wurde, der das Doppelte der Quaderhöhe beträgt. Im Maßbild sind derartige Maße, die über Gleichungen definiert sind, durch ein vorgestelltes Summenzeichen Σ zu erkennen.

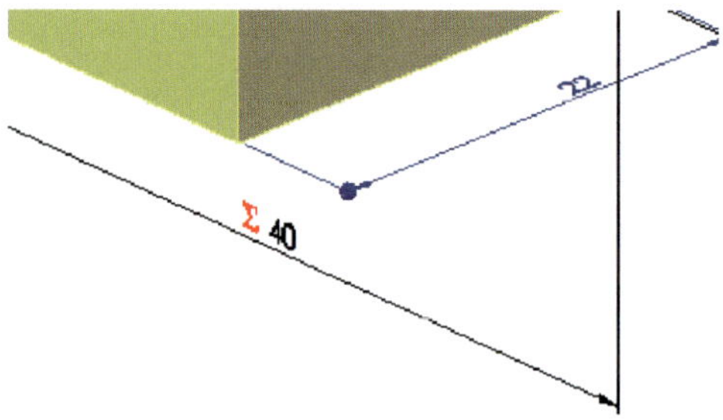

Abbildung 8.11: Darstellung eines abhängigen Maßes mit Gleichung

Ändern Sie jetzt den Wert des Höhenmaßes, werden Sie sehen, dass das abhängige Maß automatisch mit geändert wird.

8.4 Bedienung von VBA in SolidWorks

Um mit VBA arbeiten zu können, muss auf die Makrobefehle von SolidWorks zugegriffen werden. Diese kann man entweder über MENÜ→EXTRAS→MAKRO erreichen oder man aktiviert die Makro-Menüleiste (►Abbildung 8.12).

Abbildung 8.12: Die Makro-Symbolleiste in SolidWorks

In beiden Fällen stehen folgende fünf Befehle zur Verfügung:

- MAKRO AUSFÜHREN. Diese Funktion ermöglicht es Ihnen, ein bereits bestehendes Makro auszuführen. Dies kann entweder ein von Ihnen zuvor aufgezeichnetes Makro sein oder eines, welches Sie selbst programmiert haben.
- STOPP MAKRO. Ein gegenwärtig laufendes Makro wird sofort angehalten.

- AUFZEICHNEN/PAUSE MAKRO. Damit haben Sie die Möglichkeit, durch das Aufzeichnen aller im Weiteren von Ihnen durchgeführten SolidWorks-Aktionen ein Makro automatisch erstellen zu lassen.
- NEUES MAKRO. Sie öffnen in der VBA-Entwicklungsumgebung ein neues, noch leeres Makro und können ein eigenes Programm entwickeln.
- MAKRO BEARBEITEN. Ein bereits existierendes Makro kann von Ihnen geändert werden.

8.4.1 Makros aufzeichnen

Ist man mit der Arbeit mit den SolidWorks-Makros nicht vertraut, so kann man zu Beginn am einfachsten den **Aufzeichnungsmodus** nutzen. Dabei zeichnet SolidWorks einfach alle manuellen Aktionen, die Sie ab jetzt durchführen, auf und erzeugt im Hintergrund ein entsprechendes VBA-Programm. Um dies leichter nachvollziehen zu können, soll es am Beispiel des einfachen Stift-Teils aus dem Kapitel 4 (Einzelteile) gezeigt werden.

Öffnen Sie zur Vorbereitung zuerst ein neues und damit leeres Part. Alle Schritte der nachfolgenden Geometrieerzeugung werden aufgezeichnet, wenn Sie jetzt den Befehl AUFZEICHNEN/PAUSE MAKRO wählen. Führen Sie jetzt die Konstruktion des Stifts durch. Ist dies erfolgt, so wird die Aufzeichnung des Makros mittels des Befehls STOPP MAKRO beendet. Dabei fragt SolidWorks nach, unter welchem Namen das Makro abgelegt werden soll (►Abbildung 8.13).

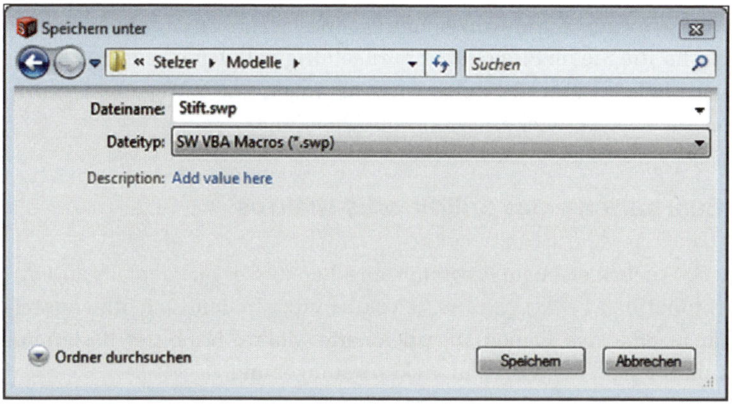

Abbildung 8.13: Dialog zum Abspeichern eines aufgezeichneten Makros

Nutzen Sie einen sinnvollen Namen anstelle des Standardvorschlags (hier wird der Dateiname *Stift* gewählt). Der Dateityp `.swp` wird für alle SolidWorks-Makros verwendet und darf nicht geändert werden. Sie haben auch die Möglichkeit, die Aufzeichnung während der Konstruktion zu unterbrechen und später wieder fortzusetzen, z. B. wenn Sie sich über den nächsten Konstruktionsschritt nicht sicher sind und diesen zuvor austesten wollen. Wählen Sie dazu jeweils wieder den Befehl AUFZEICHNEN/PAUSE MAKRO.

Um das Makro zu testen, schließen Sie das aktuelle Part und öffnen Sie wiederum ein neues, leeres Dokument.

HINWEIS

Beim Start eines aufgezeichneten Makros müssen Sie darauf achten, genau die gleiche Ausgangssituation wiederhergestellt zu haben, die Sie auch in dem Augenblick hatten, in dem Sie die Aufzeichnung des Makros begannen. Die im Makro aufgezeichneten Aktionen werden einfach sequenziell abgearbeitet, ohne dass SolidWorks prüft, ob alle Voraussetzungen erfüllt sind. Beachten Sie dies nicht, so werden Sie Fehlermeldungen erhalten und gegebenenfalls kein oder ein falsches Ergebnis erzielen.

Das Makro erreicht man jetzt über den Befehl MAKRO AUSFÜHREN. Wählen Sie in dem sich öffnenden Auswahlfenster das soeben gespeicherte Makro und starten Sie es. Die gesamten Konstruktionsschritte laufen nun automatisch nochmals ab. Auch der Dialogschritt für die Eingabe des Durchmessermaßes erfolgt.

Für einige Fälle, bei denen man gleiche Konstruktionsschritte oft durchführen muss, ist dieser Ablauf durchaus schon eine Hilfe. Allerdings dient er meist nur als nützliche Vorstufe eines eigenen Programms. Denn vor allem, wenn man ein SolidWorks-Programm entwickeln möchte, aber die benötigten Befehle nicht genau kennt, lohnt es sich, von SolidWorks ein Makro für die weitere Bearbeitung erzeugen zu lassen. Dazu starten Sie einfach die Aufzeichnung eines Makros und führen nun alle Aktionen durch, für die Sie im Programm die zugehörigen Befehle benötigen. Der erzeugte Programmcode steht nun für weitere Anpassungen zur Verfügung. Dazu wird jetzt allerdings die VBA-Entwicklungsumgebung benötigt.

8.4.2 Bearbeiten eines SolidWorks-Makros

Will man das soeben erzeugte Programm ansehen und gegebenenfalls ändern, so wird die Makrofunktion MAKRO BEARBEITEN benutzt. In dem sich öffnenden Formular wählt man wieder das soeben abgespeicherte Makro. Nach der Bestätigung öffnet sich nun das Fenster der VBA-Entwicklungsumgebung.

Dieses Fenster ist in mehrere Bereiche aufgeteilt und bietet eine Vielzahl von speziellen Funktionen an. Bevor auf die wichtigsten davon eingegangen wird, soll zunächst auf den Code des gerade aufgezeichneten Programms *Stift.swp* geschaut werden (►Listing 8.1).

```
Option Explicit
' ******************************************************************
' C:\DOKUME~1\stelzer\LOKALE~1\Temp\swx3628\Macro1.swb - macro
recorded on 03/03/09 by stelzer
' ******************************************************************
Dim swApp As Object
Dim Part As Object
Dim SelMgr As Object
Dim boolstatus As Boolean
Dim longstatus As Long, longwarnings As Long
Dim Feature As Object

Sub main()

Set swApp = Application.SldWorks

Set Part = swApp.ActiveDoc
Set SelMgr = Part.SelectionManager
boolstatus = Part.Extension.SelectByID2("Ebene vorne", "PLANE", 0,_
0, 0, False, 0, Nothing, 0)
Part.ClearSelection2 True
Dim SkCircle As Object
Set SkCircle = Part.SketchManager.CreateCircle(0, 0, 0,_
0.005509002032941, -0.003391711809317, 0)
Part.ClearSelection2 True
boolstatus = Part.Extension.SelectByID2("Arc1", "SKETCHSEGMENT",_
0.003871623918098, 0.005964734561213, 0, False, 0, Nothing, 0)
Dim Annotation As Object
Set Annotation = Part.AddDimension2(-0.000572688, 0.0146194, 0)
Part.ClearSelection2 True
Part.Parameter("D1@Skizze1").SystemValue = 0.005
Part.ShowNamedView2 "*Trimetrisch", 8
Part.ClearSelection2 True
boolstatus = Part.Extension.SelectByID2("D1@Skizze1@Teil1.SLDPRT",_
"DIMENSION", 0, 0, 0, False, 0, Nothing, 0)
Part.FeatureManager.FeatureExtrusion2 True, False, False, 0, 0,_
0.015, 0.01, False, False, False, False, 0.01745329251994,_
0.01745329251994, False, False, False, False, 1, 1, 1, 0, 0, False
Part.SelectionManager.EnableContourSelection = 0
boolstatus = Part.Extension.SelectByID2("", "EDGE",_
0.001535494585369, 0.001931441488409, 0.01502801644045, False, 0,_
Nothing, 0)
Part.ViewRotateminusy
Part.ViewRotateminusy
```

```
Part.ViewRotateminusy
Part.ViewRotateminusy
Part.ViewRotateminusy
Part.ViewRotateminusy
boolstatus = Part.Extension.SelectByID2("", "EDGE",_
0.001664367461501, -0.001818542253089, -4.371190726715E-05, _
True, 0,Nothing, 1)
Part.FeatureManager.InsertFeatureChamfer 4, 1, 0.0008,_
0.2617993877992, 0, 0, 0, 0
End Sub
```

Listing 8.1: Aufgezeichnetes Makro der Stift-Konstruktion

Automatisch aufgezeichnete Makros enthalten immer eine ganze Reihe von Variablenvereinbarungen und auch Befehlszeilen, welche nicht unbedingt benötigt werden. Möchte man ein derartiges Makro weiterverwenden, so sollte man es, soweit man die nötigen Kenntnisse besitzt, von diesem Ballast befreien. Unbedingt erforderlich ist dies aber nicht – man muss dann eben auch Befehle einfach akzeptieren, für die man eventuell keine direkte Erklärung hat.

Aus diesem Grunde werden die Befehle des Makros *Stift* an dieser Stelle auch nicht einzeln erläutert, sondern nur auf wichtige Elemente der Struktur hingewiesen.

Am Anfang des Listings wird automatisch ein **Kommentar** eingefügt, welcher auf den Ersteller, das Erstellungsdatum sowie den Namen des Makros bei der Aufzeichnung hinweist. Bereit diesen Zeilen kann man das Alter der VBA-Version entnehmen, die die Pfadangaben in der MS-DOS-kompatiblen Kurzform angibt, welche für die meisten Nutzer heute nur sehr schwer verständlich ist. Auch wird nicht der wirklich vergebene Makroname (hier *Stift*), sondern der ursprünglich automatisch vorgeschlagene Name (*Macro1*) aufgezeichnet. Will man dieses Makro weiterverwenden, so sollte man als Erstes diese Kopfzeilen korrigieren.

Es folgen die **Vereinbarungen einiger Variablen**. Nicht alle diese Variablen werden im folgenden Programm auch wirklich benötigt (z. B. `longstatus` oder `longwarnings`). Die Aufzeichnungsfunktion hat sie standardmäßig hinzugefügt.

Anschließend kommt, als **Hauptprogramm** `Sub main()` definiert, der Code des eigentlichen Makros. Dieser Code ist als Vorlage für eine gegebenenfalls selbst zu entwickelnde Prozedur hilfreich. Man sollte nur beachten, dass er ein vorgegebenes Problem nie besonders effektiv löst und meist auch für die Lösung eigentlich unnötige Codezeilen enthält. Dies ist einfach der Tribut, den man für eine automatische Aufzeichnung zu zahlen hat.

8.4.3 Die VBA-Entwicklungsumgebung

Will man ein derartiges Programm nun verändern oder selbst ein neues Programm erstellen, so ist es notwendig, einige wichtige Komponenten der Entwicklungsumgebung zu kennen.

Struktur des Fensters der Entwicklungsumgebung

Sinnvoll ist es, die Oberfläche von VBA so vorzubereiten, dass die in ►Abbildung 8.14 zu sehenden Teilfenster geöffnet sind.

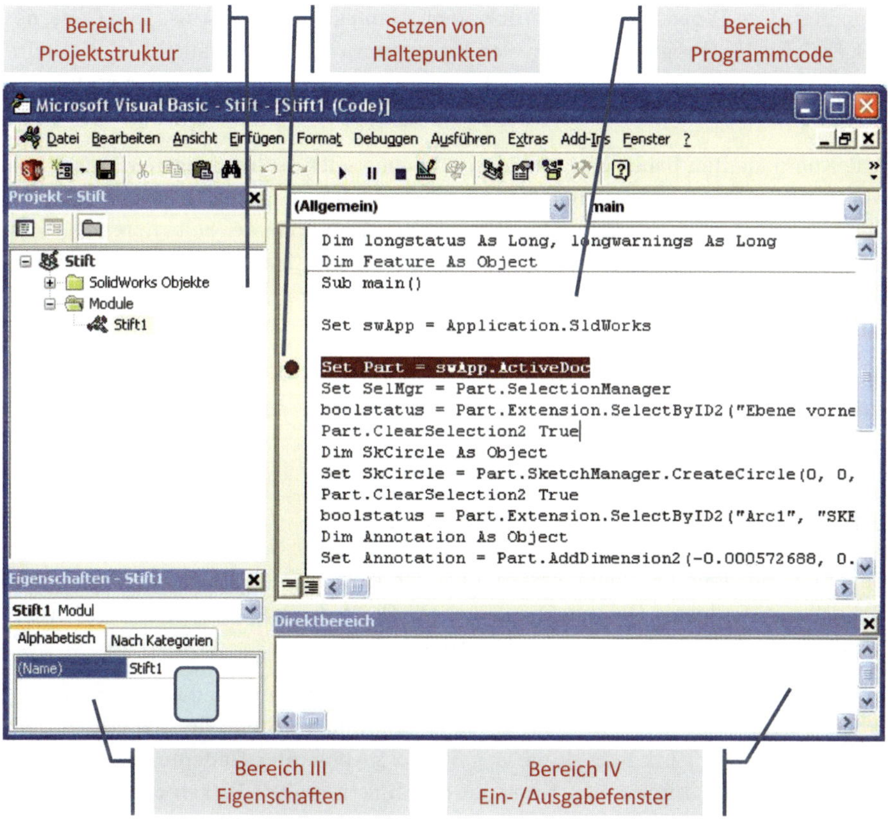

Abbildung 8.14: Aufbau der VBA-Entwicklungsumgebung

Am wichtigsten ist das **Code-Fenster** (Bereich I), welches der Eingabe und Änderung des Programms dient.

In Bereich II sehen Sie das **Projekt-Fenster**. In diesem ist die Struktur aller gegenwärtig geladenen Projekte zu erkennen. Ein Projekt besteht aus einem oder mehreren Modulen, Formularen oder Klassenmoduln. In **Modulen** fasst man logisch zusammengehörige Programmteile zusammen. Deshalb besitzt jedes aufgezeichnete Makro auch mindestens ein Modul. Das enthält dann genau den aufgezeichneten Programmcode. **Formulare** dienen dem Dialog mit dem Nutzer der Programme. Ein Beispiel für die Anwendung von Formularen wird in Abschnitt 8.8 vorgestellt. **Klassenmodule** sind ein Konstrukt, mit dem VBA Grundelemente der objektorientierten Programmierung bereitstellt. Mit Klassenmodulen wird im Rahmen dieser Einführung jedoch nicht gearbeitet.

Solche neuen Komponenten kann man bei Bedarf über die Befehlsfolge MENÜ→ EINFÜGEN→(USERFORM/MODUL/KLASSENMODUL) hinzufügen.

Im Makrofile (hier: *Stift.swp*) werden alle derartigen Komponenten des Projekts gespeichert. Der **Projektname** entspricht dem Namen dieses Makros. Der Code des aufgezeichneten Programms (bzw. der Programmrumpf eines neuen Makros) wird standardmäßig in einem ersten Modul abgelegt, dessen Name sich aus dem Projektnamen, erweitert mit einer laufenden Ziffer (hier: *1*) ergibt (hier also: *Stift1*).

Alle Komponenten haben **Eigenschaften**, die man entsprechend eigener Vorstellungen anpassen kann. Dazu dient das Eigenschaftsfenster in Bereich III. Es zeigt immer die Eigenschaften der gerade aktuell gewählten Komponente. Selektieren Sie z. B. im Projektbrowser das Modul *Stift1*, so haben Sie im Eigenschaftsfenster die Möglichkeit, den Namen des Moduls zu ändern. Eine weitere Eigenschaft hat ein Modul nicht.

Der Direktbereich IV kann für die Ausgabe von Zwischenergebnissen beim Test oder auch die Eingabe von Werten benutzt werden. Darauf wird in den folgenden Beispielen noch zurückgekommen.

Schrittweises Abarbeiten eines Programms

Bevor das geladene Programm gestartet werden kann, vergewissern Sie sich, dass in SolidWorks ein leeres Dokument geladen ist. Denn das war ja bei Ihrer vorherigen manuellen Arbeit, die aufgezeichnet wurde, auch der Fall.

In vielen Fällen ist es hilfreich, wenn das Programm nicht auf einmal komplett abgearbeitet wird, sondern wenn man ab einer bestimmten Stelle die Befehle einzeln testen kann. Dies kann man durch das Setzen sogenannter **Haltepunkte** erreichen. Man erhält diese durch einen Klick auf den linken grauen Balken im Codefenster (Abbildung 8.14). Dadurch wird die zugehörige Zeile des Programms rotbraun markiert und dort ein Haltepunkt eingetragen. An diesem wird später ein Programm automatisch angehalten.

Man kann das gut mit dem Makro *Stift* nachvollziehen. Klicken Sie jetzt im Code-Fenster in der ersten Zeile nach `Sub main()` in den linken grauen Balken. An der Markierung erkennen Sie, dass ein Haltepunkt gesetzt wurde. Hatten Sie gegebenenfalls die falsche Position gewählt, so können Sie diesen Haltepunkt durch nochmaliges Anklicken auch wieder löschen.

Da immer versucht wird, die Prozedur zu starten, in der sich aktuell der Cursor befindet, setzen Sie zu Beginn am besten den Cursor irgendwo in die `Sub main()`-Prozedur. Starten Sie jetzt das Programm mittels des Befehls MAKRO AUSFÜHREN der Iconleiste. Das Programm wird gestartet, aber bereits vor dem ersten ausführbaren Befehl genau an der von Ihnen mit dem Haltepunkt versehenen Stelle wieder angehalten. Sie sehen dies an der gelb markierten Zeile an dem von Ihnen gesetzten Haltepunkt (►Abbildung 8.15).

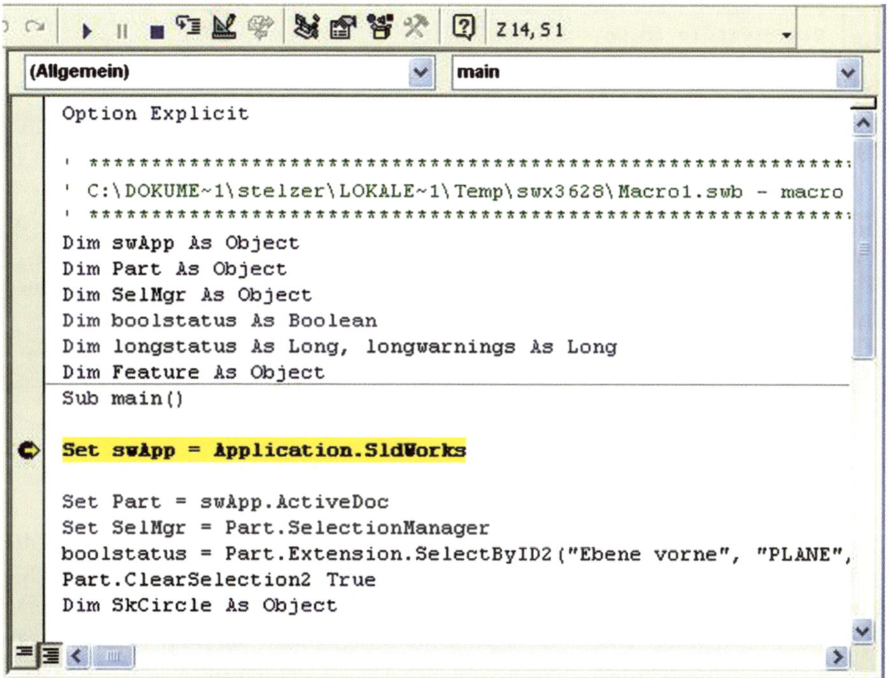

Abbildung 8.15: Unterbrechung eines Programms an einem Haltepunkt

Dabei wurde die gelb markierte Programmzeile noch nicht ausgeführt.

Sie könnten jetzt das Programm durch erneute Betätigung des Buttons MAKRO AUSFÜHREN einfach fortsetzen. Interessanter ist aber, es ab jetzt Schritt für Schritt abzuarbeiten. Dies erreichen Sie durch den Befehl MENÜ→DEBUGGEN→EINZELSCHRITT. Die gleiche Wirkung kann man auch einfacher mit der Funktionstaste F8 erzielen. Gehen Sie auf diese Weise zwei Befehlszeilen weiter (►Abbildung 8.16).

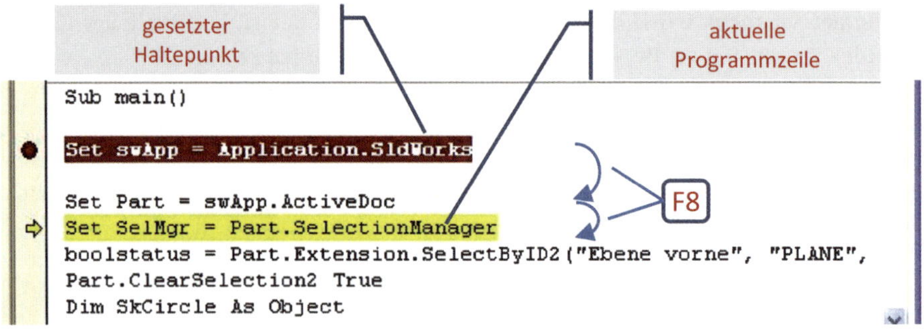

Abbildung 8.16: Schrittweises Ausführen eines Programms

Die Anweisung `Set` weist einer Variablen den Verweis auf ein SolidWorks-Objekt zu. So steht die Variable `swApp` des besprochenen Makro-Programmcodes z. B. für die SolidWorks-Anwendung (`.SldWorks`), die Variable `Part` für das gegenwärtig aktuelle Part-Modell (`.ActiveDoc`). Diese Zusammenhänge werden in Abschnitt 8.5.2 noch detailliert beschrieben.

Ausgabe von Zwischenwerten

Abbildung 8.16 zeigt, dass mit dem Erreichen der nun aktiven Programmzeile die beiden Objekte `swApp` und `Part` aktive Verweise enthalten müssen. Dies können Sie leicht im **Direktbereich** (Bereich IV; Abbildung 8.14) überprüfen. Dort kann man jeden beliebigen Variablenwert abfragen. Dies erfolgt mittels eines Fragezeichens (?), gefolgt von einem Ausdruck, dessen Wert ausgegeben werden soll.

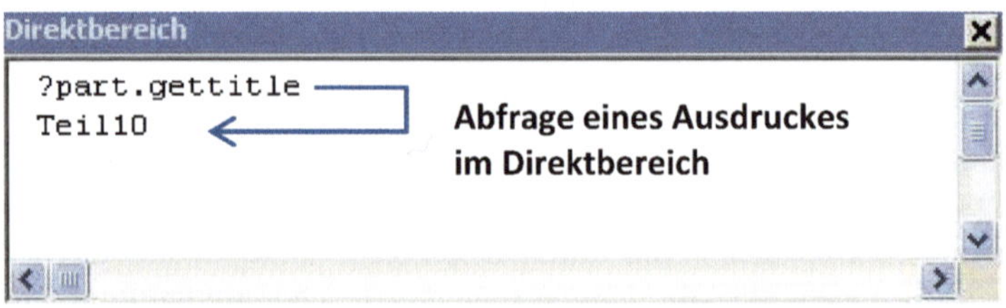

Abbildung 8.17: Abfrage im Direktbereich

So kann man z. B. mittels der Abfrage `?part.gettitle` den Titelnamen des aktuellen Parts-Dokuments ermitteln (►Abbildung 8.17), das hier *Teil10* heißt.

Will man bereits im Programm eine solche Ausgabe im Direktbereich fest vorsehen, so erreicht man die gleiche Wirkung im Quelltext mit dem Befehl `Debug.Print Part.GetTitle` (►Abbildung 8.18).

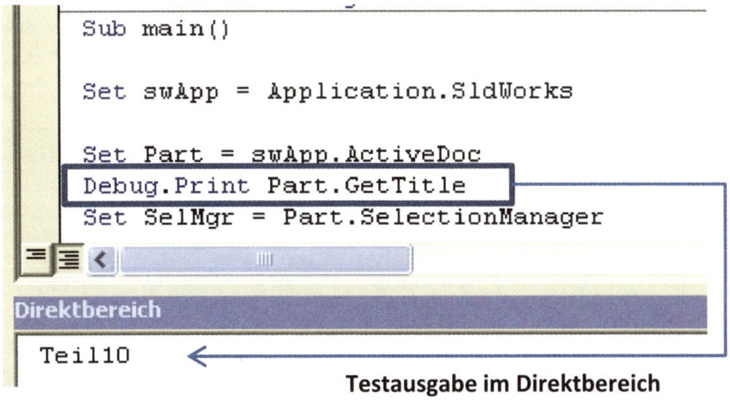

Abbildung 8.18: Ausgabe im Direktbereich

Setzen Sie nun die Abarbeitung Schritt für Schritt fort und beobachten Sie in SolidWorks, wie der Stift schrittweise aufgebaut wird.

Sind bei Ihnen gegebenenfalls nicht alle Fenster, die soeben besprochen wurden, zu sehen, so sind diese wahrscheinlich deaktiviert. Man kann einzelne Fenster im MENÜ→ANSICHT an- bzw. auch wieder ausschalten. An dieser Stelle soll vor allem noch auf zwei weitere Fenster, welche bei der Programmentwicklung oft sehr hilfreich sind, hingewiesen werden.

Informationen über benutzte Objekte

Dies ist zum einen das sogenannte **Lokal-Fenster**. Dieses gibt während des Programmablaufs eine Übersicht über alle gegenwärtig bekannten Variablen und Objekte. Mit dieser Übersicht kann man zwei wichtige Fragestellungen lösen. So erhält man schnell eine Information, welche Variablen gegenwärtig einen Wert besitzen und welche nicht. Betrachten Sie sich das Lokal-Fenster in dem Augenblick, wenn das Programm am zuvor diskutierten Haltepunkt stehen bleibt, so sehen Sie zunächst lediglich drei Einträge (►Abbildung 8.19).

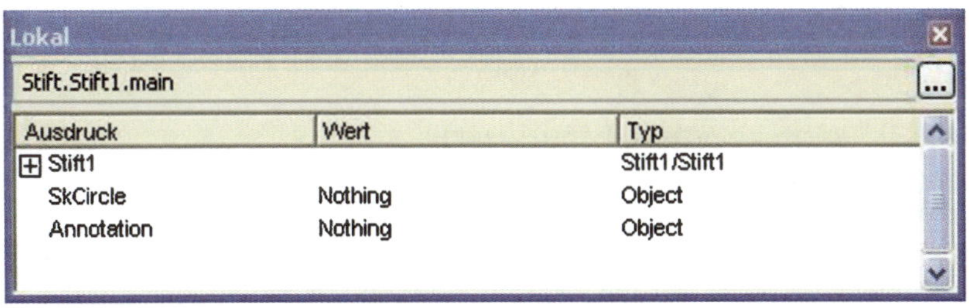

Abbildung 8.19: Lokal-Fenster am Haltepunkt des Programms

Dies sind einmal die beiden im Programm definierten Variablen `SkCircle` und `Annotation`. Beide haben den Wert `Nothing`, da ihnen ja noch kein Wert zugewiesen wurde. Außerdem ist deren Typ `Object` zu sehen. Alle anderen Vereinbarungen wurden außerhalb des Programms `main()` im Modul vorgenommen und sind deshalb nur sichtbar, wenn man den als ersten Eintrag im Lokal-Fenster enthaltenen Container für das Modul *Stift1* durch einen Klick auf das führende Plus-Zeichen öffnet (►Abbildung 8.20).

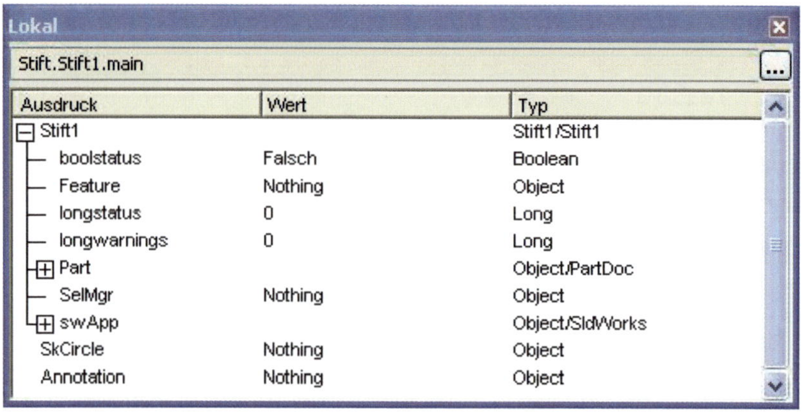
Lokal
Stift.Stift1.main

Ausdruck	Wert	Typ
⊟ Stift1		Stift1/Stift1
boolstatus	Falsch	Boolean
Feature	Nothing	Object
longstatus	0	Long
longwarnings	0	Long
⊞ Part		Object/PartDoc
SelMgr	Nothing	Object
⊞ swApp		Object/SldWorks
SkCircle	Nothing	Object
Annotation	Nothing	Object

Abbildung 8.20: Lokal-Fenster mit geöffnetem Modul-Objekt Stift1

Nun sind alle benutzten Variablen mit deren aktuellen Werten zu sehen. Zwei weitere Objektvariablen haben wiederum ein führendes Pluszeichen. Dieses zeigt immer an, dass die betreffende Objektvariable einen Verweis auf ein aktives Objekt besitzt, welches wiederum auf weitere, untergeordnete Objekte verweist bzw. welches Eigenschaften hat. Dies ist hier sofort nachvollziehbar, da ja bereits bekannt ist, dass z. B. das Objekt `SldWorks` (den Verweis darauf hat die Variable `swApp`) das Objekt des Part-Dokuments *Stift* enthält. Leider wird man beim Öffnen des Objekts im Lokal-Fenster enttäuscht sein, da keine weiteren Objekte angezeigt werden (►Abbildung 8.21).

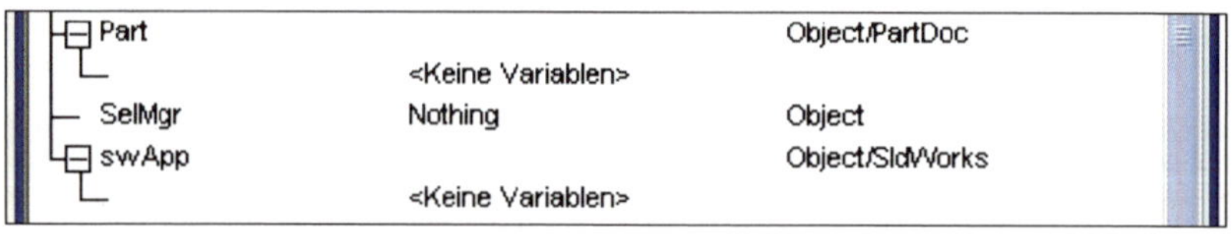

⊟ Part		Object/PartDoc
	<Keine Variablen>	
SelMgr	Nothing	Object
⊟ swApp		Object/SldWorks
	<Keine Variablen>	

Abbildung 8.21: Geöffnete SolidWorks-Objekte im Lokal-Fenster

Lediglich der nichtssagende Hinweis auf `<Keine Variable>` wird angezeigt. Dies ist leider ein Problem, welches bei allen SolidWorks-Objekten besteht. Das SolidWorks-Modell unterstützt diese Art der Navigation nicht. Das ist vor allem deshalb sehr unangenehm, da man sonst auf diese Art und Weise sehr elegant den manchmal sehr verworrenen Weg durch die Objekthierarchien verfolgen könnte und so Objekte und Eigenschaften, die man benötigt, leichter finden würde.

So bleibt neben der API-Hilfe nur eine weitere Möglichkeit – der **Objektkatalog**. Diesen können Sie über MENÜ→ANSICHT→OBJEKTKATALOG öffnen (►Abbildung 8.22).

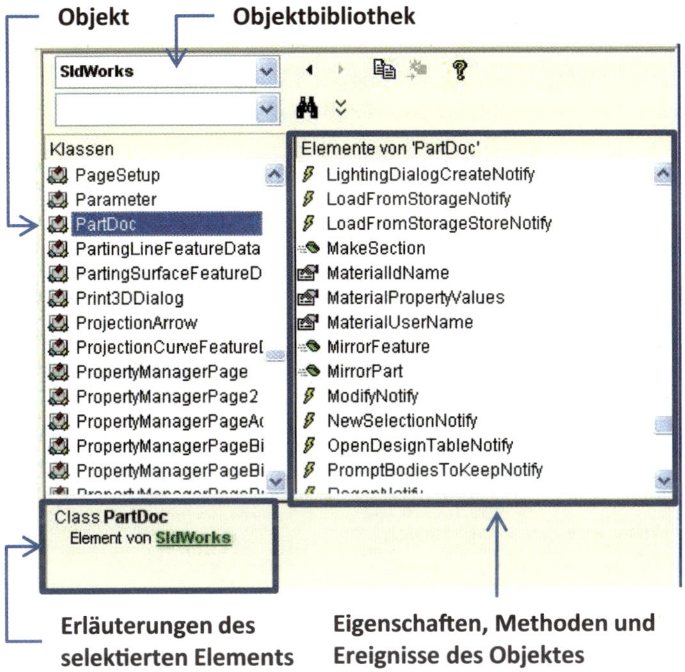

Abbildung 8.22: Der Objektkatalog

Nachdem Sie im oberen Auswahlfenster die interessierende **Objektbibliothek** (hier: SldWorks) ausgewählt haben, stehen Ihnen im linken Teilfenster alle **existierenden Objekte** zur Verfügung. Im rechten Teilfenster werden nun für das selektierte Objekt (hier: PartDoc) alle existierenden Eigenschaften, Methoden und Ereignisse aufgelistet. Für jedes selektierte Element kann man dann im unteren Bereich eine kurze Erläuterung sehen. Für das beschriebene Problem im Lokal-Fenster ist dies zwar nur ein bescheidener Ersatz. Doch als schnell verfügbare Unterstützung stellt der Objektkatalog doch immerhin eine praktische interessante Ergänzung der API-Hilfe dar.

Einstellung wichtiger Optionen

Beachten Sie vor der Erarbeitung eigener Programme noch einen wichtigen Hinweis. Wenn Sie in die erste Zeile von Listing 8.1 schauen, so sehen Sie die Anweisung `Option Explicit`. Diese erzwingt in Programmen dieses Moduls die Deklaration aller verwendeten Variablen. Sie wissen eventuell, dass dies in VBA eigentlich nicht unbedingt erforderlich ist. Vielleicht fehlt diese Zeile auch in dem von Ihnen erzeugten Beispielcode. In diesem Fall ist in Ihrer Entwicklungsumgebung eine Deklaration von Variablen als nicht erforderlich festgelegt.

Es ist extrem gefährlich, mit nicht deklarierten Variablen zu arbeiten. Denn bereits einfache Schreibfehler im Programm können zu sehr schwer zu findenden Fehlern führen. Gewöhnen Sie sich deshalb unbedingt an, die Deklaration von Variablen als verbindlich festzulegen.

Dies ist über die Optionen von VBA möglich. Öffnen Sie dazu das Optionsfenster über MENÜ→EXTRAS→OPTIONEN (►Abbildung 8.23).

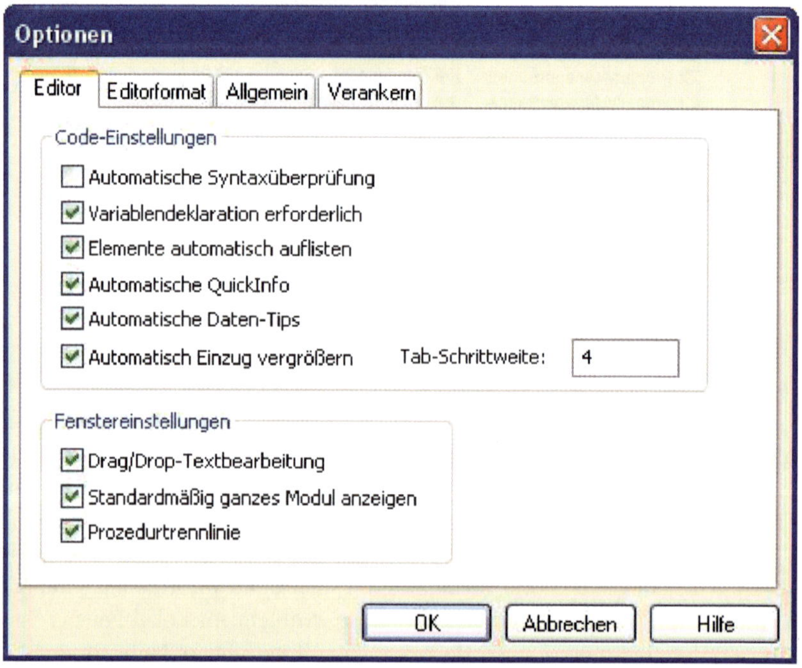

Abbildung 8.23: Optionsfenster

Das Häkchen in der zweiten Zeile Variablendeklaration erforderlich muss gesetzt sein. Ist dies bei Ihnen nicht der Fall, so setzen Sie es bitte jetzt. Sie sehen auch das fehlende Häkchen in der ersten Zeile bei Automatische Syntaxüberprüfung. Diese Option legt fest, ob beim Verlassen jeder Zeile sofort geprüft wird, ob diese syntaktisch korrekt ist. Entscheiden Sie bitte selbst, ob Sie dies wünschen oder nicht. Bei häufigem Arbeiten im VBA erscheint es aber oft eher hinderlich, wenn jedes Mal, wenn man eine Zeile verlässt, eine Warnmeldung erscheint. Denn häufig möchte man nur an einer anderen Stelle etwas nachschauen. Außerdem markiert VBA syntaktisch falsche Zeilen sowieso farblich (rot).

Beenden Sie Ihre ersten Arbeiten in VBA mittels des Befehls MENÜ→DATEI→SCHLIESSEN UND ZURÜCK ZU SOLIDWORKS.

8.5 Das SolidWorks-Objektmodell

8.5.1 Grundlegende Eigenschaften von Objekten

Will man SolidWorks automatisieren, so gibt es für alle, die bisher nur mit einfachen Abläufen beim Programmieren zu tun hatten, ein typisches Anfangsproblem. Denn die Programmierung einer Aufgabe aus der technischen Mechanik in FORTRAN oder z. B. eines Programms zur Bearbeitung von Matrizen oder Bildern in MathCAD, wie es häufig in der Ausbildung gelehrt wird, beruht im Wesentlichen auf der Definition eines Ablaufs und greift auf eine Anzahl verfügbarer Funktionen zurück. SolidWorks dagegen stellt für den Zugriff auf seine Funktionen sowie die Elemente der mit SolidWorks erzeugten Modelle eine Menge voneinander abhängiger **Objekte** zur Verfügung. Was also sind solche Objekte?

HINWEIS

Sowohl der Objektbegriff als auch dessen Verwendung in SolidWorks sollen hier nur so weit eingeführt werden, wie es für einfache Anwendungen notwendig ist. Dies sei an dieser Stelle angemerkt, denn die Arbeit mit Objekten spielt in der modernen Programmierung eine sehr große Rolle und so ist auch das Objekt selbst ein recht kompliziertes Konstrukt. Viele Eigenschaften, Regeln und Gesetzmäßigkeiten sind aber für den hier vorgesehenen Einstieg nicht so wesentlich. Wer sich vertiefte Kenntnisse aneignen möchte, sollte die weiterführende Literatur nutzen (Lahres, et al. 2006).

Am einfachsten kann man sich zunächst vorstellen, dass alle Modellelemente, mit denen man es in SolidWorks zu tun hat, Objekte sind. Dazu gehören also alle geometrischen Elemente, wie Punkte, Kanten, Flächen oder auch ganze Teile oder Baugruppen. Hier soll bereits auf den Unterschied zwischen den beiden häufig benutzten Begriffen **Objekt** und **Klasse** hingewiesen werden, denn man verwechselt sie leicht.

Jeder Körper, jede Kante oder auch jeder Punkt in einem Modell ist ein **Objekt**. Es ist für sich einzigartig, denn z. B. gibt es einen bestimmten Punkt im Modell natürlich nur einmal. Er hat feste Kordinaten (x, y, z) und unterscheidet sich damit von einer Vielzahl weiterer Punkte im Modell. Aber auf der anderen Seite haben alle Punkte Koordinaten. Und auch die Regeln, nach denen man mit diesen Punkten arbeiten kann, gelten grundsätzlich für alle Punkte. Man spricht deshalb von der Klasse der Punkte.

Eine **Klasse** ist also eine Menge von Objekten, die sich durch ein gleiches Verhalten auszeichnen und für die die gleichen Regeln gelten. Da das Objekt also das in einem konkreten Modell realsierte und handhabbare Element einer Klasse ist, soll im Weiteren meist nur vom Objekt gesprochen werden.

Alle Objekte, die in SolidWorks zur Verfügung stehen, sind in einer API-Hilfe beschrieben. Man findet diese am einfachsten über MENÜ→HILFE→API-HILFETHEMEN. Darin ist zunächst zu sehen, dass es offensichtlich eine sehr große Zahl von einzelnen APIs gibt. Im Weiteren wird jedoch lediglich die Hilfe für die Arbeit mit SolidWorks benötigt. Dies ist der zweite Eintrag im Inhaltsverzeichnis der Gesamthilfe (►Abbildung 8.24).

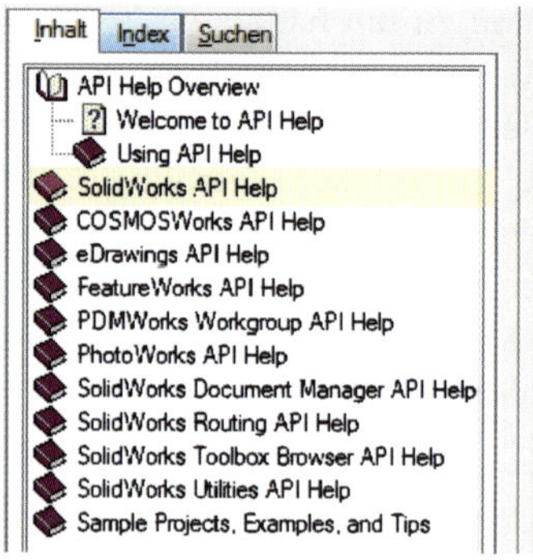

Abbildung 8.24: Verfügbare API-Hilfen für SolidWorks

Objekte in SolidWorks werden durch Eigenschaften, Methoden und Ereignisse charakterisiert (►Abbildung 8.25).

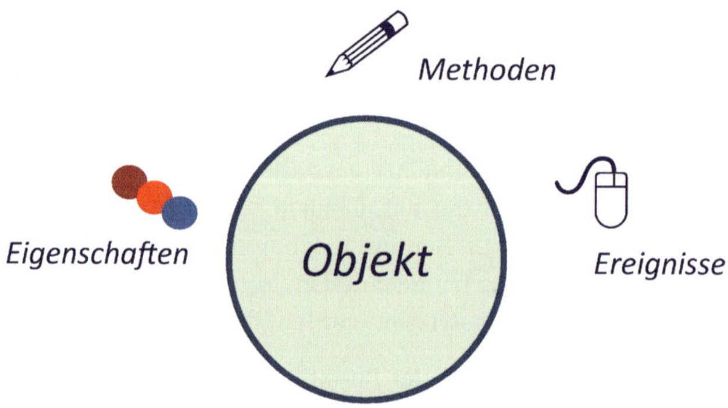

Abbildung 8.25: Zugriffsformen auf Objekte

Eigenschaften (oft benutzt man auch den englischen Begriff **Property**) sind die verfügbaren Informationen über das Objekt, die gelesen und in vielen Fällen auch geändert werden können. Die Eigenschaften eines Punkts sind z. B. seine Koordinaten *x*, *y* und *z*. Es gibt dabei solche Eigenschaften, die der Nutzer beim Aufbau des Modells explizit festlegt und die er sowohl über die Benutzeroberfläche als auch mittels eines Programms ändern kann. Dazu gehören die Punktkoordinaten ebenso wie der Radius eines Kreises oder die Kantenlänge eines Würfels. Es ist mittels eines Programms aber auch möglich, solche Eigenschaften eines Objekts abzufragen, die man als normaler Nutzer des CAD-Systems nicht sehen kann.

Methoden beschreiben alle Operationen, die man auf ein Objekt anwenden kann. Sie beschreiben damit vereinfacht gesagt, was man mit diesem Objekt alles tun kann. Jede Methode, die zur Verfügung steht, hat einen fest vorgegebenen Namen. Für Skizzenpunkte im SolidWorks-Modell existiert z. B. eine Methode `SetCoords`, welche es erlaubt, die Koordinaten eines Punkts neu zu setzen – den Punkt also im Raum zu verschieben.

Schließlich haben viele Objekte noch zugeordnete **Ereignisse**. Das sind Funktionen, die automatisch ausgeführt werden, wenn mit dem Objekt etwas Bestimmtes getan wird. Mit diesen Ereignissen kann man also auf etwas reagieren, was zeitlich nicht genau planbar ist. So gibt es z. B. ein solches Ereignis für das Öffnen oder Speichern eines Modells. Niemand weiß im Vorhinein, wann der Nutzer ein Modell öffnet oder schließt. Tut er dies jedoch, so wird automatisch das diesem Ereignis zugeordnete Programm gestartet. Dies ist in vielen Fällen sehr hilfreich. Im Beispiel des Abschnitts 8.8 wird darauf nochmals eingegangen.

Aber nicht nur die Geometrieelemente sind Objekte, sondern auch SolidWorks selbst sowie alle seine Komponenten sind so aufgebaut. Das bedeutet z. B., dass auch alle sichtbaren Programmelemente, wie die Fenster oder Menüs, die auf dem Bildschirm sichtbar sind, als Objekte angesprochen werden können.

►Abbildung 8.26 zeigt die zuvor beschriebenen Objekteigenarten am Beispiel des SolidWorks-Objekts.

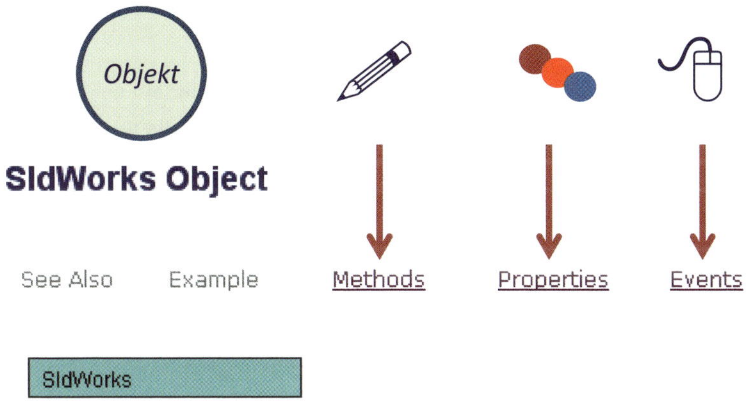

Abbildung 8.26: SolidWorks als Objekt

Die CAD-Applikation SolidWorks selbst wird dabei als Objekt beschrieben. Man sieht, dass dieses Objekt einen etwas verkürzten Namen *SldWorks* besitzt – eine Eigenart, auf die im Weiteren noch zu achten ist. Des Weiteren gibt es Übersichten über die Methoden, Eigenschaften und Ereignisse von SolidWorks.

Eine wichtige **Eigenschaft** ist z. B. die Sichtbarkeit der Applikation (►Abbildung 8.27).

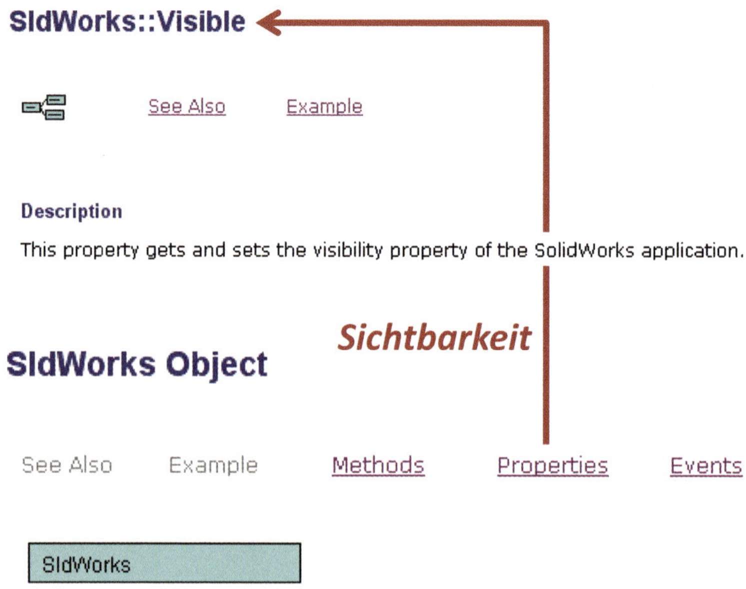

Abbildung 8.27: Eigenschaften des SolidWorks-Objekts

Wie bei den meisten Namen innerhalb der API wird auch hier ein englischer Begriff benutzt (`Visible`). Mit dieser Eigenschaft kann man steuern, ob SolidWorks für den Nutzer sichtbar sein soll (der Normalfall) oder unsichtbar bleibt (dies ist sehr nützlich, wenn man eine Operation in SolidWorks ausführen möchte, auf die der Nutzer keinen Einfluss nehmen soll).

►Abbildung 8.28 zeigt eine **Methode** des SolidWorks-Objekts. `CopyDocument` kann benutzt werden, wenn man von einem SolidWorks-Modell eine Kopie erzeugen möchte. Dies ist, ebenso wie die Dialogfunktion SPEICHERN UNTER, eine Funktion der CAD-Applikation, die als Methode zur Verfügung gestellt wird.

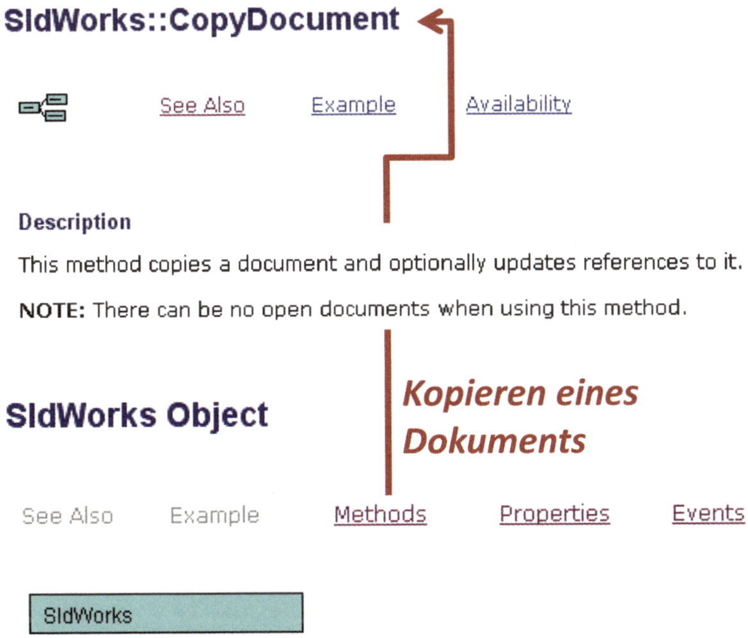

Abbildung 8.28: Methoden des SolidWorks-Objekts

Ein typisches **Ereignis** wird ausgelöst, wenn der Nutzer in SolidWorks ein neues Modell öffnet. Das zugehörige Ereignis heißt `FileOpenNotify2` und erlaubt es, eine beim Öffnen gewünschte Zusatzfunktion auszuführen (z. B. das Eintragen in ein Protokoll).

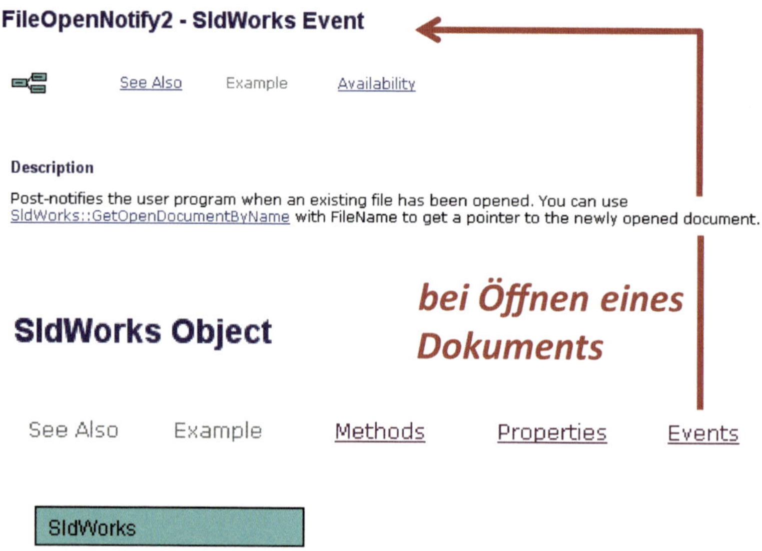

Abbildung 8.29: Ereignisse des SolidWorks-Objekts

Das eigentlich Komplizierte bei der Arbeit mit den Objekten ist, dass man in den meisten Fällen nicht einfach direkt auf das gerade benötigte Objekt zugreifen kann. Denn diese Objekte sind ineinander verschachtelt und innerhalb einer sich oft recht schwer erschließenden Hierarchie geordnet. So findet sich der Punkt in einer Skizze, die Skizze in einem Modell und das Modell wird innerhalb des SolidWorks-Objekts bearbeitet. Da es in SolidWorks verschiedene Möglichkeiten gibt, um Objekte einander zuzuordnen und ineinander zu schachteln, soll auf diese Problematik später jeweils eingegangen werden, wenn dies benötigt wird.

8.5.2 Zugriff auf das SolidWorks-Objektmodell

Der Zugriff auf die erforderlichen Objekte folgt einem einfachen Grundkonzept.

Alles beginnt mit dem in der Hierarchie obersten Objekt – SolidWorks selbst. Diesem sind dann alle weiteren Objekte untergeordnet. Dabei steht zumeist jeder Übergang eines Objekts zum nächsten Objekt für ein immer tieferes Eindringen in die Modelle – es werden also bei jedem derartigen Schritt immer weitere Detailinformationen zugänglich.

Die Schwierigkeit, vor allem für jeden Anfänger, besteht nun allerdings darin, sich in dem überaus mächtigen Gerüst von SolidWorks-Objekten zurechtzufinden. Denn im Grunde genommen kommt es immer darauf an, das für die Lösung einer Aufgabe erforderliche Objekt inklusive des Zugriffswegs zu finden. Dies wird noch dadurch verstärkt, dass es teilweise für den Zugriff auf ein bestimmtes Detail durchaus auch mehrere Wege durch die Objekthierarchien gibt und diese nicht in jedem Fall zwingend logisch aufgebaut sind. Da sich das vorliegende Buch vor allem an Leser richtet, die sich in die Materie einarbeiten wollen, soll von einem Gesamtüberblick über das SolidWorks-Objektmodell Abstand genommen werden. Vielmehr sollen die Grundlagen besprochen werden, die für einige typische Arbeiten erforderlich sind.

Das Objekt der Applikation SolidWorks

Alles beginnt also mit dem Zugriff auf das oberste Objekt – SolidWorks selbst. Dafür bietet der VBA-Editor eine sehr einfache Lösung an. Öffnet man ein neues Makro, so wird ein Gerüst entsprechend ►Listing 8.2 erzeugt.

```
Dim swApp As Object
Sub main()
   Set swApp = Application.SldWorks

End Sub
```

Listing 8.2: Rumpf eines SolidWorks-Makros

Zunächst wird eine Variable `swApp` als `Object` definiert. Variablen vom Datentyp `Object` sind Bestandteil von VBA und verweisen auf beliebige Objekte in einer Anwendung. Einer Variablen, die als `Object` deklariert wurde, kann anschließend mit der `Set`-Anweisung ein Verweis auf jedes von der Anwendung erzeugte Objekt zugewiesen werden. Dies erfolgt hier in der Hauptroutine `main()` mit dem Verweis auf *Application.SldWorks.* Nach dieser Anweisung steht `swApp` also für das SolidWorks-Objekt und ermöglicht damit den Zugriff auf alle weiteren Modellelemente und SolidWorks-Funktionen.

Auf einige Besonderheiten muss allerdings bereits hier hingewiesen werden. Zum einen betrifft dies die Vereinbarung von `swApp` als `Object`. Die Nutzung dieses allgemeinen Objekts hat zwar den Charme, dass man es immer und an allen Stellen benutzen kann, wo es um die Arbeit mit Objekten geht. Man muss also im Vorfeld nie genau wissen, wie ein Objekt wirklich exakt heißt. Auf der anderen Seite weiß VBA dies natürlich beim Erstellen des Codes auch nicht! Erst in dem Augenblick, wo mittels der Set-Anweisung das gewünschte Objekt zugewiesen wird, ist klar, um was für eine Objektklasse es wirklich geht. Man spricht hier deshalb auch von einer **späten Bindung**. Bei der riesigen Zahl von Objekten, mit denen man es bei der Programmierung zu tun hat, ist dies für VBA eine aufwändige Operation. Es geht dabei ja nicht nur um die in diesem Kapitel besonders wichtigen SolidWorks-Objekte, sondern auch um solche Objekte, die der Ausgabe oder Eingabe von Daten des Nutzers dienen (z. B. Formulare) oder um andere Anwendungen, die man zusätzlich benötigt (z. B. MS-Excel oder MS-Word). Auch ist es der Entwicklungsumgebung unter diesen Bedingungen nicht möglich, den Programmierer schon während der Programmentwicklung zu unterstützen. Wäre bereits hier bekannt, um was für eine Objektklasse es sich handelt, so wäre auch klar, auf welche untergeordneten Objekte, welche Eigenschaften und Methoden man mit dieser Variablen zugreifen kann.

Im Gegensatz zu dieser späten Bindung kann man aber auch eine **frühe Bindung** erzwingen, indem die Variable bereits durch den Namen der jeweiligen konkreten Klasse deklariert wird. Wo irgend möglich sollte man dies nutzen. Bei den folgenden Vereinbarungen wird darauf nochmals hingewiesen.

Für die Variable `swApp` wäre das der Klassenname *SldWorks.SldWorks*. Dieser schaut etwas gewöhnungsbedürftig aus, lässt sich aber leicht begründen. Es werden aus der schier unüberblickbaren Menge von existierenden Objekten unter Windows je nach Zielstellung immer nur bestimmte Objekte benötigt. Viele Objekte sind auch erst verfügbar, wenn die dazugehörige Applikation (im vorliegenden Fall SolidWorks) installiert ist. Aus diesem Grund fasst man zusammengehörige Objekte in sogenannten **Bibliotheken** zusammen. Diese Bibliotheken werden mit den jeweiligen Programmen mit ausgeliefert und müssen VBA zuvor bekannt gegeben werden. Dazu wird ein Verweis auf diese Bibliothek eingerichtet. Der Name der hier benötigten Bibliothek ist *SldWorks* (►Abbildung 8.30). Dieser Bibliotheksname wird in der Vereinbarung an erster Stelle geschrieben. Diesem untergeordnet (durch einen Punkt getrennt) sind dann alle enthaltenen Objekte. Das für die Applikation SolidWorks genutzte Objekt hat in diesem Fall den gleichen Namen *SldWorks*. Zusammengesetzt entsteht dann der vollständige Klassenname *SldWorks.SldWorks* in der Vereinbarung der Variable `swApp`.

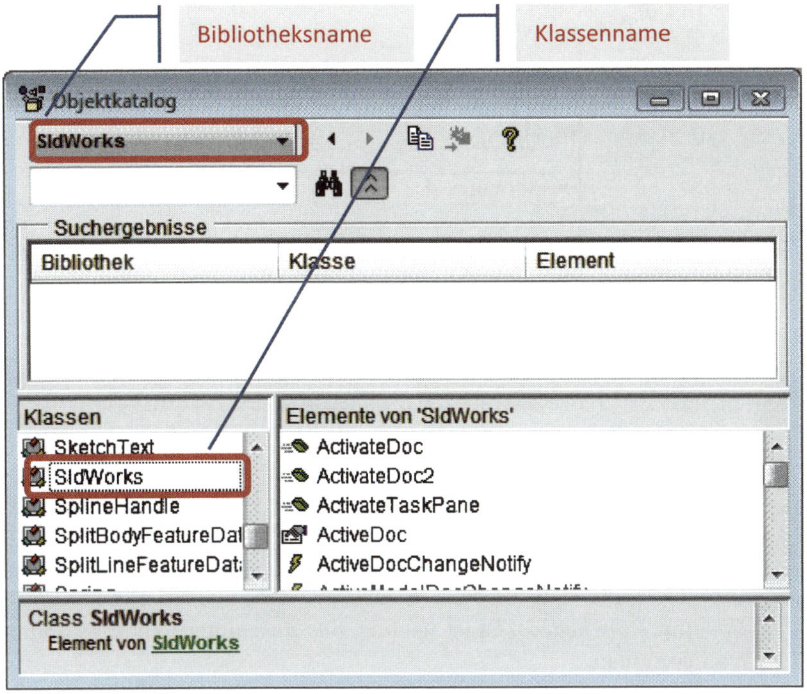

Abbildung 8.30: Die SolidWorks-Bibliothek im Objektbrowser

Die `SET`-Anweisung in Listing 8.2 mit dem Verweis auf `Application.SldWorks` nutzt übrigens eine vereinfachte Möglichkeit, auf das SolidWorks-Objekt zuzugreifen. Der Hintergrund dafür soll hier nicht weiter diskutiert werden.

Objekte für Modelle in SolidWorks-Dokumenten

Wie in ►Abbildung 8.31 zu sehen ist, sind diesem Objekt in der nächsten Ebene eine ganze Reihe von weiteren Objekten zugeordnet. Von diesen soll hier jedoch lediglich das letzte, grau hinterlegte Objekt *ModelDoc2* interessieren.

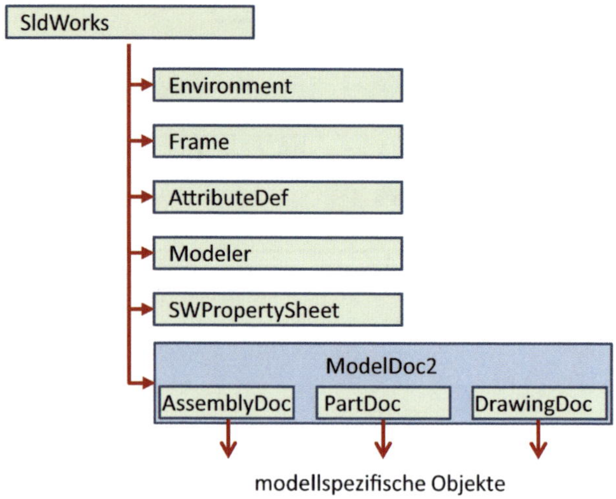

Abbildung 8.31: Auswahl von SolidWorks-Objektklassen

Wie zu sehen ist, umfasst das Objekt *ModelDoc2* drei weitere Klassen *PartDoc*, *AssemblyDoc* und *DrawingDoc*. Es ist wichtig, das Zusammenspiel dieser vier Objektklassen zu verstehen.

Will man mittels eines Programms auf ein SolidWorks-Modell zugreifen, so ist es natürlich wichtig, zwischen den drei Grundmodellarten Part, Assembly und Drawing zu unterscheiden. Wie aus den vorangegangenen Kapiteln bekannt ist, haben diese drei Modellarten einen ganz unterschiedlichen Aufbau und sind durch unterschiedliche Komponenten gekennzeichnet. Aus diesem Grund stehen für die Programmierung auch drei unterschiedliche Objektklassen zur Verfügung (►Abbildung 8.32).

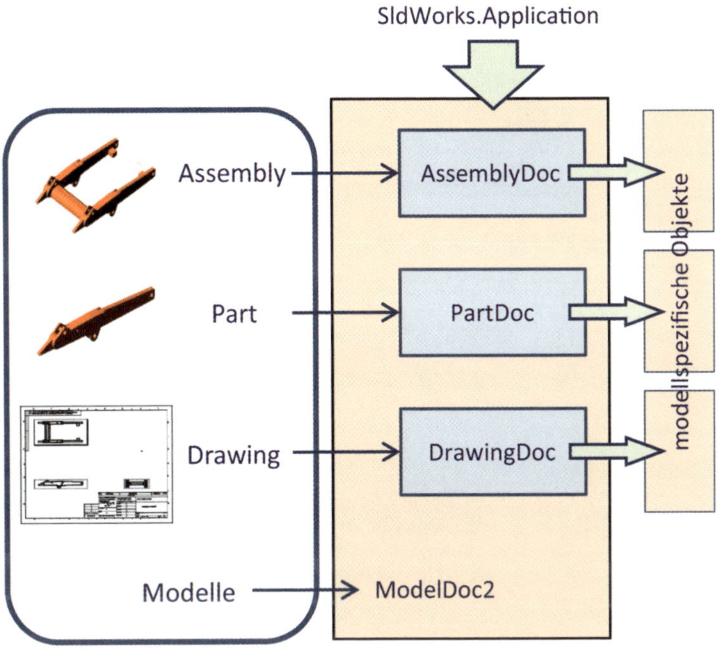

Abbildung 8.32: Modellzuordnung zu den Teilobjekten der Klasse ModelDoc2

Jede enthält dann genau die der Modellart zugeordneten Objekte, Eigenschaften und Funktionen. Greift man jedoch mittels eines Programms auf ein gerade geladenes (noch unbekanntes) Modell zu, so ist es hilfreich, sofort zumindest einige wichtige Eigenschaften nutzen zu können. Aus diesem Grund hat man alle Eigenschaften und Methoden, die für alle Modelle sinnvoll sind, in einem übergreifenden Objekt, dem *ModelDoc2*, zusammengefasst. Eine derartige Eigenschaft wäre dann z. B. eine Angabe zum Modelltyp. Damit ist es dann möglich, zu entscheiden, welcher konkrete Modelltyp vorliegt. Die entsprechende Eigenschaft heißt GetType und nimmt unterschiedliche Werte an, je nachdem, welche der Modellarten Part, Assembly oder Drawing geladen ist. Auch viele wichtige modellunabhängige Funktionen, wie das Schließen eines Modells, setzen direkt auf dem Objekt *ModelDoc2* auf.

Es sei an dieser Stelle auf die in vielen Fällen anzutreffende Ziffer (hier „2“) hinter dem Namen eines Objekts, einer Eigenschaft oder einer Funktion hingewiesen. Diese dient lediglich zur Unterscheidung von weiterentwickelten Versionen des gleichen Basisobjekts und hat für die hier dargelegten Sachverhalte meist keine weitere Bedeutung. Wenn im Folgenden allgemein eine bestimmte Methode gemeint ist, wird diese Ziffer weggelassen. Beim Schreiben von Programmcode müssen Sie diese Ziffern jedoch beachten.

Der bereits eingeführte Programmrumpf kann nun entsprechend ►Listing 8.3 weiter ausgebaut werden.

```
Dim swApp As SldWorks.SldWorks

Sub main()
   Dim swModel As SldWorks.ModelDoc2
   Dim swPart As SldWorks.PartDoc
   Set swApp = Application.SldWorks
   Set swModel = swApp.ActiveDoc

   Select Case swModel.GetType
   Case swDocPART
        '-- das Modell ist ein PART
   Set swPart = swModel
   Case swDocASSEMBLY
        '-- das Modell ist eine ASSEMBLY
   Case swDocDRAWING
        '-- das Modell ist eine DRAWING
   Case Else
        '-- eine unbekannte Modellart ist geladen
   End Select

End Sub
```

Listing 8.3: Ableitung eines Part-Objekts von einem geöffneten SolidWorks-Modell

HINWEIS

Die `Select Case`-Anweisung führt eine von mehreren Gruppen von Anweisungen aus, abhängig vom Wert eines Ausdrucks hinter `Select Case`. So wird hier der Ausdruck `swModel.GetType` ausgewertet. Je nach dem durch diesen Ausdruck ermittelten Wert für den Typ des Dokuments (z. B. `swDocPART`) werden dann die Anweisungen im entsprechenden Case-Abschnitt ausgeführt (z. B. der Befehl `Set swPart = swModel`).

Dabei wird die Methode `ActiveDoc` genutzt, um auf ein bereits in SolidWorks geöffnetes Modell zuzugreifen. Es wird dabei im Fall mehrerer geöffneter Modelle immer das gerade aktive Dokument benutzt. Die Variable `swDoc` verweist nunmehr auf dieses Modell. Damit ist es jetzt möglich, den Modelltyp mittels der Eigenschaft `GetType` zu ermitteln. Für die Auswertung der zurückgegebenen Werte (dies sind numerische Werte 1, 2 oder 3) stehen zum besseren Verständnis (und auch, um von gegebenenfalls vorgenommenen Änderungen an der API unabhängig zu sein) vorbelegte Konstanten (z. B. der Wert `swDocPART` für den Fall, dass das Modell ein Part ist) zur Verfügung. In diesem Fall ist es dann möglich, den allgemeineren Typ `ModelDoc2` auf den spezielleren Typ `PartDoc` zuzuweisen. Dieser stellt die speziellen Komponenten des Part-Modells für weitere Operationen zur Verfügung.

Wechsel des aktuellen Dokuments

Möchte man bei mehreren geöffneten Modellen auf ein bestimmtes (gegenwärtig vielleicht nicht aktives) Modell zugreifen, so muss man zuvor dafür sorgen, dass dieses Modell zum aktiven Modell wird (▶Abbildung 8.33).

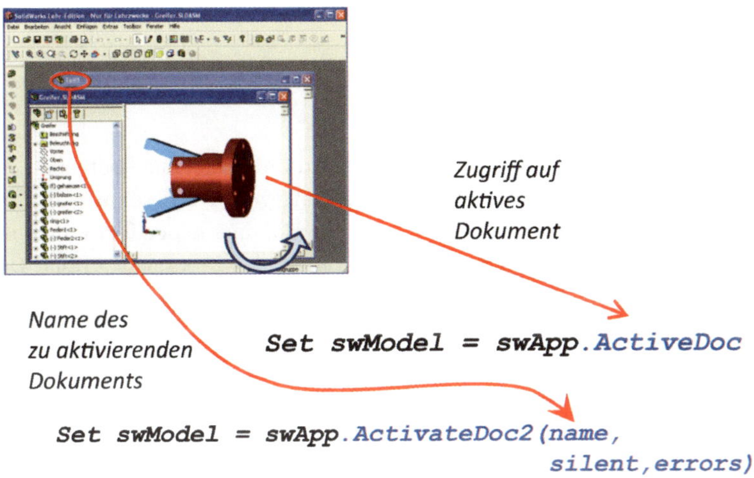

Abbildung 8.33: Aktivieren von Modellen

Dazu gibt man der Methode `ActivateDoc2` den Namen des Modells bekannt. Dieser wird auch im Kopf des zugeordneten SolidWorks-Fensters angegeben. Die weiteren Parameter dieser Methode dienen der Dialog- und Fehlerbehandlung und sollen hier nicht weiter besprochen werden.

Öffnen eines vorhandenen Dokuments

Ist das gewünschte Modell noch gar nicht geöffnet, so muss dieses zuvor nach SolidWorks geladen werden. Dies hat sich mit der SolidWorks-Version 2008 gegenüber früheren Versionen ein wenig geändert. So muss zunächst mittels der Methode `GetOpenDocSpec` eine sogenannte **Spezifikation** des gewünschten Modellfiles erzeugt werden (▶Listing 8.4).

```
Dim swApp As SldWorks.SldWorks
Dim swModel As SldWorks.ModelDoc2
Dim swDocSpec As SldWorks.DocumentSpecification
Dim sName As String
Dim longstatus As Long, longwarnings As Long
```

```
Sub main()
    Set swApp = Application.SldWorks
    Set swDocSpec = swApp.GetOpenDocSpec("Grundplatte.SLDPRT")
    '
    '-- Hier kann der Ladevorgang beeinflusst werden
    '
    Set swModel = swApp.OpenDoc7(swDocSpec)
    '
    '-- Hier kann der Ladevorgang kontrolliert werden
    '
End Sub
```

Listing 8.4: Öffnen von Modellen in SolidWorks

Dieser Methode wird der komplette Speicherpfad und Filename übergeben (im Beispiel ist nur der Filename *Grundplatte.SLDPRT* angegeben – dieser müsste also noch mit dem Pfad erweitert werden). Die so erzeugte Dokumentspezifikation kann dann der Methode `OpenDoc7` übergeben werden, welche das Dokument öffnet. Der Vorteil dieser Arbeit mit der Spezifikation zeigt sich durch mehrere Möglichkeiten, den Ladevorgang zu steuern und zu kontrollieren (►Listing 8.5):

- **Beeinflussen des Ladevorgangs**

  So könnte man vor dem eigentlichen Öffnen z. B. bestimmen, dass das Modell nur zum Anschauen (also ohne Änderungsmöglichkeit) geladen werden soll. Der geeignete Befehl lautet `swDocSpec.ReadOnly = True`.

- **Kontrollieren des Ladevorgangs**

  Nach dem Öffnen stellt das Spezifikationsobjekt z. B. Informationen darüber zur Verfügung, ob der Ladevorgang erfolgreich abgeschlossen werden konnte. Verlief alles erfolgreich, so gibt `swDocSpec.Error` den Wert null zurück.

```
Set swDocSpec = swApp.GetOpenDocSpec("Grundplatte.SLDPRT")
'
'-- Das Dokument mit Schreibschutz öffnen
swDocSpec.ReadOnly = True
Set swModel = swApp.OpenDoc7(swDocSpec)
'-- es wird gefragt, ob bei Öffnen ein Fehler vorlag
If swDocSpec.Error = 0 Then
      '-- Öffnen verlief ohne Fehler
      '-> weiterer Programmablauf
```

```
Else
        '–– Beim Öffnen entstand ein Fehler
        '→ Fehlermeldung und Abbruch des Programms
End If
```

Listing 8.5: Möglichkeiten der Beeinflussung des Ladevorgangs

Anlegen eines neuen Dokuments

In manchen Fällen wird man wünschen, ein neues, leeres Modell in SolidWorks für die weitere Arbeit nutzen zu können. Dies ist möglich, indem man auf eine der verfügbaren **Modellvorlagen** zurückgreift (►Abbildung 8.34).

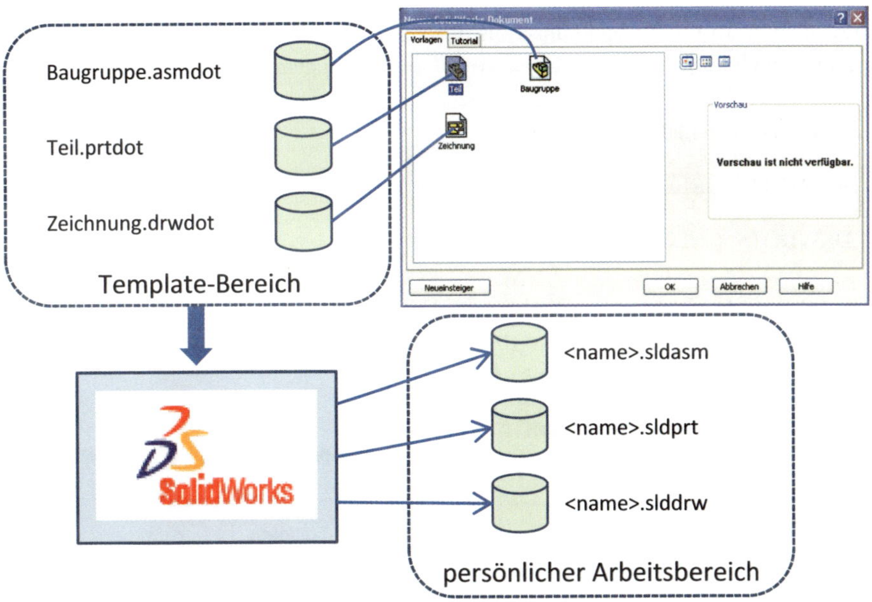

Abbildung 8.34: Nutzung von Templates in SolidWorks

Dazu steht für jedes der Standardmodelle (Teil, Baugruppe, Zeichnung) standardmäßig eine Vorlage (**Template**) zur Verfügung. Dieser Template-Bereich liegen in einem Unterverzeichnis (z. B. unter MS-Windows/Vista das Verzeichnis …*ProgramData**SolidWorks**templates*), welches allerdings von Installation zu Installation unterschiedlich sein kann.

Falls Sie dieses Verzeichnis nicht finden können oder einfach ein anderes Verzeichnis festgelegt ist, so können Sie den aktuellen Pfad leicht über die SolidWorks-Optionen ermitteln. Sie erreichen dies wie bereits besprochen über MENÜ→EXTRAS →OPTIONEN… und können an der Auswahlposition Dateipositionen den aktuellen

Pfad ablesen oder bei Wunsch auch neu einstellen (►Abbildung 8.35). Unter diesem Pfad befinden sich Templates, die man an den letzten drei Buchstaben *DOT* des Filetyps erkennt.

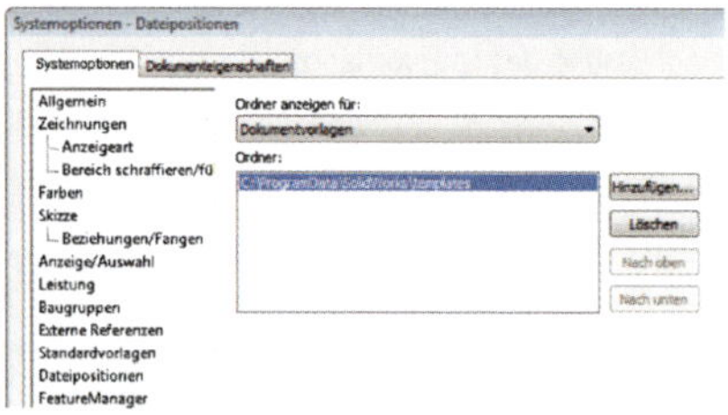

Abbildung 8.35: Speicherpfade der Modell-Templates

Bei der Arbeit in SolidWorks wird aus dem Template-Bereich das benötigte Template geladen und beim Speichern des fertigen Modells eine Datei im persönlichen Arbeitsbereich abgelegt, deren Dateityp entsprechend geändert wurde:

- .PRTDOT → .SLDPRT
- .ASMDOT → .SLDASM
- .DRWDOT → .SLDDRW

Soll ein Part-Modell in einem Makro neu erstellt werden, so benötigt man entsprechend ein Template mit dem Typ *.PRTDOT*. Als geeignete Methode steht `NewDocument` zur Verfügung (►Abbildung 8.36).

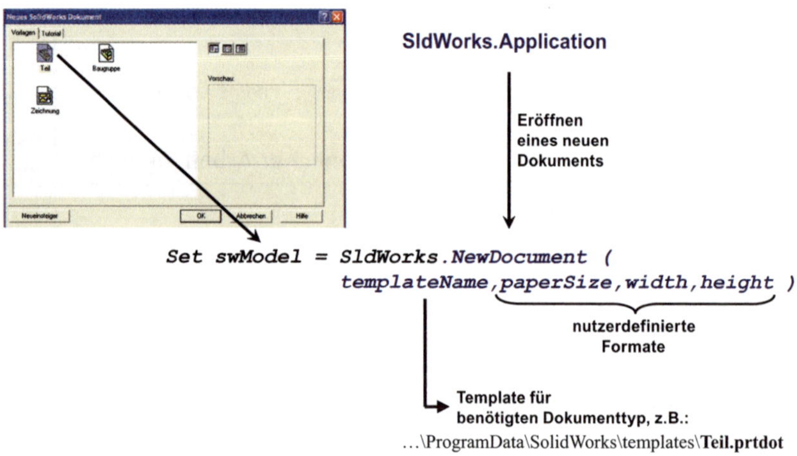

Abbildung 8.36: Erstellen eines neuen, leeren Dokuments

Diese wird direkt auf das SolidWorks-Objekt angewandt, öffnet das neue leere Dokument und gibt den Verweis auf das Modell-Objekt zurück. Sie benötigen nur den ersten Parameter, der den Pfad und den Namen des benutzten Templates übergibt. Die anderen Parameter sind nur für spezielle nutzerspezifische Zeichnungsmodelle erforderlich und sollen hier nicht weiter besprochen werden.

►Listing 8.6 zeigt ein vollständiges Programmkonstrukt, welches ein leeres Part öffnet. Alle nicht benötigten Parameter werden einfach mit null belegt.

```
Dim swApp As Object
Sub main()
Dim myTemplate As String
Dim swModel As SldWorks.ModelDoc2

Set swApp = Application.SldWorks
myTemplate = "C:\ProgramData\SolidWorks\templates\Teil.prtdot"
Set swModel = swApp.NewDocument(myTemplate, 0, 0, 0)
End Sub
```

Listing 8.6: Erstellen eines neuen, leeren Part-Modells

8.6 Analyse einer Teilegeometrie

In diesem Abschnitt lernen Sie, wie in einer vorhandenen Geometrie bestimmte Features (hier: Kreise als Basisfeature von Bohrungen) gesucht werden können. Sie werden mitverfolgen, wie man Eigenschaften von Features, wie einen Kreismittelpunkt und einen Durchmesser, lesen und anschließend ausgeben kann. Dazu wird in diesem Beispiel das Direktfenster genutzt.

Problembeschreibung

Die **Analyse einer vorhandenen Geometrie** gehört zu den besonders häufigen Aufgaben, die mit einem Programm gelöst werden können. Dies soll an folgendem Beispiel vorgestellt werden.

Gegeben sei das Geometriemodell einer **Grundplatte** (►Abbildung 8.37), wie sie häufig an den unterschiedlichsten Stellen im Maschinenbau benötigt wird. Dabei handelt es sich um einen prismatischen Grundkörper mit einer Anzahl unterschiedlicher Bohrungen zur Aufnahme weiterer Teile. Zusätzlich ist mittig ein kreisförmiger Ansatz zur Positionierung vorhanden. Für die Fertigung soll nun automatisiert eine Liste erstellt werden, die die Bohrungen mit den Koordinaten der Mittelpunkte sowie den jeweiligen Durchmesser enthält.

Dazu wird ein Programm entwickelt, welches die Geometrie analysiert und die Ergebnisse im Direktfenster ausgibt.

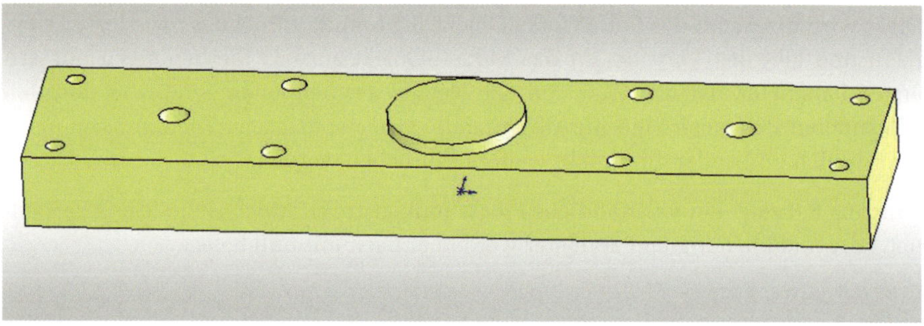

Abbildung 8.37: Prismatische Grundplatte mit Bohrungen

Entsprechend Abschnitt 8.5.2 muss zunächst ein Verweis auf das Geometriemodell der Grundplatte aufgebaut werden. Wird vereinfacht davon ausgegangen, dass das Modell in SolidWorks geladen und gegenwärtig auch aktiv ist, so kann dies mit den Anweisungen in ►Listing 8.7 geschehen.

```
'-- Vereinbarung der Variable für die SolidWorks-Applikation
Dim swApp As SldWorks.SldWorks
Sub main()
'-- Vereinbarung der Variable für das SolidWorks-Part
   Dim swPart As SldWorks.PartDoc

'-- Herstellen der Verweise auf SolidWorks sowie
'-- das aktuelle Part-Modell
   Set swApp = Application.SldWorks
   Set swPart = swApp.ActiveDoc

'→ Hier wird die Analyse durchgeführt
End Sub
```

Listing 8.7: Zugriff auf das Modell der Grundplatte

Analyse der Featurestruktur

Die Grundstruktur eines Modells kann man in SolidWorks wie gewohnt am besten im Featuremanager sehen (►Abbildung 8.38).

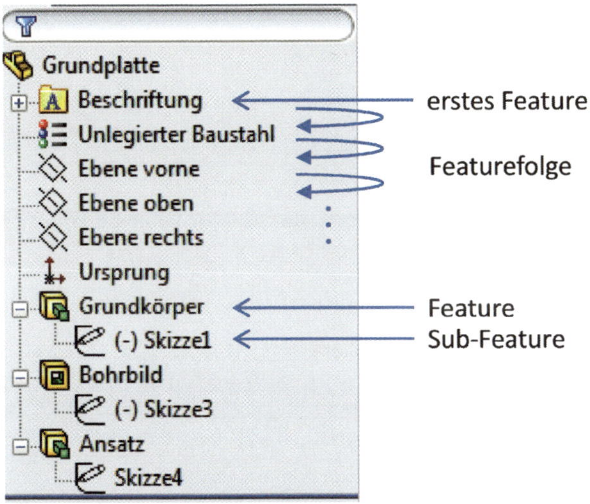

Abbildung 8.38: Struktur der Grundplatte im Featuremanager

Alle im Featuremanager dargestellten Elemente sind **Features**. Die Zusammenstellung beginnt mit den **Systemfeatures** und wird mit den **Konstruktionsfeatures** fortgesetzt, hier beginnend mit *Grundkörper*. Auf alle diese Features kann man über das Objektmodell zugreifen.

Dabei werden die Features auch in der Reihenfolge der Darstellung im Browser zurückgegeben. Das erste Feature ist also *Beschriftung*. In der Featurefolge erscheinen dann alle weiteren Features.

Features, die die Grundlage zur Modellierung anderer Feature bilden, werden **Sub-Features** genannt und sind im Browser eingerückt dargestellt. Will man die Eigenschaften eines Modells auswerten, muss man zuerst einmal die Featurestruktur, wie sie im Browser dargestellt wird, analysieren und das eigentlich benötigte Feature herausfinden. Zum besseren Verständnis dieses Schritts zeigt ►Listing 8.8 ein kleines Programm, welches alle Features mit einigen wichtigen Merkmalen, wie Typ und Name, ausliest und in den Direktbereich schreibt.

```
Sub main()
Dim swPart As SldWorks.PartDoc
Dim Feature As Feature
Dim FeatureName As String
Dim FeatureTyp As String
Dim subFeature As Feature
Dim subFeatureTyp As String
Dim subFeatureName As String
```

```
Set swApp = Application.SldWorks
Set swPart = swApp.ActiveDoc

'-- Das erste Feature ermitteln
Set Feature = swPart.FirstFeature

'-- Äußere Schleife: Alle Feature der Reihe nach lesen
While Not Feature Is Nothing ' While I
   '-- Das aktuelle Feature wird ausgewertet
   FeatureName = Feature.Name
   FeatureTyp = Feature.GetTypeName
   Debug.Print FeatureName & " (" & FeatureTyp & ")"

'-- Innere Schleife: Gegebenenfalls enthaltene Sub-Feature ermitteln
   Set subFeature = Feature.GetFirstSubFeature
   While Not subFeature Is Nothing ' While II
      subFeatureName = subFeature.Name
      subFeatureTyp = subFeature.GetTypeName
      Debug.Print ‘‘ ‘‘ & FeatureName & _
      " / " & subFeatureName & _
      " (" & subFeatureTyp & ")"

      '-- Der Verweis wird auf das nächste Sub-Feature gesetzt
      Set subFeature = subFeature.GetNextSubFeature
   Wend ' Wend-Anweisung zu While II

   '-- Der Verweis wird auf das nächste Feature gesetzt
   Set Feature = Feature.GetNextFeature
Wend '-- Wend-Anweisung zu While I

End Sub
```

Listing 8.8: Programm zum Auslesen der Features eines Part-Modells

HINWEIS

Eine While-Wend-Anweisung führt die Gruppe von Anweisungen, die zwischen `While` und `Wend` stehen so lange wiederholt aus, solange die Bedingung (welche hier hinter `While` steht) erfüllt ist. Derartige `While-Wend`-Konstrukte können auch verschachtelt geschrieben werden.

Beim Auslesen der Features gibt es zwei ineinander verschachtelte `While`-Schleifen.

Die äußere Schleife I durchläuft alle Haupt-Features im Modell. Dazu gehören die im Featuremanager nicht eingerückten Elemente der ersten Ebene. Dieser Durchlauf wird mit dem Zugriff auf das erste Feature mittels `FirstFeature` vorbereitet. Nach diesem Aufruf verweist die Variable `Feature` auf das erste Feature im Part-Modell. Wenn dieses Feature auch wirklich existiert (`NOT Nothing`) wird die äußere `While`-Schleife I betreten und zunächst werden alle gewünschten Operationen auf diesem Feature durchgeführt.

Mittels der Methoden `Name` (der im Featuremanager angezeigte Name des Features) und `GetTypeName` (der Typ des Features; vgl. dazu Erläuterungen weiter unten) werden hier in diesem Programm einige wichtige Merkmale des Features abgefragt und im Direktbereich angezeigt. Am Ende der äußeren `While`-Schleife I wird der Verweis mittels `GetNextFeature` dann so lange auf den Nachfolger des aktuellen Features gesetzt, bis kein weiteres Feature mehr existiert und die `While`-Schleife I verlassen wird.

Bei den Features *Grundkörper*, *Bohrbild* und *Ansatz* sind jeweils die beiden zugrunde liegenden Skizzen als untergeordnete Features angezeigt. Man nennt solche Features **Sub-Feature**. Auch für diese Sub-Feature erfolgt der Zugriff wiederum der Reihe nach, beginnend beim ersten Sub-Feature des übergeordneten Features. Man benutzt die Methode `Feature.GetFirstSubFeature` für das erste Sub-Feature und erhält mittels der Methode `GetNextSubFeature` den Nachfolger – so lange, bis kein weiteres Sub-Feature existiert. In diesem Fall ist die Bedingung `NOT subFeature Is Nothing` nicht mehr erfüllt.

►Abbildung 8.39 zeigt alle mittels des vorgestellten Programms ausgelesene Features der Grundplatte.

> **Konstruktionsordner**	(DocsFolder)
> Beschriftung	(DetailCabinet)
> **Beleuchtung, Kameras und Bühne**	(EnvFolder)
> **Beleuchtung, Kameras und Bühne / Umgebungslicht**	(AmbientLight)
> **Beleuchtung, Kameras und Bühne / Gerichtet1**	(DirectionLight)
> **Beleuchtung, Kameras und Bühne / Gerichtet2**	(DirectionLight)
> **Volumenkörper**	(SolidBodyFolder)
> **Oberflächenkörper**	(SurfaceBodyFolder)
> **Kommentare**	(CommentsFolder)
> Unlegierter Baustahl	(MaterialFolder)
> Ebene vorne	(RefPlane)
> Ebene oben	(RefPlane)
> Ebene rechts	(RefPlane)
> Ursprung	(OriginProfileFeature)
> **Skizze1**	(ProfileFeature)
> Grundkörper	(Extrusion)
> **Skizze1**	(ProfileFeature)
> **Skizze2**	(ProfileFeature)
> Bohrbild	(Cut)
> **Skizze2**	(ProfileFeature)
> **Skizze3**	(ProfileFeature)
> Ansatz	(Boss)
> **Skizze3**	(ProfileFeature)

Abbildung 8.39: Feature des Modells der Grundplatte

Vergleicht man die Übersicht mit dem Bild des Featuremanagers nach Abbildung 8.38, so erkennt man einige Besonderheiten. Zum einen werden mittels des Programms einige Features gefunden (blau dargestellt), die im Featuremanager nicht angezeigt werden. Zum anderen sind einige Feature (rot dargestellt) mehrfach in der Übersicht enthalten.

Der Unterschied zur Darstellung im Featuremanager der Bedienoberfläche von SolidWorks liegt daran, dass der Featuremanager die Features nach den Voreinstellungen anzeigt, die man in den SolidWorks-Optionen vorgenommen hat. Diese stehen standardmäßig so, wie es ►Abbildung 8.40 zeigt.

Abbildung 8.40: Einstellungen des Featuremanagers

Man sieht, dass für einige Features der Modus Automatisch eingestellt ist, d. h., sie werden im Featuremanager nur angezeigt, wenn Einträge existieren. Die API-Methoden zeigen diese Features jedoch immer an – ungeachtet der Einstellungen.

Die Features *Skizze1*, *Skizze2* und *Skizze3* werden doppelt aufgeführt. Zum einen stehen diese als Haupt-Feature zur Verfügung. Zum anderen werden sie nochmals als Sub-Feature zu den jeweiligen Volumenfeatures, die diese Skizzen nutzen, aufgeführt. Dies macht Sinn, denn es ist ja z. B. durchaus möglich, eine Skizze in mehreren Volumenfeatures zu verwenden.

Die weitere Analyse der Skizzen, die die geforderte Beschreibung der Bohrungsdaten liefert, könnte grundsätzlich sowohl auf den Haupt-Features als auch auf den Sub-Features durchgeführt werden. Die Nutzung der Sub-Features ist aber dann notwendig, wenn man den direkten Bezug zum Volumenfeature benötigt, in dem die Skizze verwendet wird.

So enthalten sowohl die Skizzen *Skizze2* als auch *Skizze3* der Grundplatte Kreise als Grundelemente. Allerdings werden nur mittels *Skizze2* Bohrungen modelliert. Um derartige Entscheidungen treffen zu können, ist die Auswertung des Typs des Features notwendig.

Das richtige Feature kann deshalb nach folgenden Kriterien bestimmt werden:

- **Typ des Haupt-Features.** Das Haupt-Feature ist ein linear ausgetragener Schnitt. Dies entspricht dem Feature-Typ „Cut“. Im Unterschied dazu wird die Skizze3 innerhalb eines Austragungsfeatures vom Typ „Boss“ benutzt.
- **Name des Haupt-Features.** Da es natürlich mehr als ein einziges Schnitt-Feature geben kann, ist es sinnvoll, dieses mit einem eindeutigen Namen erkennbar zu machen (hier „Bohrbild“).

- **Typ des Sub-Features.** Ein für das Austragen geeignetes Feature ist das „Profil-Feature“. Die im vorliegenden Fall genutzte Skizze2 hat diesen Typ.

Je nach vorliegendem Fall kann man eines oder mehrere dieser Kriterien nutzen.

Die Anwendung der besprochenen Methoden auf die Struktur der Grundplatte ist in ►Abbildung 8.41 dargestellt.

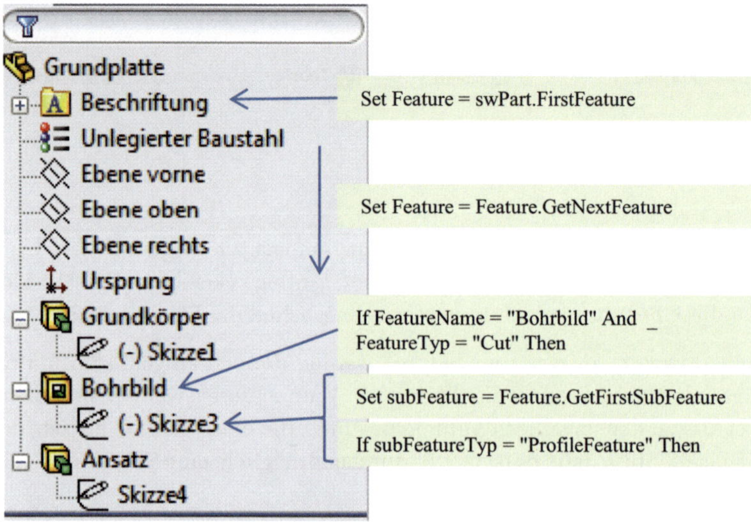

Abbildung 8.41: Anwendung der Auswertemethoden auf die Struktur der Grundplatte

Mit diesen Kenntnissen kann das Analyseprogramm nach Listing 8.7 vervollständigt werden (►Listing 8.9).

```
Dim swApp As SldWorks.SldWorks
Sub main()
   Dim swPart As SldWorks.PartDoc
   Set swApp = Application.SldWorks
   Set swPart = swApp.ActiveDoc
   Dim Feature As Feature
   Dim FeatureName As String
   Dim FeatureTyp As String
   Dim subFeature As Feature
   Dim subFeatureTyp As String

   Set Feature = swPart.FirstFeature
   '—— Durchlauf aller Features
   While Not Feature Is Nothing
      FeatureName = Feature.Name
      FeatureTyp = Feature.GetTypeName
```

```
      '–– Auswertung des Cut-Features mit dem Namen "Bohrbild"

      If FeatureName = "Bohrbild" And FeatureTyp = "Cut" Then
         Set subFeature = Feature.GetFirstSubFeature
         Set FeatDefinition = Feature.GetDefinition
         '–– Durchlauf aller Sub-Feature des Features "Bohrbild"

         While Not subFeature Is Nothing
            subFeatureTyp = subFeature.GetTypeName
            '–– Auswertung des ProfilFeature's
            If subFeatureTyp = "ProfileFeature" Then

            '–– Hier erfolgt dann die weitere Auswertung

            End If
            Set subFeature = subFeature.GetNextSubFeature
         Wend
      End If
      Set Feature = Feature.GetNextFeature
   Wend
End Sub
```

Listing 8.9: Featurestruktur im Analyseprogramm ermitteln

Analyse einer Skizze

Das mit diesem Programm herausgefundene Sub-Feature ist die gesuchte Skizze *Skizze2*. Diese ist vom Typ `ProfileFeature`. Skizzen enthalten alle weiteren grafischen Primitive, wie Linien, Kreis, Splines, Ellipsen oder Text. Diese Primitive werden Skizzensegmente genannt. Der Zugriff wird anhand ►Abbildung 8.42 erläutert.

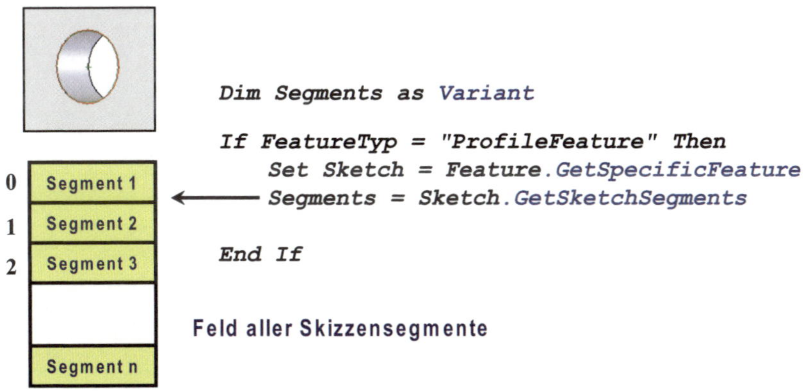

Abbildung 8.42: Zugriff auf Skizzenelemente

Zunächst ist es erforderlich, dass ein Objekt erzeugt wird, welches nicht mehr ein allgemeines Feature darstellt, sondern speziell ein **Skizzen-Objekt**. Denn die Anzahl unterschiedlicher Feature-Typen ist sehr groß ist und alle Features besitzen jeweils sehr verschiedene Merkmale. Die Methode `GetSpecificFeature` stellt das spezielle Feature-Objekt, in diesem Fall die Skizze, bereit und weist diese der Variablen Sketch zu (►Abbildung 8.43).

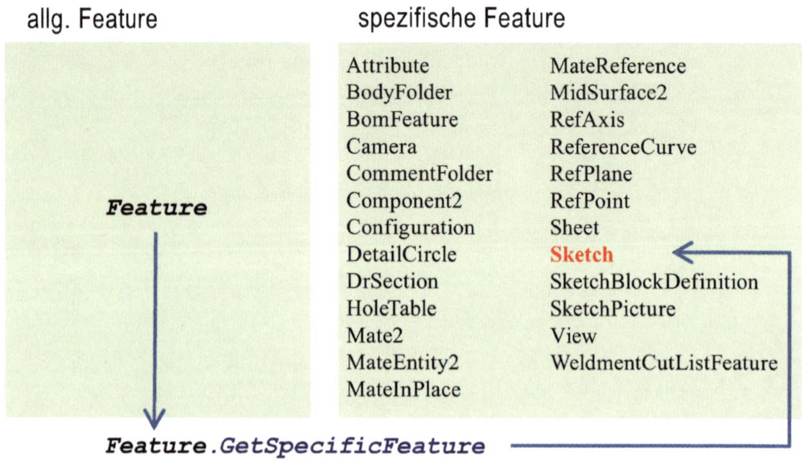

Abbildung 8.43: Ermitteln eines speziellen Features

Die in der Skizze enthaltenen geometrischen Elemente (Segmente) stellt die Methode `GetSketchSegments` bereit. Dies wird bei SolidWorks so gelöst, dass die Methode ein Feld von Objekten bereitstellt. Dies lässt sich am besten programmieren, indem die Variable `Segments` als Typ `Variant` deklariert wird. Die Größe des Felds (diesen Wert kann man mittels der VBA-Funktion `UBound` bestimmen) gibt also die Anzahl der enthaltenen Segmente an. Ist dieser Wert null, so enthält die betreffende Skizze keine Segmente. Ist der Wert größer als null, so repräsentiert jedes Feldelement ein Segment-Objekt. In einer Zählschleife können die einzelnen Segmente gelesen und weiter analysiert werden (►Abbildung 8.44).

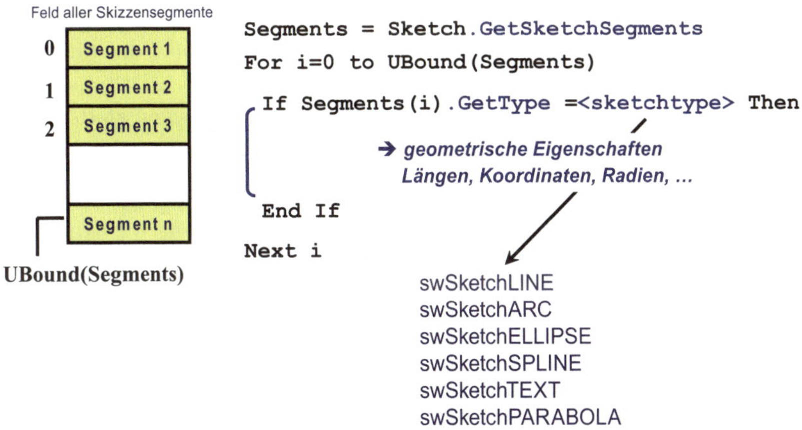

Abbildung 8.44: Bestimmung von Skizzenelementen

In den meisten Skizzen werden eine größere Anzahl unterschiedlicher geometrischer Elemente benutzt. Um den benötigten **Elementtyp** zu bestimmen, besitzt jedes Segment einen Typ, der mittels `GetType` bestimmt wird.

Im vorliegenden Fall sind Kreise zu selektieren, die ja als Basis der Bohrungen benutzt wurden. Diese haben den SolidWorks-Segmenttyp `swSketchArc`. Hat man dieses Element erreicht, so stehen alle Eigenschaften (in diesem Fall des Kreises) zur Verfügung.

Die Auswertung von solchen **Segmenten** unterscheidet sich Segmenttyp zu Segmenttyp. Die erforderliche Auswertung im Fall des Kreises zeigt ►Abbildung 8.45.

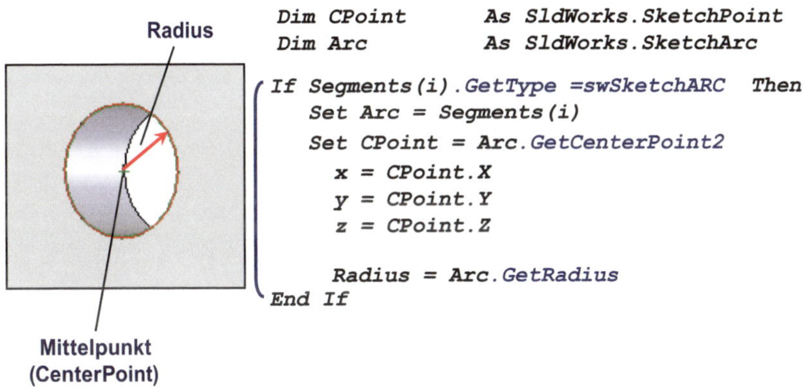

Abbildung 8.45: Merkmale eines Kreises bestimmen

Nachdem das betreffende Skizzenelement der Variablen `Arc` des korrekten Typs `ScetchArc` zugewiesen wurde, werden nun noch die Koordinaten des Mittelpunkts sowie der Radius des Kreises benötigt. Der Mittelpunkt `CPoint` ist wiederum ein selbstständiges Objekt vom Typ `SketchPoint`. Dessen Koordinaten stellen die drei selbst erklärenden Methoden `X`, `Y` und `Z` bereit. Der Radius steht als Eigenschaft des Kreises zur Verfügung und wird mittels `GetRadius` bestimmt.

Setzt man diese Algorithmenblöcke in den Programmentwurf nach Listing 8.9 ein, so entsteht schließlich das fertige Analyseprogramm, welches in ►Listing 8.10 dargestellt ist.

```
Dim swApp As SldWorks.SldWorks
Sub main()
   Dim swPart  As SldWorks.PartDoc
   Set swApp   = Application.SldWorks
   Set swPart  = swApp.ActiveDoc
   Dim Feature         As Feature
   Dim FeatureName     As String
   Dim FeatureTyp      As String
   Dim subFeature      As Feature
   Dim subFeatureTyp   As String
   Dim Sketch      As Feature
   Dim Segments    As Variant
   Dim i           As Integer
   Dim CPoint      As SketchPoint
   Dim x           As Double, _
       y           As Double, _
       z           As Double
   Dim Radius      As Double
   Dim Arc         As SldWorks.SketchArc

   Set Feature = swPart.FirstFeature
   While Not Feature Is Nothing
      FeatureName = Feature.Name
      FeatureTyp = Feature.GetTypeName
      If FeatureName = "Bohrbild" And FeatureTyp = "Cut" Then
         Set subFeature = Feature.GetFirstSubFeature
         Set FeatDefinition = Feature.GetDefinition
         While Not subFeature Is Nothing
            subFeatureTyp = subFeature.GetTypeName
            If subFeatureTyp = "ProfileFeature" Then
               Set Sketch = subFeature.GetSpecificFeature
               Segments = Sketch.GetSketchSegments
               For i = 0 To UBound(Segments)
                  If Segments(i).GetType = swSketchARC Then
```

```
                    Set Arc = Segments(i)
                    Set CPoint = Arc.GetCenterPoint2
                    x = CPoint.x
                    y = CPoint.y
                    z = CPoint.z
                    Radius = Arc.GetRadius
                    Debug.Print x, y, z, Radius
                End If
            Next i
        End If
        Set subFeature = subFeature.GetNextSubFeature
    Wend
  End If
  Set Feature = Feature.GetNextFeature
 Wend
End Sub
```

Listing 8.10: Vollständiges Analyseprogramm für eine Bohrungsliste

Das vollständige Makro zur Geometrieanalyse steht Ihnen auf der CWS-Seite als *GeometrieAnalyse.swp* zur Verfügung.

8.7 Strukturanalyse von Baugruppen

Ziel dieses Beispiels ist die **Strukturanalyse** einer SolidWorks-Baugruppe. Sie lernen dabei, wie man Assembly-Strukturen einer beliebigen Hierarchietiefe untersuchen kann und die Namen und Nummern der Hierarchieebenen aller Komponenten im Direktfenster auflistet.

Problembeschreibung

Eine sehr häufige Aufgabe, die im Rahmen der Erstellung der Produktdokumentation anfällt, ist die **Aufbereitung der Stücklisten**. Wesentliche Grundlagen dafür liegen in der Assembly-Struktur. Aus dieser kann man die im Produkt enthaltenen Komponenten sowie deren hierarchische Zuordnung ablesen. Dieser Vorgang wird auch **Traversierung** genannt. Stücklisten enthalten zwar weitere Informationen, aber alle gängigen Kopplungen von CAD-Systeme an nachgeschaltete Systeme zum Produktdatenmanagement (PDM) nutzen diese Strukturen, um Basisstücklisten aufzubereiten. In diesem Abschnitt soll die Vorgehensweise erläutert werden, die einer solchen Strukturanalyse in SolidWorks zugrunde liegt.

Dabei muss allerdings auf eine Einschränkung hingewiesen werden, die bei der Nutzung des Strukturbegriffs erforderlich ist. Denn es gibt sowohl **hierarchische Beziehungen** als auch von der Hierarchie **unabhängige Beziehungen** zwischen Assemblys oder Teilen (►Abbildung 8.46). Dies ist z. B. der Fall, wenn Constraints zwischen einzelnen Teilen festgelegt werden (hier, um den Sitz der Buchse auf der Welle zu definieren).

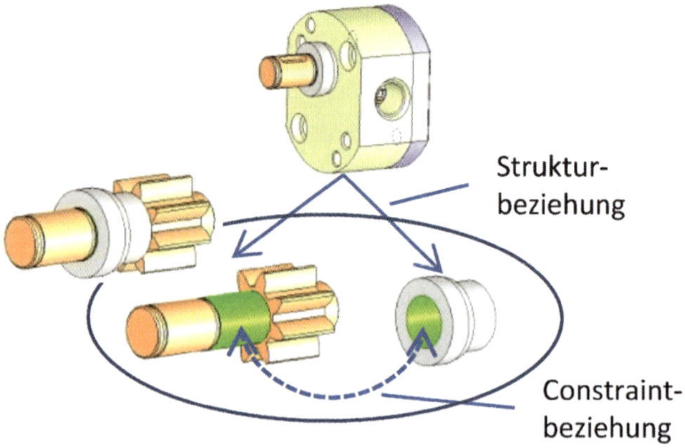

Abbildung 8.46: Beziehungsarten in CAD-Baugruppen

Auch solche Beziehungen kann man natürlich aus dem CAD-Modell ermitteln. Im Folgenden sollen aber nur die hierarchischen Strukturbeziehungen betrachtet werden.

Bereitstellung der Baugruppenstruktur

Der Ausgangspunkt sind die für ein Produkt oder eine Baugruppe relevanten Assembly- *(.sldasm)*- und Partfiles (*.sldprt*). Diese werden meist von einem angeschlossenen PDM-System lokal bereitgestellt und von SolidWorks in den internen Modellraum geladen (►Abbildung 8.47). Dies bedeutet, dass zuerst das in der Modellhierarchie oberste Assembly geladen wird. Dieses enthält Informationen über die weiteren untergeordneten Assembly- bzw. Partdokumente. Diese werden nun anschließend nachgeladen. In dem Fall, dass eine Assembly wiederum eine untergeordnete Assembly enthält, läuft der Prozess rekursiv wiederholt ab.

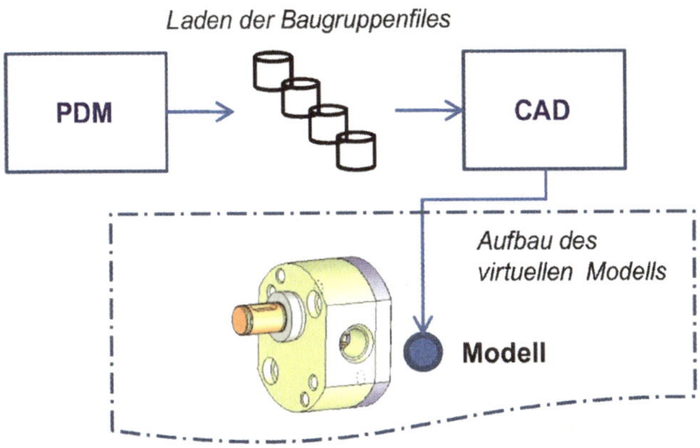

Abbildung 8.47: Laden von Modellkomponenten im CAD-System

Schließlich entsteht im SolidWorks-Speicherbereich ein virtuelles Gesamtmodell der Assembly.

Zugriff auf die Hauptkomponenten einer Assembly

Um dieses untersuchen zu können, muss jetzt auf das von SolidWorks bereitgestellte Objekt des Assembly-Dokuments `AssemblyDoc` zugegriffen werden (►Abbildung 8.48).

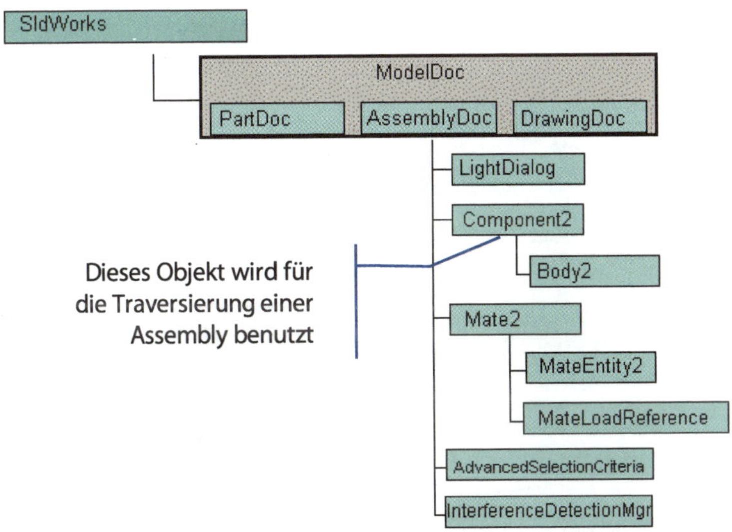

Abbildung 8.48: Modellkomponenten des Assembly-Dokuments

Dieses stellt eine ganze Reihe von untergeordneten Eigenschaften und Objekten bereit, von denen hier lediglich das Objekt **Component2** betrachtet werden soll. Dieses erlaubt den Zugriff auf die in der Assembly enthaltenen Komponenten, also die Unterbaugruppen und Einzelteile. Genau diese sind für die Ableitung der Baugruppenstruktur interessant. Der Zugriff auf das Gesamtmodell gestaltet sich entsprechend dem Vorgehen, wie es aus den vorangegangenen Abschnitten bekannt ist, recht einfach (Listing 1.11).

```
Dim swApp As Object
Sub main()
   Dim ModelDoc As SldWorks.ModelDoc2

   Set swApp = Application.SldWorks
   Set ModelDoc = swApp.ActiveDoc

End Sub
```

Listing 8.11: Zugriff auf das Gesamtmodell der Baugruppe

Allerdings ist es nicht möglich, mit dem Assembly-Objekt der Variable `ModelDoc2` direkt auf die einzelnen Komponenten der Baugruppe zuzugreifen. Der Grund liegt darin, dass vor allem bei Baugruppen häufig mit **Konfigurationen** gearbeitet wird (►Abbildung 8.49).

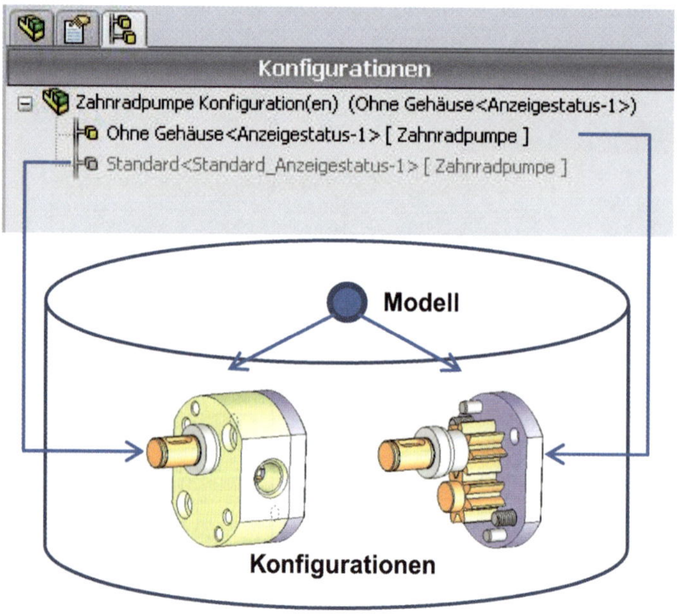

Abbildung 8.49: Konfigurationen eines Assembly-Modells

Denn diese erlauben es zum einen, bei den teilweise sehr komplexen Geometrien durch Ausblenden nicht benötigter Komponenten noch den Überblick zu behalten. Je nach der gewählten Konfiguration in Abbildung 8.49 enthält das aktuelle Modell

z. B. das Gehäuse der Zahnradpumpe (Konfiguration *Standard*) oder das Gehäuse ist nicht im Modell enthalten (Konfiguration *Ohne Gehäuse*).

Zum anderen lassen sich mit den SolidWorks-Konfigurationen auch sehr elegant unterschiedliche Produktvarianten abbilden. Soll die Struktur eines Modells ermittelt werden, so ist es also wichtig, zu wissen, für welche Konfiguration dies geschehen soll. Jede verfügbare Konfiguration referenziert dann auf eine eigene komplette Baugruppenstruktur (►Abbildung 8.50).

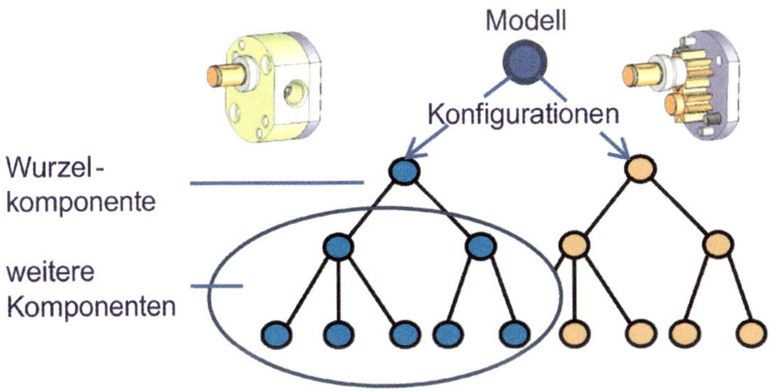

Abbildung 8.50: Komponenten von Baugruppenkonfigurationen

Die erste erreichbare Komponente einer Konfigurationsstruktur wird **Wurzelkomponente** genannt. Dieser sind dann alle weiteren, in dieser Konfiguration aktiven Komponenten untergeordnet. Ist die gewünschte Konfiguration gegenwärtig in SolidWorks aktiv, so geschieht dies wie ►Abbildung 8.51 dargestellt.

```
Dim Configuration As SldWorks.Configuration
Dim Component     As SldWorks.Component2
Set Configuration = swModel.GetActiveConfiguration
```

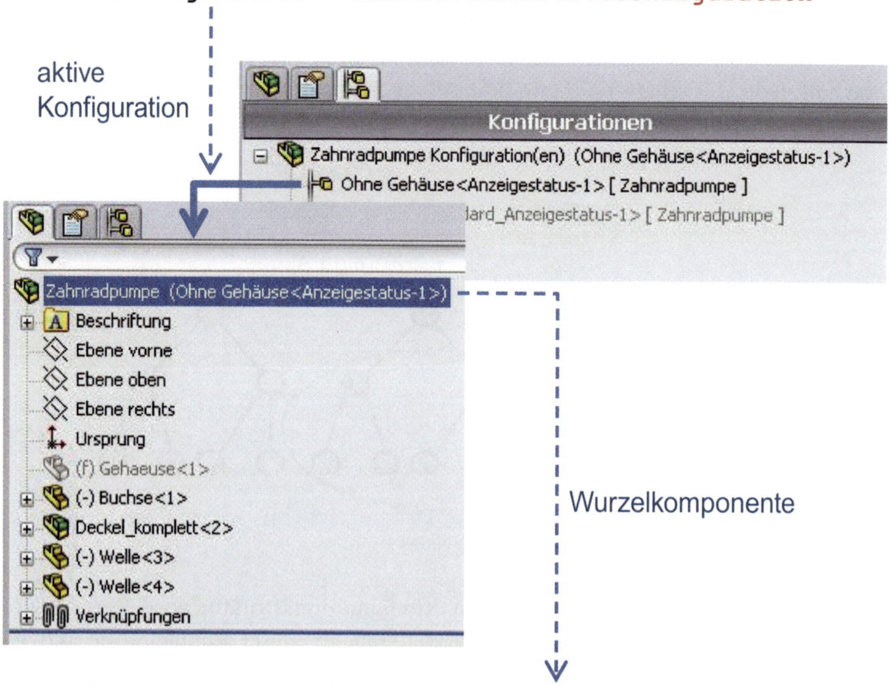


```
Set Component = Configuration.GetRootComponent
```

Abbildung 8.51: Ermittlung der Wurzelkomponente der aktiven Konfiguration

Die Methode `GetActiveConfiguration` stellt das Objekt `Configuration` der aktiven Konfiguration bereit. In dieser Konfiguration ist dann die Wurzelkomponente `Component` die Zahnradpumpe selbst.

Möchte man eine gegenwärtig nicht aktive Konfiguration analysieren, so kann man mit dem Namen der Konfiguration arbeiten (►Abbildung 8.52).

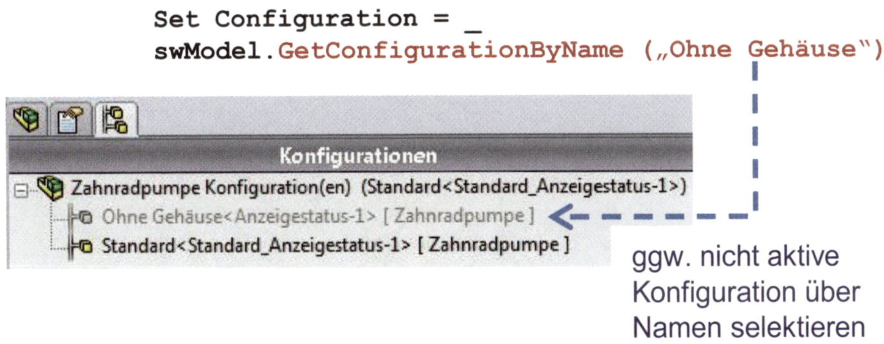

Abbildung 8.52: Zugriff auf eine gegenwärtig nicht aktive Konfiguration

Unterhalb der Wurzelkomponente befindet sich nun die Struktur aller enthaltenen weiteren **Komponenten**. ►Abbildung 8.53 zeigt dies an einem einfachen, abstrakten Beispiel.

Abbildung 8.53: Struktur einer Beispielbaugruppe

Dabei wird ein Problem deutlich, welches im Folgenden zu lösen ist. Denn man kann nicht davon ausgehen, dass die Wurzelkomponente (hier: *4711*) nur eine Ebene mit allen enthaltenen Einzelteilen enthält. Vielmehr muss man mit einer unbekannten Zahl von Hierarchieebenen rechnen. Im vorliegenden Beispiel sind dies maximal vier Ebenen, mit der Komponentenfolge *4711* → *4712* → *4714* → {*4716*, *4717*}. In einem anderen Modellzweig (*4711* → *4718* → {*4719*, *4720*}) sind wiederum nur drei Ebenen vorhanden.

Traversierung von Strukturen

Bevor die programmtechnische Lösung besprochen wird, soll zunächst die übliche Abfragereihenfolge vorgestellt werden, die einer derartigen Analyse zugrunde liegt (►Abbildung 8.54).

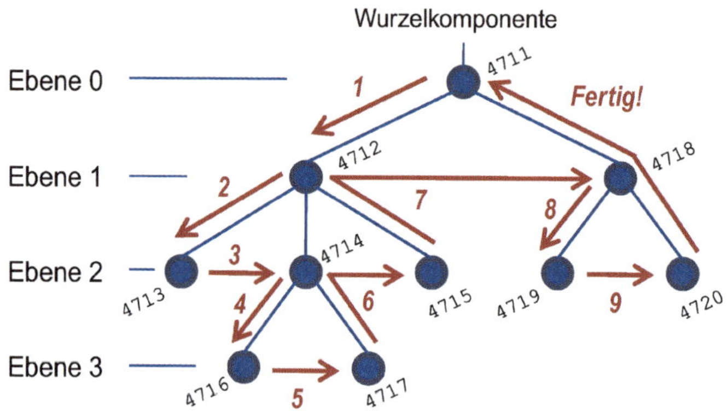

Abbildung 8.54: Reihenfolge der Strukturanalyse

Selbstverständlich beginnt jede Strukturanalyse beim Wurzelelement (hier: *4711*). Zählt man die Hierarchieebenen der Baugruppe, so bekommt diese Startebene die Nummer 0. Die API von SolidWorks stellt für die Analyse der Struktur eine Methode `GetChildren` zur Verfügung, die immer alle enthaltenen Komponenten („Kinder") einer vorgegebenen Komponente („Mutterkomponente") bereitstellt. Wie dies im Detail funktioniert, wird etwas später besprochen.

Als Kinder der Komponente *4711* wird man so die Komponenten {*4712*, *4718*} erhalten. Im Folgenden muss man nun jeweils Komponente für Komponente einer solchen Gruppe durchgehen und jeweils nach gegebenenfalls weiteren enthaltenen Kinderkomponenten fragen. Im ersten Schritt des Beispiels spricht man also z. B. die in *4711* enthaltene Komponente *4712* an. Man kann jetzt auch die interessierenden Eigenschaften (z. B. den Pfad des zugrunde liegenden Assembly- oder Partfile) ermitteln.

Ist dies geschehen, wendet man die Methode `GetChildren` auf diese Komponente *4712* an (Schritt 2) und erhält eine weitere Gruppe von Komponenten {*4713*, *4714*, *4715*}. `GetChildren` auf die Komponente *4713* angewandt ergibt kein Resultat, da diese Komponente keine weiteren Unterkomponenten enthält.

Also wird man im dritten Schritt die Komponente *4714* untersuchen. Dort ergeben sich auf der nun folgenden Ebene 3 zwei weitere Strukturelemente {*4716*, *4717*}. Beide Komponenten haben keine Strukturelemente. Deshalb kehrt man mit Schritt 6 zum übergeordneten Mutterelement zurück und geht weiter zum nächsten Element *4715*.

Der Ablaufalgorithmus für eine derartige Traversierung ist in ►Abbildung 8.55 zusammengefasst.

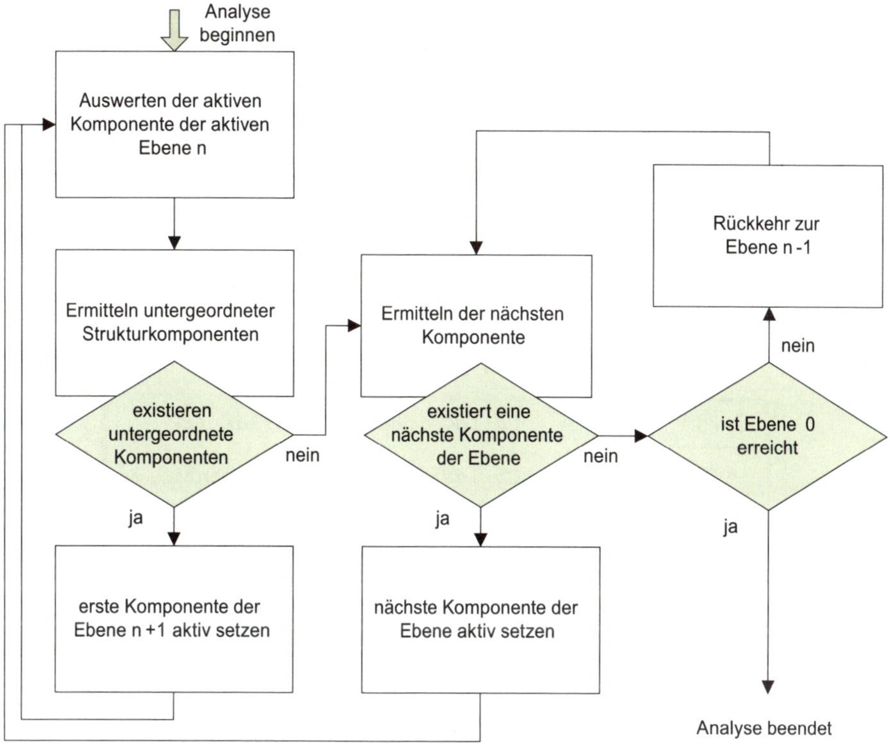

Abbildung 8.55: Ablauf der Traversierung einer Assembly-Struktur

Rekursive Strukturuntersuchung

Aus diesem Algorithmus kann man nun eine Programmstruktur ableiten. Da sowohl die Anzahl der zu durchlaufenden Assembly-Ebenen als auch die Anzahl der jeweils enthaltenen Komponenten zu Beginn der Analyse unbekannt sind, erscheint der Programmaufbau zunächst etwas kompliziert. Zugrunde liegt das Konzept der rekursiven Programmabarbeitung (►Abbildung 8.56).

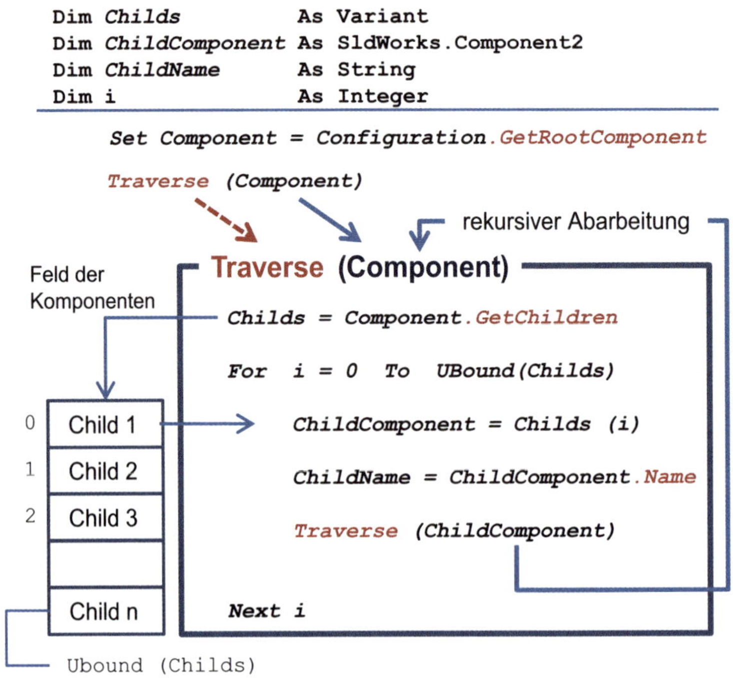

Abbildung 8.56: Rekursives Konzept zur Traversierung

Die erste Anweisung `Set Component = Configuration.GetRootComponent` gibt in der Variablen `Component` die Wurzelkomponente zurück.

Alle weiteren Analyseschritte nach Abbildung 8.55 sind in einer separaten VBA-Funktion `Traverse` zusammengefasst. Als Parameter `Component` wird der Funktion bei jedem Aufruf die gegenwärtig aktive, zu untersuchende Komponente übergeben. Beim ersten Aufruf ist dies also die Wurzelkomponente selbst.

Zunächst werden die interessierenden Eigenschaften der aktiven Komponente ermittelt. Dies sind in dem hier besprochenen Beispiel der Name und der Speicherpfad.

Der anschließende Aufruf ermittelt über die bereits vorgestellte Methode `GetChildren` alle gegebenenfalls vorhandenen Kinderkomponenten der aktiven Komponente. Dies ist bei SolidWorks so gelöst, dass die Methode ein Feld von Objekten bereitstellt. In der Funktion wird dazu die Variable `Childs` als `Variant` deklariert. Die Größe des Felds (diesen Wert kann man mittels der VB-Funktion `UBound` bestimmen) gibt also die Anzahl der enthaltenen Kinderkomponenten an. Sie kennen dieses Vorgehen bereits aus dem Programm zur Geometrieanalyse in Abschnitt 8.6. Ist dieser Wert null, so hat die aktive Komponente keine weitere Struktur. Ist der Wert größer als null, so wird in einer Zählschleife jeweils eine Strukturkomponente gelesen und als `ChildComponent` wiederum der Funktion `Traverse` übergeben.

Dieser Vorgang läuft nun so lange ab, wie noch Folgekomponenten in der Ebene vorhanden sind (`i < UBound(Childs)`) oder die aktuelle Analyse in einer Ebene unterhalb der Ebene des Wurzelelements läuft (aktuelle Rekursion > 1).

In ►Listing 8.12 (Hauptprogramm) und ►Listing 8.13 (Traversierung) sind die besprochenen Analyseschritte nun komplett zusammengefasst.

```
Dim swApp As Object
Sub main()
   Dim ModelDoc As SldWorks.ModelDoc2
   Dim Configuration As SldWorks.Configuration
   Dim Component As SldWorks.Component2

   Set swApp = Application.SldWorks
   Set ModelDoc = swApp.ActiveDoc
   '-- Analyse ist nur bei einer Assembly möglich
   If ModelDoc.GetType = swDocASSEMBLY Then
      Debug.Print "Traversierung von '" & ModelDoc.GetTitle & "':"
   '-- aktive Konfiguration ermitteln
      Set Configuration = ModelDoc.GetActiveConfiguration
      '-- Wurzelkomponente ermitteln
      Set Component = Configuration.GetRootComponent
      '-- Traversierung mit dem Wurzelelement beginnen
      Traverse Component

   End If

   Exit Sub
End Sub
```

Listing 8.12: Hauptprogramm zur Strukturanalyse

Dabei sind einige Details zu beachten. Um sicherzugehen, dass es sich beim aktuellen Modell auch wirklich um eine Assembly handelt, wird dies im Hauptprogramm zunächst geprüft. Nur im Erfolgsfall wird die Strukturanalyse begonnen.

Innerhalb der Traversierungsfunktion sollen die Angaben zur jeweiligen Komponente ausgegeben werden. Diese Ausgabe erfolgt wie bisher im Direktfenster. Allerdings wird man feststellen, dass die Komponentenfunktion `Name` bei der Wurzelkomponente keinen Wert zurückgibt. Benötigt man auch den Namen der Wurzelkomponente, so muss man im Hauptprogramm den Titel separat ermitteln. Dieser Titel enthält dann allerdings den kompletten Filename inklusive des Filetyps.

```
Function Traverse(Component As SldWorks.Component2)
   Dim CompName As String
   Dim Childs As Variant
   Dim ChildComponent As SldWorks.Component2
```

```
    Dim i As Integer
    Static EbeneNr As Integer

    '-- Eigenschaften der Komponente
    If EbeneNr > 0 Then
       CompName = Component.Name
       Debug.Print String$(EbeneNr, "-") &  & CompName
    End If
    EbeneNr = EbeneNr + 1

     '-- Struktur der Komponente
    Childs = Component.GetChildren
    For i = 0 To UBound(Childs)
       Set ChildComponent = Childs(i)
       '-- rekursiver Aufruf
       Traverse ChildComponent

    Next i

    '-- Rückkehr zur nächst höheren Ebene
    EbeneNr = EbeneNr - 1
    Exit Function

End Function
```

Listing 8.13: Rekursive Funktion zum Traversieren

Werden Variablen als `Static` vereinbart, so wird ihnen ein Speicherbereich zugewiesen, der auch bei Verlassen der Funktion erhalten bleibt. Dadurch ist es möglich, bestimmte Werte, wie hier die Ebenennummer, über mehrere nacheinanderfolgende Aufrufe der Funktion hinweg zu verwenden.

Die Funktion `String$(anzahl, zeichen)` erzeugt eine Zeichenkette, welche das Zeichen `zeichen` so oft enthält, wie dies durch den Wert von `anzahl` bestimmt ist. Damit kann hier eine Zeichenkette erzeugt werden, die durch die Anzahl an Strichen die Ebenentiefe darstellt.

Um bei der Ausgabe im Direktfenster die **aktuelle Ebenennummer** mit angeben zu können, wird eine statische Variable `EbeneNr` vereinbart. Diese wird automatisch beim ersten Aufruf der Funktion mit null belegt. Da eine statische Variable ihren Wert auch beim Verlassen der Funktion behält, kann man durch Hochzählen am Funktionsanfang (`EbeneNr = EbeneNr + 1`) die Nummer der aktuellen Analyseebene festlegen. Vor dem Verlassen der Funktion (dies entspricht dem Rücksprung auf die nächst höhere Ebene) wird die Ebenennummer `EbeneNr` durch Rückwärtszählen (`EbeneNr = EbeneNr - 1`) wieder entsprechend angepasst.

Die Ausgabe des Komponentennamens erfolgt nur bei Ebenen unterhalb des Wurzelelements (`EbeneNr > 0`), da das Wurzelelement ja keinen Namen zurückgibt.

Die Ausgabe der Strukturanalyse der Zahnradpumpe ist in Listing 8.13 dargestellt.

```
Traversierung von 'Zahnradpumpe.SLDASM':
- Welle-3
- Deckel_komplett-2
-- Deckel_komplett-2/Stift-2
-- Deckel_komplett-2/Stift-1
-- Deckel_komplett-2/Schraube-1
-- Deckel_komplett-2/Deckel-1
-- Deckel_komplett-2/Schraube-2
- Buchse-1
- Gehaeuse-1
- Welle-4
```

Listing 8.14: Traversierungsergebnis der Zahnradpumpe im Direktfenster

Die Anzahl der Striche am Anfang jeder Zeile informiert über die Nummer der aktuellen Ebene.

Wie man sieht, werden die Namen der Komponenten von der API jeweils als Verkettung der aktuellen Komponente mit allen ihren übergeordneten Vorgängern in der Struktur zusammengesetzt (Trennung durch den Schrägstrich). Weiterhin wird mit Bindestrich getrennt die Kennung im Modell ergänzt. Dadurch ist es möglich, mehrfach verwendete Teile eindeutig zu unterscheiden. Betrachtet man sich die Darstellung im Featuremanager von SolidWorks (►Abbildung 8.57), so sieht man, dass die Traversierung auch solche Teile zurückgibt, die durch Musterfeatures entstanden sind.

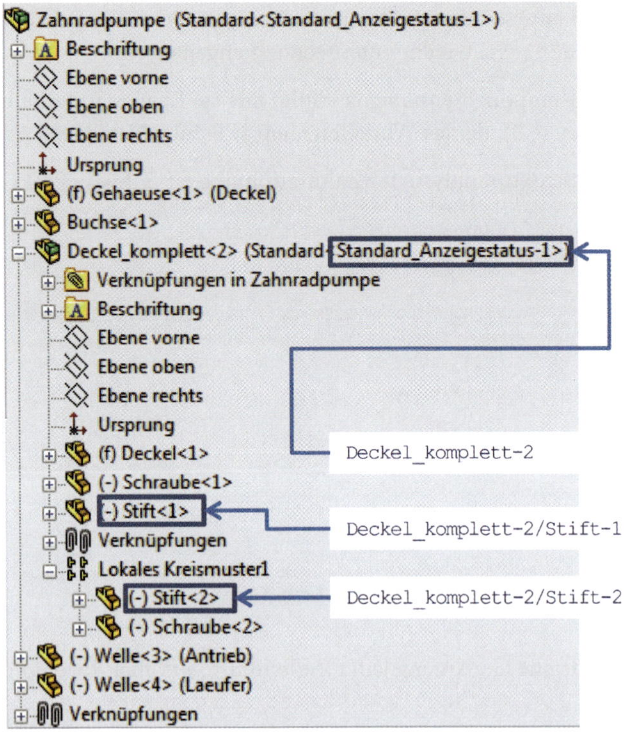

Abbildung 8.57: Zusammensetzung von Komponentennamen

Sie können das vollständige Makro zur Strukturanalyse der Baugruppe über die CWS-Seite als *BaugruppenAnalyse.swp* herunterladen.

8.8 Synthese von Geometrien

Abschließend zu den Ausführungen über die Programmierung von SolidWorks soll das bereits zu Beginn des Kapitels angesprochene Beispiel der Konstruktion einer Kurvenscheibe umgesetzt werden.

Problemanalyse

Dazu sollen zunächst sehr kurz die benötigten Algorithmen vorgestellt werden. Da die Form einer Kurvenscheibe von einer ganzen Anzahl von Parametern abhängt, wird in diesem Beispiel auf die Möglichkeit zurückgegriffen, einfache Formulare für den Dialog mit dem Anwender des Programms einzusetzen. Schließlich wird gezeigt, wie mittels dieser Informationen die Geometrie der Kurvenscheibe in einem neuen Part-Dokument erzeugt wird.

Da in diesem Abschnitt der Schwerpunkt auf die Programmierung der Geometrieerzeugung gelegt wird, sollen die Algorithmen zur Konstruktion einer Kurvenscheibe nur für einen einfachen Fall und ohne Herleitung vorgestellt werden. Weitergehende Erläuterungen können Sie der einschlägigen Literatur entnehmen, z. B. (Luck, Modler 1990).

Grundlagen der Gestaltung einer Kurvenscheibe

Die **Kurvenscheibe** K ist im Punkt A drehbar gelagert und bewegt bei einer Drehung einen auf ihr gleitenden Hebel H (►Abbildung 8.58).

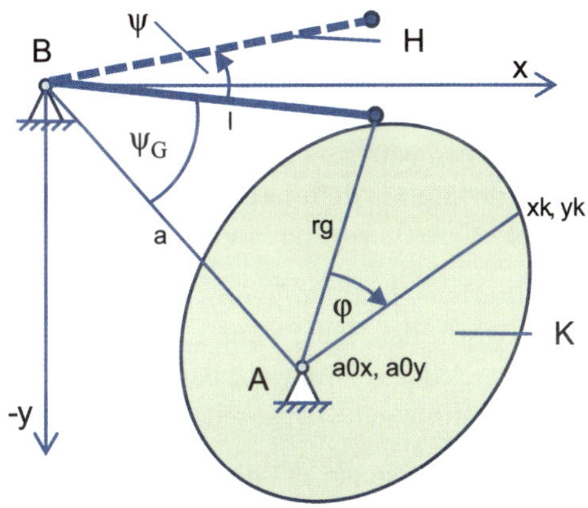

Abbildung 8.58: Kennwerte einer Kurvenscheibe

Dieser stützt sich in den meisten Fällen mittels einer an seinem Ende befindlichen kleinen Rolle auf der Kurvenscheibe ab. Der Einfachheit halber soll im Weiteren von einer sehr kleinen Rolle ausgegangen werden, so dass sich das Hebelende direkt auf der Scheibe befindet.

Bei Drehung der Kurvenscheibe um einen Winkel φ bewegt sich der Hebel um einen von der Form der Scheibe abhängenden Winkel ψ.

Weitere wichtige Kenngrößen, die letztendlich die erreichbare Abhängigkeit dieser beiden Winkel und die erforderliche Form der Kurvenscheibe bestimmen, sind die Lage des **Scheibendrehpunkts** A relativ zum Hebeldrehpunkt B, die **Länge des Hebels** l sowie die **Ausgangslage des Hebels** (bestimmt durch den Grundwinkel ψ_G. Dieser Ausgangslage des Hebels ist ein Punkt der Kurvenscheibenkontur zugeordnet, dessen Abstand vom Drehpunkt der Scheibe mit r_G bezeichnet wird.

Im vorliegenden Fall soll die zu modellierende Kurvenscheibe den Hebel in eine bestimmte, vorgegebene Bewegung setzen. Diese Bewegung wird definiert als Abhängigkeit der Winkel $\psi(\varphi)$. Die hier weiter zu entwickelnde Lösung benutzt eine Abhängigkeit nach ►Abbildung 8.59.

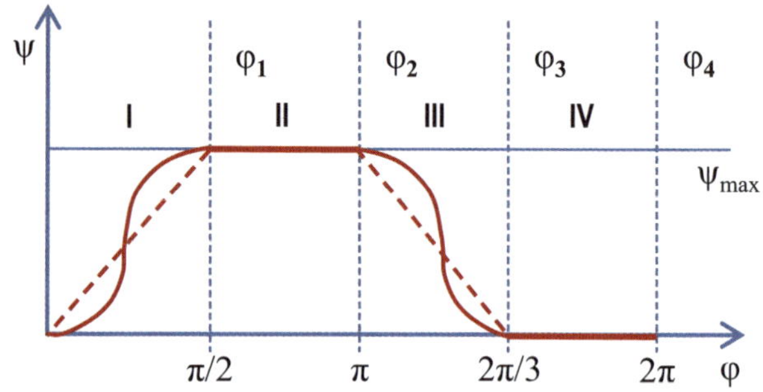

Abbildung 8.59: Übertragungsfunktion der zu konstruierenden Kurvenscheibe

Die vollständige Kontur der Scheibe liegt fest, wenn für alle Drehwinkel zwischen $\varphi = 0$ und $\varphi = 2\pi$ (dieses Bogenmaß entspricht einem Winkel von 360°) der erforderliche Ausschlagwinkel ψ des Hebels definiert wird. Es soll in diesem Beispiel davon ausgegangen werden, dass diese Bewegung in vier Abschnitten erfolgt.

Im Abschnitt I soll sich der Hebel langsam heben, bis ein Ausschlagwinkel von $\psi_{\max}$ erreicht ist. In Abschnitt II soll der Hebel seine Lage nicht ändern, um sich im folgenden Abschnitt III dann wieder zur Ausgangslage zurückzubewegen und dort bis zum Ende der Gesamtumdrehung der Kurvenscheibe zu verharren (Abschnitt IV).

Damit es zu Beginn der Bewegung sowie zu Ende der Bewegung in den Abschnitten II und III stetige Übergänge zu den vorangehenden bzw. nachfolgenden Abschnitten gibt, wird keine Gerade für die Übertragungsfunktion benutzt. Diese hätte abrupte Beschleunigungen bzw. Abbremsungen des Hebels zur Folge. Besser ist eine von der Sinus-Funktion abgeleitete Abhängigkeit, die eine Form ergibt, wie sie in Abbildung 8.59 zu sehen ist. Die Übertragungsfunktion kann man dann auch wie folgt schreiben:

Abschnitt I $(\varphi < \varphi 1) : \psi = \psi_{\max}\left(z - \frac{1}{2\pi}\ln(2\pi * z)\right)$

wobei z nur der vereinfachten Schreibweise genutzt wird: $z = \frac{\varphi}{\varphi_1}$

Abschnitt II $(\varphi >= \varphi 1 \text{ und } \varphi < \varphi 2) : \psi = \psi_{\max}$

Abschnitt III $(\varphi >= \varphi 2 \text{ und } \varphi < \varphi 3) : \psi(\varphi)$

identisch zu Abschnitt 1, wobei z wie folgt zu berechnen ist: $z = 1 - \frac{\varphi - \varphi_2}{\varphi_3 - \varphi_2}$

Abschnitt IV $(\varphi >= \varphi 3) : \psi = 0$.

Geht man von diesen Ausgangsbedingungen für die Konstruktion aus, so müssen folgende Parameter jeweils festgelegt werden:

- Drehmittelpunktkoordinaten der Kurvenscheibe $a0x$, $a0y$
- Länge des Hebels l
- Anfangsauslenkung des Hebels ψ_G
- Zugeordneter Abstand des Hebelendes zum Drehmittelpunkt der Kurvenscheibe: r_G
- Maximale Hebelauslenkung: ψ_{max}.

Da es häufig vorkommt, dass man derartige Parameter während der Konstruktion ändert, um die optimalen Größen zu finden, ist es besser, solche Werte während der Nutzung des Programms direkt angeben zu können, als sie im Programm festzulegen.

Gestalten eines Eingabeformulars

Dazu soll eine bisher noch nicht vorgestellte Komponente von VBA genutzt werden – das **Formular**.

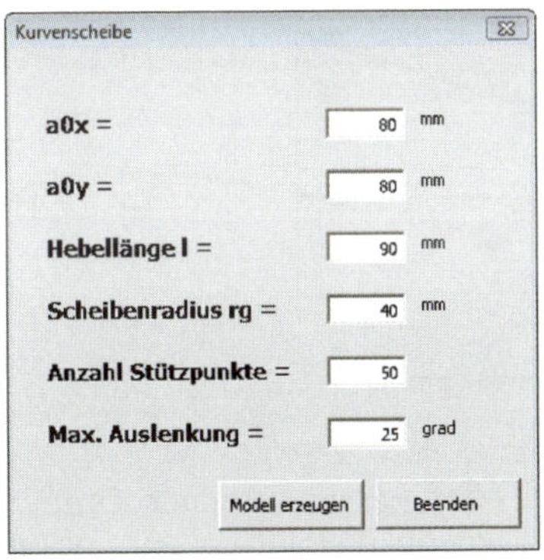

Abbildung 8.60: VBA-Eingabeformular

Ein solches Formular stellt für den Nutzer im einfachsten Fall Felder zur Eingabe von Werten zur Verfügung. ►Abbildung 8.60 zeigt ein für die Parametereingabe der Kurvenscheibe geeignetes Formular. Es enthält Eingabefelder für die zuvor besprochenen Parameter der Konstruktion sowie jeweils eine Schaltfläche zum Starten der Modellierung (*Modell Erzeugen*) sowie zum Beenden der Arbeit (*Beenden*).

Sie erzeugen das Formular, indem Sie zunächst ein neues Makro (nennen Sie es *Kurvenscheibe*) eröffnen. Durch den Menübefehl MENÜ→EINFÜGEN→USERFORM erzeugen Sie ein leeres Formular, welches Ihnen in der Entwicklungsumgebung von VBA angezeigt wird (►Abbildung 8.61).

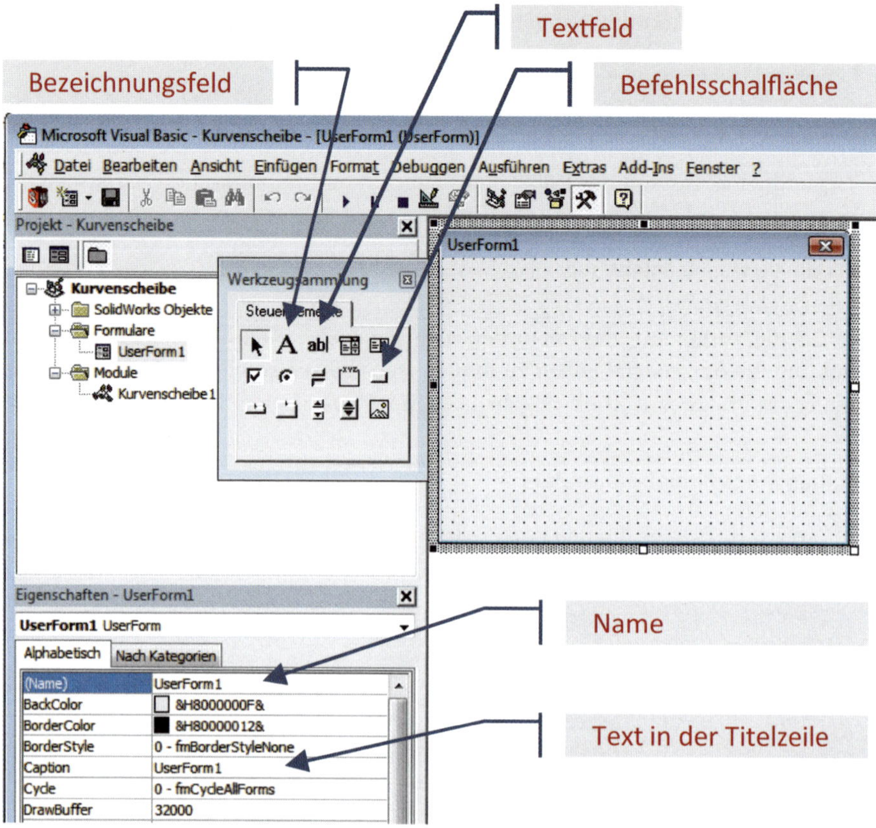

Abbildung 8.61: In VBA erzeugtes leeres Formular

Sie sehen links im Projekt-Explorer einen neuen Ordner Formulare. In diesem ist das eben erzeugte Formular *UserForm1* eingetragen. Das Formular selbst ist in dem Bereich dargestellt, in dem sonst der VBA-Programmcode zu sehen ist. Zwischen diesen beiden Darstellungsarten können Sie mittels der kleinen Schaltflächen oben links im Projekt-Browser hin und her wechseln.

Ändern Sie zunächst den **Titeltext des Formulars** sinnvoll. Dies können Sie in der Übersicht der Eigenschaften (unten links) tun. Dazu ändern Sie den Text der Eigenschaft Caption von *UserForm1* auf *Kurvenscheibe*. Sie sehen die Änderung auch sofort in dem dargestellten (noch leeren) Formular rechts.

Das Gleiche sollten Sie mit dem **Namen des Formulars** tun. Wenn Sie später einmal mit mehr als einem Formular arbeiten müssen, ist es so viel leichter, das gerade benötigte Formular zu finden. Benutzen Sie im vorliegenden Fall den Namen *Parametereingabe*, den Sie bei der Eigenschaft Name eintragen.

Nun werden die Eingabefelder benötigt. Dazu nutzen Sie das Steuerelement Textfeld der Werkzeugsammlung. Klicken Sie auf das entsprechende Symbol und ziehen Sie rechts im Formular einen Rahmen für das Eingabefeld. Wiederholen Sie dies für jeden weiteren Parameter (also fünf Mal).

Sie können jetzt diese Eingabefelder sinnvoll platzieren und die Größen durch Ziehen mit der Maus anpassen. Orientieren Sie sich am besten an dem Vorschlag in Abbildung 8.60. Dort sehen Sie auch, dass für die sichere Arbeit alle Felder sowohl Hinweistexte (vor den Feldern) sowie Angaben zu den Maßeinheiten (hinter den Feldern) erhalten haben. Sie sollten dies auch tun. Nutzen Sie das Steuerelement Bezeichnungsfeld. So lässt sich, vergleichbar mit den Eingabefeldern, jeweils durch Ziehen eines Rahmens ein Text platzieren. Den Text selbst ändern Sie über die Eigenschaft Caption. Die Schrift kann über die Eigenschaft Font angepasst werden.

Um aus den Feldern die Werte mit dem Programm auslesen zu können, müssen die jeweiligen Namen der Felder bekannt sein. Es ist also sinnvoll, die einzelnen Felder so zu benennen, dass ein logischer Bezug auf die Parameter besteht. Dazu selektieren Sie jeweils eines der Felder und können jetzt im Eigenschaftsfeld Name (unten links) den neuen Namen eintragen. Weiterhin kann man jedem Feld einen Standardwert geben. Dieser wird immer automatisch in das Feld eingetragen und kann entweder belassen oder auch geändert werden. Das erleichtert sowohl das Testen des Programms als auch die spätere Nutzung. Selektieren Sie dazu das jeweilige Feld und tragen Sie den Standardwert in die Eigenschaft Text ein.

Im vorliegenden Fall benutzen Sie bitte (Felder von oben nach unten) die folgenden Namen und Standardwerte (in Klammern):

- x-Koordinate der Kurvenscheibe: *a0x* (80)
- y-Koordinate der Kurvenscheibe: *a0y* (80)
- Hebellänge: *l* (90)
- Basisradius der Kurvenscheibe: *rg* (40)
- Zahl der Stützpunkte: *pcnt* (50)
- Maximale Auslenkung des Hebels: *psi_max* (25).

Schließlich werden noch die zwei Schaltflächen zum Start der Modellierung sowie zum Beenden des Dialogs benötigt. Dazu wählen Sie zweimal das Steuerelement Befehlsschaltfläche im Werkzeugkasten aus und ziehen wiederum jeweils einen Rahmen an der gewünschten Position des Formulars. Die Beschriftungen können Sie über die Eigenschaft Caption anpassen. Die Namen der Schaltflächen ändern Sie in *Beenden* bzw. *Modell.*

Öffnen des Eingabeformulars

Wenn ein Makro gestartet wird, wird immer der Code abgearbeitet, der in der Prozedur `Sub main()` steht. Da in diesem Beispiel jedoch zuerst das Formular *Parametereingabe* geöffnet werden soll, muss dies explizit angegeben werden.

So können Sie für das Öffnen des Formulars die existierende Prozedur `main()` verwenden. Es gibt eine Methode `Show`, mit der man ein Formular öffnen kann. Sie müssen dazu in der Hauptfunktion `main()` folgenden Code eintragen (►Listing 8.15):

```
Sub main()
    '-- Anwendung der Methode Show zum Öffnen
    '-- des Eingabeformulars Parametereingabe
   Parametereingabe.Show
End Sub
```

Listing 8.15: Öffnen des Eingabeformulars in der Hauptprozedur main()

Starten Sie jetzt das Makro, so arbeitet VBA die Prozedur `main()` ab und öffnet so das Eingabefenster.

Ereignisse des Eingabeformulars

Versuchen Sie, das Fenster durch Anklicken der Schaltfläche *Beenden* wieder zu schließen, so werden Sie feststellen, dass die Schaltfläche nicht funktioniert. Auch die Schaltfläche *Modell erzeugen* hat noch keine Funktion. Man muss den Schaltflächen erst einen ausführbaren Programmcode zuordnen, der festlegt, was beim Betätigen der Schaltfläche geschehen soll.

Widmen Sie sich zuerst der Befehlsschaltfläche *Beenden*. Sie kommen am einfachsten zum Ziel, wenn Sie im Entwurfsmodus (die Abarbeitung des Makros darf also nicht gestartet sein) einen Doppelklick auf die Schaltfläche *Beenden* durchführen. Dadurch wird ein Code-Fenster geöffnet und der Rumpf einer Ereignisprozedur `Beenden_Click()` geöffnet.

Diesen Name dürfen Sie nicht ändern! VBA hat ihn zusammengesetzt aus dem Namen des Steuerelements sowie dem Ereignis, welches behandelt werden soll. Im vorliegenden Fall ist es das Steuerelement *Beenden* und das Ereignis, welches bei einem Mausklick ausgelöst wird (`_Click`). Klicken Sie später wieder auf diese Schaltfläche, sucht VBA nach genau dieser Prozedur und führt den in ihr enthaltenen Programmcode aus.

In dieser Prozedur müssen Sie jetzt das Schließen des Formulars anweisen. Das Schließen des letzten Formulars eines Makros beendet auch immer das Makro selbst. Da es im vorliegenden Fall nur das eine Formular gibt, wird dann künftig das Makro *Kurvenscheibe* beim Betätigen dieser Schaltfläche beendet. Das Schließen eines Formulars erfolgt mit der Anweisung `Unload`. Die sich ergebende Prozedur zeigt ►Listing 8.16.

```
Private Sub BeendenClick()
   Unload Me
End Sub
```

Listing 8.16: Prozedur Beenden zum Schließen des Eingabeformulars

Als Parameter der Anweisung `Unload` wird hier nicht der Name des Formulars benutzt, sondern das allgemein gültige Schlüsselwort `Me`. Das Schlüsselwort `Me` verweist immer auf das gerade aktuelle Objekt – im vorliegenden Fall das Formular *Parametereingabe* selbst. Der Vorteil gegenüber der Nutzung des konkreten Formularnamens (was auch zulässig wäre) liegt vor allem in der einfacheren und allgemein gültigen Schreibweise.

Prozedur zur Erzeugung der Kurvenscheibe

Nach diesen vorbereitenden Arbeiten soll es nun um die **geometrische Modellierung der Kurvenscheibe** gehen. Der erforderliche Programmcode kann in diesem Fall nicht mehr so einfach wie in den vorangegangenen Beispielen in die Hauptprozedur `main()` geschrieben werden, denn diese wird ja bereits dazu benutzt, das Eingabeformular zu öffnen. Aus diesem Grund benötigen Sie einen neuen, leeren Programmrumpf. Gehen Sie dazu in das bereits existierende Modul, in dem sich bereits die Prozedur `main()` befindet.

Schreiben Sie zunächst am Ende des Modulcodes in eine neue Zeile den Code `Sub KurvenscheibeL()` und beenden Sie die Zeile mit der Taste [Enter]. Dadurch entsteht eine neue Prozedur und der benötigte Abschlusscode `End Sub` wird von VBA auch gleich automatisch eingefügt. In dieser Prozedur soll die Modellierung der Kurvenscheibe vorgenommen werden.

Damit es später leichter möglich ist, unterschiedliche Kurvenscheibengeometrien zu erzeugen, ohne jedes Mal ein neues Part-Dokument manuell erzeugen zu müssen, soll hier auf die in Abschnitt 8.5.2 vorgestellte Vorgehensweise zurückgegriffen werden, ein neues, leeres Part-Dokument automatisch neu anzulegen.

Dazu erweitern Sie die Prozedur entsprechend (►Listing 8.17).

```
Sub KurvenscheibeL()
Dim swApp As SldWorks.SldWorks
Dim Part As SldWorks.ModelDoc2

    Set swApp = Application.SldWorks
    Set Part = swApp.NewDocument
    ("C:\Programme\SolidWorks\data\templates\Teil.prtdot", 0, 0, 0)

End Sub
```

Listing 8.17: Erstellen eines leeren Part-Dokuments

Sie müssen in diesem Programmabschnitt zum Öffnen des neuen Dokuments den bei Ihnen gültigen Pfad zu dem Verzeichnis, in dem die Templates liegen, eintragen. Den in Ihrem Fall korrekten Pfad ermitteln Sie bitte wie in Abschnitt 8.5.2 beschrieben. Den in Listing 8.17 zu sehenden Parameterwert des Template-Pfads müssen Sie dann entsprechend anpassen.

Da eine neue Skizze für ein Geometriemodell nur auf einer Ebene bzw. Fläche erstellt werden kann, muss nun eine geeignete Ebene selektiert werden. Dies geschieht mit dem Programm analog dazu, wie man dies auch auf der Bedienoberfläche tun würde (►Listing 8.18).

```
Part.Extension.SelectByID2 "Ebene vorne", "PLANE", 0, 0, 0,
                           False, 0, Nothing, 0
Part.InsertSketch2 True
```

Listing 8.18: Erstellen einer Skizze auf der Ebene Vorne

Die Methode `SelectByID` selektiert ein Objekt mit dem Namen *Ebene vorne*. Dies ist der erste Parameter und wird einfach als eine Zeichenkette übergeben. Der zweite Parameter gibt den Objekttyp an. Dies ist hier der Typ *PLANE*, welcher eine Ebene beschreibt.

Diesen Objektartnamen müssen Sie immer in Großbuchstaben schreiben! Die Namenstexte der verfügbaren Objektarten kann man der API-Hilfe entnehmen.

Die weiteren Parameter spielen hier keine wichtige Rolle und sollen deshalb nicht weiter besprochen werden. Übernehmen Sie diese bitte, wie in Listing 8.18 angegeben.

Nachdem dieser Aufruf abgearbeitet wurde, kann auf der jetzt selektierten Ebene eine neue Skizze eröffnet werden (Methode: `InsertSketch`).

Parameterübergabe vom Eingabeformular ins Programm

Bevor die Formulierung des Algorithmus zur Konturbeschreibung besprochen wird, muss als Vorbereitung noch überlegt werden, wie die Parameter, die in dem Eingabeformular eingegeben wurden und die man ja zur Modellierung benötigt, in der Prozedur verfügbar gemacht werden können.

Wie ►Abbildung 8.62 zeigt, hängen dabei die Aktivierung der benötigten Programmteile sowie die Übergabe der Parameter voneinander ab.

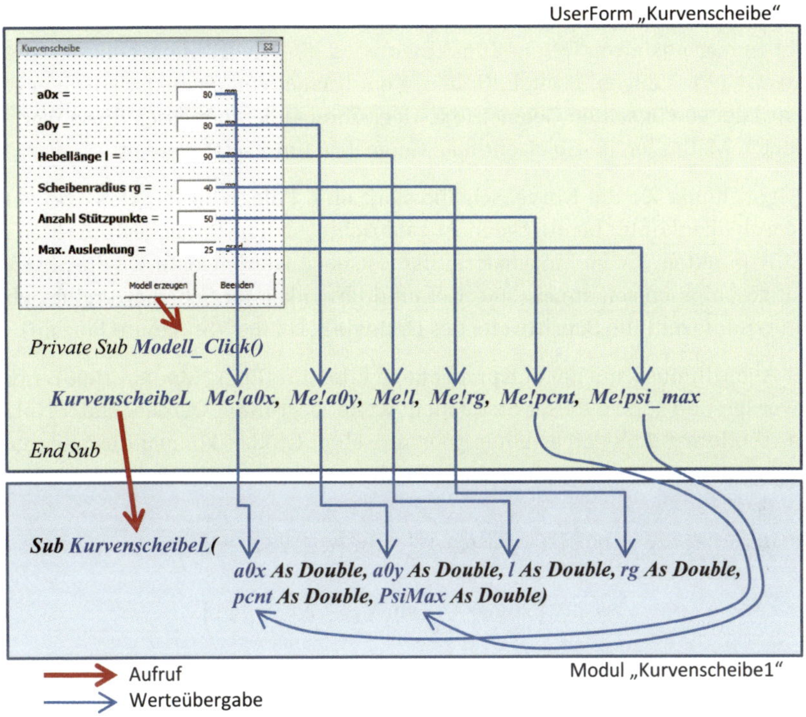

Abbildung 8.62: Aufruffolge und Parameterübergabe

In gleicher Weise, wie dies im Fall der Betätigung von Schaltfläche *Beenden* bereits erläutert wurde, muss der Schaltfläche *Modell* der Aufruf der Prozedur *KurvenscheibeL* (die sich im Modul *Kurvenscheibe1* befindet) zugeordnet werden. Dies erfolgt im Klickereignis, welches dann `Modell_Click` heißt.

Dem Aufruf der Prozedur *KurvenscheibeL* folgen als Parameter die sechs Werte, welche im Eingabeformular eingegeben werden. Der Zugriff auf die Werte erfolgt immer in einer Folge von `Me`, welches das Objekt bezeichnet, in dem die Eingabefelder liegen (also hier das Eingabeformular), sowie dem Namen des Eingabefelds (z. B. *a0x*, *a0y* ...), getrennt durch ein Ausrufezeichen.

Um diese Werte in der Prozedur *KurvenscheibeL* nutzen zu können, müssen auch in deren Kopf die entsprechenden Parameter angegeben werden. Dort erhält auch jeder Parameter einen Datentyp, der hier als `Double` festgelegt wird, um die möglichen Gleitkommazahlen speichern zu können. Ergänzen Sie deshalb nun die Kopfzeile des bereits erstellten Prozedurrumpfs durch den Eintrag dieser Parameter wie folgt:

```
Sub KurvenscheibeL(a0x As Double, a0y As Double, l As Double, _
                    rg As Double, pcnt As Double, psimax As Double)
```

Erzeugung der Kurvenscheibengeometrie

Jetzt sind alle Voraussetzungen gegeben, um sich der eigentlichen **Geometrieerzeugung** zuwenden zu können. Jedes Programm zur Erzeugung von CAD-Geometrie besteht immer aus zwei Teilen. Zum einen wird ein Algorithmus benötigt, der die Kennwerte (wie Längen, Breiten, Höhen, Koordinaten von charakteristischen Punkten usw.) der gewünschten Geometrie festlegt. Zum anderen müssen diese Werte mit geeigneten Methoden in die eigentliche Geometrie umgesetzt werden.

Der Algorithmus für die Kurvenscheibe stellt eine Folge von Punkten (*xk, yk*) der Kurvenscheibenkontur bereit. Deren Anzahl richtet sich nach der gewünschten Zahl von Stützpunkten, die im Eingabeformular festgelegt werden kann. Da die Skizze der Kontur geschlossen sein muss (360° Gesamtdrehwinkel der Scheibe), ergibt sich aus der Stützpunktzahl die Schrittweite des Drehwinkels (360°/Stützpunktanzahl).

Dieser Algorithmus kann der entsprechenden Literatur (Luck; Modler, 1990) entnommen werden und soll an dieser Stelle nicht weiter begründet werden. Unter Nutzung der in Abbildung 8.58 dargestellten geometrischen Größen können die Stützpunkte nach folgenden Gleichungen berechnet werden:

$$
\begin{aligned}
x_K = a0x\left(1-\cos(\varphi)+\frac{l}{\alpha}\cos(\psi_G+\psi(\varphi)-\varphi)\right) \\
- a0y\left(\sin(\varphi)+\frac{l}{\alpha}\sin(\psi_G+\psi(\varphi)-\varphi)\right) \\
y_K = a0x\left(\sin(\varphi)+\frac{l}{\alpha}\sin(\psi_G+\psi(\varphi)-\varphi)\right) \\
- a0y\left(1-\cos(\varphi)+\frac{l}{\alpha}\cos(\psi_G+\psi(\varphi)-\varphi)\right).
\end{aligned}
$$

Um diese Gleichungen im Programm lösen zu können, wird noch die **Übertragungsfunktion** $\psi(\varphi)$ benötigt. Diese wurde für dieses Beispiel in Abbildung 8.59 bereits vorgestellt.

Da die Übertragungsfunktion mehrfach benötigt wird und man diese gegebenenfalls beim Testen der Kurvenscheibe auch noch modifizieren möchte, empfiehlt es sich, diese in einer eigenen Funktion zu schreiben. Ergänzen Sie dazu am Ende des Moduls *Kurvenscheibe1* den Programmcode nach ►Listing 8.19.

```
Function Psi(Phi As Double, PsiMax as Double) As Double
Const Pi = 3.141592
Const Phi1 = Pi / 2          ' Ende Abschnitt 1
Const Phi2 = Pi              ' Ende Abschnitt 2
Const Phi3 = (3 * Pi) / 2    ' Ende Abschnitt 3
Const Phi4 = 2 * Pi          ' Ende Abschnitt 4
Dim z As Double

    '-- Abschnitt 1
```

```
    If (Phi < Phi1) Then
        z = Phi / Phi1
        Psi = PsiMax * (z - (1 / (2 * Pi)) * Sin(2 * Pi * z))

    '-- Abschnitt 2
    ElseIf (Phi >= Phi1 And Phi < Phi2) Then
        Psi = PsiMax

    '-- Abschnitt 3
    ElseIf (Phi >= Phi2 And Phi < Phi3) Then
        z = 1 - (Phi - Phi2) / (Phi3 - Phi2)
        Psi = PsiMax * (z - (1 / (2 * Pi)) * Sin(2 * Pi * z))

    '-- Abschnitt 4
    ElseIf (Phi > Phi3) Then
        Psi = 0
    End If

    Exit Function
End Function
```

Listing 8.19: Prozedur zur Beschreibung der Übertragungsfunktion

Diese Prozedur hat zwei Parameter. Zum einen wird ihr der Drehwinkel φ der Kurvenscheibe übergeben, für den die Hebelauslenkung ψ zu berechnen ist. Zum anderen wird auch noch der maximal gewünschte Auslenkungswinkel ψ_{max} (`PsiMax`) übergeben, denn es soll ja der Wert aus dem Eingabeformular benutzt werden.

Beachten Sie bitte, dass bei den VBA-Winkelfunktionen alle Winkel im Bogenmaß benutzt werden. Da man extern gern mit Gradmaß arbeitet, muss man dieses also zuvor in das Bogenmaß umrechnen.

HINWEIS

Für die Ausführung der **Konturskizze einer Kurvenscheibe** gibt es unterschiedliche Ansätze (►Abbildung 8.63).

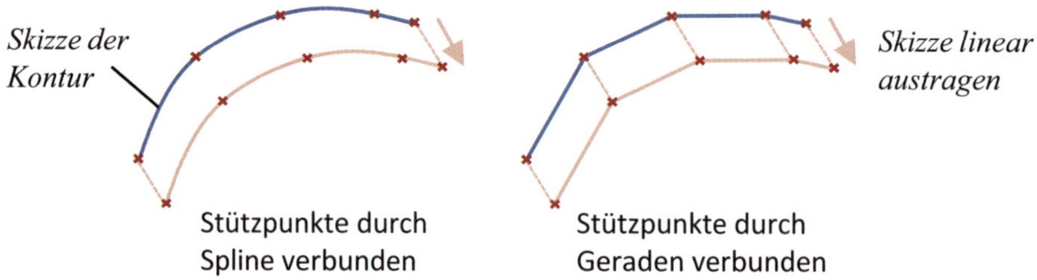

Abbildung 8.63: Ableitung der Konturskizze aus Stützpunkten

Im einfachsten Fall kann man die berechneten Konturpunkte einfach mit **Geradenstücken** verbinden. Je nach Anzahl der Stützpunkte ergibt sich dabei eine gegebenenfalls recht grobe Konturform. Auch wird die Begrenzungsfläche (auf der der Hebel gleitet) keine geschlossene Fläche sein, sondern sich aus einer von der Stützpunktzahl abhängigen Anzahl von Einzelflächen zusammensetzen.

Im Unterschied dazu ergibt die Benutzung von **Splines** eine ausgeglichene Kontur mit nur einer resultierenden Begrenzungsfläche.

In diesem Beispiel soll auf die einfachere Variante mit Geraden als Konturbegrenzung zurückgegriffen werden. Auch bei der praktischen Anwendung wird dieser Ansatz häufig benutzt. Neben der einfacheren Erzeugung muss man dabei auch beachten, dass die Gleitfläche des Hebels sowieso noch nachbearbeitet wird (geschliffen und gehärtet).

Zur Erzeugung von Geraden in Skizzen stellt die SolidWorks-API die Methode `CreateLine2 x1, y1, z1, x2, y2, z2` zur Verfügung. Dabei bezeichnen die Parameter den Startpunkt der Geraden (`x1, y1, z1`) bzw. den Endpunkt der Geraden (`x2, y2, z2`). Da die Geraden in einer ebenen Skizze gezeichnet werden, kann der z-Wert jeweils null gesetzt werden.

Diese Methode kann direkt auf ein Part-Objekt angewandt werden, in dem eine aktuell geöffnete Skizze vorhanden ist.

HINWEIS

Bitte beachten Sie hier, dass es auch die ältere Methode `CreateLine` (ohne 2) gibt. Im vorliegenden Fall ist es sehr wichtig, die neuere Methode `CreateLine2` zu benutzen, da die Methode `CreateLine` nicht auf das Part-Objekt anwendbar ist. Sie würden in diesem Fall eine Fehlermeldung erhalten.

HINWEIS

Beachtet werden muss auch, dass alle Längen- und Koordinatenparameter der SolidWorks-API in Meter angegeben werden. Aus diesem Grund werden diese im vorgestellten Programm mit dem Umrechnungsfaktor 1.000 umgerechnet.

Die Berechnung der Stützpunkte sowie die Zeichnung der Verbindungsgeraden kann dann wie in ►Listing 8.20 gezeigt programmiert werden.

```
Dim Phi  As Double, _
    PsiG As Double, _
    a    As Double, _
    xk   As Double, yk As Double, _
    xa   As Double, ya As Double, _
    i    As Integer

a = Sqr(a0x ^ 2 + a0y ^ 2)
PsiG = ArcCos((l ^ 2 + a ^ 2 - rg ^ 2) / (2 * a * l))
Phi = 0

For i = 0 To Pcnt
   xk = a0x * (1 - Cos(Phi) + (l / a) * Cos(PsiG + Psi(Phi,PsiMax) _
        - Phi))- a0y * (Sin(Phi) + (l / a) * Sin(PsiG _
        + Psi(Phi,PsiMax) - Phi))
   yk = a0x * (Sin(Phi) + (l / a) * Sin(PsiG + Psi(Phi,PsiMax) _
        - Phi)) + a0y * (1 - Cos(Phi) + (l / a) * Cos(PsiG _
        + Psi(Phi,PsiMax) - Phi))
   If i > 0 Then
     Part.CreateLine2 _
        xa / 1000, ya / 1000, 0, xk / 1000, yk / 1000, 0
   End If
   xa = xk
   ya = yk
   Phi = Phi + 2*Pi / Pcnt
Next i
```

Listing 8.20: Berechnung von Stützpunkten sowie Erzeugung der Konturskizze

Zunächst werden der Abstand a des Kurvenscheibendrehpunkts vom Hebeldrehpunkt sowie der Grundausschlag des Hebels ψ_G (PsiG) berechnet. Dabei muss beachtet werden, dass VBA keine Funktion für den Arcus-Cosinus bereitstellt. Die benutzte Funktion muss deshalb selbst erstellt werden, in dem man auf die existierende Arcus-Tangens-Funktion zurückgreift. Diese Funktion fügen Sie wiederum am Ende des Moduls *Kurvenscheibe1* ein (►Listing 8.21).

```
Function ArcCos(Phi As Double) As Double
   ArcCos = Atn(-Phi / Sqr(-Phi * Phi + 1)) + 2 * Atn(1)
End Function
```

Listing 8.21: Funktion zur Berechnung des Arcus-Cosinus

Die folgende Zählschleife wird entsprechend der Zahl von Stützpunkten durchlaufen. Beachten Sie, dass die Zählschleife mit dem Wert 0 beginnt. Damit besitzt der erste Winkel φ, für den ein Stützpunkt berechnet wird, den Wert 0. Bei jedem Durchlauf wird der Winkel dann um einen solchen Winkelwert vergrößert, dass für die letzte Berechnung ein Winkel $\varphi = 360°$ (also im Bogenmaß 2π) genutzt wird.

Um für die Geradenerzeugung immer einen Anfangs- und einen Endpunkt zur Verfügung zu haben, wird jedes aktuell berechnete Koordinatenpaar (`xk, yk`) als Anfangspunkt der folgenden gerade gespeichert (`xa, ya`). Im ersten Durchlauf der Zählschleife (`i = 0`) kann somit noch keine Gerade gezeichnet werden.

Wenn Sie das Programm bis hierher entwickelt haben und es das erste Mal starten, so werden Sie je nach den gewählten Parametern der Kurvenscheibe wahrscheinlich eine Skizze erhalten, die nicht der eigentlich zu erwartenden Form entspricht, sondern ähnlich wie in ►Abbildung 8.64 dargestellt aussieht.

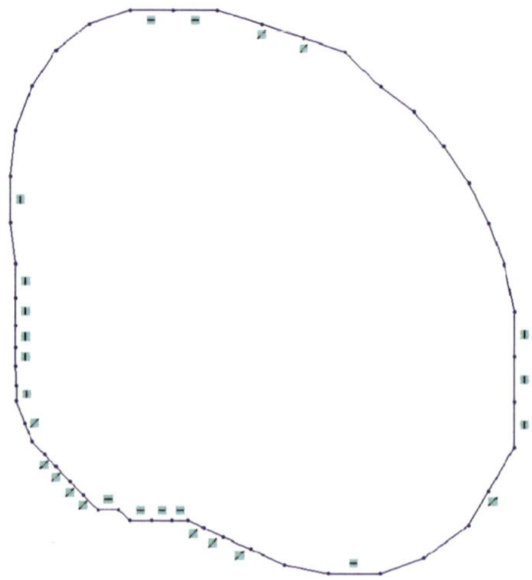

Abbildung 8.64: Kurvenskizze mit aktivierter Fangfunktion

Der Grund liegt in der **automatischen Fangfunktion** von SolidWorks. Diese richtet Geraden die „fast" vertikal, horizontal bzw. in einem Winkel von 45° gezeichnet werden, automatisch aus. Diese beim normalen Konstruieren durchaus sehr hilfreiche Funktion ist im vorliegenden Fall natürlich unerwünscht.

Abhilfe schafft eine manuelle oder programmgesteuerte Einstellung der Fangoptionen. Manuell nehmen Sie dies in den SolidWorks-Optionen (MENÜ→EXTRAS→OPTIONEN) unter dem Punkt Skizze-Beziehungen/Fangen vor. Deaktivieren Sie am besten wie in ►Abbildung 8.65 dargestellt alle Fangoptionen mit Ausnahme der Option Endpunkte und Skizzenpunkte. Diese Fangfunktion wird benötigt, damit sich auch wirklich eine geschlossene Kontur ergibt, bei der der Endpunkt der einen Gerade gleichzeitig den Anfangspunkt der Folgegeraden darstellen soll.

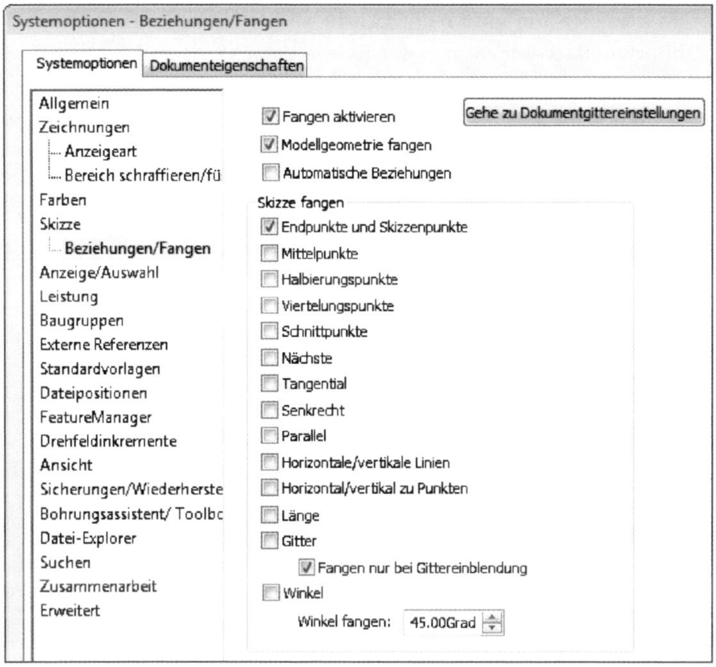

Abbildung 8.65: Erforderliche Einstellungen für Beziehungen/Fangen

Natürlich stellt auch die API eine geeignete Methode bereit. Es soll hier aber darauf nicht näher eingegangen werden.

Nachdem nun die Kontur in der Skizze korrekt erzeugt wurde, muss diese jetzt zum Kurvenscheibenkörper ausgetragen werden.

Zuvor soll lediglich noch im Drehpunkt der Scheibe eine Bohrung erzeugt werden, die zur Lagerung dienen kann. Dies erfolgt am einfachsten dadurch, dass in der Skizze um den Scheibendrehpunkt (*a0x,a0y*) ein Kreis mit dem gewünschten Durchmesser (hier: Durchmesser 6 mm, d. h. einem Radius von 3 mm) gezeichnet wird:

```
Part.CreateCircleByRadius2 a0x / 1000, a0y / 1000, 0, 3 / 1000
```

Die Methode `CreateCircleByRadius2` zeichnet um den Mittelpunkt (dieser wird durch die ersten drei Parameter definiert, wobei der *z*-Wert wieder mit null gewählt werden muss) einen Kreis mit einem gewählten Radius (letzter Parameter der Methode).

Das Austragen erfolgt nun mittels des folgenden Befehls:

```
Part.FeatureManager.FeatureExtrusion2 _
True, False, False, 0, 0, 0.01 0, False, False, False, False, _
0, 0, False, False, False, False, 1, 1, 1, 0, 0, False
```

Sie sehen, dass es sich um eine recht komplexe Methode handelt, die sich auf die im Part definierten aktiven Features der Skizze bezieht. Es soll hier keine Beschreibung diese vielen Parameter erfolgen, die sich aus der großen Anzahl an verfügbaren Optionen ergeben, die man bei Austragen einer Skizze einstellen kann. Im vorliegenden Fall ist lediglich der sechste Parameter interessant. Dieser legt die Tiefe der Austragung, also die Dicke der Kurvenscheibe, fest und führt hier zu einer 10mm dicken Scheibe. Natürlich können Sie diesen Wert beliebig ändern oder auch als weiteren Parameter im Eingabeformular mit aufnehmen.

►Listing 8.22 fasst nun schließlich die besprochenen Programmsegmente zur vollständigen Prozedur *KurvenscheibeL* zusammen.

```
Dim swApp As Object

Sub KurvenscheibeL(a0x As Double, a0y As Double, l As Double, _
                   rg As Double, Pcnt As Double, PsiMax As Double)
Dim Part As Object, _
    Phi  As Double, _
    PsiG As Double, _
    a    As Double, _
    xk   As Double, yk As Double, _
    xs   As Double, ys As Double, _
    xa   As Double, ya As Double
Const Pi = 3.141592
Dim i As Integer

'-- Öffnen eines neuen Part-Dokuments
Set swApp = Application.SldWorks
Set Part = swApp.NewDocument( _
"C:\ProgramData\SolidWorks\templates\Teil.prtdot", 0, 0, 0)

'-- Erzeugen einer neuen Skizze auf der Ebene "vorne"
Part.Extension.SelectByID2 "Ebene vorne", "PLANE", 0, 0, 0, _
                           False, 0, Nothing, 0
Part.InsertSketch2 True

'-- Zeichnen der Kontur über die Stützpunkte
PsiMax = (Pi / 180) * PsiMax ' Umrechnung in Bogenmaß
a = Sqr(a0x ^ 2 + a0y ^ 2)
PsiG = ArcCos((l ^ 2 + a ^ 2 - rg ^ 2) / (2 * a * l))
Phi = 0

For i = 0 To pcnt
   xk = a0x * (1 - Cos(Phi) + (l / a) * Cos(PsiG _
        + Psi(Phi,PsiMax) - Phi))- a0y * (Sin(Phi) _
```

```
        + (1 / a) * Sin(PsiG + Psi(Phi,PsiMax) - Phi))
    yk = a0x * (Sin(Phi) + (1 / a) * Sin(PsiG + Psi(Phi,PsiMax) _
        - Phi)) + a0y * (1 - Cos(Phi) + (1 / a) * Cos(PsiG _
        + Psi(Phi,PsiMax) - Phi))
    Phi = Phi + 6.28 / pcnt
    If i > 0 Then
        Part.CreateLine2 _
        xa / 1000, ya / 1000, 0, xk / 1000, yk / 1000, 0
    End If
    xa = xk
    ya = yk
Next i

'—— Bohrung im Drehpunkt
Part.CreateCircleByRadius2 a0x / 1000, a0y / 1000, 0, 3 / 1000

'—— Kontur-Skizze zum Scheibenkörper austragen
Part.FeatureManager.FeatureExtrusion2 _
True, False, False, 0, 0, 0.01, 0, _
False, False, False, False, 0, 0, _
False, False, False, False, 1, 1, 1, 0, 0, False

End Sub
```

Listing 8.22: Vollständige Prozedur zur Modellierung der Kurvenscheibe

Unter Verwendung der vorgeschlagenen Standardwerte für die Eingabe der Parameter im Eingabeformular entsteht schließlich die in ►Abbildung 8.66 dargestellte Kurvenscheibe.

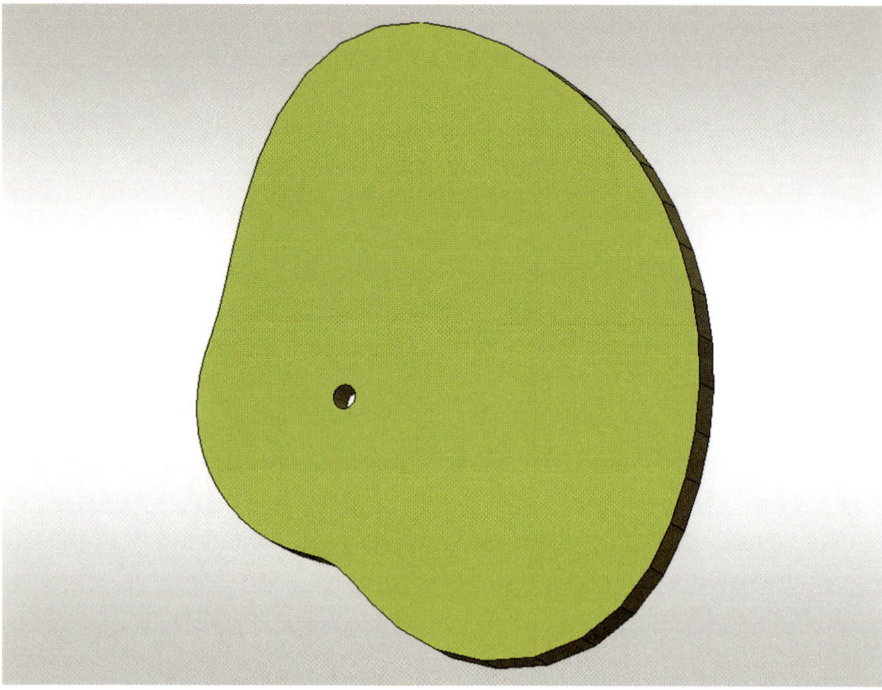

Abbildung 8.66: Fertig modellierte Kurvenscheibe

Das vollständige Makro zur Synthese der Kurvenscheibe einschließlich des vorgestellten Eingabeformulars finden Sie auf der CWS-Seite als *Kurvenscheibe.zip*.

ZUSAMMENFASSUNG

- SolidWorks ist ein CAD-System, welches eine große Zahl an Schnittstellen anbietet, die eine Automatisierung zulassen.
- Gleichungen erlauben es, auch kompliziertere mathematische Zusammenhänge zwischen Maßen auf einfache Weise zu beschreiben.
- Die SolidWorks-API ist durch eine Entwicklungsumgebung direkt in Solid-Works eingebettet und stellt auch dem weniger versierten Nutzer eine gute Möglichkeit zur Entwicklung kleinerer Programme zur Verfügung.
- Durch ein umfangreiches Objektmodell ist es möglich, auf fast alle Elemente der SolidWorks-Modelle sowie die CAD-Systemfunktionen zuzugreifen.
- Häufig benötigte Anwendungen von Programmen im SolidWorks-Umfeld sind die Analyse von Teilegeometrien, die Untersuchung von Baugruppenstrukturen sowie die Erzeugung solcher Geometrien, die mit den Standardfunktionen des CAD-Systems nicht erzeugbar wären.

Literaturverzeichnis

1. Halvorson, Michael: Microsoft Visual Basic 6.0 Schritt für Schritt Microsoft Press Deutschland 1998

2. Held, Bernd: VBA Programmierung. Studienausgabe Franzis; 2006

3. Kuhlke, Daniel: Entwicklung und Umsetzung einer CAx-orientierten Konstruktionsmethodik für Leitschaufelträger in Pro/Engineer Diplomarbeit, Fakultät Maschinenwesen, TU Dresden 2002

4. Lahres, Bernhard; Rayman, Gregor: Praxisbuch Objektorientierung, Galileo Computing 2006

5. Luck, Kurt; Modler, Karl-Heinz: Getriebetechnik. Analyse, Synthese, Optimierung Springer Verlag 1990

Befehlsindex

Index